21世纪高职高专规划教材

计算机基础教育系列

Photoshop CS6 实训教程

张春芳 主编

刘浩锋 孔婷婷 孙慧 副主编

清华大学出版社

北京

内 容 简 介

本书重点介绍 Photoshop CS6 的各种工具、图层、蒙版、通道和路径等的应用，主要内容包括：设计制作图形、文字编辑和特效、图像编辑、图像色彩调整、照片加工合成、3D 制作、海报设计、包装设计、网页设计和室内特效处理等。书中实例均是由作者精心设计的，独具匠心，综合应用的制作设计流程讲解详细，并总结了知识要点、技巧和经验，以便读者能够循序渐进地掌握软件的功能，并结合实际应用激发学习兴趣和创作设计的灵感。

本书可作为大专院校相关专业师生、各类相关培训班的实训教程，也可作为电脑美术爱好者的参考书。书中所有实例的素材文件、PSD 文件以及课后练习的 PSD 答案文件，可以从 http://www.tup.tsinghua.edu.cn 上下载。

图书在版编目(CIP)数据

Photoshop CS6 实训教程/张春芳主编. --北京：清华大学出版社，2016(2023.8 重印)
21 世纪高职高专规划教材. 计算机基础教育系列
ISBN 978-7-302-40286-2

Ⅰ. ①P… Ⅱ. ①张… Ⅲ. ①图象处理软件－高等职业教育－教材 Ⅳ. ①TP391.41

中国版本图书馆 CIP 数据核字(2015)第 105930 号

责任编辑： 孟毅新
封面设计： 孟雪影
责任校对： 刘　静
责任印制： 曹婉颖

出版发行： 清华大学出版社
　　网　　址： http://www.tup.com.cn，http://www.wqbook.com
　　地　　址： 北京清华大学学研大厦 A 座　　**邮　　编：** 100084
　　社 总 机： 010-83470000　　**邮　　购：** 010-62786544
　　投稿与读者服务： 010-62776969，c-service@tup.tsinghua.edu.cn
　　质量反馈： 010-62772015，zhiliang@tup.tsinghua.edu.cn
　　课件下载： http://www.tup.com.cn,010-62795764
印 装 者： 涿州市般润文化传播有限公司
经　　销： 全国新华书店
开　　本： 185mm×260mm　　**印　　张：** 24　　**字　　数：** 552 千字
版　　次： 2016 年 1 月第 1 版　　**印　　次：** 2023 年 8 月第 7 次印刷
定　　价： 69.00 元

产品编号：062089-02

前 言

Photoshop CS6 是 Abode 公司在 Photoshop CS4 基础上的升级版本，在工具、功能和效率上有了许多改进和提高。

本书的前一版本《Photoshop CS4 实训教程》自 2010 年 5 月出版以来，受到了读者的欢迎。在前一版本的基础上，作者将平时教学过程中不断收集整理的典型案例、新版软件的功能与信息，以及非常实用的知识与技能融入新的教学案例，结合教学经验补充到本教材中。

本书面向 Photoshop 初、中级用户，内容由浅入深，采用循序渐进的方式向读者介绍 Photoshop CS6 的使用方法，适用于从事或即将从事平面广告设计、图形图像处理（如包装设计、美术设计、网页制作、影视制作等行业）的人员。书中每个知识点都结合具有代表性的实例来讲解，因此本书具有很强的实用性和可操作性。另外，在每一章最后还附加了思考练习题，帮助读者在学习完一章内容以后，消化和巩固所学知识、提高实际动手操作能力。

本书分为三篇，共 13 章。

1. 入门篇

入门篇包括第 1～5 章。本篇从介绍 Photoshop CS6 工作界面、功能开始，通过详细的实例介绍图形绘制、文字设计和图像简单编辑，并介绍相关基本概念，如图层、路径等，还学习选择、移动、画笔、吸管、套索、魔棒、橡皮擦、矢量图形、钢笔和文字等工具的相关知识和使用方法，通过运用图层、填充、描边、调整等的命令，使读者对 Photoshop 的基本操作能清晰的认识并能逐渐掌握其用法，以期在实际应用中制作多种有创意的作品。

第 1 章重点介绍 Photoshop CS6 的界面特点、新功能和图像相关概念，帮助读者熟悉和了解 Photoshop CS6 的使用环境和相关知识。

第 2 章详细而全面地介绍图形设计制作的四种方法，包括选择工具绘制、绘画工具绘制、形状工具绘制和钢笔工具绘制，并分别使用实例进行讲解，同时总结了常用图形设计工具的特点和使用技巧，使读者全面地掌握 Photoshop 的图形设计方法。

第 3 章主要介绍文字的编辑、特效、段落文本及特殊文字的设计方法，使读者全面掌握 Photoshop 中文字的应用方法。

第 4 章介绍图像文件参数的调整、图像变换及特殊效果处理的方法，使读者掌握图像的简单编辑。

第 5 章通过综合实例的讲解，巩固所学知识，总结方法技巧，使读者对 Photoshop CS6 的基础产生浓厚兴趣，帮助读者为下一步更深入的学习打下坚实的基础。

2. 拓展篇

拓展篇包括第 6～9 章。本篇从认识直方图图开始，通过对“调整”面板功能的使用，由浅入深地讲解图像的明暗色彩调整、加工合成处理以及 3D 功能的使用，使读者逐步掌握 Photoshop 强大的图像处理功能和明暗色彩的综合运用。

第 6 章主要介绍图像明暗色彩调整，从认识直方图入手，通过典型实例的讲解，深刻理解色阶、曲线、亮度、明度和对比度等有关图像明暗处理的原理方法。

第 7 章主要介绍照片加工修复合成，以及数码照片的常用处理技巧。

第 8 章通过综合实例的讲解，巩固第 6、7 章所学内容，达到图像处理综合运用的水平。

第 9 章通过对 3D 各种功能的详细介绍，使 2D 和 3D 更加完美的结合，从而制作更加真实的效果。

3. 提高篇

提高篇包括第 10～13 章。通过详细的设计实例介绍招贴、包装、网页、室内效果等的设计方法，以提高读者的综合设计能力。

第 10 章主要介绍海报招贴设计，包括海报招贴设计的基本知识和实际制作过程中遇到的一些问题。通过实例海报制作，读者可在实际操作中深入对 Photoshop 中图层工具、文本工具、滤镜等工具的学习，能够利用 Photoshop 进行海报招贴的设计制作。

第 11 章主要介绍包装设计制作，包括包装设计的基本知识和包装的制作方法。通过实例包装设计制作，读者可在实际操作中能够灵活利用 Photoshop 中图层、通道、滤镜等工具，掌握利用 Photoshop 进行美观、独特的包装设计的方法。

第 12 章介绍网页的制作，包括网页制作的基本知识和网页制作过程中的注意事项。通过网页的实例制作，读者能够灵活运用 Photoshop 中图层和切片工具，进行网页效果的制作。

第 13 章介绍室内效果图的几种常用处理方法和处理室内效果图时的注意事项。通过对室内效果图进行后期处理，读者能够运用通道和色彩调整命令调整整个效果图的色彩，并通过添加其他素材图片，制作更加真实的室内效果图。

本书实例由多位从事图像处理、照片加工的老师们精心设计制作，融入了他们多年的教学经验和艺术创作经验，重点突出，详略得当，使读者能很快地掌握 Photoshop 的制作技巧。本书由张春芳主编。第 1～5 章由张春芳编写；第 6～8 章由孔婷婷编写；第 9～13 章由刘浩锋编写，最后由孙慧统稿。

由于编者水平有限，书难免有不足之处，欢迎广大读者批评指正。

编　者

2016 年 1 月

目 录

入 门 篇

拓 展 篇

提 高 篇

入 门 篇

本篇从介绍 Photoshop CS6 工作界面、新功能开始，通过简单的矢量图形设计、文字设计和图像的基本操作，掌握 Photoshop CS6 的基本功能和图形、图像、文字的综合应用能力。

本篇分为 5 章：

第 1 章　Photoshop CS6 概述

第 2 章　图形设计制作

第 3 章　文字设计制作

第 4 章　图像简单编辑

第 5 章　入门篇综合实例

第1章

Photoshop CS6 概述

Adobe Photoshop CS6 通过更直观的用户体验、更大的编辑自由度以及更高的工作效率,使用户能更轻松地使用其强大功能。

学习目标

- 了解 Photoshop CS6 的安装运行环境
- 熟悉 Photoshop CS6 的工作界面
- 了解 Photoshop CS6 的新增功能
- 熟悉 Photoshop CS6 的常用工具

1.1 Photoshop CS6 简介

Photoshop CS6 是 Adobe 公司推出的新一代平面图形、图像处理软件。它集成了很多令人赞叹的全新图像处理技术,让图像处理更加简洁、快速以及得心应手。无论是在专业设计工作室,还是在科研或在家庭中,使用全新的 Photoshop CS6 将使人们实现更多的艺术创意。

1.1.1 安装 Photoshop CS6

1. 安装注意事项

(1) 安装前关闭系统中正在运行的所有其他安装程序。

(2) 对于 Windows 系统,如果是从光盘安装,将 DVD 放入光盘驱动器,如果安装程序没有自动启动,找到光盘根目录下的 Adobe CS6 文件夹,双击 Setup. exe 启动安装程序,按照向导指示进行安装;如果软件是从网站下载的,打开 Adobe CS6 文件夹,双击 Setup. exe,然后按向导提示进行操作。

因为 Windows 的操作系统分 32 位和 64 位两种,Photoshop 也有支持 32 位与 64 位的版本。操作系统是 32 位的,就安装 32 位的 Photoshop;操作系统是 64 位的,就安装一个 64 位的 Photoshop。

2. 安装

安装 Photoshop CS6 过程中,用户需要选择安装类型,“安装”或者“试用”,如图 1-1

所示。然后，再选择 32 位版本或者 64 位版本及安装位置。按照向导提示操作，进入安装界面，如图 1-2 所示。接下来按照向导提示操作，直至软件安装完成。

图 1-1　选择安装类型

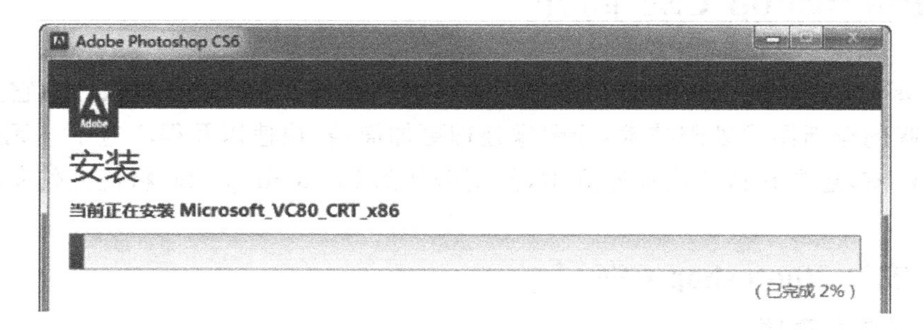

图 1-2　安装界面

1.1.2　Photoshop CS6 的工作环境

启动 Photoshop CS6，可以看到 Photoshop CS6 默认界面颜色为暗灰色，如图 1-3 所示。

如果还想使用以前版本中的浅色界面，选择"编辑"|"首选项"|"界面"命令，在打开窗口中的"颜色方案"中选择浅色，Photoshop CS6 界面则可恢复为浅色界面，如图 1-4 所示。

1. 工具箱

Photoshop CS6 包含了上百个工具，每个工具有其特别的用途，掌握工具的用法是学习 Photoshop CS6 的必经之路，灵活使用工具的快捷键是高效创作的必备能力。

图 1-3　Photoshop CS6 默认界面

图 1-4　设置 Photoshop CS6 浅色界面

(1) 工具箱的分类及工具的名称

Photoshop CS6 工具箱的分类和各个基本工具的名称如图 1-5 所示。

(2) 选择工具

在图 1-5 中，带白点的工具项为默认快捷键工具，即按相应工具快捷键后，首先使用的是带白点的工具。工具名称右边的字母是该工具的快捷键，在英文输入法状态下可以直接按键盘上的相应字母来使用该工具，如按 M 键是使用矩形选框工具。

工具箱中有些工具的右下角带有一个白色小三角，表示该工具下面还有一些隐藏的工具项，按住鼠标左键不松开则可显示隐藏工具项，释放鼠标左键以后将光标移至想使用的工具项单击，可以选择相应的工具项。如右击 后，将光标移到 处单击，则选择的是椭圆选框工具，可以用来绘制椭圆选区。

当光标停留在某个工具上时，会显示该工具的名称和快捷键。

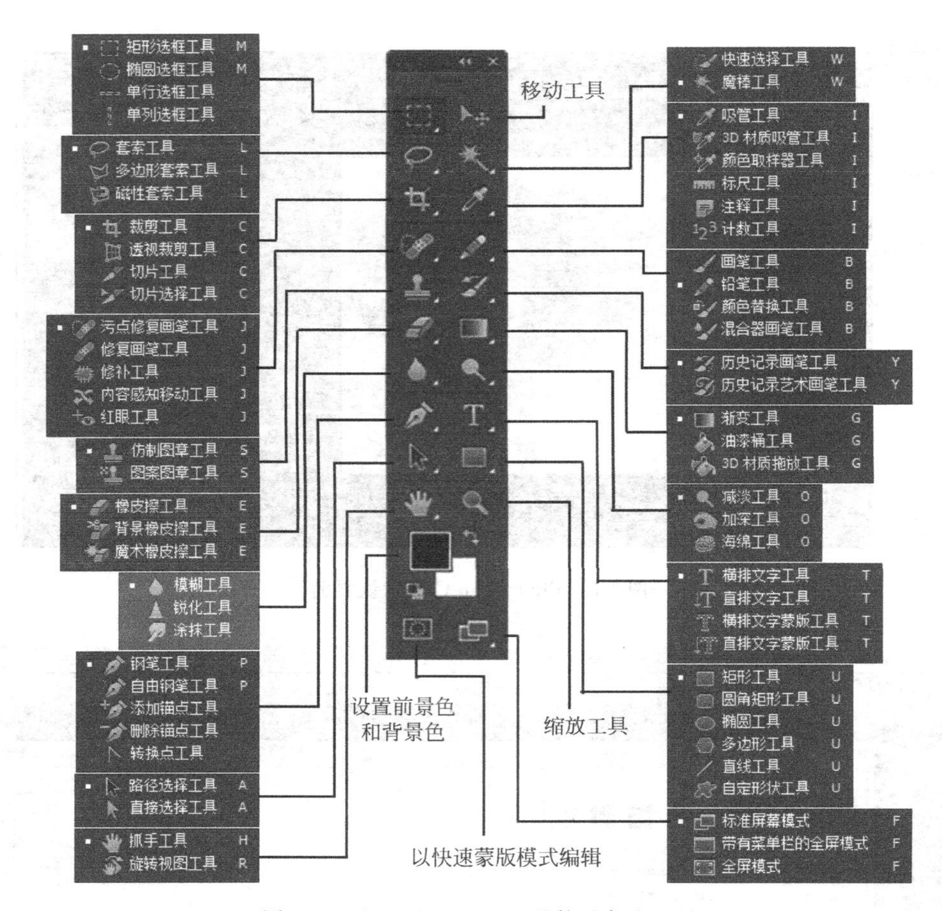

图 1-5　Photoshop CS6 工具箱及各个工具

(3) 展开/折叠工具箱

单击工具箱顶部的 ▸▸ 按钮，可以展开或折叠工具箱，以方便操作。双击工具箱顶部，也可展开/折叠工具箱。

(4) 移动工具箱

将指针移至工具箱顶部，按住鼠标左键不放并进行拖动，可以自由移动工具箱的位置。当工具箱移至窗口最左边的位置时，工具箱会与文档窗口分开。

2. 面板

在窗口右侧，Photoshop CS6 有一项“面板布局”功能，能够为不同的用户快速编排出适合自己的面板，如图 1-6 所示。

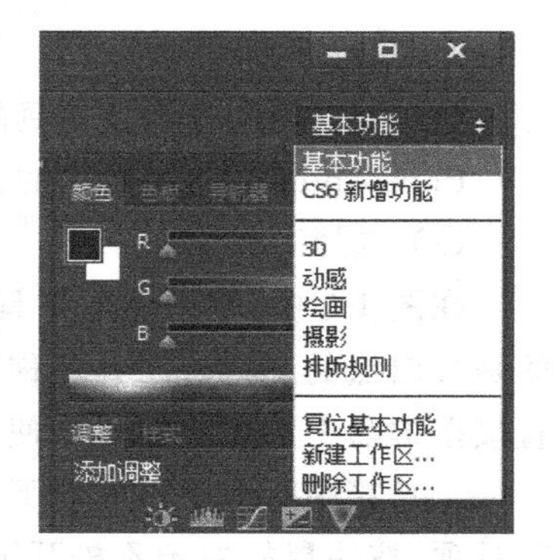

图 1-6　多种界面布局可供选择

(1) 显示和隐藏面板

选择“窗口”菜单下某面板的名称并单击，可以显示或隐藏相应面板。如图 1-7 所示为选中“导航器”命令，则该面板在工作区中显示，否则该面板被隐藏。

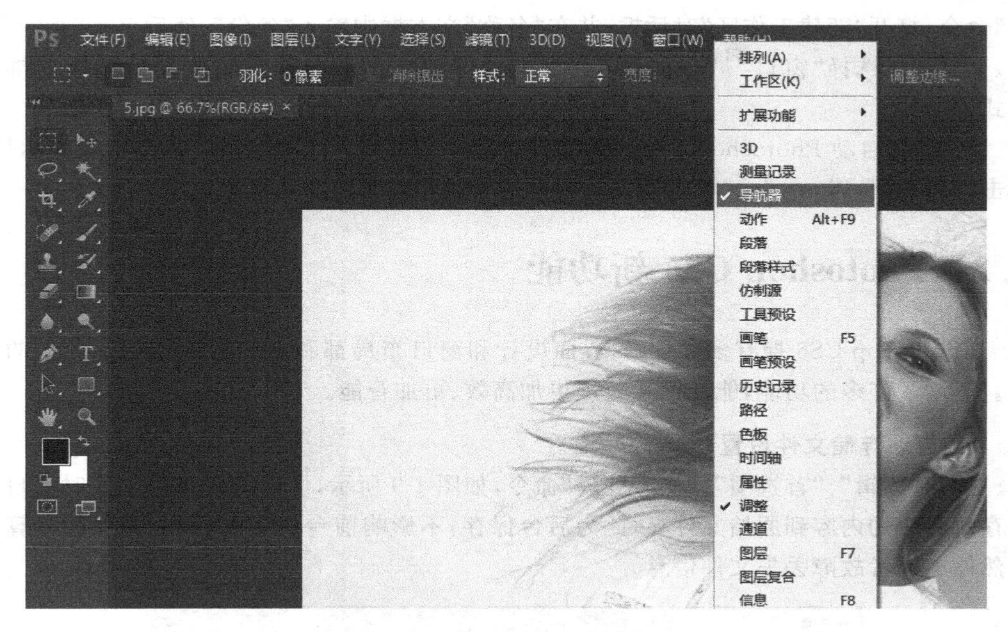

图 1-7　选中“导航器”面板

(2) 面板菜单

每个面板的右上角有一个三角形按钮，单击此按钮，则弹出与该面板相关的操作命令集。如图 1-8 所示为“图层”面板的操作命令集。

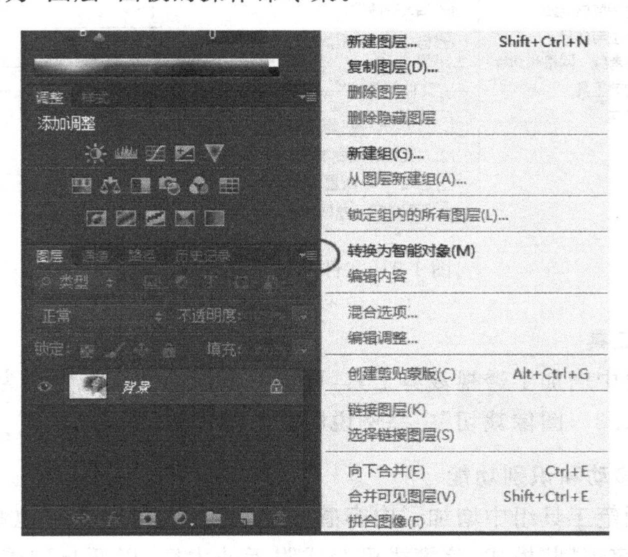

图 1-8　“图层”面板操作命令集

在实际操作过程中，如果面板的位置或顺序调乱了，有以下三种解决方法。

① 选择“窗口”|“工作区”|“基本功能”命令或者“自动”命令。

② 将自己比较顺手的面板顺序及位置排列好后，选择“窗口”|“工作区”|“新建工作区”命令，打开“新建工作区”对话框，并在“名称”文本框中输入“备份”，然后单击“存储”按钮。之后，可选择“窗口”|“工作区”|“复位备份”命令，就会恢复到原设计面板的排列样式。

③ 重新启动 Photoshop CS6，同时按住 Alt＋Shift＋Ctrl 键不放，将会出现提示框，单击“是”按钮，Photoshop 将自动恢复到最初安装完成时的默认设置。

1.2 Photoshop CS6 新功能

Photoshop CS6 拥有多项创新，界面设计和窗口布局都和之前的版本有了较大的变化。新增了许多的功能，能让图片处理更加高效、更加智能。

1. 自动存储文件设置

选择“编辑”|“首选项”|“文件处理”命令，如图 1-9 所示，可以设置每隔一段时间自动保存所编辑的内容到原始文件夹，此为后台保存，不影响前台的正常操作，避免因计算机突然停电或者故障丢失文件信息。

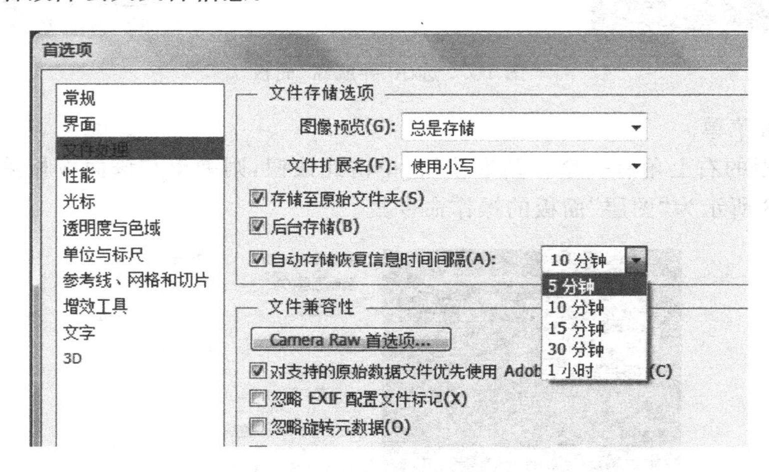

图 1-9 文件自动保存设置

2. 透视裁剪工具

在裁剪工具组中增加了透视裁剪工具，可以将有透视的图像变形为没有透视的图像。这一功能将在“4.1.3 图像裁切”中举例说明。

3. 内容感知移动和识别功能

在污点修复画笔工具组中增加了内容感知移动工具，可以更好地修复图片。在修补工具中增加了“内容识别”模式，该模式可合成附近的内容，以便与周围的内容无缝混合。这一功能将在“7.1 照片修复”中举例说明。

4. 显示提示信息功能

在绘制或调整矢量对象时，会显示相应的提示信息。例如，使用选框工具绘制选区时，将在拖动的同时显示所绘制选区的宽度和高度，如图 1-10 所示。

图 1-10 带有宽带和高度值的选区

5. 显示形状工具对话框

使用形状工具在文档窗口单击，会弹出一个对话框，如图 1-11 所示为使用矩形工具创建矩形时要求设置宽度和高度等参数。

6. 矢量图层命名

矩形、圆角矩形、椭圆和多边形图层的名称直接使用具体的名称，只有直线工具和自定义形状工具使用“形状 *n*”命名，如图 1-12 所示。

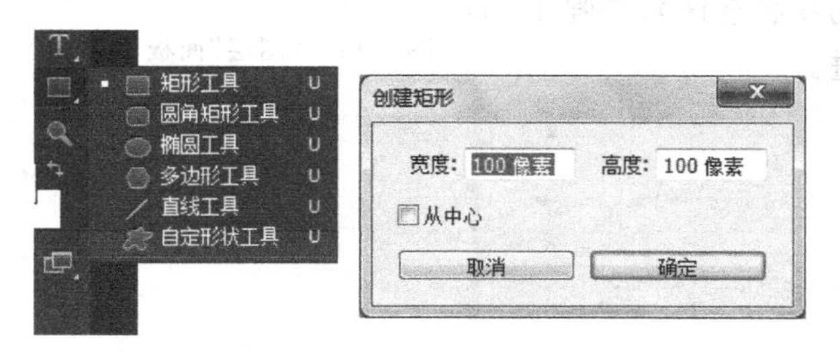

图 1-11 设置矩形的宽带和高度值

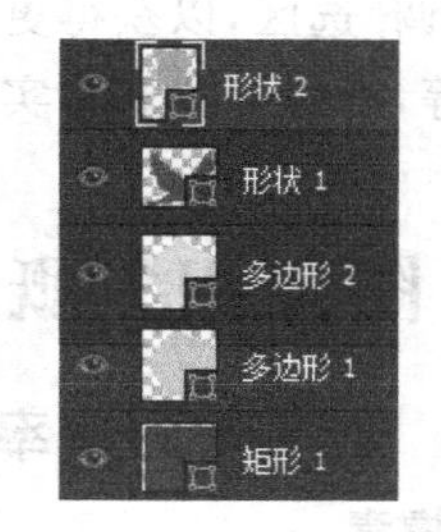

图 1-12 不同类型矢量图形的命名

7. “文字”菜单

在菜单栏里增加了“文字”菜单，菜单中增加了两个命令：“字符面板”和“段落面板”，如图 1-13 所示。

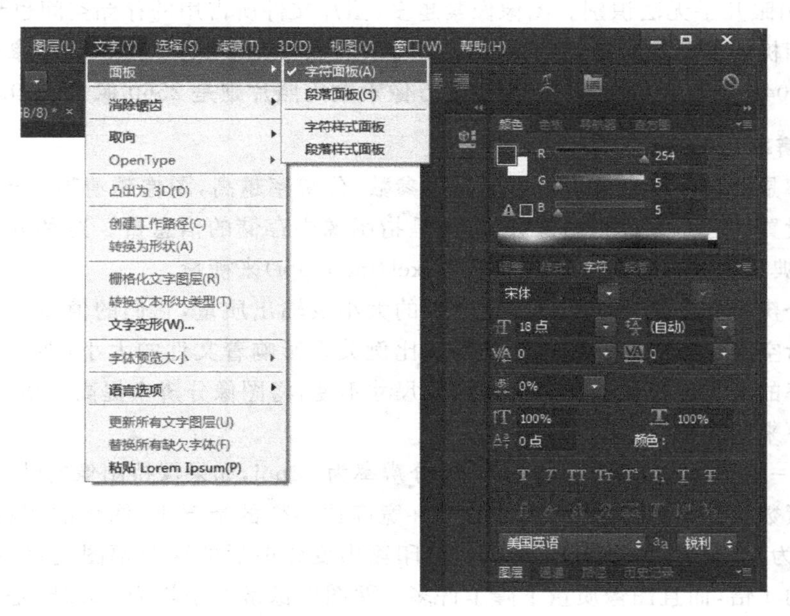

图 1-13 文字菜单及面板

8. 图层过滤器

在 Photoshop CS6 的"图层"面板中,增加了图层过滤器,如图 1-14 所示。在此可以像普通图层一样设置样式、填充不透明度、设置混合颜色和高级混合选项等,还可以进行图层搜索,查找某个图层。

除了以上介绍的这些新功能外,Photoshop CS6 还对不少功能进行了完善。比如,各种类型的图层缩览图有了较大的变化,增加了笔刷和自定形状的种类,增加了自适应广角滤镜、油画滤镜及三个模糊滤镜,增强了选区的操作(魔棒工具增加了"采样大小"选项,色彩范围命令增加了"皮肤色调"选区,以获得更加精确的皮肤选区)、增强了 3D 的操作等,都是一些非常实用的改进。

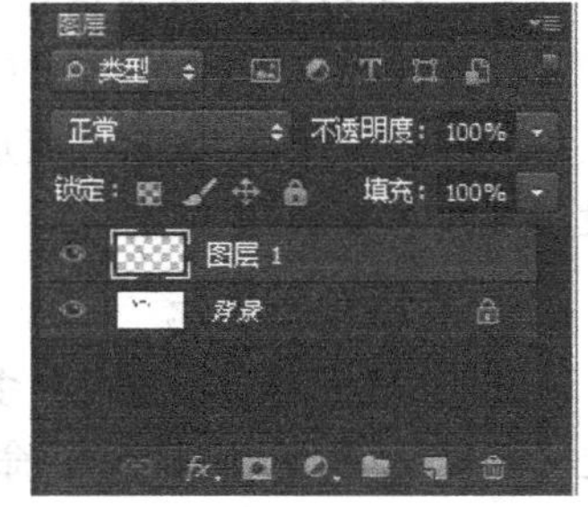

图 1-14 "图层"面板中增加了图层过滤器

1.3 图像相关概念

1.3.1 像素和分辨率

1. 像素

位图图像放大到一定程度会出现色块,色块的专业名称叫像素,它是图片大小的基本单位。像素大小是指位图在高、宽两个方向的像素数相乘的结果,例如宽度和高度均为 100 像素的图片,其像素大小是 10000。通常介绍图片的尺寸,在不明确说明的情况下,单位都是像素,例如 800×600,也就是宽度为 800 像素,高度为 600 像素。最小的图片是 1 个像素,肉眼几乎无法识别。图像像素越多,图片文件所占用的存储空间也越大。

数码相机的像素数所描述的是相机拍出来的照片是多大尺寸,300 万像素的数码照片通常是 2048 像素×1536 像素,而 500 万像素数码照片则是 2560 像素×1920 像素。

2. 分辨率

分辨率是衡量图像细节表现力的技术参数,分辨率越高,图像越清晰。Photoshop 新建文件时设置的分辨率称为图像分辨率,是指图像中存储的信息量。这种分辨率有多种衡量方法,典型的是以每英寸的像素数(pixel/inch,ppi)来衡量。

图像分辨率和图像尺寸共同决定文件的大小及输出质量,它们的值越大图像文件所占用的磁盘空间也就越多。图像分辨率以比例关系影响着文件的大小,即文件大小与其图像分辨率的平方成正比。如果保持图像尺寸不变,将图像分辨率提高一倍,则其文件大小增大为原来的四倍。

例如,一幅图像宽 7 英寸、高 5 英寸,分辨率为 72ppi,如果保持图像文件的大小不变,即总的像素数不变,将分辨率降为 36ppi,在宽高比不变的情况下,图像的宽将变为 14 英寸、高将变为 10 英寸,如图 1-15 所示。打印输出变化前后的这两幅图,会发现后者的幅面是前者的 4 倍,而且图像质量下降了许多。两图中像素大小均为 82.2K 是指水平方向的像素数×垂直方向的像素数,即它们总的像素数都是 198×142。这种分辨率表示方法同时也表示了图像显示时的宽高尺寸。

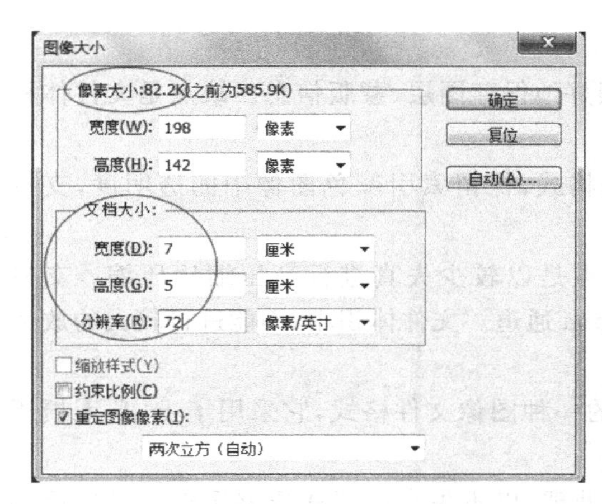

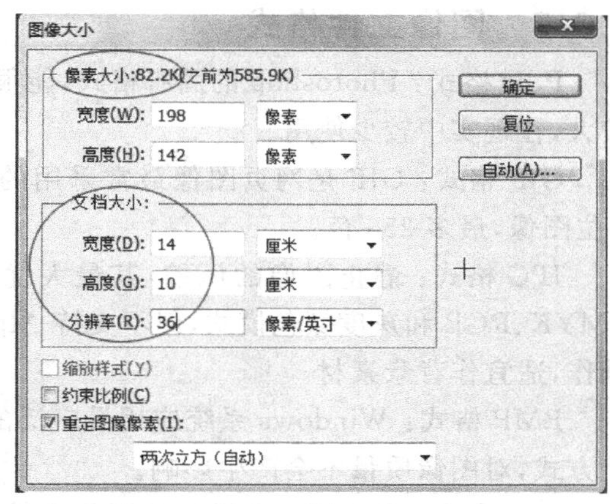

图 1-15　图像分辨率设置比较

通常情况下，如果希望图像仅用于显示，可将其分辨率设置为 72ppi 或 96ppi（与显示器分辨率相同）；如果希望图像用于印刷输出，则应将其分辨率设置为 300ppi 或更高。对于数码照片冲印或照片打印来说，在拍照时一般需要相机设置为 300 万像素（2048 像素×1536 像素）或者更高。

1.3.2　位图和矢量图

静态图像在计算机中有以下两种表示方法。

1. 位图

位图也叫点阵图、像素图，如图 1-16 所示。构成位图的最小单位是像素，位图是由像素阵列的排列来实现其显示效果的，每个像素有自己的颜色信息，在对位图图像进行编辑操作时，可操作的对象是每个像素，可以改变图像的色相、饱和度、明度，从而改变图像的显示效果。位图图像缩放会失真，所以处理位图时要着重考虑分辨率。

在 Photoshop 中处理的图像属于位图，常见位图文件格式有 BMP、JPG、PSD 等。

2. 矢量图

用一组指令或参数来描述图形的各个成分，它的元素是一些点、线、矩形、多边形、圆和弧线等，它们都是通过数学公式计算获得的，如图 1-17 所示。矢量图形文件体积一般较小。矢量图与位图最大的区别是：矢量图不受分辨率的影响，因此在印刷时，可以任意放大或缩小图形而不会影响图的清晰度。常见矢量图文件格式有 3DS、DXF、WMF 等。

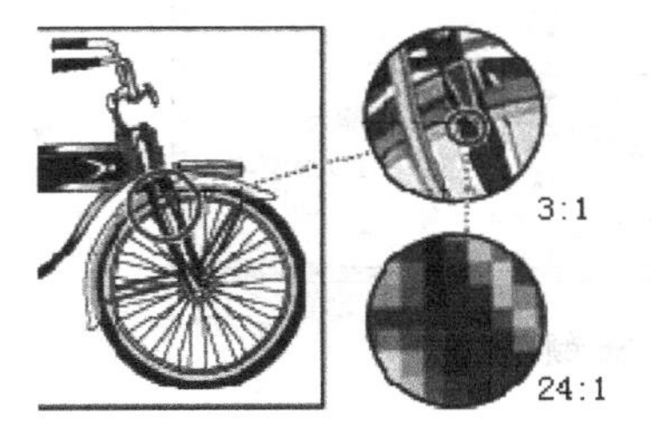

图 1-16　位图

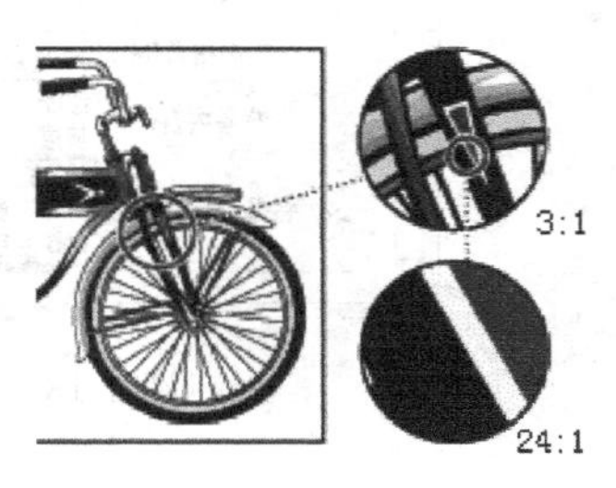

图 1-17　矢量图

1.3.3 图像文件格式

PSD 格式：Photoshop 的固有格式，能很好地保存图层、蒙版信息。缺点是文件体积较大，在现实中较少使用。

GIF 格式：GIF 是网页图像最常采用的格式，保留索引颜色图像中的透明度，支持 8 位图像，最多 256 色。

JPG 格式：静止图像的压缩，其最大优点是以较少失真进行高压缩比压缩。支持 CMYK、RGB 和灰度颜色模式，但不支持 Alpha 通道。文件体积小，不能进行较大的放大操作，适宜作背景素材。

BMP 格式：Windows 系统应用最广泛的一种图像文件格式，它采用了 RLE 无损压缩方式，对图像质量不会产生影响。

TIF 格式：广泛用于高质量的图像文件处理，以不失真的形式压缩图像。可以保存 Alpha 通道，适宜作前景素材。

TGA 格式：此文件格式的结构比较简单，属于一种图形、图像数据的通用格式，在多媒体领域有着很大影响，是计算机生成图像向电视转换的一种首选格式。

PNG 格式：它是一种位图文件存储格式。用来存储灰度图像时，灰度图像的深度多达 16 位；存储彩色图像时，彩色图像的深度多到 48 位。PNG 格式压缩比高，生成文件容量小。

1.3.4 颜色模式

在 Photoshop CS6 中，颜色模式是一个非常重要的概念，只有了解了不同颜色模式才能精确地描述、修改和处理色调。Photoshop CS6 提供了一组描述自然界中光和色调的模式，通过这些模式可以将颜色以一种特定的方式表示出来，并用一定的颜色模式存储。Photoshop CS6 新建文件时提供 5 种颜色模式，如图 1-18 所示。下面介绍几种常用的颜色模式。

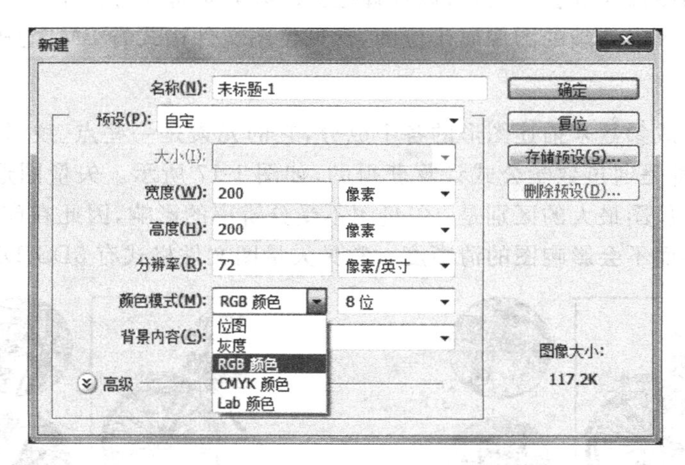

图 1-18 Photoshop CS6 颜色模式

1. RGB 模式

它是 Photoshop 默认的颜色模式，它将自然界的光线视为由红(Red)、绿(Green)、蓝(Blue)三种基本颜色组合而成，因此，它是 24(8×3)位/像素的三通道图像模式。在“颜色”面板中，可以看到 R、G、B 三个颜色条下都有一个三角形的滑块，即每一种都有从 0 到 255 的亮度值，如图 1-19 所示。通过对这三种颜色的亮度值进行调节，可以组合出 16777216 种颜色(即通常所说的 16 兆色)。

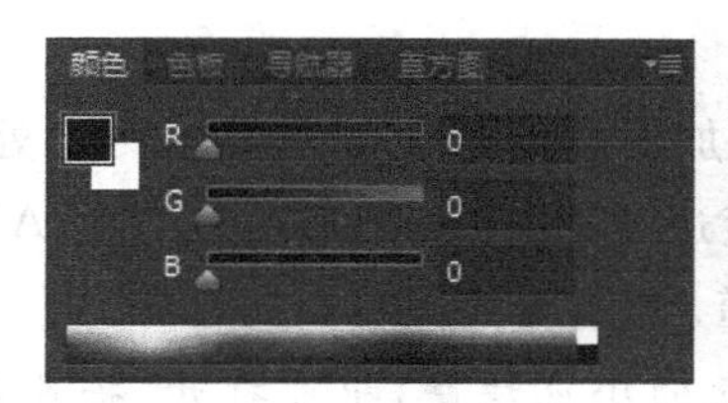

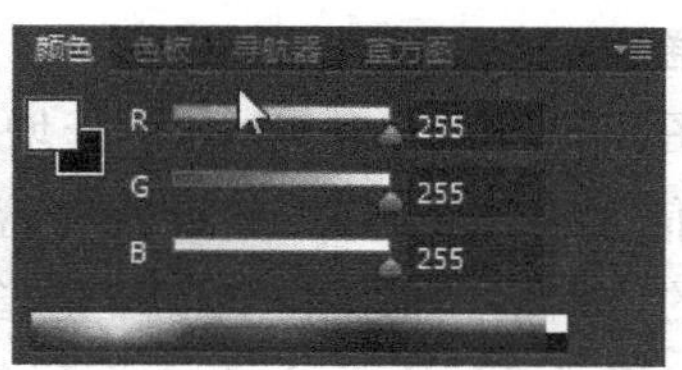

图 1-19 “颜色”面板

RGB 颜色能准确地表述屏幕上颜色的组成部分，但它却无法在绘图和编辑时快速、直观地指定一个颜色阴影或光泽的颜色成分。

2. CMYK 模式

它是一种基于印刷处理的颜色模式。由于印刷机采用青(Cyan)、洋红(Magenta)、黄(Yellow)、黑(Black)四种油墨来组合出一幅彩色图像，因此 CMYK 模式就由这四种用于打印的颜色组成。它是 32(8×4)位/像素的四通道图像模式。

3. Lab 模式

它是一种独立于设备存在的颜色模式，不受任何硬件性能的影响。由于它能表现的颜色范围最大，因此，在 Photoshop 中，Lab 模式是从一种颜色模式转变到另一种颜色模式的中间形式。它由亮度(Lightness)和 a、b 两个颜色轴组成，是 24(8×3)位/像素的三通道图像模式。

4. 灰度模式

灰度图像由 8 位/像素的信息组成，并使用 256 级的灰色来模拟颜色的层次。在灰度模式中，每一个像素都是介于黑色和白色间的 256 种灰度值的一种。当要制作黑白图时，必须从单色模式转换为灰度模式；如果要从彩色模式转换为单色模式，也需要首先转换成灰度模式，然后再从灰度模式转换到单色模式。

5. 位图模式

Photoshop 使用的位图模式只使用黑白两种颜色中的一种表示图像中的像素，位图模式的图像也叫黑白图像，它包含的信息最少，因而图像也最小。由于位图模式只记录了黑白两个颜色，所以它的文件数据量最小。Photoshop 编辑位图模式的文件时，有许多功能不能使用，因为它为非彩色模式。

6. HSB 模式

HSB 模式是基于人类感觉颜色的方式建立起来的，对于人的眼睛来说，能分辨出来的是颜色种类、饱和度和强度，而不是 RGB 模式中各基色所占的比例。

HSB 将自然界的颜色看作由色相(Hue)、饱和度(Saturation)、明亮度(Brightness)组成。色相指的是由不同波长给出的不同颜色区别特征，如红色和绿色具有不同的色相值；饱和度指颜色的深浅，即单个色素的相对纯度，如红色可以分为深红、洋红、浅红等；明亮度用来表示颜色的强度，它描述的是物体反射光线的数量与吸收光线数量的比值。

7. Alpha 通道

在原有的图片编码方法基础上，用于增加像素的透明度信息。图像处理中，通常把 RGB 三种颜色信息称为红通道、绿通道和蓝通道，相应的把透明度称为 Alpha 通道。多数使用颜色表的位图格式都支持 Alpha 通道。

提示：在“颜色”面板中单击表示前景色的小色块即可打开“拾色器”对话框，如图 1-20 所示，能够同时看到所有四种颜色模式的颜色值。它们分别是一种颜色的四种表述方式，在任一模式中颜色值的修改都能影响颜色的创建。

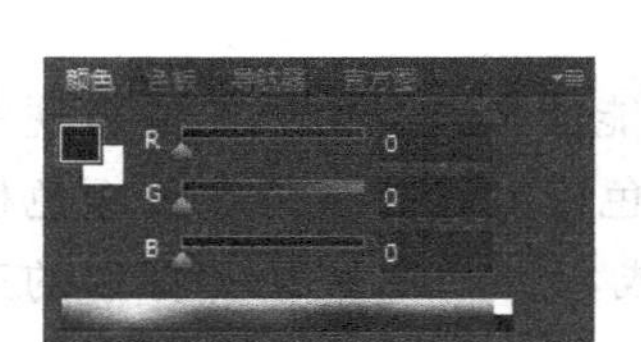

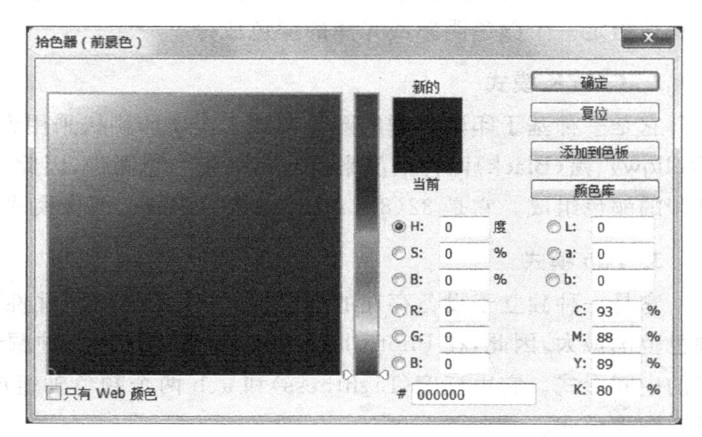

图 1-20　Photoshop 拾色器

相关知识

1. 使用 Photoshop CS6 建立新文件时，如何设置图像分辨率

设定图像分辨率的规则为：铜版纸 300 像素/英寸；胶版纸 200 像素/英寸；新闻纸 150 像素/英寸；大幅面喷绘以 90 厘米×120 厘米展板为例；可以设置 100 像素/英寸；若要在计算机屏幕显示则 72 像素/英寸就可以。

图像分辨率设定应恰当，若分辨率太高，计算机运行速度慢，占用的磁盘空间大；若分辨率太低，影响图像清晰度。

一定要在文件建立时设置好图像的分辨率，如果在文件生成后再更改分辨率，会严重影响图像的质量。

2. 如何设置图像扫描参数

Photoshop 中处理的图像经常是用扫描仪扫描得到，为了使扫描得到的图像更真实、清晰，应该适当设置扫描参数。

从理论上讲，将扫描分辨率设置得越高，扫描出的图像每英寸像素点就越多，表达的原稿细节就越丰富。实际扫描时可以区别对待，如果要扫描的是工程图或含有文本信息的图像，应将扫描分辨率设置得高些，使线条、笔画能够较好区分；如果扫描的图像只是用于屏幕显示或网页图像，扫描分辨率可以设置为 72 像素/英寸，这样信息量少，便于在网上传输；如果图像要印刷出版，需设置 300 像素/英寸以上的分辨率。

如果扫描的是图表，最好生成 GIF 文件，如果扫描的是照片，要保存为 JPG 格式。如果是黑白图像，要先转换为灰度模式，然后保存为 GIF 格式文件；如果颜色在 256 以下的，要用 GIF 格式保存，这样文件容量小，不损失质量；如果是真彩色图像，采用彩色扫描并保存为 JPG 格式，这样扫描后的色彩层次丰富、饱和度高。

本章小结

1. 介绍了 Photoshop CS6 的工作环境，重点是工具箱的类型和使用方法、面板的类型和功能等。

2. 介绍了 Photoshop CS6 的新功能。

3. 介绍了与图像相关的几个基本概念，包括像素、分辨率、文件的格式及色彩模式等。

思考与练习

一、选择题

1. 下面（　　）的变化不影响图像所占硬盘空间的大小。

   A. 像素大小　　B. 文件尺寸
   C. 分辨率　　D. 文件是否添加后缀

2. 用 Photoshop CS6 加工图像时，（　　）图像格式可以保存所有编辑信息。

   A. BMP　　B. GIF　　C. TIF　　D. PSD

3. 在图像像素的数量不变时，增加图像的宽度和高度，图像分辨率会发生（　　）变化。

   A. 降低　　B. 增高　　C. 不变　　D. 无影响

4. 缩小当前图像的画布大小后，图像分辨率会发生什么变化？（　　）

   A. 降低　　B. 增高　　C. 不变　　D. 无影响

5. 选择“文件”|“新建”命令，在弹出的“新建”对话框中不可设定（　　）选项。

   A. 图像的高度和宽度　　B. 图像的分辨率
   C. 图像的颜色模式　　D. 图像的色彩平衡

二、填空题

1. 在 Photoshop 图像中，最小的单位是________。

2. 图像分辨率的高低标志着图像质量的优劣，分辨率越________，图像效果就越好。

3. 如果图像只用于屏幕显示，则应选择 RGB 色彩模式，如果要用于四色印刷，则选择________模式。

4. Photoshop CS6 软件保存的源文件类型是________格式，它能很好地保存图层、蒙版信息。

5. 矢量图最大的特点是不受________的影响，在印刷时，可以任意放大或缩小，不会影响图的清晰度。

三、简述操作题

1. 比较位图与矢量图的原理和特点。

2. 安装运行 Photoshop CS6，熟悉工作界面。

第 2 章

图形设计制作

通过上一章的学习,读者已经熟悉了 Photoshop CS6 的工作界面和新功能。本章将学习使用选择、移动、画笔、吸管、油漆桶、套索、魔棒、形状和钢笔等工具的方法,以及运用图层、填充、描边、变换等功能制作多种有创意的作品。

学习目标

- 掌握图层的基本应用
- 熟练掌握选择、移动、套索、魔棒工具
- 熟练掌握画笔、渐变等绘画工具
- 熟练掌握填充、描边、提取颜色的多种方法
- 熟练掌握矢量图形的绘制
- 掌握钢笔工具组的使用方法
- 掌握路径及路径面板的应用方法

2.1 相关基本概念

在图形设计过程中,主要用到图层、选区、颜色填充等功能。在绘制图形时灵活使用参考线、标尺的设置,可以提高图形绘制的精确度。

2.1.1 图层基础

1. 图层的概念

可以把图层想象成是一张一张叠加在一起的透明纸,每张透明纸上都有不同的图像,可以对其分别进行编辑。改变图层的顺序和属性可以改变图像的最后效果,通过对图层的不同操作,可以创建很多复杂的图像效果。

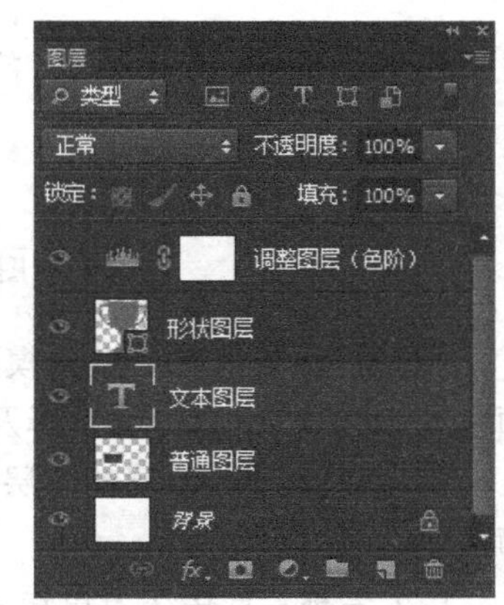

图 2-1 图层类型

2. 图层类型

常用的图层有以下 5 种类型,如图 2-1 所示。

(1) 背景图层。背景图层被锁定位于图层的最底层,它是不透明的,一个图像文件只有一个背景图层,并且无

法改变背景图层的排列顺序,同时也不能修改它的不透明度或混合模式。如果要对背景图层进行相关操作,可以通过双击背景图层,把它转换为像素图层,然后再进行操作。

(2) 普通图层:最基本的图层类型,就相当于一张透明纸。

(3) 文本图层:使用文本工具在文档中创建文字后,软件自动新建一个文本图层。

(4) 形状图层:由形状工具或钢笔工具创建。

(5) 调整图层:通过一个带蒙版的新图层对图像进行色彩的调整,不影响图像本身。而"图像"菜单中的调整命令则是直接对图像本身进行调整,调整后不能还原图像。

3. "图层"面板

"图层"面板上显示了图像的所有图层、图层组和图层效果,可以使用"图层"面板上的多种功能来完成如创建、隐藏、复制和删除图层等的图像编辑任务,如图 2-2 所示;还可以设置图层混合模式,如图 2-3 所示;添加图层样式,改变图层上图像的效果,如添加阴影、外发光、浮雕等,如图 2-4 所示;改变图层的不透明度等参数,制作不同效果的图层。

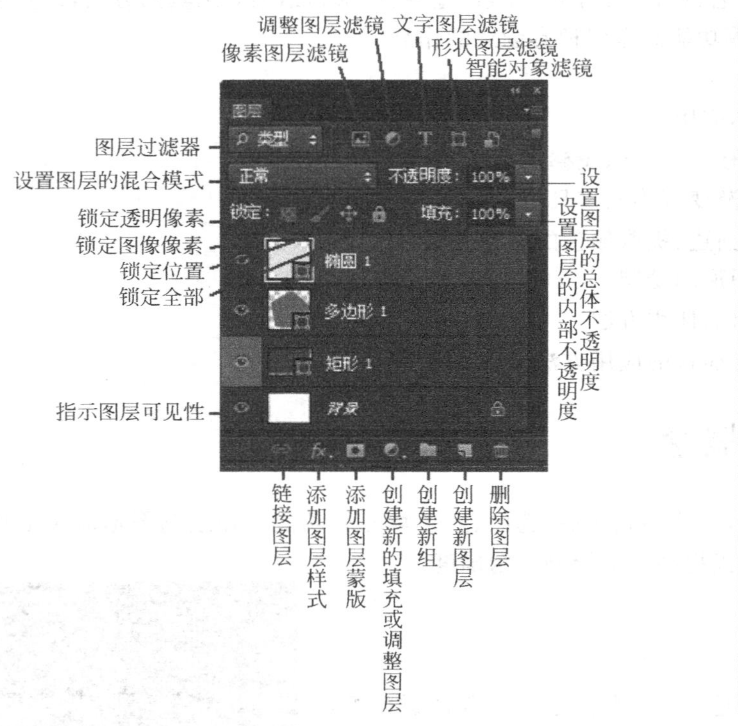

图 2-2 "图层"面板

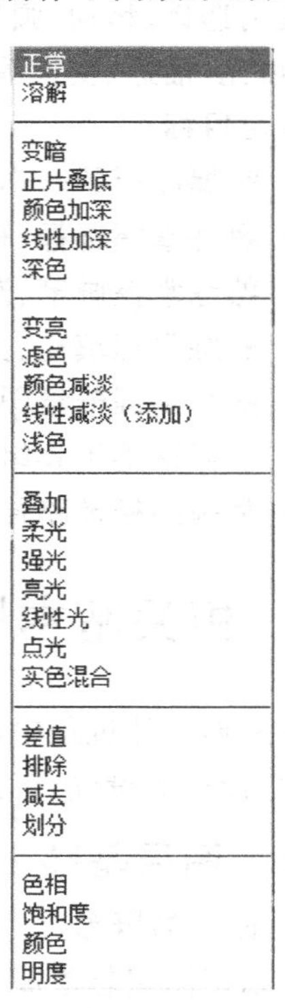

图 2-3 图层混合模式

"图层"面板的图层混合模式栏有一个图层过滤器,包括类型、名称、效果、模式、属性、颜色 6 个选项,可以分类选择及查询相应的图层。

(1) 类型:像素、调整图层、文字、矢量、智能对象 5 类,可以选择其中一个或多个进行筛选。

(2) 名称:直接在表单输入名称查询。

(3) 效果:是按照图层所添加的图层样式分类。

(4) 模式：按照图层混合模式分类。

(5) 属性：按照可见、锁定、空、链接的、已剪切、图层蒙版、矢量蒙版、图层效果、高级混合分类。

(6) 颜色：按照图层标识颜色分类。

图层分类及查询用于管理多图层的文件，尤其在制作较为复杂的效果时，可以快速找到所需图层，并对图层进行更改或编辑。

4. 图层标记

图层标记可以给比较重要的图层标上颜色作为记号，以便于进行查找。可选择单个或多个图层，右击图层右侧的 图标，即可选择标记的颜色，如图 2-5 所示。

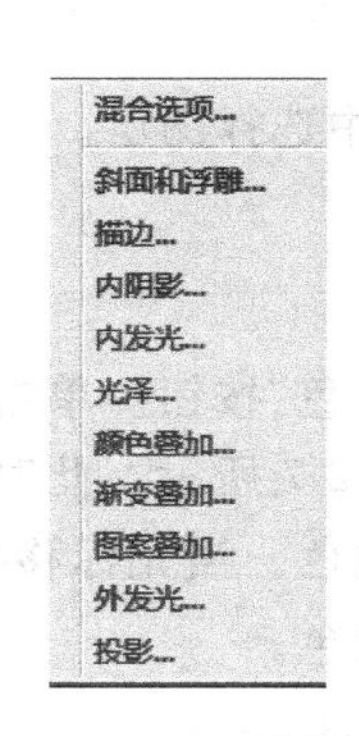

图 2-4　图层样式

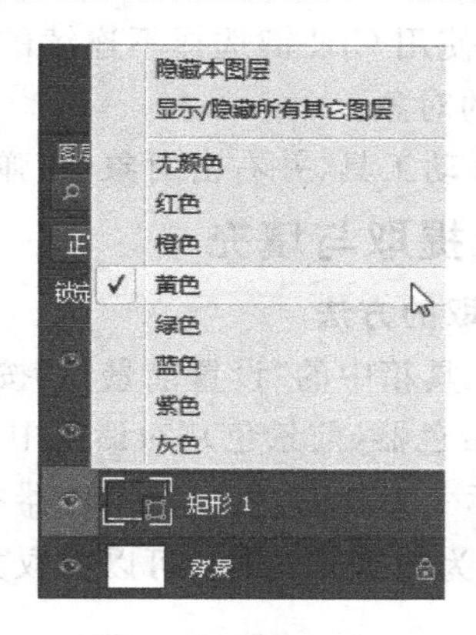

图 2-5　添加图层标记

5. 图层层叠次序

用 Photoshop 制作的作品一般由多个图层组合而成，这些图层的层叠次序也决定了图像的效果。“图层”面板上最上方的图层为最高层，最下方的图层为最低层，上层的图像在不透明的情况下会遮盖住下层的图像，如图 2-6 所示。

图 2-6　图层层叠次序

6. 图层命名

双击图层名称可以修改图层名称，按 Tab 键可以继续重命名下一个图层，或者按 Shift＋Tab 重命名上一个图层。图层组的重命名也是如此。

在 Photoshop CS6 中选择并移动不同图层中的对象的方法如下。

(1) 选择移动工具，按住 Ctrl 键，单击就可以选中文档窗口中不同图层中的对象并可以移动。

(2) 单击“图层”面板上对象所在的图层，选中该图层，在文档窗口中使用移动工具移动该对象。

(3) 要同时选中并移动多个图层中的对象，可在“图层”面板上使用 Shift 键选择连续的多个图层，或使用 Ctrl 键选择不连续的多个图层，然后使用移动工具在文档窗口中移动这些图层上的对象。

(4) 选中移动工具，并右击对象，在弹出的快捷菜单中选择图层。

2.1.2 颜色提取与填充

1. 颜色提取的方法

(1) 使用工具箱中的“设置前景色”按钮和“设置背景色”按钮。单击“设置前景色”按钮，在弹出的“拾色器(前景色)”对话框中设置颜色，如图 2-7 所示。此时选择工具箱中吸管工具，光标变为圆圈，可以在拾色器中选定不同的颜色。当光标移到对话框以外、文档窗口时，光标为吸管样式，可以吸取文档窗口中的颜色。

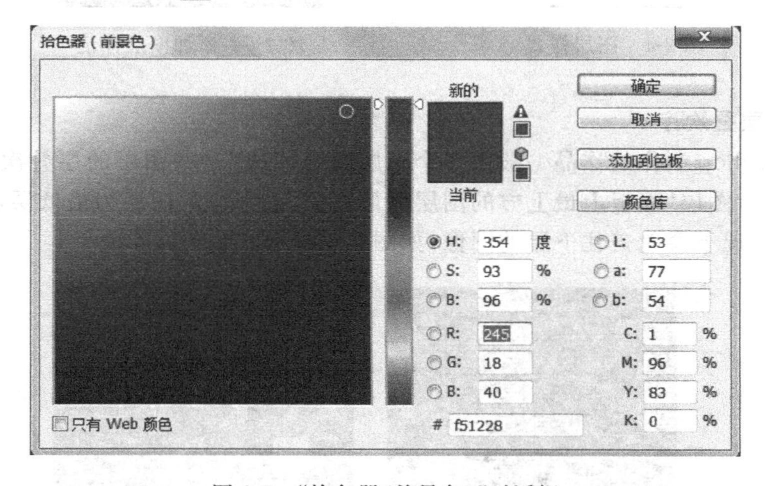

图 2-7 “拾色器(前景色)”对话框

(2) 使用颜色取样器工具。在调整图像时，可以比较多个地方的颜色，通过不同位置颜色的数据，适当调整颜色。

取样器工具最多可取 4 处，颜色信息将显示在“信息”面板(快捷键 F8)中。使用取样器工具来移动现有的取样点。如果切换到其他工具，如选框工具，画面中的取样点标志将不可见，但“信息”面板中仍有显示。

在颜色取样器工具选项栏中，可以更改“取样大小”选项，如图 2-8 所示。

其中，“取样点”代表以取样点处那一个像素的颜色为准；“3×3 平均”或“5×5 平均”等表示以采样点四周 3×3 或 5×5 范围内像素的颜色平均值为准。把颜色取样器放到取样点标志上，右击，可以查看取样点标志的属性。

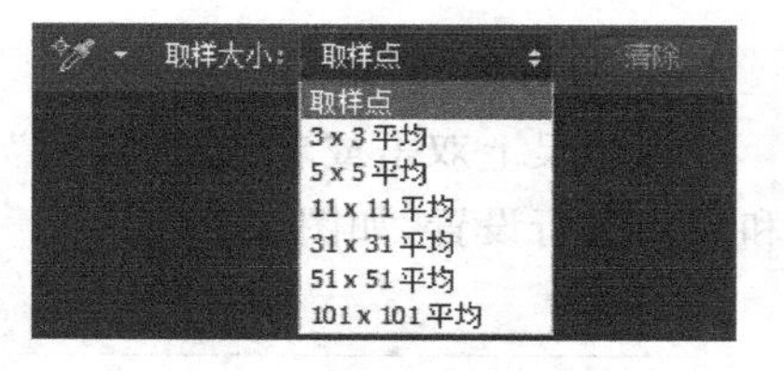

图 2-8　颜色取样器工具选项栏

2. 颜色填充的方法

(1) 菜单命令：制作选区后，选择“编辑”|“填充”命令，打开“填充”对话框，或按 Shift+F5 键，打开“填充”对话框。

(2) 快捷键：按 Ctrl+Delete 键填充背景色，按 Alt+Delete 键填充前景色。

(3) 渐变工具：使用渐变工具，可以在画面上绘制出颜色渐变的效果。单击选中该工具，然后在图片上往某个方向拖动，就可以形成渐变。起点和拖动的方向不同，制作出的渐变图形就不一样。使用渐变工具时，还应注意以下事项。

① 渐变的颜色是从前景色到背景色。

② 使用渐变的同时，按住 Shift 键，可以绘制出垂直或者水平的线。

③ 如果画面上没有任何选区，使用渐变工具可对整张图填充渐变色；如果事先确定了选区，就是对选区填充渐变色。

(4) 油漆桶工具：使用油漆桶工具可以用前景色对颜色相近的区域进行填充，其工具选项栏如图 2-9 所示。

图 2-9　油漆桶工具选项栏

① 填充方式：有两个选项，其中“前景”表示在图中填充的是工具箱中的前景色，“图案”表示在图中填充的是选定的连续的图案。

② 模式：用来选择填充内容与图像之间的混合模式。

③ 容差：用来控制油漆桶工具每次填充的范围，数字越大，允许填充的范围也越大。

④ 消除锯齿：使填充的边缘保持平滑。

⑤ 连续的：如果未选中此项，填充的区域是所有和单击点相似的像素，不管是否和单击点连续。

⑥ 所有图层：当选中此复选框后，不管当前在哪个层上操作，用户所使用的工具对所有的层都起作用，而不只是针对当前操作层。

2.1.3　单位与标尺

在绘制图形时，为了精确定位经常要使用标尺。

1. 打开标尺

按 Ctrl+R 键或选择“视图”|“标尺”命令，在文档窗口显示标尺。

2. 设置标尺

在标尺上双击或者选择“编辑”|“首选项”命令，在打开的对话框中可以对标尺的单位和尺寸进行设置，如图 2-10 所示。

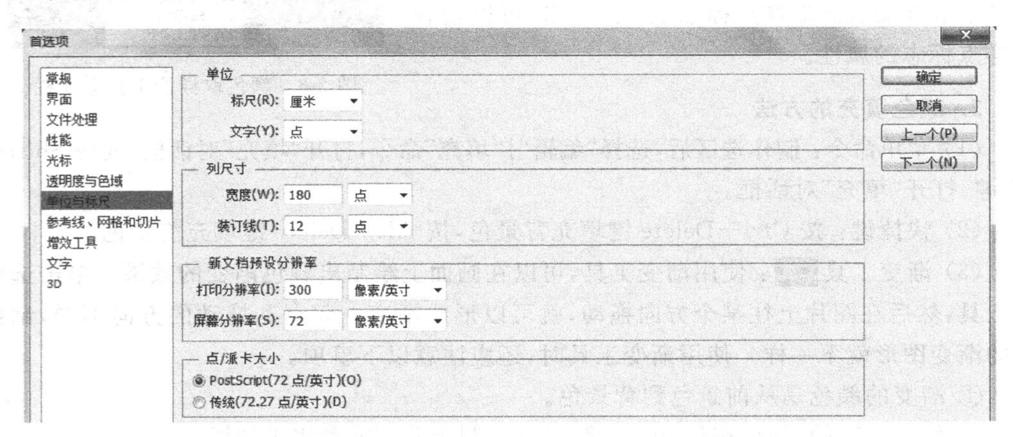

图 2-10 “单位与标尺”设置

3. 设置标尺的坐标原点

坐标原点可以设置在画布的任何地方，只要从标尺的左上角开始拖动即可应用新的坐标原点。双击左上角可以还原坐标原点到默认点。

4. 取消标尺

再次按 Ctrl+R 键或选择“视图”|“标尺”命令，可以取消文档窗口中的标尺。

2.1.4 参考线

在绘制图形时，经常使用参考线精确定位。

1. 创建参考线

(1) 要在画布上指定的位置添加参考线，可选择“视图”|“新建参考线”命令，打开“新建参考线”对话框，如图 2-11 所示，并在该对话框中设置参考线的取向和位置。

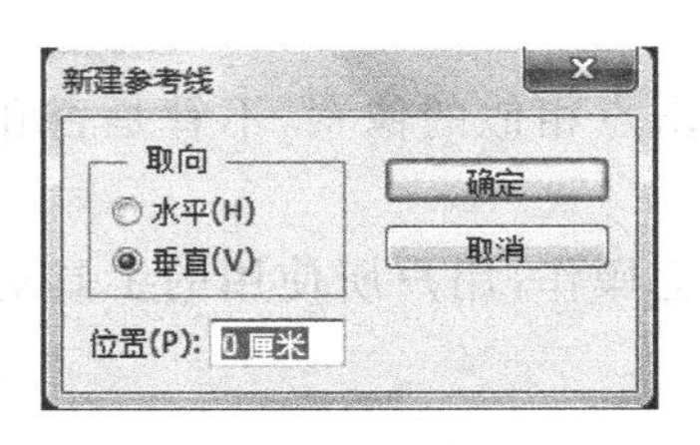

图 2-11 新建参考线

(2) 打开标尺，在标尺上单击并拖出参考线。

2. 使用参考线

(1) 拖动参考线时，按住 Alt 键，可在垂直和水平参考线之间进行切换。

(2) 按住 Shift 键拖动参考线能够强制参考线对齐标尺的增量。

(3) 双击参考线或选择“编辑”|“首选项”|“参考线、网格和切片”命令，在如图 2-12 所示的对话框中可以对参考线的颜色、样式进行设置。

(4) 当选择“图像”|“旋转画布”|“水平翻转画布”命令或“垂直翻转画布”命令时，若使用了“视图”|“锁定参考线”命令，就能够防止参考线随着画布翻转。

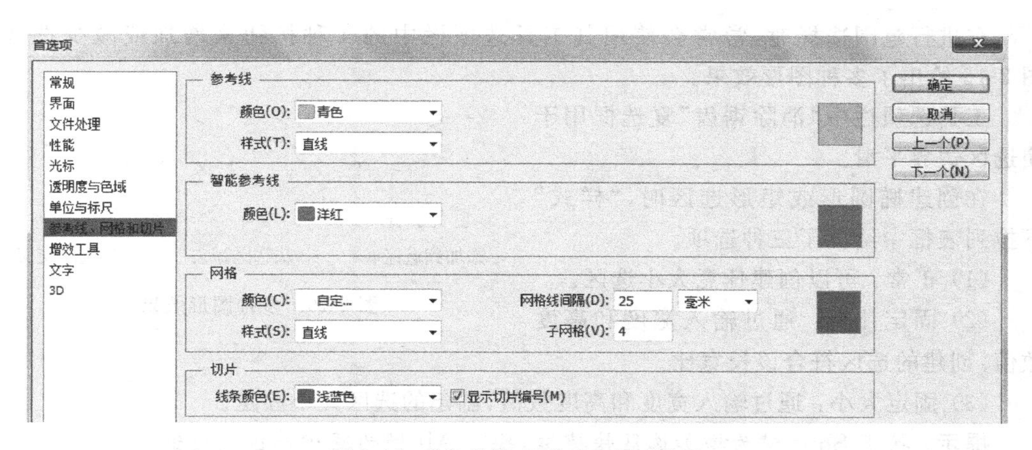

图 2-12　“参考线、网格和切片”设置

3. 清除参考线

(1) 选择“视图”|“清除参考线”命令，可以清除文档窗口中的所有参考线。

(2) 利用“移动工具”把参考线拖回标尺处，即可清除该参考线。

2.2　选区工具

2.2.1　选区工具设置

常用的选区工具分为规则选区工具和不规则选区工具。规则选区工具常用的有矩形选框工具和椭圆形选框工具，不规则选区有套索工具、多边形套索工具、磁性套索工具和魔棒工具。

1. 工具选项栏

椭圆选框工具选项栏如图 2-13 所示。矩形选框工具选项栏如图 2-14 所示。多边形套索工具选项栏如图 2-15 所示。

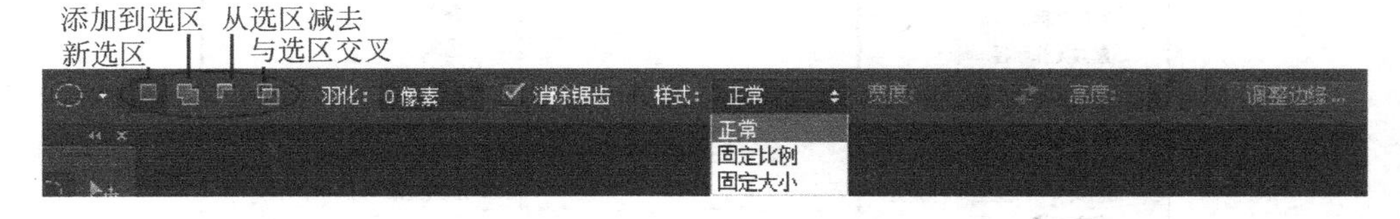

图 2-13　椭圆选框工具选项栏

图 2-14　矩形选框工具选项栏

图 2-15　多边形套索工具选项栏

在进行范围选择时，常常会使用其工具选项栏中的 4 种按钮来增加或减少选区，图 2-16 给出了多种图形效果。

工具选项栏中"消除锯齿"复选框用于使选区边界平滑。

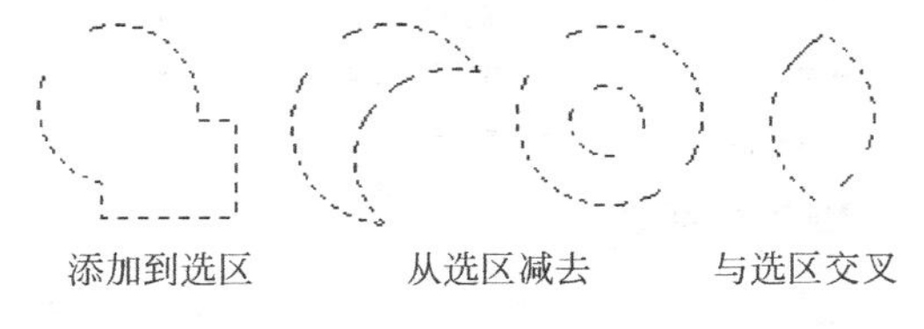

图 2-16　多种图形效果

在创建椭圆形或矩形选区时，"样式"下拉列表框中给出了三种选项。

(1) 正常：可以创建任意大小选区。

(2) 固定比例：通过输入宽度和高度数值，创建的选区符合该长宽比。

(3) 固定大小：通过输入宽度和高度数值，创建的选区大小固定。

提示：按下 Shift 键为增加选区快捷键，按下 Alt 键为减少选区快捷键。

2. 创建选区

对于矩形选框工具或椭圆选框工具，按住 Shift 键，同时在文档窗口内单击并拖动，可创建一个正方形或圆形选区。按住 Alt 键，同时在文档窗口内单击并拖动，可创建一个以单击点为中心的矩形或椭圆形选区。按住 Shift＋Alt 键，同时在文档窗口内单击并拖动，可创建一个以单击点为中心的正方形或圆形选区。

3. 变换选区

在选区内右击，在弹出的快捷菜单中选择"变换选区"命令，可以对选区进行旋转、缩放，如图 2-17 所示。此时再在选区内右击，使用弹出的快捷菜单可以进行扭曲、变形等操作，如图 2-18 所示。这些功能也可以先选择"选择"|"变换选区"命令，然后选择"编辑"|"变换"命令来实现。

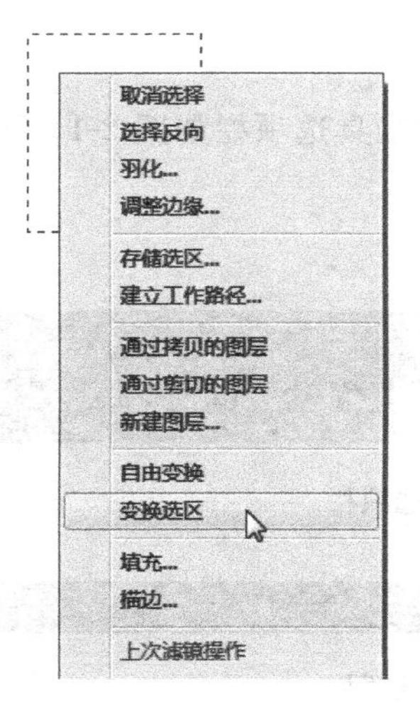

图 2-17　"变换选区"命令

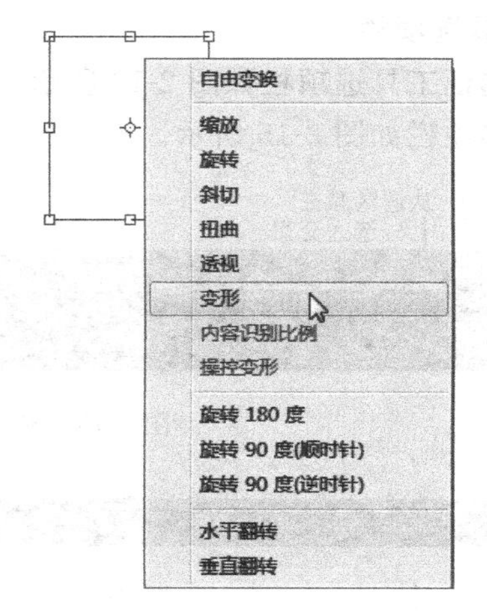

图 2-18　"变形"命令

4. 移动选区

(1) 选择移动工具。当选区内有像素时，即对选区内的图像进行移动，如图 2-19 所示。

(2) 选择一种选框工具，在透明图层上建立了选区，可以单击选框工具，当光标放到选区内时，会出现一个白色的箭头，右下方有一个矩形，这时就可以移动选区了，这种情况下只是选区范围的移动，不涉及选区内的像素，如图 2-20 所示。

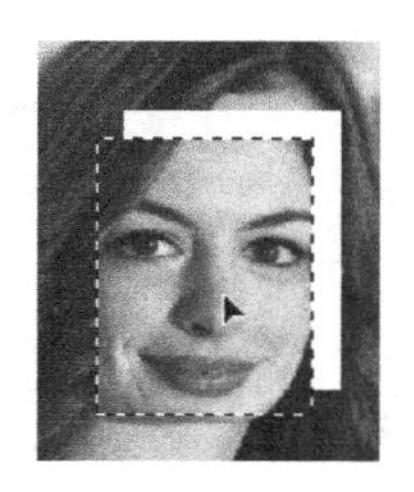

图 2-19　用移动工具移动选区

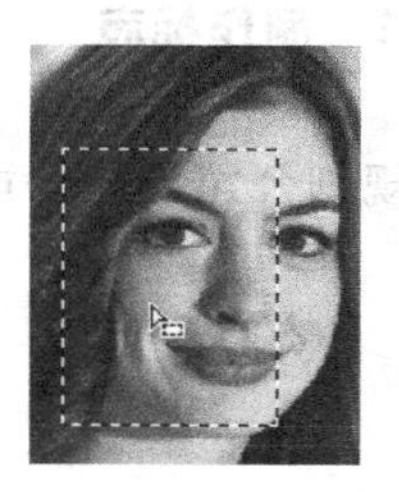

图 2-20　用选框工具移动选区

5. 羽化选区边缘

羽化就是模糊选区的边缘，羽化值越大，边缘就越模糊，如图 2-21 所示是几种羽化效果比较。常用的设置方法有三种：在工具选项栏中设置羽化值；也可以在选区内右击，在弹出的快捷菜单中选择“羽化”命令，设置羽化半径值；或者选择“选择”|“修改”|“羽化”命令，设置羽化半径值。

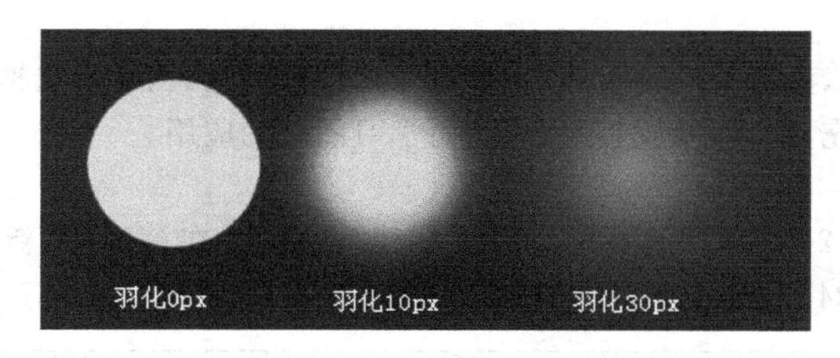

图 2-21　羽化效果比较

6. 填充选区

使用选框工具、多边形套索工具或钢笔工具制作选区后，选择“编辑”|“填充”命令，打开“填充”对话框，或按 Shift+F5 键打开“填充”对话框，如图 2-22 所示，在其中设置填充的内容。也可以直接使用 Ctrl+Delete 键填充背景色、使用 Alt+Delete 键填充前景色。

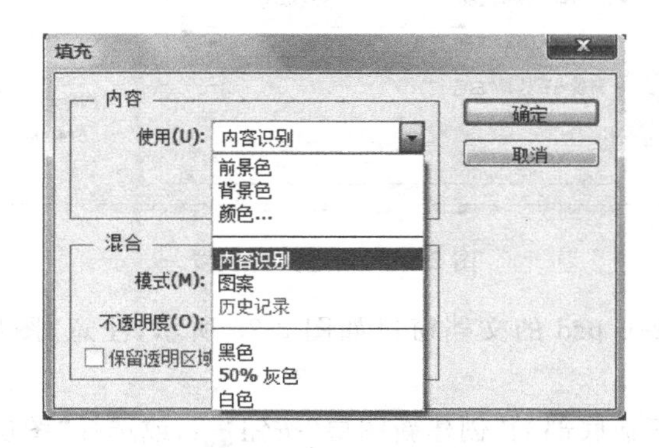

图 2-22　“填充”对话框

2.2.2 平面图形绘图

使用选框工具绘制规则图形。

任务1 制作标志

任务要求

为某园林规划公司设计公司标志，如图 2-23 所示。

图 2-23 某公司标志效果图

任务分析

通过设置标尺、参考线进行精确定位，应用椭圆选框工具、矩形选框工具画圆形、正方形和菱形，学习填充、旋转、缩放等命令，从而学习图层的应用。

操作步骤

(1) 新建文件 2-1. psd。选择"文件"|"新建"命令，并在打开的"新建"对话框中设置相关参数，如图 2-24 所示，然后单击"确定"按钮。

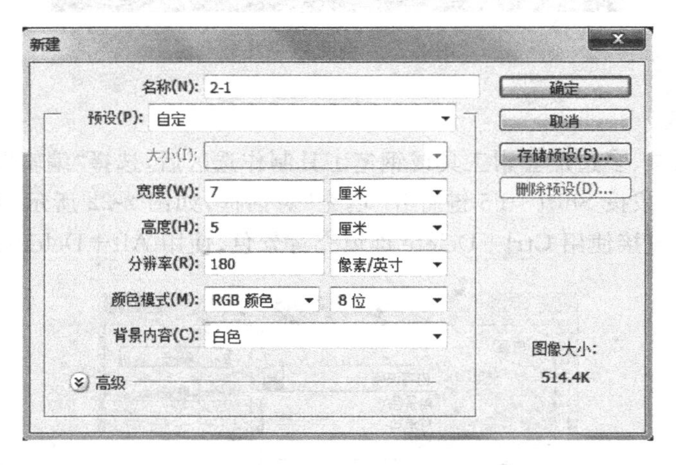

图 2-24 新建文件设置

(2) 新建的文件 2-1. psd 的文档窗口如图 2-25 所示，注意"图层"面板上的白色"背景"图层。

(3) 单击"图层"面板底部的"创建新图层"按钮，或选择"图层"|"新建"|"图层"命

图 2-25　新建白色背景文档

令，新建“图层 1”。按 Ctrl＋R 键或选择“视图”|“标尺”命令，在文档窗口显示标尺，从标尺的左上角开始拖动建立新的坐标原点，同时按住 Shift 键和鼠标左键，在水平和垂直标尺上分别绘制出一条参考线，使参考线相交在坐标原点。再使用相同的方法拖出其他参考线，位置如图 2-26 所示。

图 2-26　建立标尺和参考线

(4) 选择椭圆选框工具，按住 Alt 键，并在文档窗口中心原点处单击并拖动，绘制椭圆形选区，如图 2-27 所示。单击椭圆选框工具选项栏中的“从选区减去”按钮，并按住 Alt 键，在文档窗口中心原点处单击并拖动，再绘制一个小的椭圆形选区，如图 2-28 所示。

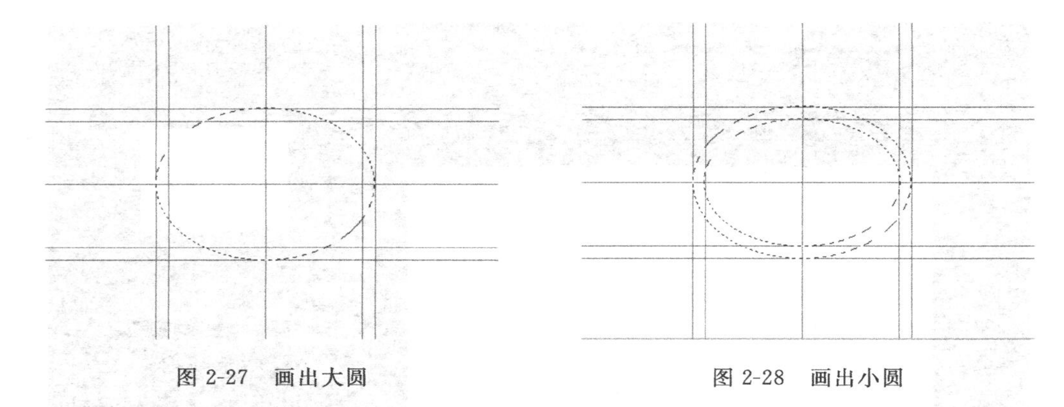

图 2-27　画出大圆　　　　图 2-28　画出小圆

(5) 选择“编辑”|“填充”命令，填充蓝色(R:8,G:26,B:252)。选择矩形选框工具，设置羽化值为 0，在水平标尺左 0.5 到右 0.5 的宽度上绘制出矩形选区，并按 Delete 键删除部分圆环，如图 2-29 所示。然后按 Ctrl+D 键取消选区。

(6) 新建“图层 2”，单击工具箱中的椭圆选框工具，按住 Shift 键绘制正圆。按住 Ctrl 键的同时移动光标，调整圆的位置，再填充红色(R:252,G:2,B:2)，如图 2-30 所示，然后按 Ctrl+D 键取消选区。

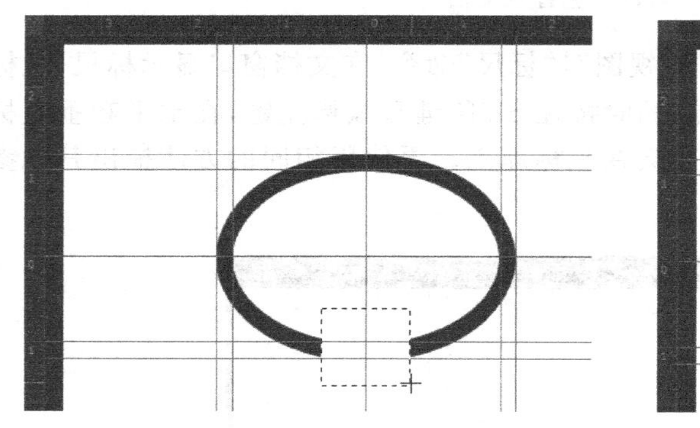

图 2-29　删除同心圆的一部分

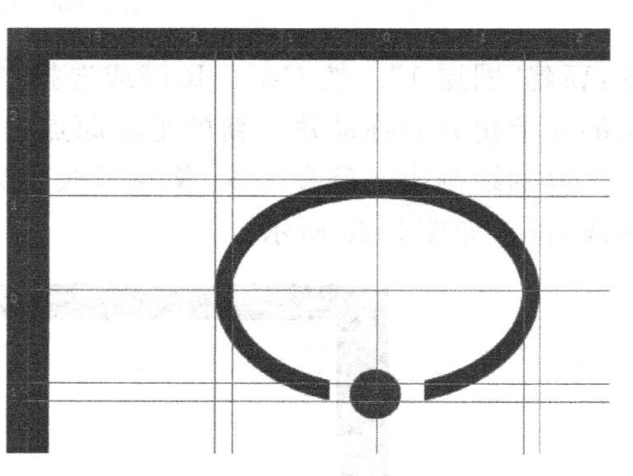

图 2-30　画红色小正圆

(7) 新建“图层 3”，单击工具箱中的矩形选框工具，按住 Shift 键绘制正方形，再填充绿色(R:2,G:150,B:2)，如图 2-31 所示。选择“编辑”|“变换”|“旋转”命令，将正方形旋转 45°，设置如图 2-32 所示，效果如图 2-33 所示。

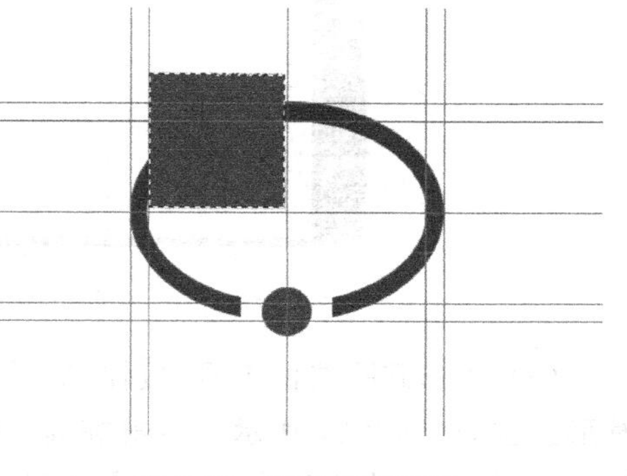

图 2-31　画绿色正方形

(8) 复制“图层 3”。在“图层”面板中将“图层 3”拖动到“创建新图层”按钮上，得到“图层 3 副本”。使用同样方法得到“图层 3 副本 2”，如图 2-34 所示。

(9) 分别调整 3 个图层上的图形。在“图层”面板上选中要调整的图层，使用工具箱中的移动工具调整其位置。为了实现精确定位，可在拖动的同时按住 Ctrl 键。调整结果如图 2-35 所示。

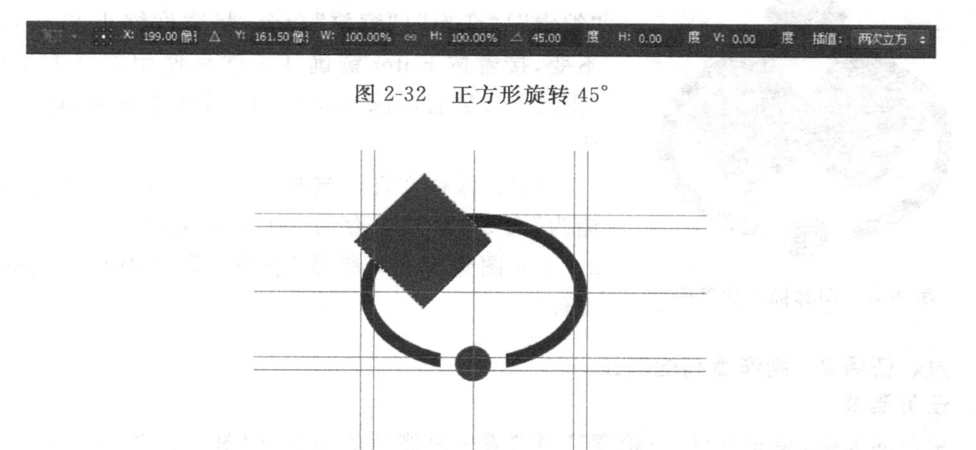

图 2-32　正方形旋转 45°

图 2-33　正方形旋转 45°后

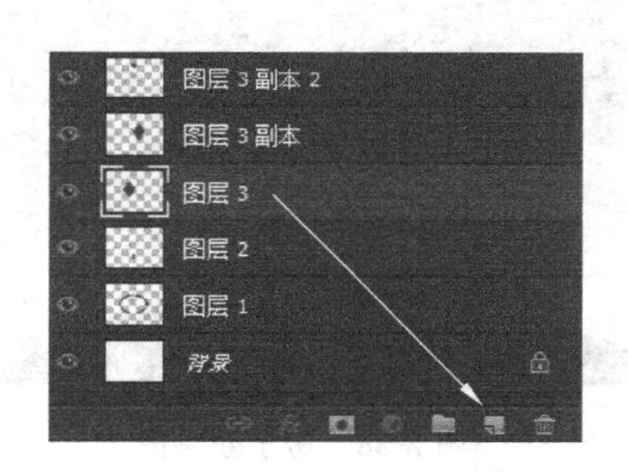

图 2-34　复制图层得到两个副本

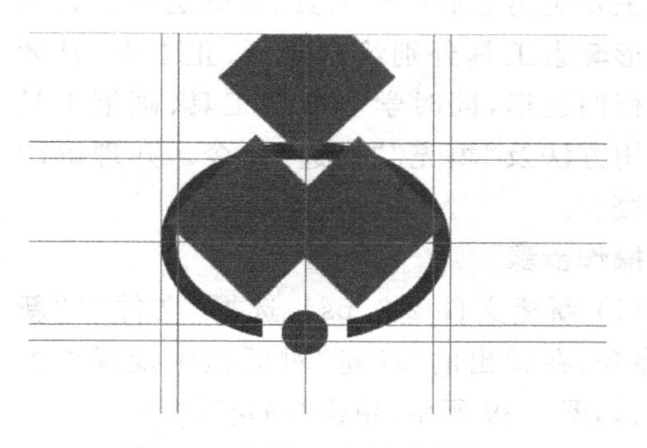

图 2-35　调整三个图形的位置

(10) 在“图层”面板上选中“图层 3 副本 2”，然后选择“编辑”|“变换”|“缩放”命令，将宽度和高度均缩小 50%，如图 2-36 所示，按 Enter 键确认。

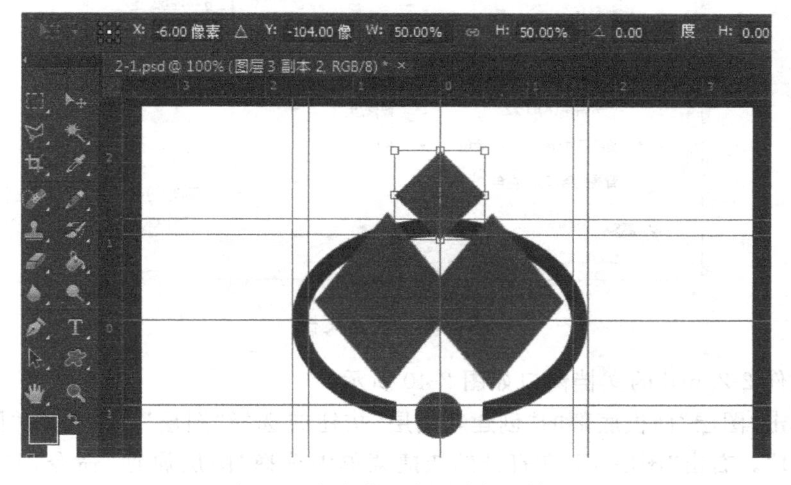

图 2-36　调整“图层 3 副本 2”效果

图 2-37 园林标志效果图

(11) 在“图层”面板上选中“图层 3 副本”，选择“编辑”|“变换”|“缩放”命令，将宽度缩小 80%，高度不变，接着按 Enter 键确认。然后使用同样方法调整“图层 3”，最后清除参考线，得到最终效果，如图 2-37 所示。

(12) 保存文件。选择“文件”|“存储”命令或“存储为”命令，默认保存为 2-1. psd 文件，也可再存储为 2-1. jpg 图像文件(参考“答案\第 2 章\2-1. psd”源文件)。

任务2 制作漂亮的房子

任务要求

灰色的天空，星光点点，一轮弯月照映着一座漂亮的房子，如图 2-38 所示。

任务分析

主要应用矩形选框工具、椭圆选框工具和多边形套索工具分别绘制矩形、正方形、月牙和平行四边形，同时学习渐变工具、画笔工具的使用方法及“填充”“描边”命令。并理解图层的概念。

图 2-38 房子效果图

操作步骤

(1) 新建文件 2-2. psd，选择“文件”|“新建”命令，在弹出的“新建”对话框中设置相关参数，如图 2-39 所示，单击“确定”按钮。

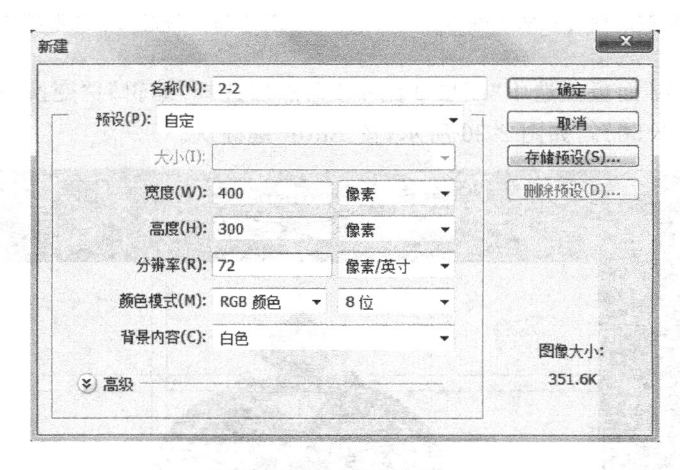

图 2-39 新建文档

(2) 文件 2-2. psd 的文档窗口如图 2-40 所示。

(3) 单击“图层”面板底部的“创建新图层”按钮或选择“图层”|“新建”|“图层”命令，新建“图层 1”。右击“图层 1”，在打开的快捷菜单中选择“图层属性”命令，打开“图层属

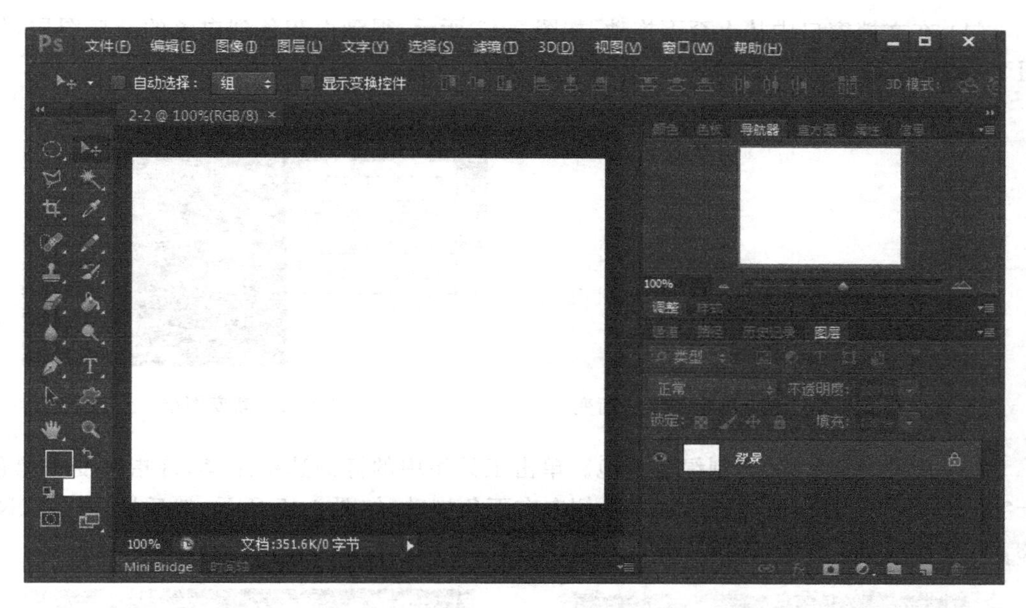

图 2-40　新建白色背景文档

性”对话框，并在“名称”文本框中输入“蓝天”。单击工具箱中的渐变工具，并在如图 2-41 所示的工具选项栏中单击渐变颜色条，在打开的“渐变编辑器”对话框中设置由灰到白的渐变色，如图 2-42 所示，然后单击“确定”按钮。

图 2-41　渐变工具的选项栏

图 2-42　渐变编辑器

(4) 在文档窗口中从上至下拖动，如图 2-43 所示，得到由灰色到白色的渐变图层，如图 2-44 所示。

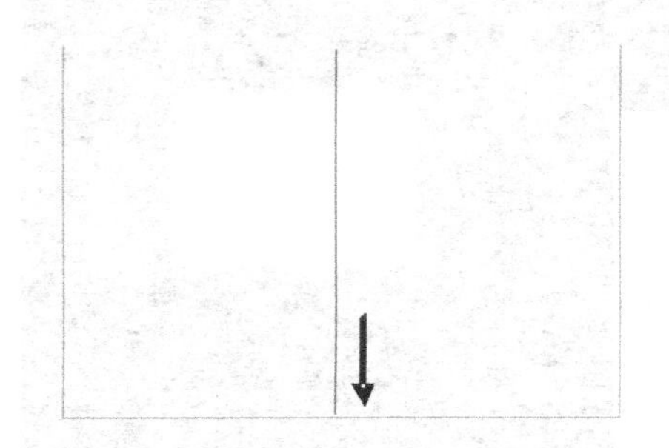

图 2-43 在文档窗口中上下拖动绘制渐变

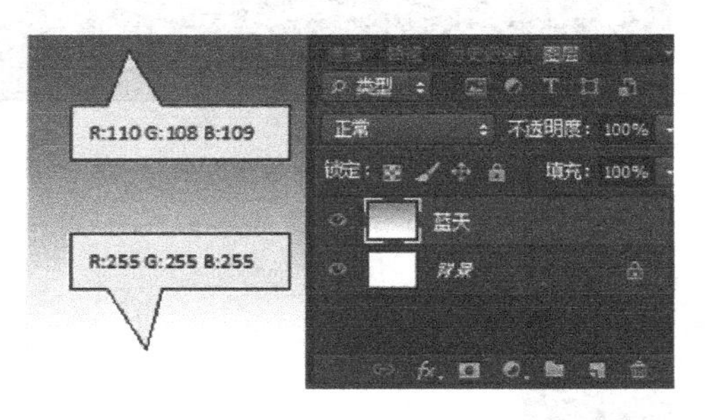

图 2-44 渐变图层

(5) 新建“图层 2”，绘制绿色草地。单击工具箱中的椭圆选框工具，待指针变为黑色十字时单击并从文档窗口画布的左下侧向右下角拖动，如图 2-45 所示，然后填充绿色(R:78,G:121,B:12)，如图 2-46 所示。

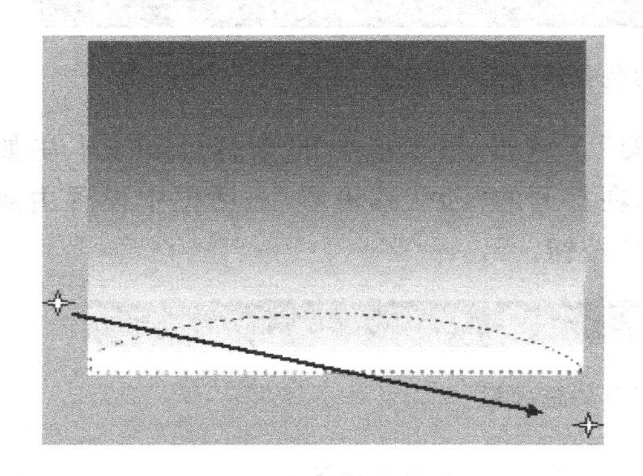

图 2-45 绘制草地的选区

图 2-46 填充草地选区

(6) 新建“图层 3”，绘制房子。

① 选择“视图”|“新建参考线”命令，打开如图 2-47 所示的对话框，建立多条水平和垂直参考线，如图 2-48 所示。

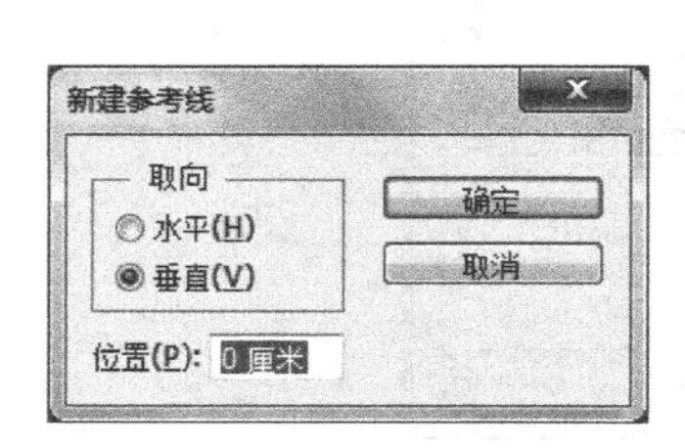

图 2-47 “新建参考线”对话框

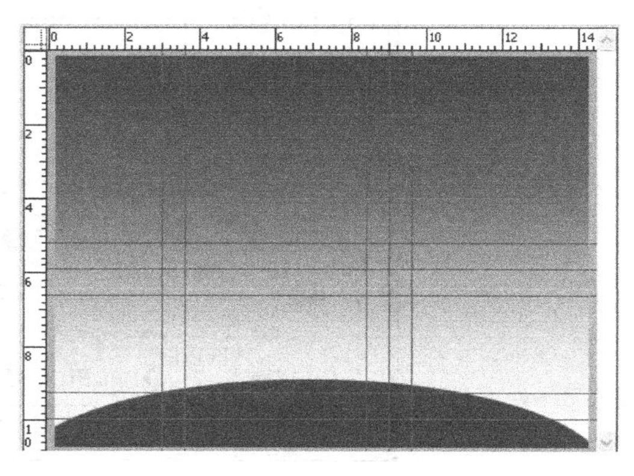

图 2-48 新建参考线

② 使用工具箱中的矩形选框工具绘制墙壁，并填充红色(R:250，G:129，B:155)，如图 2-49 所示。使用工具箱中的多边形套索工具绘制房顶，并填充黄色(R:250，G:197，B:90)，如图 2-50 所示。使用多边形套索工具绘制侧面，并填充灰色(R:185，G:199，B:202)，如图 2-51 所示。

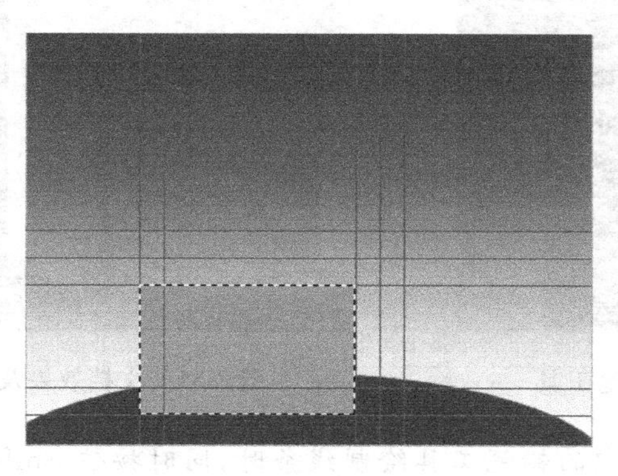

图 2-49　绘制墙壁

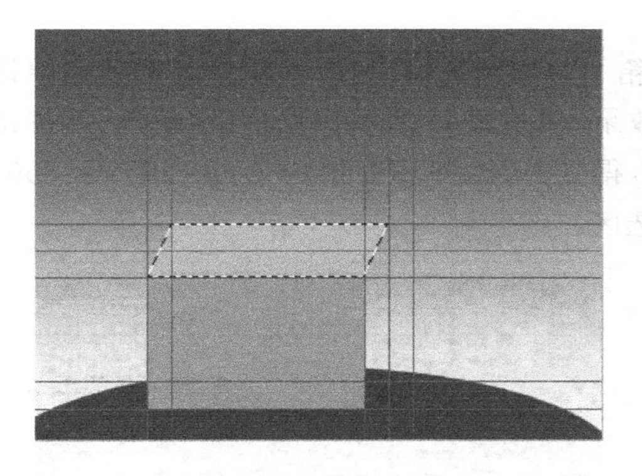

图 2-50　绘制房顶

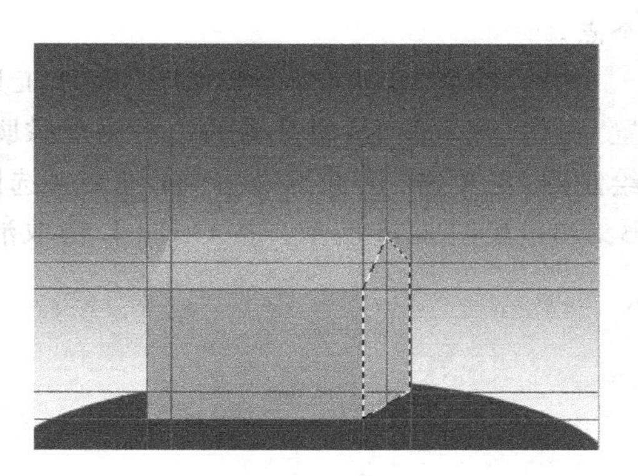

图 2-51　绘制侧面

③ 选择"视图"|"清除参考线"命令清除参考线。绘制门窗选区。选择"编辑"|"描边"命令，在打开的"描边"对话框中设置"颜色"为白色，"位置"为"居中"。选择"编辑"|"填充"命令，在打开的"填充"对话框中设置"使用"为"50%灰色"，"不透明度"为 50%，如图 2-52 所示。

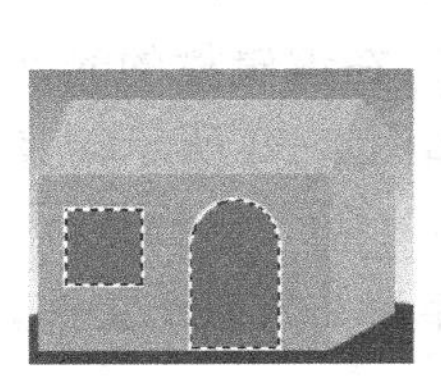

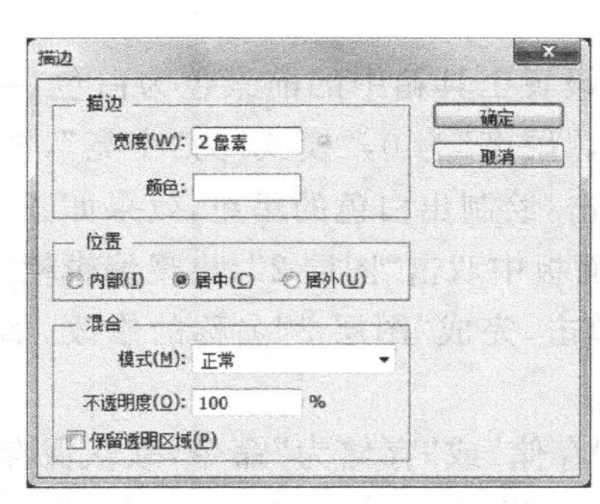

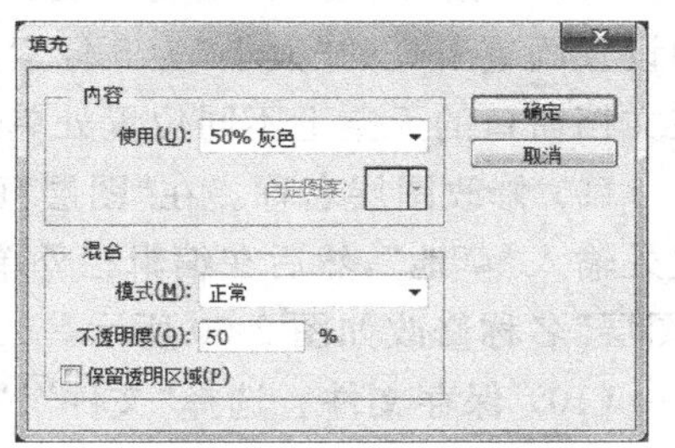

图 2-52　绘制门窗并描边和填充

④ 使用工具箱中的铅笔工具绘制门窗白线。铅笔工具设置如图 2-53 所示，绘制效果及当前“图层”面板如图 2-54 所示。

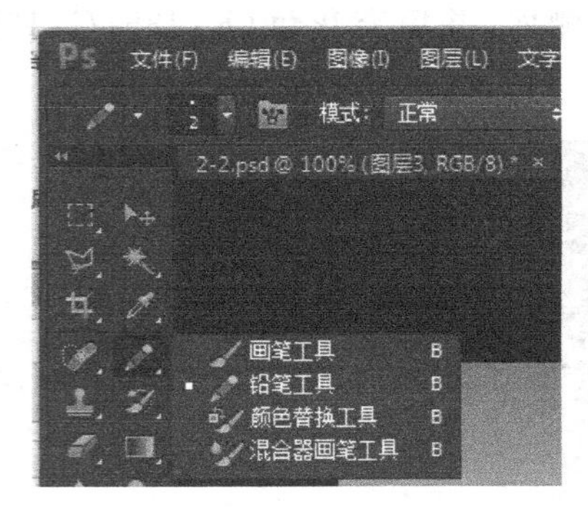

图 2-53 选择铅笔工具

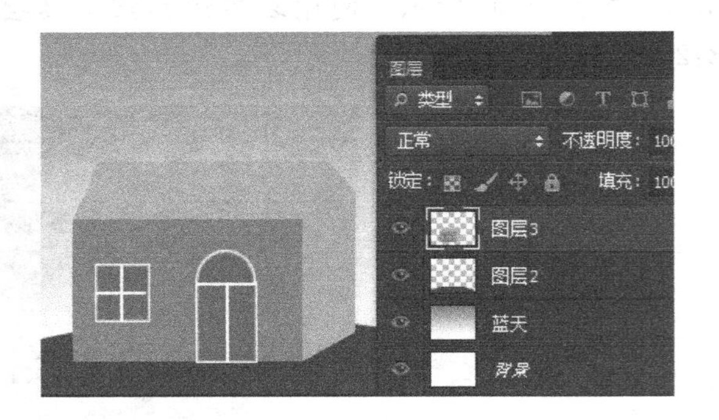

图 2-54 文档效果及“图层”面板设置

提示：使用工具箱中的铅笔工具绘制线条时，同时按住 Shift 键，可以绘制水平或垂直线条；单击确定一个点，按住 Shift 键，再单击确定另一个点，则用直线连接单击的两个点。

(7) 新建“图层 4”，绘制月亮。使用工具箱中的椭圆选框工具，并在工具选项栏中设置“羽化”为 2 像素，使月亮的边沿出现朦胧效果，如图 2-55 所示。先单击“新选区”按钮绘制圆，再单击“从选区减去”按钮减去选区，得到月牙，并填充银白色(R:250,G:250,B:250)，如图 2-56 所示。按 Ctrl+D 键取消选区。

图 2-55 椭圆选框工具设置

图 2-56 添加月亮效果

(8) 新建“图层 5”，绘制星星。设置工具箱中的前景色为白色，并在画笔工具选项栏中设置画笔工具的“大小”为 5 像素，“硬度”为 0，“模式”为“变亮”，如图 2-57 所示。接着在文档窗口的天空上不同位置处单击，绘制出白色的星星，效果如图 2-58 所示。

(9) 修改图层名称。在“图层”面板中双击“图层 2”，出现编辑栏。在编辑栏的光标位置处输入“草地”，然后在编辑栏外单击，完成“图层 2”名称的修改，如图 2-59 所示。其他“图层”名称修改如图 2-60 所示。

(10) 保存文件。选择“文件”|“存储”或“存储为”命令，默认保存为 2-2. psd 文件，也可以存储为 2-2. jpg 图像文件(参考“答案\第 2 章\2-2. psd”源文件)。

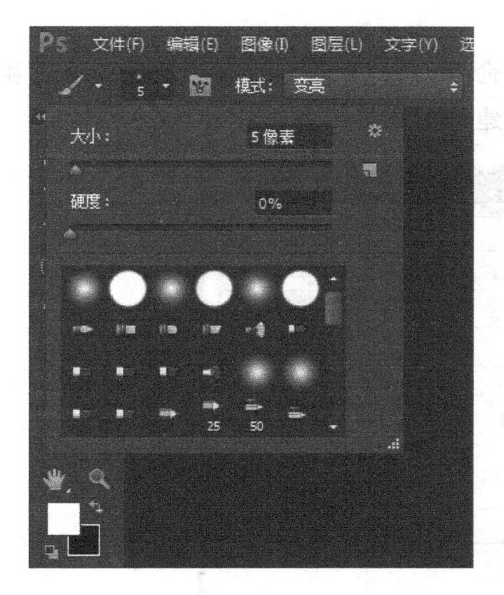

图 2-57　画笔工具设置

图 2-58　添加星星后的效果

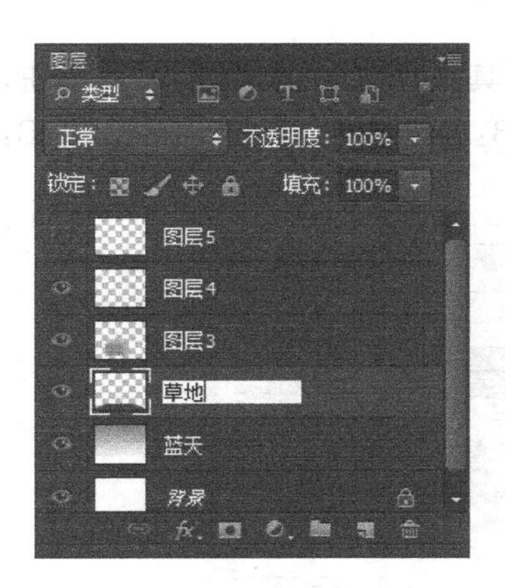

图 2-59　修改图层名称

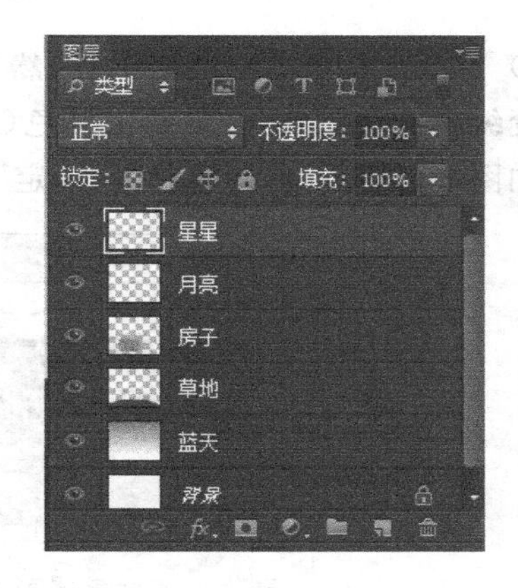

图 2-60　更改图层名称后的效果

2.2.3　立体几何形体绘制

Photoshop 主要是平面图形设计，但是通过颜色渐变，也可以达到立体效果。

图 2-61　圆柱体效果图

任务 3　绘制圆柱体

任务要求

绘制光照效果的绿色圆柱体，并制作投影，效果如图 2-61 所示。

任务分析

使用矩形选框工具、椭圆选框工具和渐变工具，绘制具有光泽效果的圆柱体；通过复制图层和图层的不透明度设置制作倒影效果。

操作步骤

(1) 新建文件 2-3. psd,选择"文件"|"新建"命令,在打开的"新建"对话框中设置相关参数,如图 2-62 所示。然后单击"确定"按钮,创建一个新的图像文件。

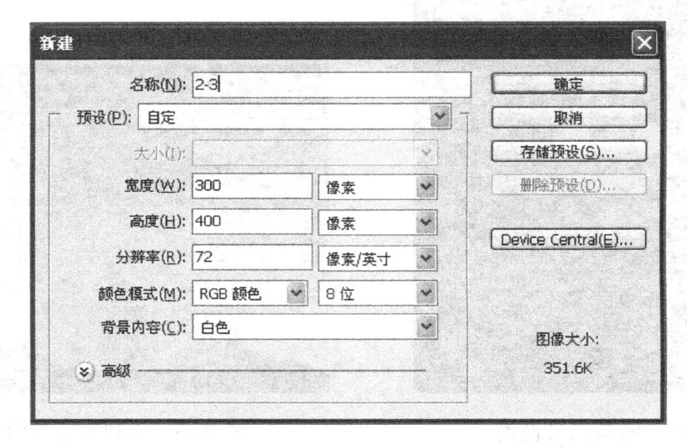

图 2-62 新建文档

(2) 单击工具箱中的渐变工具,然后单击其工具选项栏中的 按钮,在打开的"渐变编辑器"对话框中设置由黑色(R:0,G:0,B:0)至白色(R:255,G:255,B:255)的渐变,如图 2-63 所示。然后单击"确定"按钮。

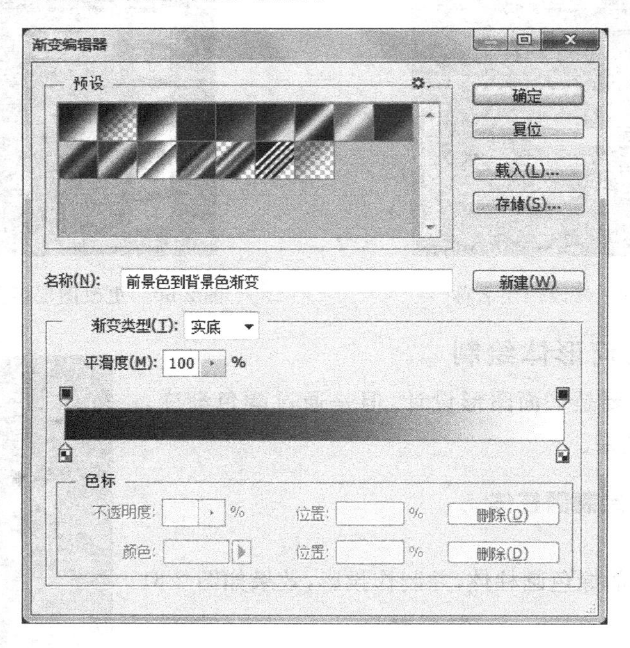

图 2-63 "渐变编辑器"对话框

(3) 设置渐变工具选项栏中的其他选项,如图 2-64 所示。

(4) 将指针指向文档窗口的上方,按住 Shift 键的同时自上而下拖动,为文档背景填

图 2-64　渐变工具选项栏

充渐变色。

(5) 单击“图层”面板上的“创建新图层”按钮，新建“图层 1”。

(6) 单击工具箱中的矩形选框工具，在工具选项栏中设置羽化值为 0，其他选项设置均为系统默认值。接着在文档中创建矩形选区，如图 2-65 所示。

图 2-65　创建矩形选区

(7) 单击工具箱中的渐变工具按钮，然后单击其工具选项栏中的按钮，在打开的“渐变编辑器”对话框中，从左至右依次设置 4 个色标的颜色，分别是(R:27, G:122,B:10)、(R:215,G:236,B:219)、(R:27, G:122, B:10)和(R:210,G:225,B:211)，如图 2-66 所示，然后单击“确定”按钮。设置渐变工具选项栏中的其他参数，如图 2-67 所示。

(8) 将指针指向矩形选区的左边，按住 Shift 键自左向右水平拖动，然后按 Ctrl+D 键取消选区，如图 2-68 所示。

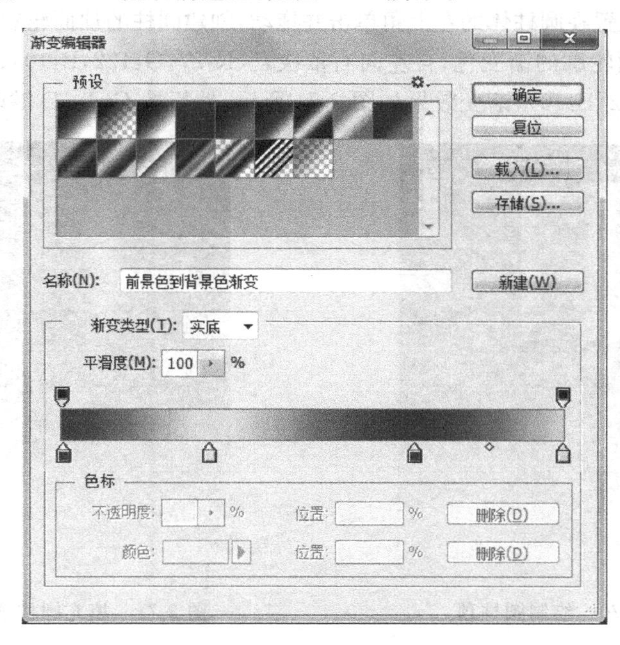

图 2-66　设置圆柱体的渐变色

图 2-67　设置圆柱体渐变色的其他选项

图 2-68　填充的渐变色

(9) 单击“图层”面板上的“创建新图层”按钮，新建“图层 2”。然后单击工具箱中椭圆选框工具，其工具选项栏设置如图 2-69 所示。

图 2-69　椭圆选框工具选项栏

(10) 将光标放置在圆柱体的左上角单击并拖动，创建圆柱的顶面轮廓，如图 2-70 所示。

(11) 设置顶面轮廓的渐变色，自左向右依次是(R:27,G:122,B:10)、(R:109,G:166,B:109)和(R:27,G:122,B:10)，渐变效果如图 2-71 所示，然后按 Ctrl+D 键取消选区。

图 2-70　绘制圆柱顶

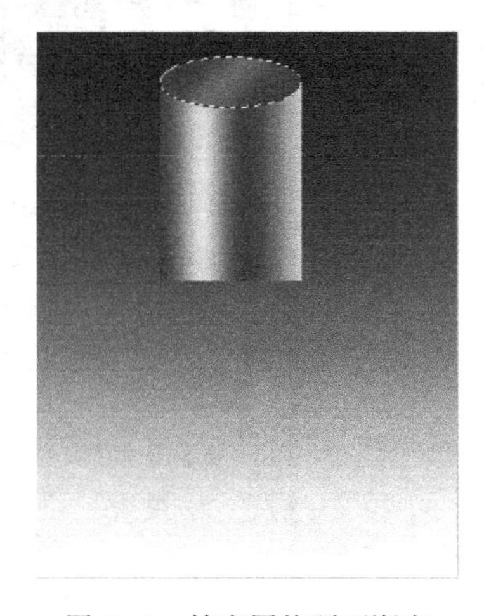

图 2-71　填充圆柱顶面渐变

(12) 按 Ctrl+E 键合并“图层 1”和“图层 2”，使圆柱和顶面成为一体，如图 2-72 所示为图层合并前后的效果。

(13) 按住 Ctrl 键，单击“图层”面板上“图层 1”的缩览图，将“图层 1”中的图像载入选区，如图 2-73 所示。单击工具箱中的选框工具，并在选区内右击，在弹出的快捷菜单中选

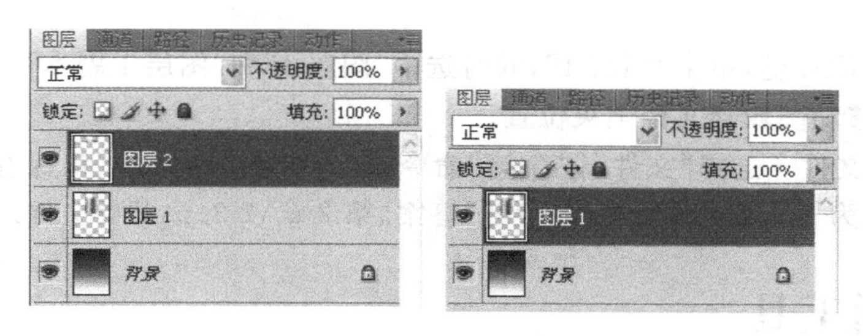

图 2-72　图层合并前后

择“变换选区”命令。然后右击选区，在弹出的快捷菜单中选择“垂直翻转”命令，效果如图 2-74 所示，最后按 Enter 键确认变换。

(14) 选择“选择”|“反选”命令，或者按 Ctrl+Shift+I 键，将选区反选。按 Delete 键删除选区内图像，取消选区，如图 2-75 所示。

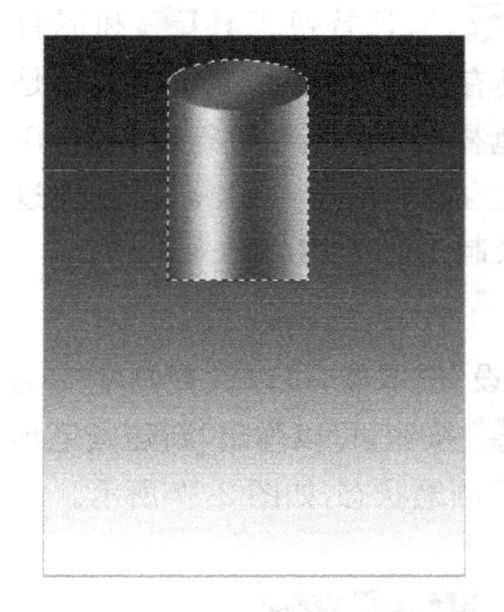

图 2-73　“图层 1”载入选区

图 2-74　垂直翻转选区

图 2-75　反选后删除的效果

(15) 在“图层”面板上，把“图层 1”拖动到“创建新图层”按钮上复制“图层 1”，得到“图层 1 副本”。把“图层 1 副本”移动到“图层 1”下面，设置“图层 1 副本”的“不透明度”为 40%，并在文档窗口移动“图层 1 副本”到合适的位置，如 2-76 所示，完成倒影制作。

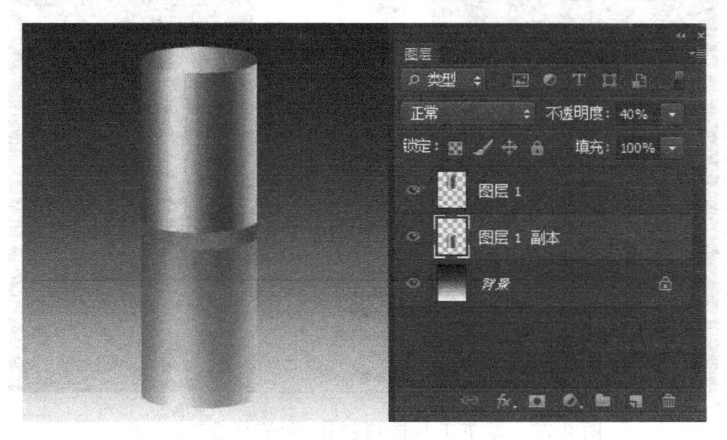

图 2-76　制作圆柱倒影

(16) 按住 Ctrl 键,单击"图层 1",同时选中"图层 1"和"图层 1 副本"。并使用工具箱中的移动工具移动图像到文档中央位置。

(17) 保存文件。选择"文件"|"存储"命令或"存储为"命令,默认保存为 2-3. psd 文件,也可以存储为 2-3. jpg 图像文件(参考"答案\第 2 章\2-3. psd"源文件)。

2.3 绘画工具

Photoshop CS6 拥有丰富的绘画资源,使用多种填色模式和多样的滤镜功能可以绘制出效果逼真的图像。

2.3.1 画笔绘图

1. 画笔分类

Photoshop CS6 中的画笔分为画笔工具、铅笔工具、颜色替换工具和混合器画笔工具四种。画笔工具是模仿毛笔功能而设定的,具有湿边功能,绘制出的线条是虚边的。铅笔工具是硬笔设置,绘制出的线条是实边的。颜色替换工具是先进行取样,再用取样点的颜色替换掉其他部分的颜色。混合器画笔工具是较为专业的绘画工具,可以通过工具选项栏的设置调节笔触的颜色、浓度和混合颜色,以便绘制出更为细腻的效果图。

2. 画笔预设

单击工具箱中的画笔工具,在工具选项栏中单击"画笔预设"选取器,可以设置画笔的笔尖形状、画笔大小和硬度。单击其右上角的"新建画笔预设"按钮,可以弹出"新建画笔预设"快捷菜单,用于设置画笔其他样式,通过"复位画笔"返回预设画笔状态,如图 2-77 所示。

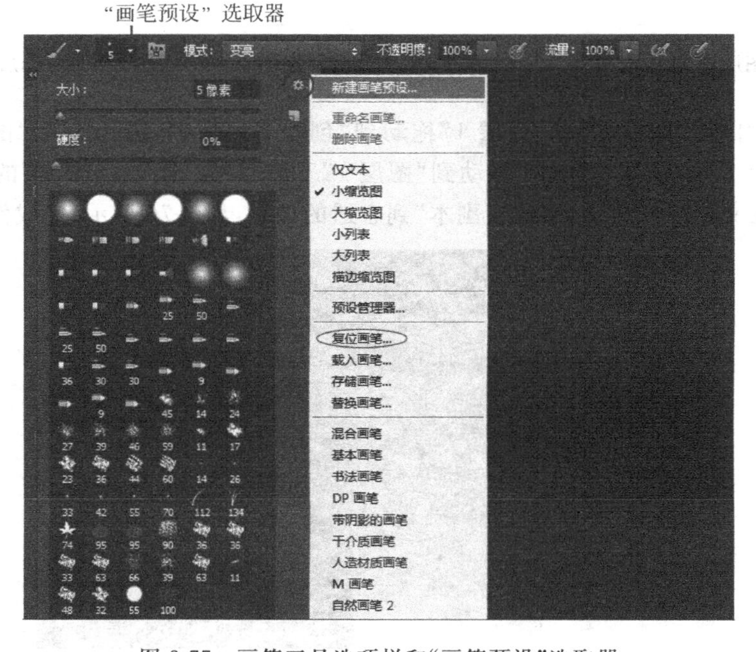

图 2-77 画笔工具选项栏和"画笔预设"选取器

(1) 笔尖形状：Photoshop 提供了许多不同形状的画笔笔尖，根据需要用它创造出不同风格的线条及形状。可以根据绘制时的实际情况，合理选择笔尖。

(2) 画笔大小：画出粗细不同的线条。

(3) 画笔的不透明度：通过调整画笔的不透明度得到透明、半透明的颜色。

任务4 使用预设画笔功能绘制美丽的风景

任务要求

绘制有蓝天、白云、绿地、金色枫叶的美丽风景画，效果如图 2-78 所示。

图 2-78 风景效果图

任务分析

使用画笔工具绘制图形，注意画笔的颜色取值、画笔的形状及光标移动的位置和频率。为了便于修改，要在不同图层上进行绘制。

操作步骤

(1) 新建一个大小为 800 像素×600 像素的文件，设置背景内容为白色。

(2) 新建"图层 1"，并使用工具箱中的渐变工具由上到下填充蓝(R:150,G:207,B:250)白(R:250,G:250,B:250)渐变色。

(3) 新建"图层 2"。设置工具箱中的前景色为褐色(R:82,G:62,B:35)。单击工具箱中的画笔工具，单击工具选项栏"画笔预设"选取器中的"大油彩蜡笔"，如图 2-79 所示。接着在文档窗口右下侧绘制如图 2-80 所示的树干。

(4) 新建"图层 3"。设置工具箱中的前景色和背景色均为绿色(R:8,G:120,B:8)。单击工具箱中的画笔工具，并单击工具选项栏"画笔预设"选取器中的"草"，如图 2-81 所示，调整"大小"为 70 像素，接着在文档窗口的下半部分反复拖动，绘画草地，如图 2-82 所示。

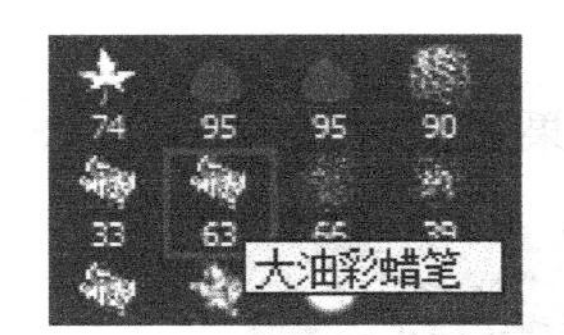

图 2-79 “画笔预设”选取器中的“大油彩蜡笔”

图 2-80 绘制树干

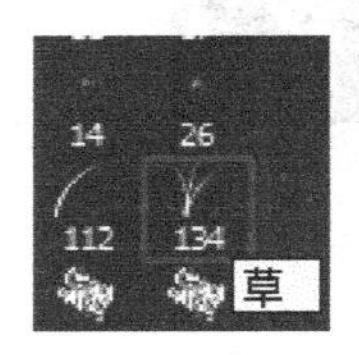

图 2-81 “画笔预设”选取器中的“草”

图 2-82 绘制的草地

（5）新建“图层 4”。设置工具箱中的前景色为黄色(R:250,G:251,B:22)，背景色为橙色(R:253,G:231,B:45)。单击工具箱中的画笔工具，接着单击工具选项栏“画笔预设”选取器中的“散布枫叶”，如图 2-83 所示。然后在文档窗口的右上半部分和草地上反复拖动，绘制树叶，如图 2-84 所示。

图 2-83 “画笔预设”选取器中的“散布枫叶”

图 2-84 绘制的树叶

(6) 新建"图层5"。设置工具箱中的前景色为白色(R:250,G:250,B:250),背景色为浅蓝色(R:220,G:240,B:250)。单击工具箱中的画笔工具,并设置工具选项栏中的"不透明度"和"流量"均为50%,如图2-85所示。单击工具选项栏"画笔预设"选取器中的"柔边圆",如图2-86所示。接着在文档窗口的天空部分绘制白云,如图2-87所示。

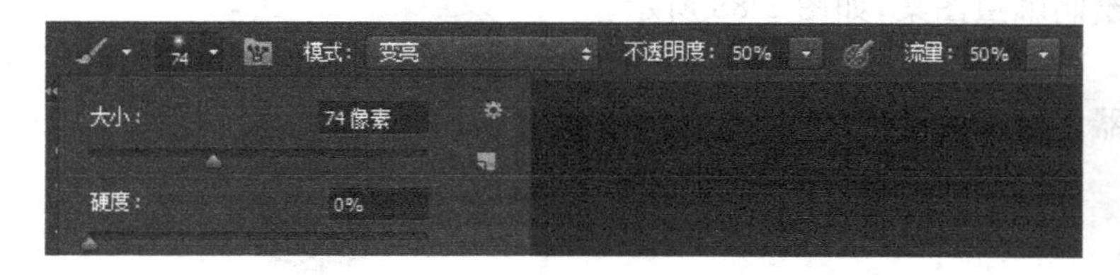

图2-85　设置画笔

图2-86　选择画笔样式

图2-87　绘制的白云

(7) 保存文件。选择"文件"|"存储"命令或"存储为"命令,默认保存为2-4.psd文件,或存储为2-4.jpg图像文件(参考"答案\第2章\2-4.psd"源文件)。

提示: 下面是关于Photoshop画笔工具的一些技巧。

① 使用画笔工具时,可以随时通过右击打开简化型的"笔刷"面板,选择合适的笔刷。

② 使用画笔工具时,可以通过"["键和"]"键缩放笔刷尺寸。

③ 当"笔刷"面板中有一个笔刷被激活使用后,使用英文状态的","键和"."键可以快速连续切换笔刷列表里的不同笔刷。

④ 使用画笔工具时,按住Alt键可以变为"吸管工具",从画面上的任何地方(包括打开的其他文档中)拾取颜色为前景色。

⑤ 按住Shift键可以强制画笔在竖直和水平的直线方向上绘制。

⑥ 使用画笔工具在某处单击,按住Shift键,再在另一处单击鼠标,则笔刷在这两点之间绘制出直线。

⑦ 使用 Shift 键配合“－”键或“＋”键，可以依次切换笔刷的混合模式。

3. 自定义画笔

任务5　自定义“瓢虫”画笔绘制瓢虫

任务要求

使用自定义的画笔绘制瓢虫图案，如图 2-88 所示。

任务分析

向“画笔预设”选取器中添加特定的图案，自定义设置画笔笔尖样式。

图 2-88　瓢虫效果图

操作步骤

(1) 在 Photoshop CS6 文档窗口打开“素材\第 2 章\瓢虫.jpg”，如图 2-89 所示。

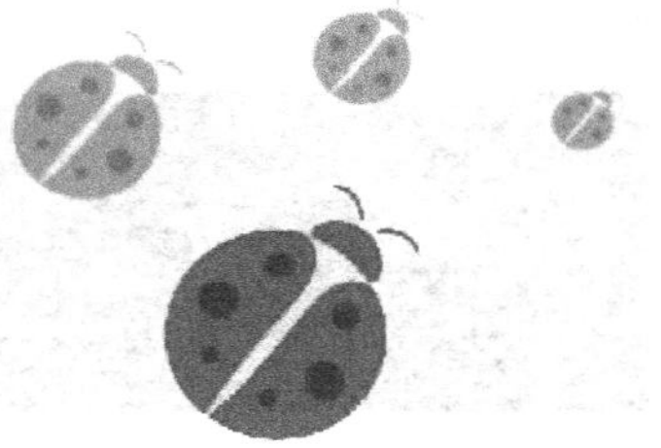

(2) 在工具箱中单击魔棒工具 ，并在工具选项栏中设置“容差”为 30，待光标变为魔棒样式时在“瓢虫”文档的白色背景上单击，然后按 Ctrl＋Shift＋I 键进行反选，选中“瓢虫”图案，如图 2-90 所示。

图 2-89　打开瓢虫文件

图 2-90　选中瓢虫

(3) 选择“编辑”|“定义画笔预设”命令，打开“画笔名称”对话框，并在该对话框中输入名称为“瓢虫”，如图 2-91 所示。

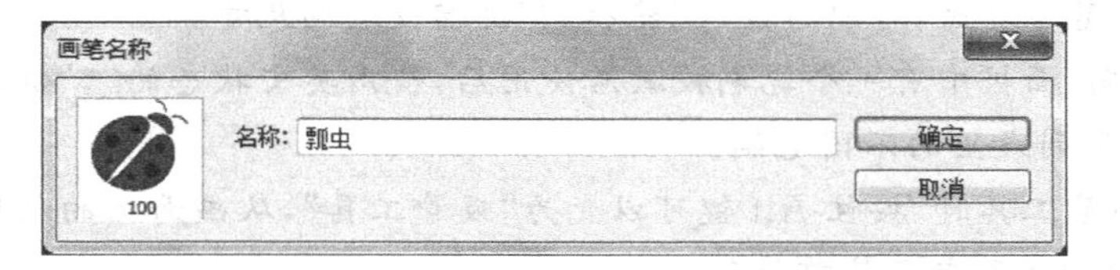

图 2-91　画笔名称更名为“瓢虫”

(4) 单击工具栏中的画笔工具，在画笔工具选项栏中可以看到“画笔预设”选取器中增加了“瓢虫”图案，如图 2-92 所示。

(5) 新建白色背景文件，设置前景色为红色，在画笔工具选项栏的"画笔预设"选取器中单击"瓢虫"画笔，待光标变为"瓢虫"图案时，在文档窗口中的不同位置单击，可以绘制出红色瓢虫。调整笔尖"大小"，如图 2-93 所示，可以绘制出不同大小的瓢虫。调整"图层"面板上的"不透明度"选项，或画笔工具选项栏中的"不透明度"选项，用以设置图案的不透明度，如图 2-94 所示。

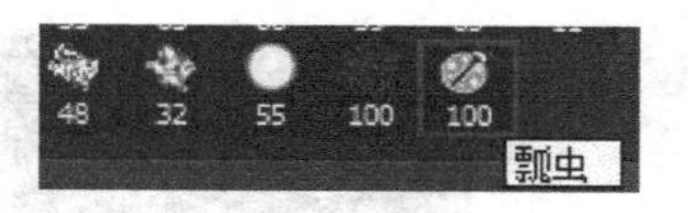

图 2-92　自定义"瓢虫"画笔

图 2-93　设置画笔属性

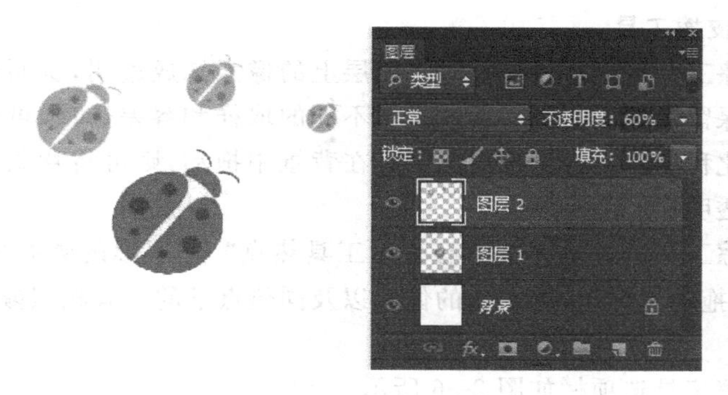

图 2-94　自定义画笔绘图

(6) 保存文件。选择"文件"|"存储"命令或"存储为"命令，默认保存为 2-5. psd 文件(参考"答案\第 2 章\2-5. psd"源文件)。

提示：选中被操作的图层，可以通过"编辑"|"变换"命令或"自由变换"命令改变瓢虫图案的角度。

2.3.2　橡皮擦的应用

橡皮擦包括三种工具，即橡皮擦工具、背景橡皮擦工具、魔术橡皮擦工具。

1. 橡皮擦工具

橡皮擦工具可将像素更改为背景色或透明。如果在背景中或已锁定透明像素的图层中单击并拖动，则擦过的地方像素将抹成背景色。如果在图层中单击并拖动，则擦过的地方像素将抹成透明。单击工具箱中的橡皮擦工具，其工具选项栏如图 2-95 所示。

(1) 如果在背景或已锁定透明度的图层中进行抹除，应先在工具箱中设置要应用的背景色。

(2) 橡皮擦有 3 种模式。"画笔"和"铅笔"模式可将橡皮擦设置为如同画笔和铅笔工具一样工作，"画笔"模式可以在选项栏中设置"不透明度"和"流量"；"铅笔"模式不提供用于更改"流量"的选项。"块"模式是指具有硬边缘和固定大小的方形，不提供用于更改

图 2-95　橡皮擦工具选项栏

“不透明度”或“流量”的选项。

(3) 与橡皮擦工具相配合的功能键如下。

① 按住 Shift 键进行擦除,系统将强迫橡皮擦工具以直线方式擦除。

② 按住 Ctrl 键,可以暂时将橡皮擦工具切换成移动工具。

③ 要在三种橡皮擦工具之间快速切换,可按住 Alt 键单击橡皮擦工具;也可以按 Shift+E 键。

2. 背景橡皮擦工具

背景橡皮擦工具可用于在拖移时将图层上的像素抹成透明,从而可以在抹除背景的同时在前景中保留对象的边缘。通过指定不同的取样和容差选项,可以控制透明度的范围和边界的锐化程度。用背景橡皮擦工具在背景中拖动,则可将背景转换为图层并擦除背景像素改为透明。

背景橡皮擦工具指针是一个带有表示工具热点“十”字形的圆圈形画笔⊕。画笔中心称为热点,当拖动鼠标时,圆圈内的像素以及同热点下的具有相似颜色值的像素将会被抹除。

背景橡皮擦工具选项栏如图 2-96 所示。

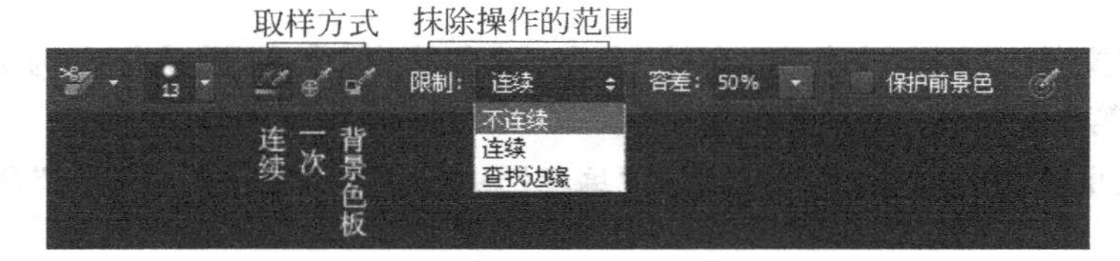

图 2-96　背景橡皮擦工具选项栏

(1) 背景橡皮擦工具有以下 3 种取样方式。

① 连续:“十”字形光标中心不断地移动,将会对取样点不断地更改,此时擦除的效果比较连续。

② 一次:单击“十”字形光标中心的颜色取样,然后拖动,可以对该取样的颜色进行擦除,而不会擦除其他颜色。如果要对其他颜色取样,只要重复上面的操作即可。

③ 背景色板:“十”字形光标此时就没有作用了,背景橡皮擦工具只对背景色及容差相近的颜色进行擦除。

(2) 背景橡皮擦工具抹除操作的范围有以下 3 种。

① 不连续:抹除出现在画笔下任何位置的样本颜色。

② 连续:抹除包含样本颜色并且相互连接的区域。

③ 查找边缘:抹除包含样本颜色的连接区域,同时更好地保留形状边缘的锐化

程度。

(3) 容差：定义可擦除的颜色范围。低容差仅限于抹除与样本颜色非常相似的区域，高容差抹除范围更广的颜色。

(4) 保护前景色：可防止抹除与工具箱中的前景色匹配的颜色。

任务 6　使用背景橡皮擦工具抠图

任务要求

抠取图 2-97 中的人物，把人物的头发完整抠取下来，效果如图 2-98 所示。

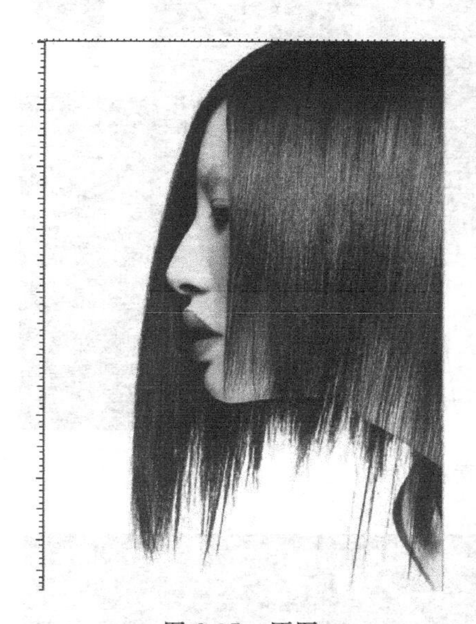

图 2-97　原图

图 2-98　抠图后放在黑色背景中

任务分析

对主体物与背景反差比较大而又相对精细的对象，可以使用背景橡皮擦工具去除背景。有时使用魔棒工具或钢笔工具，但是，对于本例中发梢的抠取，魔棒工具或钢笔工具就不能很好地表现出来。

操作步骤

(1) 打开“素材\第 2 章\头发.jpg”素材图片文件，在工具箱中单击背景橡皮擦工具，如图 2-99 所示。

(2) 在背景橡皮擦工具选项栏中选择合适的笔尖大小，设置取样方式为“一次”，“限制”为“不连续”，“容差”为 50%，接着在人物头发边沿处单击(注意：“十”字形光标的中心即热点要在白色背景上)并拖动，在头发边沿和发梢处擦拭，白色背景即可被擦除，同时，“图层”面板上的背景层变为“图层 0”，如图 2-100 所示。因为取样的背景色是白色，所以只擦除白色背景，不会影响红色的头发。

(3) 对于远离头发的白色背景，可以把画笔直径设置大一点进行擦拭，也可以使用橡皮擦工具擦出透明背景，如图 2-101 所示。

(4) 为了观察擦除效果，在“图层”面板上新建“图层 1”，并把“图层 1”放置在“图层 0”

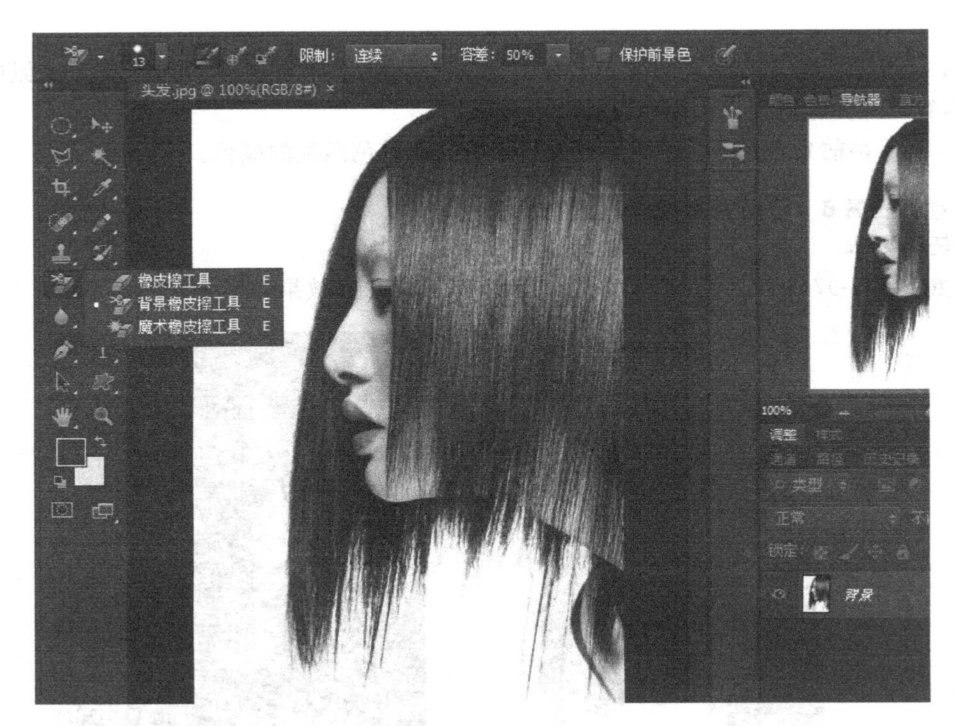

图 2-99　打开素材图片

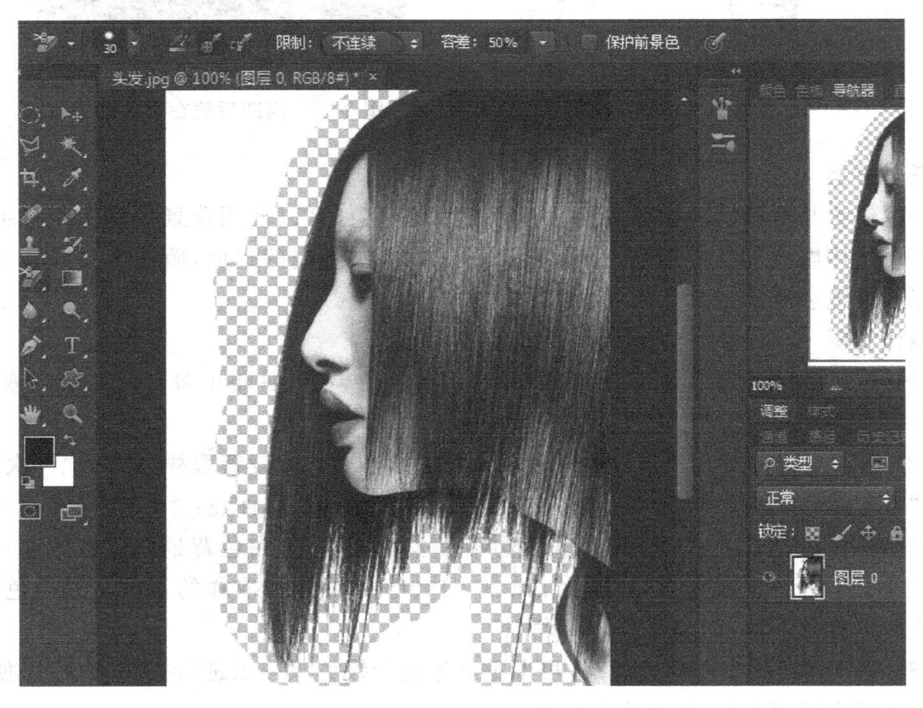

图 2-100　第一次取样擦除白色背景

图 2-101 擦除全部白色背景

的下面,然后为"图层 1"填充黑色,如图 2-102 所示。

图 2-102 新建图层填充黑色背景

(5) 添加黑色背景后，很容易看到未擦干净的痕迹。再选择“图层 0”，使用背景橡皮擦工具或者橡皮擦工具重复擦拭几次，擦除白色。得到图 2-98 的效果。

(6) 保存文件。存储为 2-6.psd 文件和 2-6.jpg 图像文件(参考“答案\第 2 章\2-6.psd”源文件)。

3. 魔术橡皮擦工具

对于背景颜色比较相似的照片，可以选用魔术橡皮擦工具。用魔术橡皮擦工具在背景中单击，则将背景转换为“图层 0”并将所有相似的像素抹除为透明。如果在图层中单击，该工具会将所有相似的像素抹除为透明。如果在已锁定透明度的图层中单击，单击处相似的像素将更改为背景色。

魔棒工具和魔术橡皮擦工具的相同点是都选择相似颜色，但是魔术橡皮擦工具可以把选择的图像擦除，而魔棒工具只能建立选区。

魔术橡皮擦工具选项栏如图 2-103 所示。

容差：32 消除锯齿 连续 对所有图层取样 不透明度：100%

图 2-103 魔术橡皮擦工具选项栏

(1) 消除锯齿：可使抹除区域边缘平滑。

(2) 连续：只抹除与单击处像素连续的像素，取消选择则抹除图像中所有相似像素。

(3) 对所有图层取样：可利用所有可见图层中的组合数据来采集抹除色样。

(4) 不透明度：定义抹除强度。100%的不透明度将完全抹除像素，较低的不透明度将部分抹除像素。

任务 7 使用魔术橡皮擦工具抠图

任务要求

抠取图 2-104 中的郁金香以创建贺卡，效果如图 2-105 所示。

图 2-104 原图

图 2-105 抠图后放在贺卡背景上

任务分析

对主体物与背景反差比较大而且背景颜色比较相似的照片，可以使用魔术橡皮擦工具去除背景。

操作步骤

(1) 打开"素材\第 2 章\郁金香.jpg"素材图片文件，并在工具箱中单击魔术橡皮擦工具，如图 2-106 所示。然后在选项栏中设置"容差"为 50，选中"消除锯齿"和"连续"复选框，设置"不透明度"为 100%。

图 2-106　打开素材文件

(2) 使用魔术橡皮擦工具在花以外的背景上单击，将相似颜色的背景去掉，如图 2-107 所示。

(3) 在剩下的背景上单击，将背景全部去掉，如图 2-108 所示。

图 2-107　去掉相似的背景

图 2-108　去掉全部背景

(4) 打开素材图片"背景.jpg"，并使用移动工具把郁金香花拖动到"背景.jpg"文档中，此时"图层"面板上自动形成"图层 1"，如图 2-109 所示。

(5) 叠加了背景后，如果有未擦干净的痕迹，可以使用橡皮擦工具在图层 1 中擦拭。适当调整郁金香花的位置、大小和不透明度，如图 2-110 所示效果。

(6) 保存文件。存储为 2-7.psd 分层文件和 2-7.jpg 图像文件(参考"答案\第 2 章\2-7.psd"源文件)。

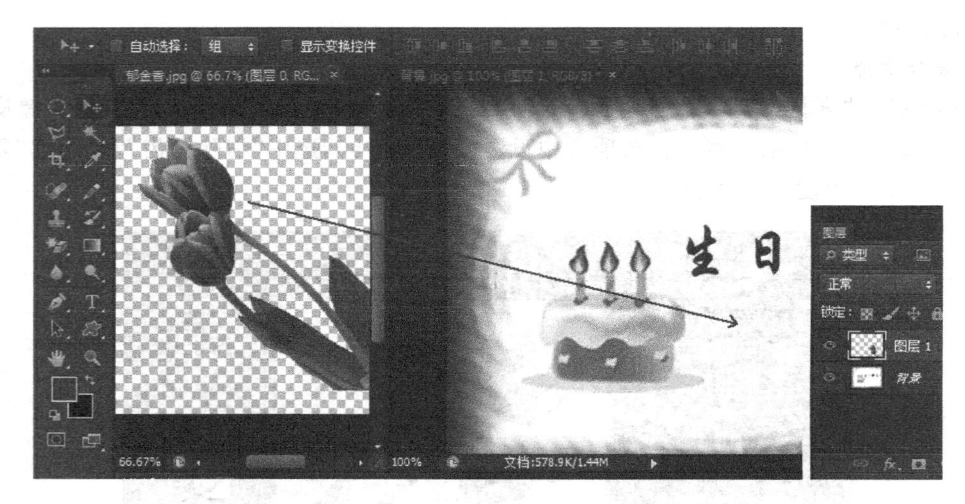

图 2-109　移动去背景的图案到新文档中

图 2-110　效果图

2.4　形状工具

在 Photoshop CS6 中绘图经常要创建矢量形状和路径。

矢量形状是使用形状工具或钢笔工具绘制的直线和曲线。矢量形状与分辨率无关，因此，它们在调整大小、打印输出、存储为 PDF 文件或导入基于矢量的图形应用程序时，会保持清晰的边缘。

路径是可以转换为选区或者使用颜色填充和描边的轮廓。形状的轮廓是路径。通过编辑路径上的锚点，可以很方便地改变路径的形状。工作路径是出现在“路径”面板中的临时路径，用于定义形状的轮廓。

2.4.1　形状工具简介

1. 类型

在工具箱中的矩形工具按钮上按下鼠标左键并稍停留片刻，会打开一组形状工具，如图 2-111 所示。

2. 形状工具选项栏

形状工具的选项栏如图 2-112 所示。

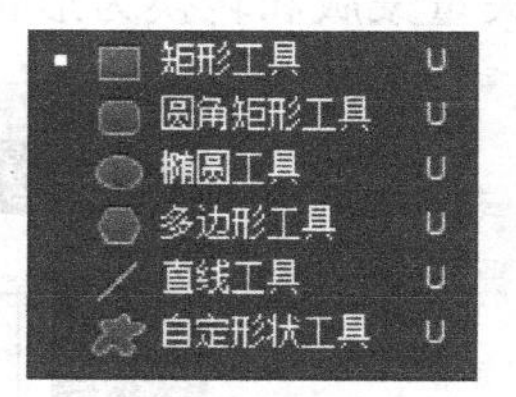

图 2-111　形状工具

3. 绘图模式

使用形状工具时，可以使用 3 种不同的模式进行绘制。在选定某种形状工具时，可通过选择工具选项栏中的相应选项来选取一种模式。

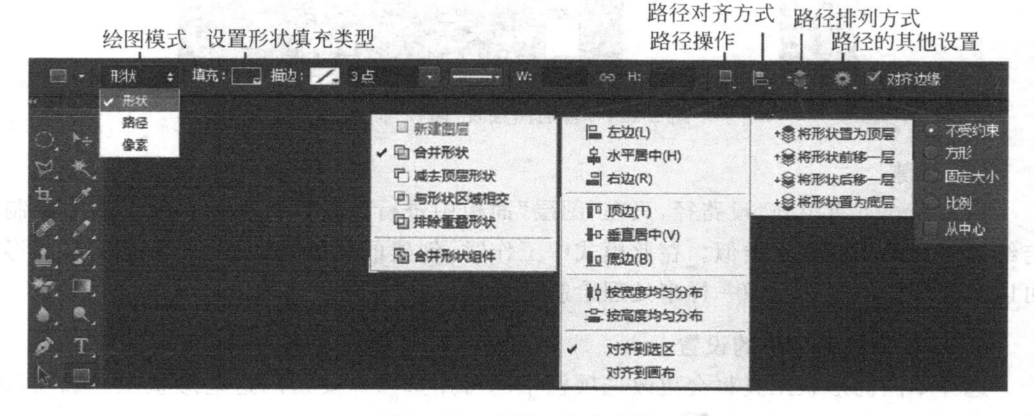

图 2-112　矩形工具选项栏

(1) 形状

形状模式下有填充、描边、形状大小设置和对形状路径的一系列操作。描边不但可以选择颜色还可以选择实线或多种类型的虚线。

使用形状模式绘图在“图层”面板上自动生成形状图层，在“路径”面板上形成相应的形状路径。如图 2-113 所示为在白色背景上绘制虚线描边的矩形形状时“图层”面板上形成“矩形 1 图层”“路径”面板上形成“矩形 1 形状路径”。

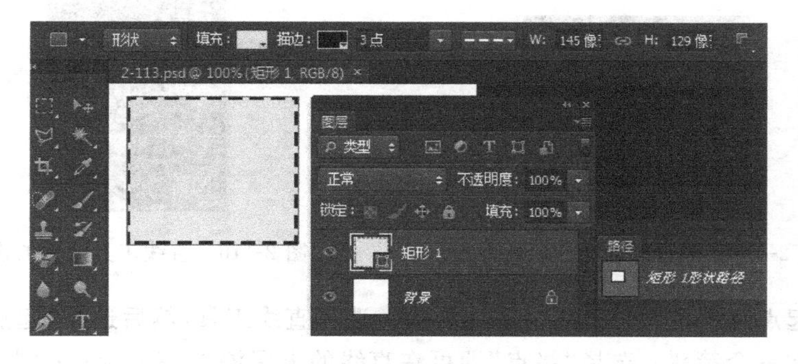

图 2-113　形状图层及“路径”面板

(2) 路径

路径模式下没有填充,不会自动新建图层,会在"路径"面板上出现工作路径。如图 2-114 所示为先在"图层"面板上新建"图层 1",然后选择矩形工具的路径模式绘制的矩形,在"路径"面板上生成了工作路径。在该模式下,可以将绘制的路径转换为选区、添加矢量蒙版和转换为形状。

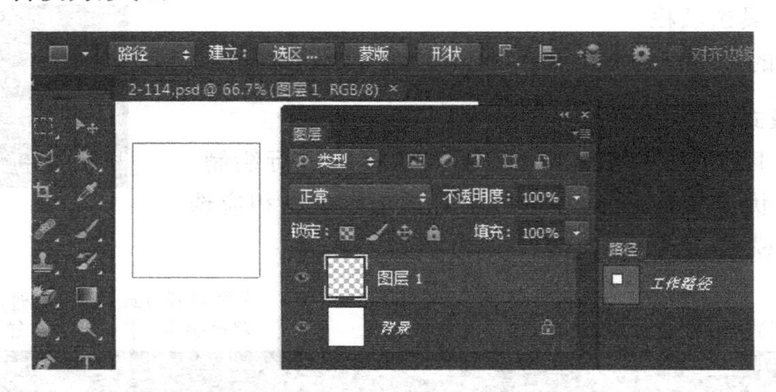

图 2-114　普通图层及"路径"面板

(3) 像素

像素模式下有填充,没路径,只在"图层"面板中进行操作。直接在普通图层上绘制,与绘画工具的功能非常类似。在此模式中工作时,创建的是栅格图像,而不是矢量图形。可以像处理任何栅格图像一样来处理绘制的形状。

4. 形状工具选项栏的设置

选择不同的形状工具将会更改选项栏中的可用选项。要访问这些形状工具选项,可单击选项栏中的"设置"按钮 。

(1) 多边形工具选项

多边形工具选项的设置如图 2-115 所示。"半径"指定多边形中心与外部点之间的距离。"平滑拐角"和"平滑缩进"复选框分别用来设定是否平滑拐角和平滑缩进绘制的多边形。

(2) 直线工具选项

直线工具选项的设置如图 2-116 所示。

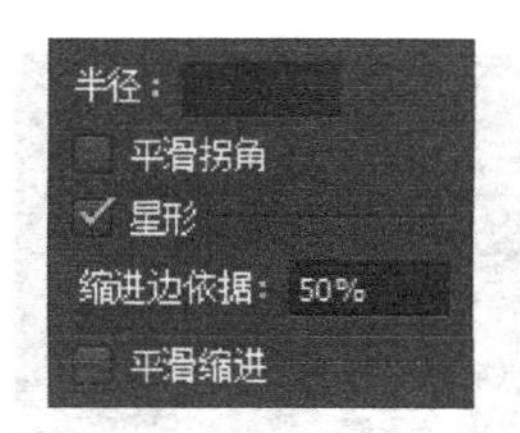

图 2-115　多边形工具选项的设置

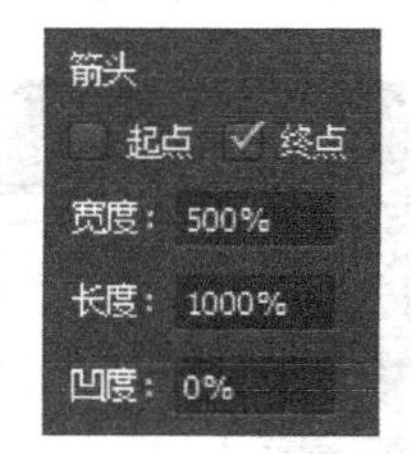

图 2-116　直线工具选项的设置

箭头的起点和终点:向直线中添加箭头。选择直线工具,然后选择"起点",即可在直线的起点添加一个箭头;选择"终点"即可在直线的末尾添加一个箭头;同时选择这两个选项可在直线两端添加箭头。还可以设置箭头的"宽度"和"长度"值，以及使用"凹度值"定义箭头最宽处(箭头和直线在此相接)的曲率。

(3) 其他工具选项

① 不受约束：允许通过拖动设置矩形、圆角矩形、椭圆或自定形状的宽度和高度。

② 固定大小：根据在"宽度"和"高度"文本框中输入的值，将矩形、圆角矩形、椭圆或自定形状绘制固定大小的形状。

③ 从中心：从中心开始绘制矩形、圆角矩形、椭圆或自定形状。

5. 形状工具的其他选项

圆角矩形工具增加了 半径: 10像素，多边形工具增加了 边: 5，直线工具增加了 粗细: 1像素，自定形状工具增加了 形状: →。

2.4.2　形状工具绘图

使用矩形、椭圆和多边形工具绘图，并使用路径选择工具选择和移动路径。

任务 8　绘制中心定位图案

任务要求

在形状图层模式下绘制图形，要求矩形、圆和星形中心对齐，星形要超出圆并反白填充，如图 2-117 所示。

任务分析

在白色背景的画布上绘制矩形，抠掉圆，显示白色的圆，选中"排除重叠形状"绘制大于圆的 6 角星形。3 种形状通过路径选择工具选项栏上的"水平居中"按钮和"垂直居中"按钮实现中心对齐。

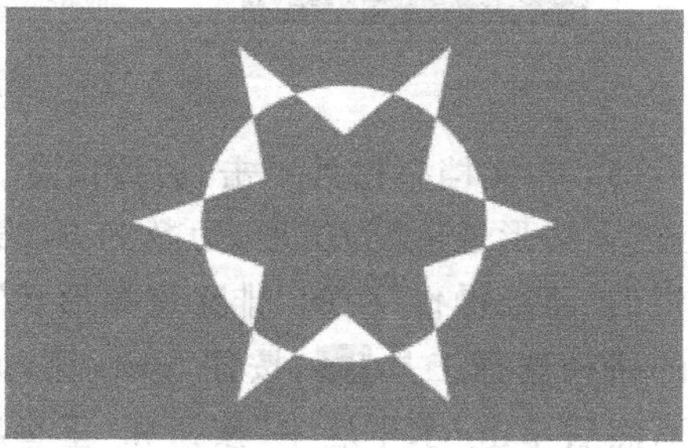

图 2-117　效果图

操作步骤

(1) 新建一个大小为 400 像素×300 像素、颜色模式为 RGB、背景内容为白色的文件。

(2) 单击工具箱中的"设置前景色"按钮，设置前景色为绿色。单击工具箱中的矩形工具，在工具选项栏中选择绘图模式为"形状"，不描边，然后在空白文档中单击并自左上方向右下方拖动，绘制绿色矩形。

(3) 单击工具箱中的椭圆工具，选择绘图模式的"形状"，选中椭圆设置中的"圆(绘制直线或半径)"单选按钮，单击工具选项栏"路径操作"下的"减去顶层形状"按钮，如图 2-118 所示。然后在文档空白处单击自左上方向右下方拖动，在绿色矩形中挖出一个圆形，如图 2-119 所示。

(4) 单击工具箱中的路径选择工具，并单击绿色矩形，接着按住 Shift 键再单击内部圆形(也可以使用路径选择工具框选矩形和圆形)，同时选中矩形和圆形，然后单击"水平居中"按钮和"垂直居中"按钮，效果如图 2-120 所示。

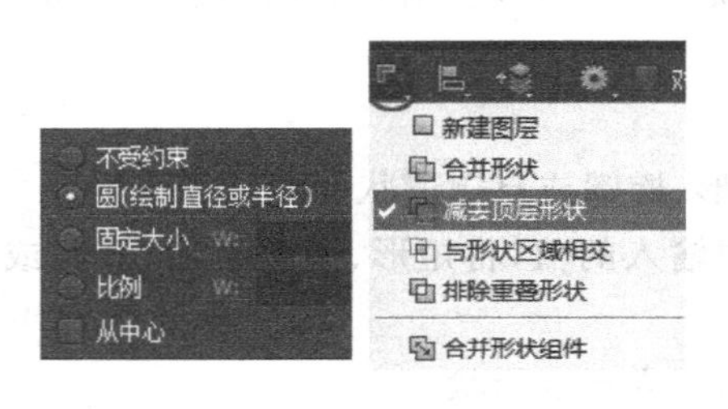

图 2-118 设置椭圆选项

图 2-119 绘制正圆

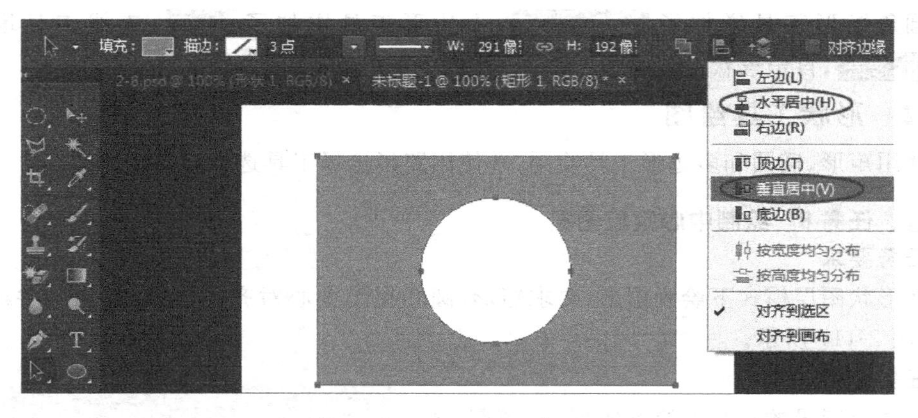

图 2-120 圆形相对矩形水平垂直对齐

(5) 在文档空白处单击,去掉锚点。单击工具箱中的多边形工具,并在工具选项栏中设置"多边形选项"为星形,边数为 6,缩进边依据为 50%,如图 2-121 所示。单击工具选项栏的"路径操作"中的"排除重叠形状"按钮,在文档窗口中绘制 6 角星形。单击工具箱中的路径选择工具 ,按住 Shift 键,同时选中矩形、圆和星形(也可以同时框选 3 个形状),然后单击"水平居中"按钮和"垂直居中"按钮,如图 2-122 所示。

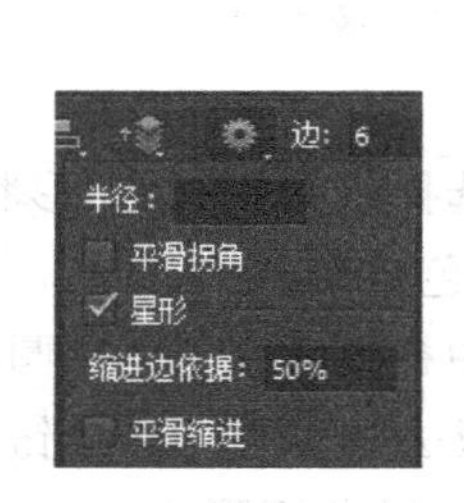

图 2-121 多边形选项设置

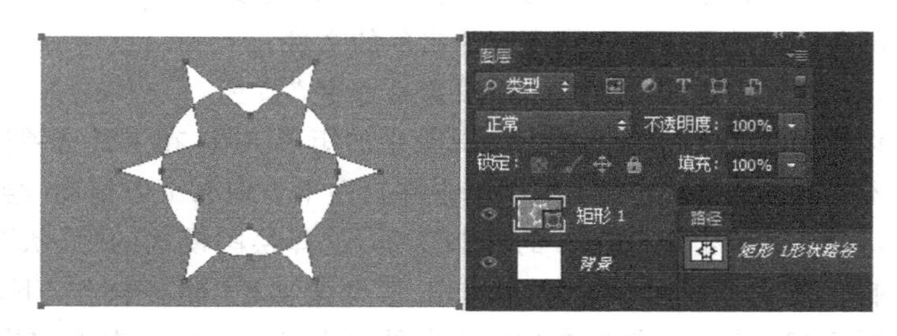

图 2-122 绘制多边形并对齐

(6) 在文档空白处单击,去掉锚点。

(7) 保存文件。参考"答案\第 2 章\2-8.psd"源文件。

提示: 使用路径选择工具 时,按住 Shift 键,可以选择多个路径。也可以直接使用路径选择工具框选多个路径。

2.4.3　编辑形状

形状工具选项栏中设置了编辑形状的许多功能，可以很容易地编辑形状。常用的操作如下。

1. 形状的填充和描边

要更改形状的填充颜色和描边颜色，直接在工具选项栏“设置形状填充类型”和“设置形状描边类型”按钮上单击，在打开的色板上可以设置无填充、纯色、渐变色、图案和拾色器。图2-123所示为使用多边形工具绘制的黄色填充、红色虚线描边的五角星。

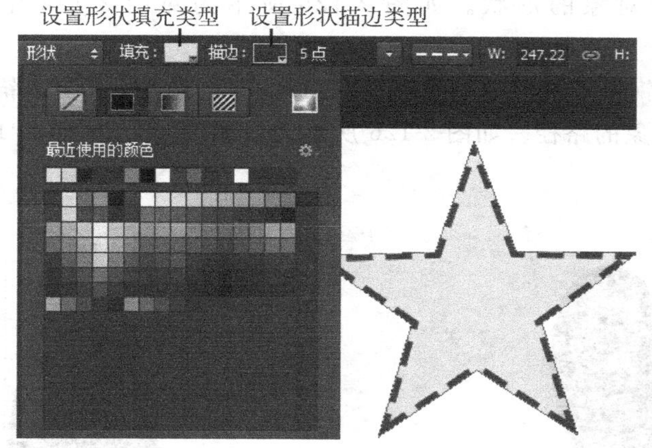

图2-123　绘制多边形并对齐

2. 形状的层叠次序

要改变不同形状的重叠次序，可选择“图层”|“排列”|“前移一层”命令或“后移一层”命令或“置为顶层”命令或“置为底层”命令。如图2-124所示，“椭圆1”使用“前移一层”之前和之后的情况。也可以在“图层”面板上选择要移动的图层，直接拖动到要移动的位置。

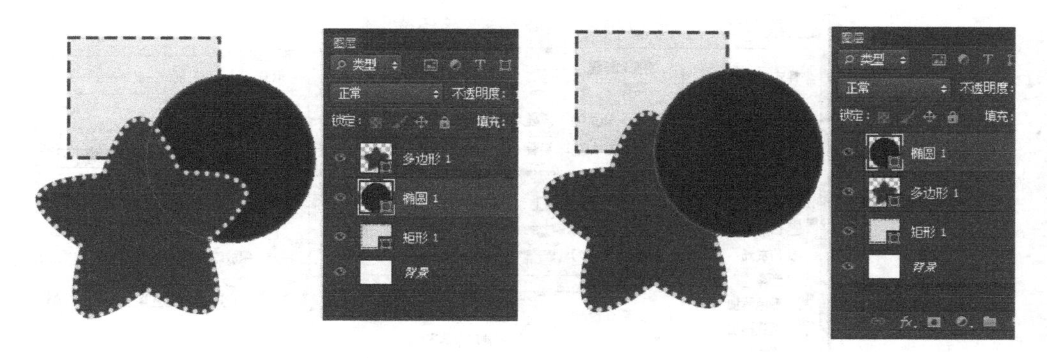

图2-124　“椭圆1”图层移动前(左图)和之后(右图)

3. 形状的移动

(1) 在工具箱中选择移动工具,在"图层"面板上选中被移动的形状图层,在文档窗口移动形状对象。

(2) 在工具箱中选择移动工具,按住 Ctrl 键,在文档窗口移动形状对象。

(3) 在工具箱中选择路径选择工具,在文档窗口单击要移动的形状对象,并移动形状对象。

4. 形状的修改

(1) 在工具箱中选择直接选择工具,在文档窗口单击形状对象的路径(轮廓),调节手柄,改变形状对象的形状。如图 2-125 所示为对图 2-124 中"椭圆 1"形状的修改。

(2) 按需使用钢笔工具组中的添加锚点工具、删除锚点工具更改锚点,并使用直接选择工具更改形状对象的路径。如图 2-126 所示为对图 2-125 中"椭圆 1"形状增加一个锚点后的修改效果。

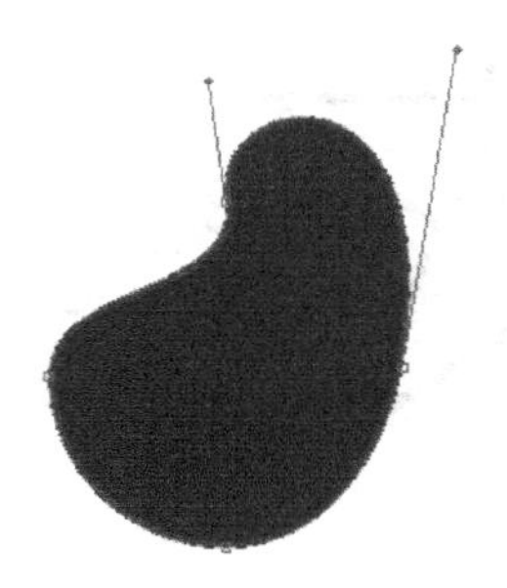

图 2-125 修改的"椭圆 1"形状

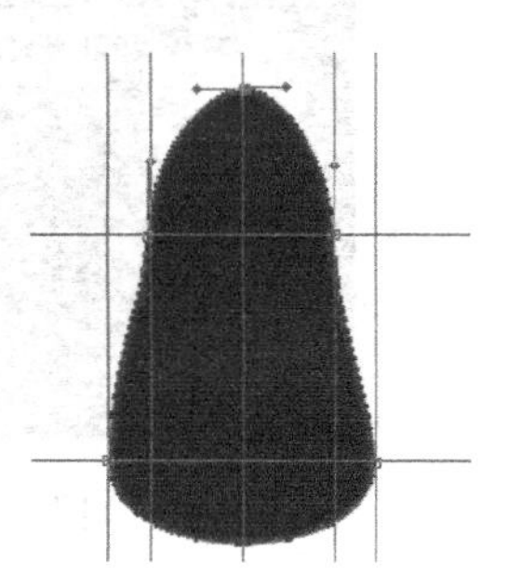

图 2-126 增加锚点后修改的"椭圆 1"形状

5. 形状的图层样式

在"图层"面板上单击"添加图层样式"fx按钮,选择"斜面和浮雕"和"渐变叠加"为绘制的"圆角矩形"添加图层样式为"按钮"的效果,如图 2-127 所示。

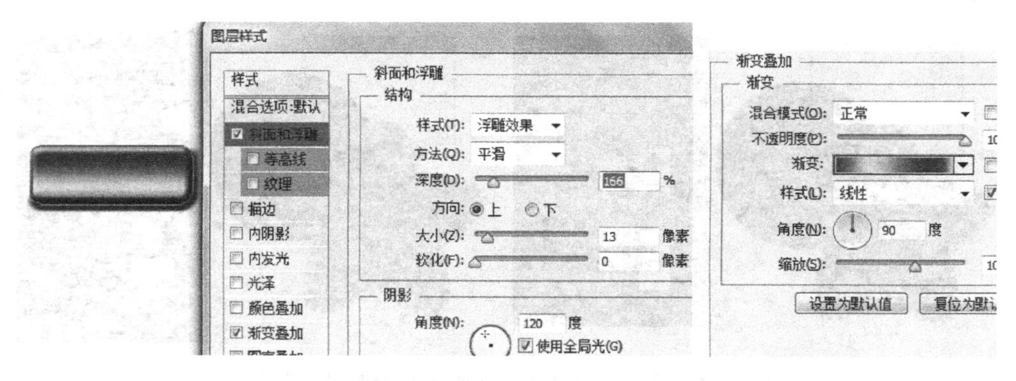

图 2-127 绘制按钮及设置效果

6. 形状合并

绘制形状时，通常在“图层”面板上分别建立不同形状的独立图层。要合并多个形状到一个图层中，在“图层”面板上，按住 Shift 键的同时选择连续的多个形状图层，然后右击，在出现的快捷菜单中选择“合并形状”命令，得到合并的形状，如图 2-128 所示。合并后的形状会以原来最上层形状的名称命名并填充最上层形状的颜色。

图 2-128　形状合并前(左图)和后(右图)的效果

2.4.4　自定形状工具绘制图形

使用工具箱中的自定形状工具 绘制图形，其工具选项栏如图 2-129 所示。

图 2-129　自定形状工具选项栏

任务 9　绘制照片模板

任务要求

在“形状”绘图模式下，绘制不同大小的实心和空心的心形形状、云朵和小草，效果如图 2-130 所示。

图 2-130　效果图

任务分析

首先设置背景的渐变色，然后使用自定形状工具选项栏中的不同形状进行绘制。绘制过程中灵活使用“合并形状”和“排除重叠形状”功能，并适当添加图层样式。

操作步骤

(1) 新建一个大小为 600 像素×400 像素、分辨率为 72 像素/英寸、颜色模式为 RGB、背景内容为白色的文件。

(2) 将背景填充渐变颜色，渐变颜色为＃ff3288 到＃ffffff 的渐变，自上而下填充。

(3) 选择工具箱中的自定形状工具，并在工具选项栏中单击 右侧的小三角按钮，打开系统预设形状，再单击右上角的黑三角按钮，选择“全部”命令，打开全部预设形状，如图 2-131 所示。

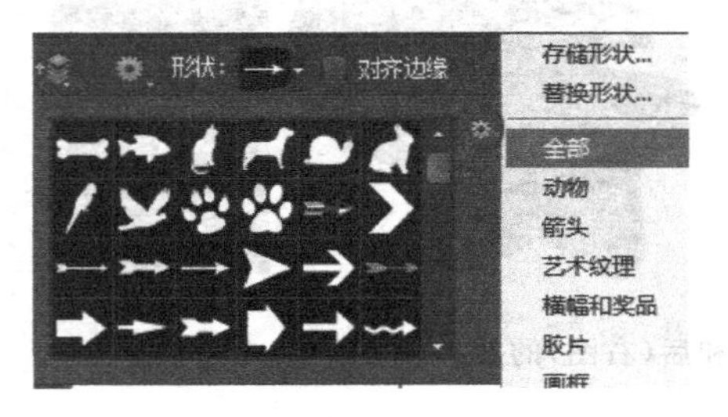

图 2-131　打开系统预设形状

(4) 在工具箱中设置前景色为＃fa94a5，单击形状图形中的“红心形卡” ，在文件的右侧绘制一个实心心形。再选择工具选项栏中的“排除重叠形状”按钮，在刚刚绘制的实心心形内部再绘制一个心形，得到环状心形，此时在“图层”面板上增加“形状 1”形状图层。按 Ctrl＋T 键自由变换调整心形大小和角度。单击“图层”面板上的“添加图层样式”按钮 ，打开“图层样式”对话框，设置如图 2-132 所示的外发光、内发光等效果，如图 2-133 所示。

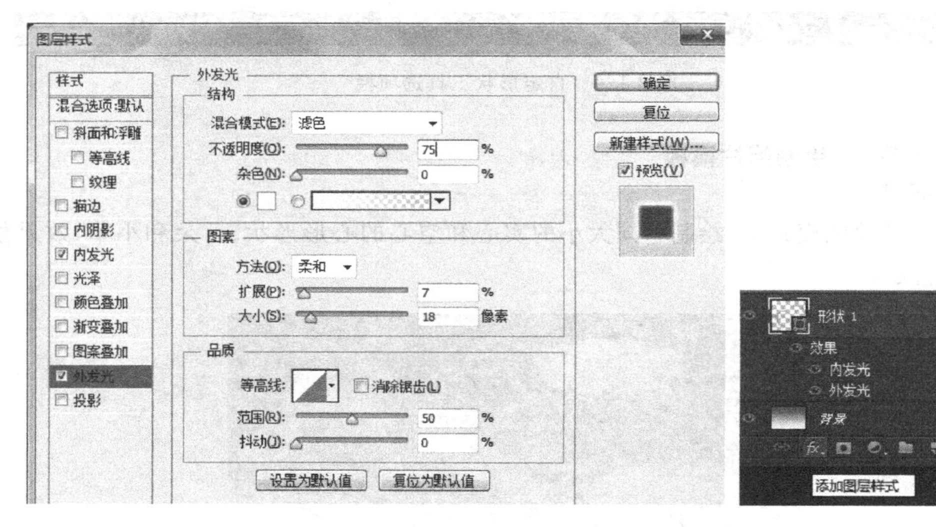

图 2-132　设置图层样式

(5) 使用心形形状工具绘制实心心形，此时在“图层”面板上增加“形状 2”图层，对图层应用“内发光”“外发光”和“渐变叠加”样式。按 Ctrl＋J 键复制“形状 2”图层得到“形状 2 副本”图层，双击“图层”面板上的图层名称，将该图层名更名为“形状 3”。按 Ctrl＋T 键自由变换调整心形大小，效果如图 2-134 所示。

(6) 按 Enter 键确认，去掉“形状 3”图层上心形的变换框。

(7) 使用工具箱中的椭圆工具和直线工具绘制心形左上角的白色发光效果，并进行复制。使用“云彩 1”形状，绘制两朵白云。使用“草 2”形状绘制多棵绿色小草，如图 2-135 所示。

图 2-133 “形状 1”图层样式效果

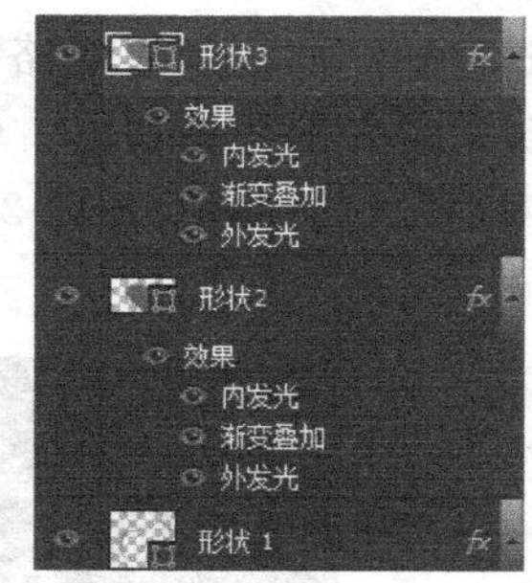

图 2-134 绘制实心心形

图 2-135 绘制白云和小草

(8) 保存文件(参考"答案\第 2 章\2-9.psd"源文件)。

2.5 钢笔工具

钢笔工具属于矢量绘图工具,其优点是可以绘制平滑的曲线,并且在缩放或变形之后仍能保持平滑效果。钢笔工具绘制出来的矢量图形称为路径,路径是矢量的,允许是不封闭的开放路径,如果把起点与终点重合绘制就可以得到封闭的路径。

2.5.1 路径

1. 路径的概念

路径是 Photoshop 中一段闭合或者开放的曲线段,其主要用于确定图像选择区域及辅助抠图、绘制光滑线条或特殊形状、定义画笔等工具的绘制轨迹等。

Photoshop 中提供了用于生成、编辑、设置路径的工具组,它们是钢笔工具和形状工具组。用钢笔工具在图层上单击一下就产生一个锚点,一个或多个锚点组成路径。它可以是一个点、一条直线、一条封闭或者开放曲线。路径可以被描边、填充、移动、复制或转换为选区,也可以存储并输出到其他程序中。

2. "路径"面板

通过"路径"面板创建新路径或工作路径,并对所创建的路径进行编辑。如图 2-136 所示为编辑路径的快捷按钮。单击"路径"面板右上角的小三角按钮,打开路径下拉菜单,也可以对路径进行编辑,如图 2-137 所示。

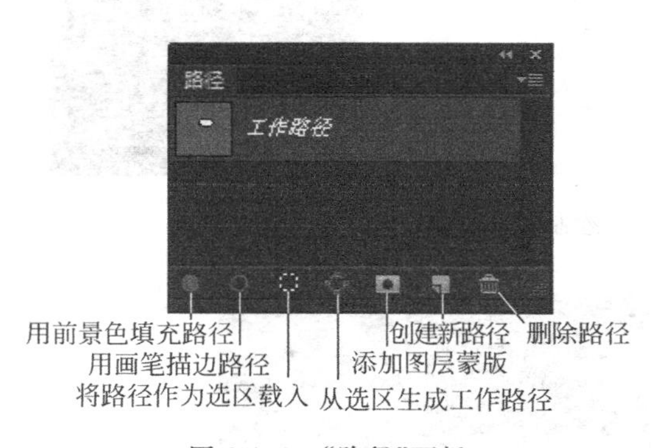

图 2-136 "路径"面板

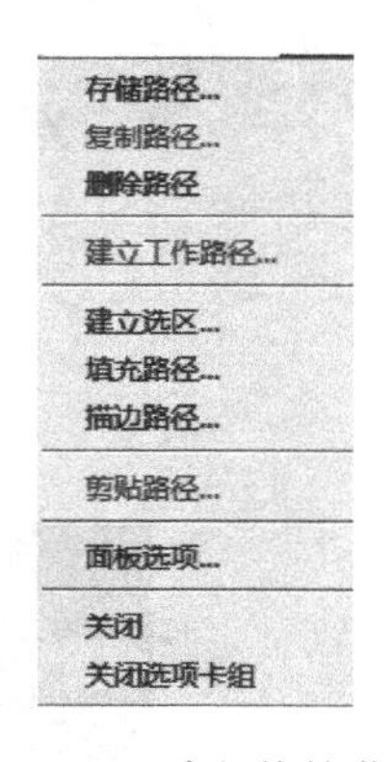

图 2-137 路径快捷菜单

3. 绘制路径的方法

(1) 在矢量图形工具选项栏中选择"路径"绘图模式,如图 2-138 所示。接着在"路径"面板上单击"创建新路径"按钮,创建一个路径层,然后在文档窗口中绘制矢量形状,得到形状路径。

(2) 在钢笔工具选项栏中选择"路径"绘图模式,如图 2-139 所示。接着在"路径"面板上单击"创建新路径"按钮,创建一个路径层,然后在文档窗口中绘制形状轮廓,得到形状路径。

图 2-138　矢量图形工具中"路径"绘图模式

图 2-139　钢笔工具的"路径"绘图模式

(3) 使用选框工具绘制选区，在"路径"面板中单击"从选区生成工作路径"按钮，得到工作路径，如图 2-140 所示。再将工作路径拖动至"创建新路径"按钮上，将工作路径转换为路径，如图 2-141 所示。

图 2-140　用"从选区生成工作路径"按钮得到工作路径

图 2-141　用"创建新路径"按钮转换路径

4. 工作路径

工作路径是临时路径，用于定义形状的轮廓，不是图像的一部分。在"路径"面板上只有一个工作路径，而可以通过"路径"面板上"创建新路径"生成多个路径层。

使用钢笔工具组或形状工具组绘图时，如果没有先在"路径"面板上"创建新路径"就直接在文档窗口中绘图，则在"路径"面板上创建的是工作路径。

从选区创建的是工作路径，如果要保存工作路径而不重命名，则直接将工作路径拖动到"路径"面板的"创建新路径"按钮上。如果要更名保存工作路径，则要双击工作路径，打开"存储路径"对话框，更名保存。

5. 路径使用技巧

(1) 路径的选择。使用路径选择工具在路径上单击，即可选择该路径，此时路径上的锚点呈黑色的正方形。按住 Shift 键，可选择多条路径；按住 Shift 键的同时单击已选中路径，可取消该路径的选中状态。

(2) 路径的移动。使用路径选择工具拖动需移动的路径，即可完成其移动。如需轻微移动，可在选择路径的同时，用键盘上的方向键来实现。如果将路径移动到另一文件中，就会复制该路径。使用直接选择工具可以移动路径上的锚点，改变路径形状。

(3) 路径的复制。按住 Alt 键，拖动路径，即可复制路径。也可以在"路径"面板的当前路径上右击，选择"复制路径"命令，生成路径副本。

(4) 路径的变形。在文档窗口选中路径,然后按 Ctrl+T 键,可对路径进行缩放、旋转,此时右击路径,使用弹出菜单中的命令还可以进行扭曲、透视、翻转等一系列变形操作。

(5) 路径的组合。当使用形状工具或钢笔工具绘制路径时,首先选择工具选项栏中“路径操作”下的“合并形状”“减去顶层形状”“与形状区域相交”或“排除重叠形状”选项,设定不同的组合形式,然后绘制路径,最后单击“合并形状组件”命令完成路径的组合。当使用形状工具或钢笔工具绘制完成路径后,又要重新组合路径,应使用路径选择工具同时选中多条路径,再选择工具选项栏“路径操作”下的某种组合形式,接着单击“合并形状组件”命令,实现路径的组合。如图 2-142 所示为路径选择工具选项栏。如图 2-143 左图为路径选择工具同时选中的两条路径,而图 2-143 右图所示则是单击“合并形状”,再单击“合并形状组件”得到组合后的形状。

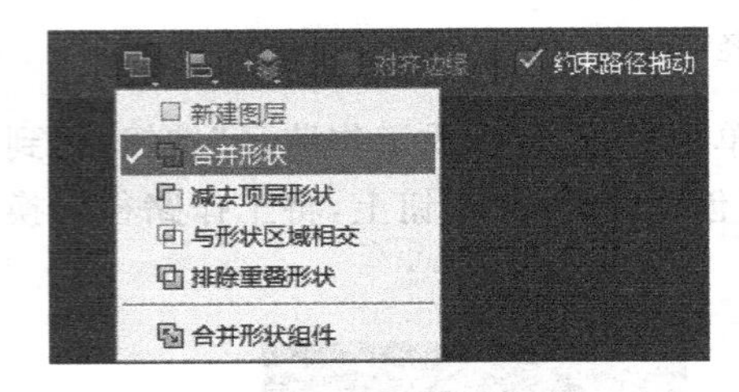

图 2-142 路径选择工具选项栏

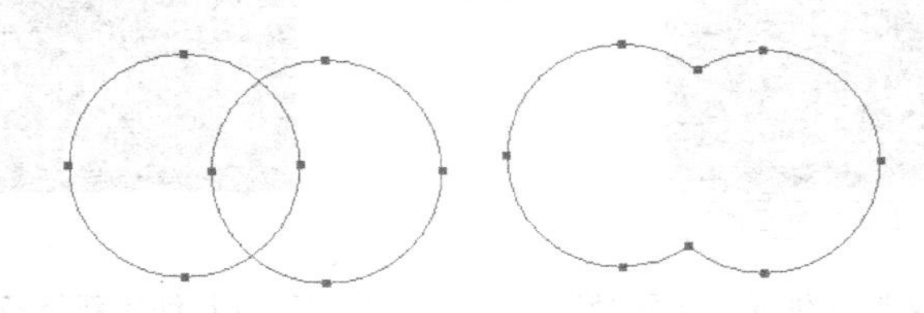

图 2-143 路径组合前后对比

提示:

① 在进行路径组合时,如图 2-144 左图为在“减去顶层形状”操作下绘制的两个椭圆,其路径缩览图中的白色代表路径内的部分,即组合后得到的形状,灰色代表路径外的部分,即组合后去掉的部分,图 2-144 右图即为组合后的效果。

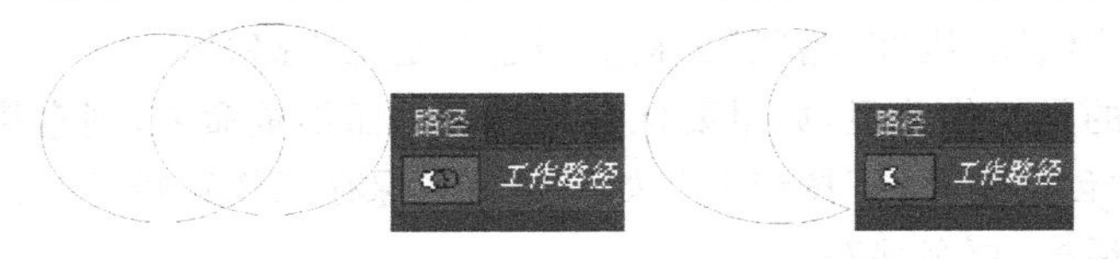

图 2-144 路径组合前后的缩览图

② 选中“约束路径拖动”复选框后,在两个锚点之间拖动路径时,不会更改两个锚点以外的路径。

(6) 路径的对齐和分布。在选择路径后,通过路径选择工具选项栏中的“左边”“水平居中”“右边”“顶边”“垂直居中”“底边”“按宽度均匀分布”“按高度均匀分布”“对齐到选区”或“对齐到画布”选项,可进行路径的对齐操作。

任务 10 绘制雪花

任务要求

使用自定形状工具绘制雪花路径,通过白色填充路径和画笔描边路径,设计边缘溶解的雪花效果，如图 2-145 所示。

图 2-145　雪花效果图

任务分析

使用自定形状工具绘制雪花路径，即得到雪花的轮廓，利用“路径”面板的“填充路径”“描边路径”菜单命令和“将路径作为选区载入”按钮实现任务要求。在对路径描边时，注意设置画笔的笔尖形状。

操作步骤

(1) 设置工具箱中的背景色为黑色，并按 Ctrl+N 键新建文件，接着在打开的对话框中设置“颜色模式”为“RGB 颜色”，背景内容为背景色，如图 2-146 所示，单击“确定”按钮。

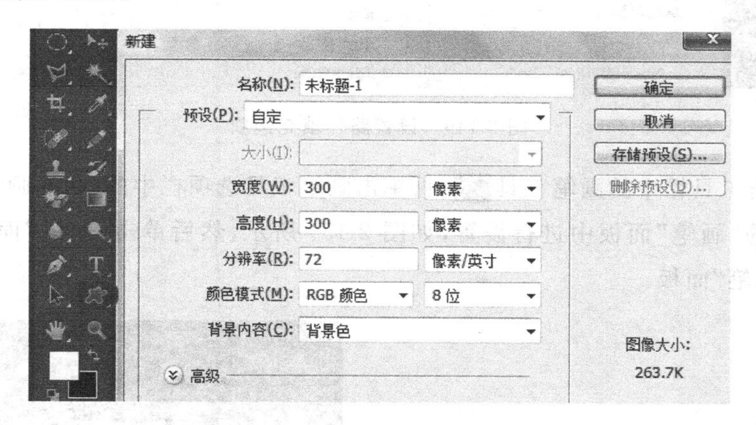

图 2-146　新建黑色背景文件

(2) 单击工具箱中的自定形状工具，并在工具选项栏中选择“路径”绘图模式。单击工具选项栏“形状”右侧的小三角，设置形状为“雪花 1”，如图 2-147 所示。

(3) 在文档窗口左上部拖动(可以同时按下 Shift 键)绘制雪花，在“路径”面板上形成工作路径，如图 2-148 所示。使用工具箱中的路径选择工具调整路径在文档中的位置。

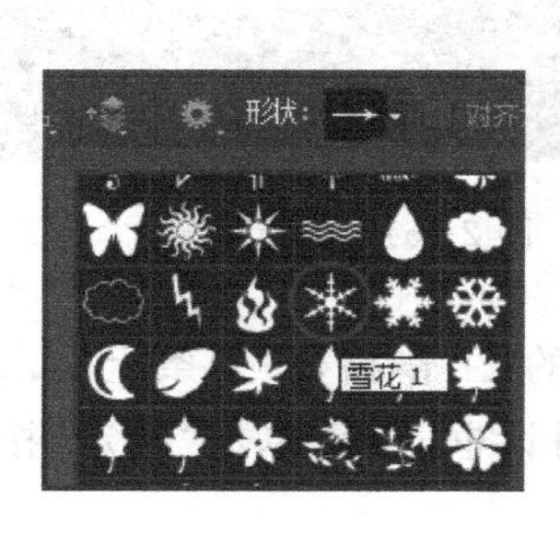

图 2-147　设置雪花形状

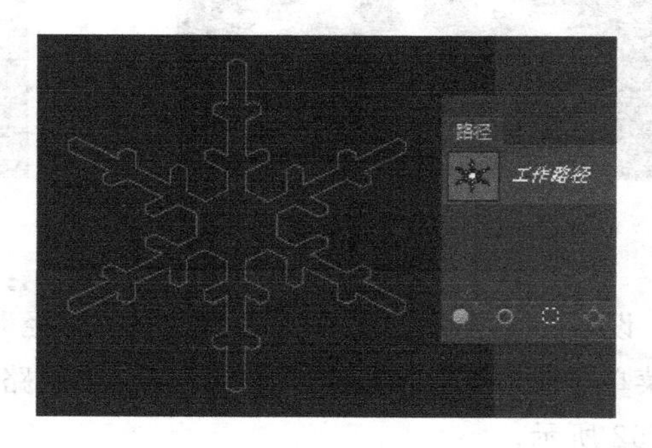

图 2-148　绘制雪花

(4) 设置工具箱的前景色为白色。在“路径”面板的“工作路径”蓝条上右击，在弹出的快捷菜单中选择“填充路径”命令，打开“填充路径”对话框，如图 2-149 所示。在该对话框中设置“使用”为“前景色”，“羽化半径”为 3 像素，然后单击“确定”按钮，效果如图 2-150 所示。

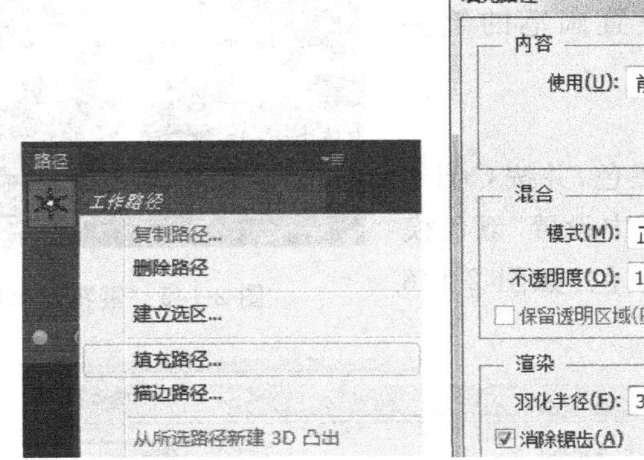

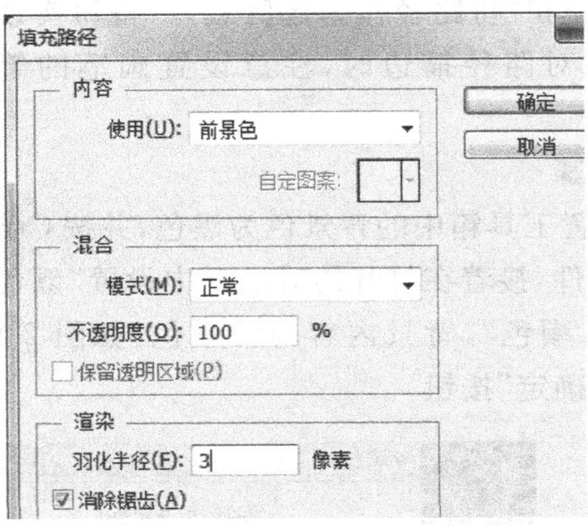

图 2-149 设置路径填充选项

(5) 单击工具箱中的画笔工具，再单击画笔工具选项栏中的“切换画笔面板”按钮，在打开的“画笔”面板中进行设置，如图 2-151 所示，然后单击“画笔”面板右上角的，关闭“画笔”面板。

图 2-150 填充白色路径

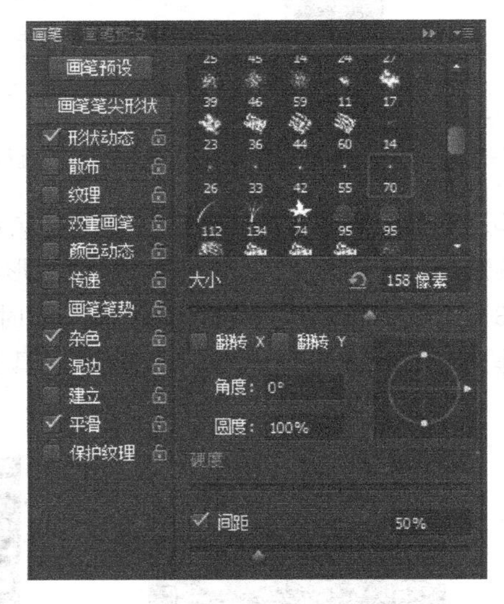

图 2-151 设置画笔

(6) 设置工具箱的前景色为白色。在“路径”面板的“工作路径”蓝条上右击，在弹出的快捷菜单中选择“描边路径”命令，打开“描边路径”对话框，然后单击“确定”按钮，效果如图 2-152 所示。

(7) 单击“路径”面板上“将路径作为选区载入”按钮，使雪花的路径变为选区，如

图 2-153 所示。

图 2-152　使用白色画笔描边

图 2-153　将路径变为选区

(8) 按 Ctrl+D 键取消选区,效果如图 2-145 所示。

(9) 保存文件(参考"答案\第 2 章\2-10. psd"源文件)。

2.5.2　钢笔工具组

钢笔工具属于矢量绘图工具,其优点是可以绘制平滑的曲线,在缩放或者变形之后仍能保持平滑效果。

钢笔工具组位于 Photoshop 工具箱浮动面板中,默认情况下,其图标呈现为钢笔状图标。在此图标上单击并停留片刻,系统将会弹出隐藏的工具组,如图 2-154 所示。按照功能可分成 5 种工具。

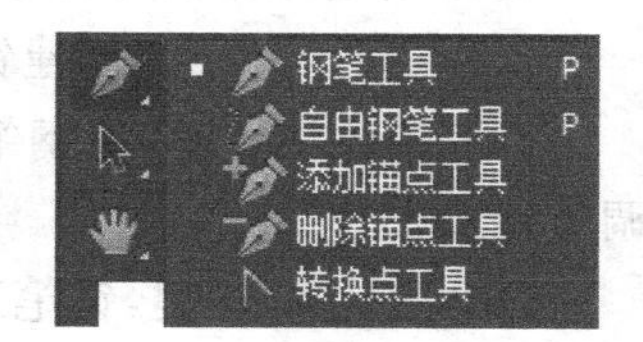

图 2-154　钢笔工具组

1. 钢笔工具

钢笔工具选项栏设置如图 2-155 所示

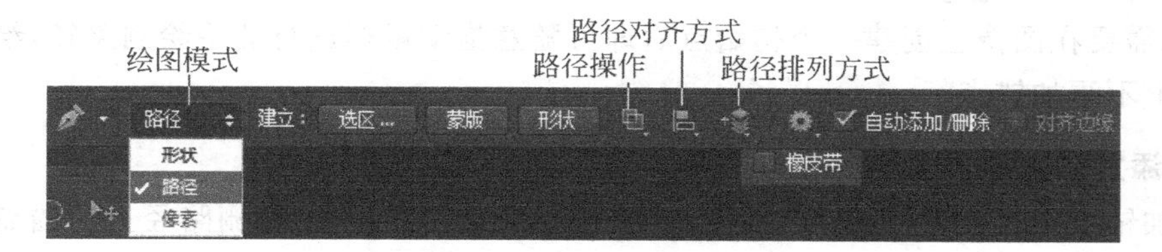

图 2-155　钢笔工具选项栏

(1) 绘图模式包括"形状"和"路径"两种可用模式,"像素"模式对钢笔工具不可用。

(2) "建立"选项可以实现钢笔路径与选区、蒙版和形状间的转换。当用钢笔工具绘制完成路径后,单击"选区"按钮,会弹出"建立选区"对话框,在该对话框中设置好参数后单击"确定"按钮,即可将路径转换为选区。同样,单击"蒙版"按钮,会在图层上形成矢量蒙版;单击"形状"按钮,则可将绘制的路径转换为形状图层。

(3) 路径操作、路径对齐方式和路径的排列方式与 2.4 节中介绍的用法一样。

(4) 选中"橡皮带"复选框,能够直观地看到将要绘制的锚点所形成的路径。

(5) 选中"自动添加/删除"复选框,使用钢笔工具可以直接单击路径上的某点添加锚点或在原有的锚点上单击删除锚点。如果未选中该复选框，可以通过右击路径，在弹出的菜单中选择“添加锚点”命令添加锚点，或右击原有的锚点，在弹出的菜单中选择“删除锚点”命令来删除锚点。也可以使用钢笔工具组中的添加锚点工具或删除锚点工具添加或删除锚点。

选择钢笔工具，在工具选项栏的绘图模式中选择“路径”模式，然后直接在图像中根据需要单击生成锚点，每单击一次即生成一个锚点，依据单击顺序，每两个锚点间由一条线段连接。如图 2-156 所示是由起点到终点依次单击形成的。单击路径选择工具将形成开放路径，如图 2-157 左图所示，再单击钢笔工具，在起点和终点处分别单击形成封闭路径，如图 2-157 右图所示。

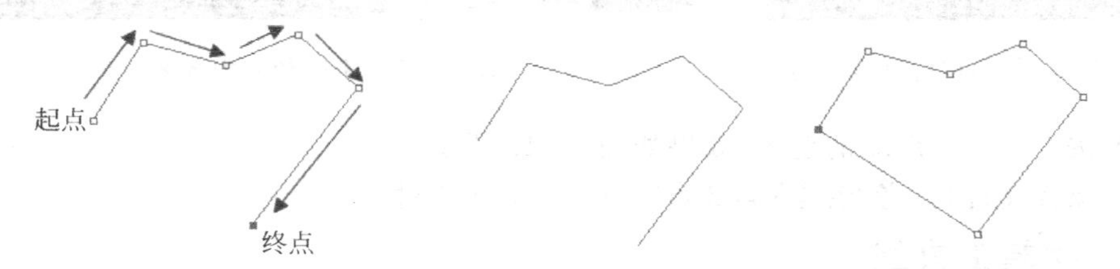

图 2-156 绘制锚点　　图 2-157 开放路径(左)和封闭路径(右)

使用钢笔工具的常用快捷键如下。

(1) 按下 Shift 键创建锚点，将会以 45°角或以 45°角的倍数绘制路径。

(2) 按住 Alt 键，将钢笔工具移到锚点上，钢笔工具将会暂时变为转换点工具，可以调节锚点曲率。

(3) 按住 Ctrl 键，钢笔工具将暂时变成直接选择工具，可以对锚点进行移动。

2. 自由钢笔工具

自由钢笔工具用于随意绘制路径的工具。在使用上与选择工具的套索工具基本一致，只需要在图像上创建一个初始点后即可随意拖动鼠标进行徒手绘制路径，绘制过程中路径上不添加锚点。

3. 添加锚点工具和删除锚点工具

添加锚点工具和删除锚点工具用于根据实际需要增、删路径上的锚点。在工具箱中选择其中一种工具后，当光标移至路径轨迹处时，自动变成添加锚点工具或删除锚点工具，如图 2-158 左图所示是使用“删除锚点工具”，在左图圈住的锚点上单击，形成的路径如图 2-158 右图所示。

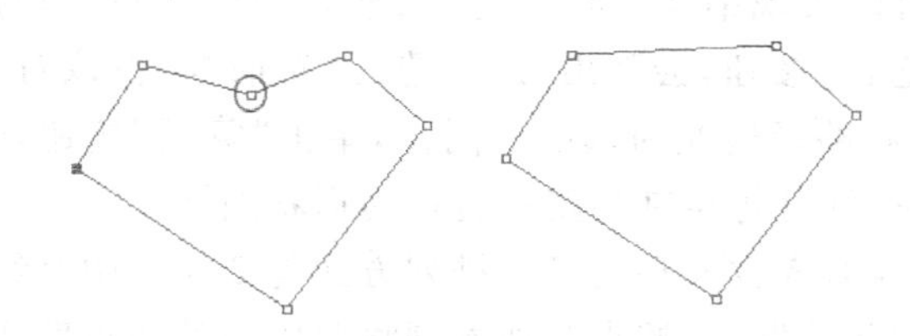

图 2-158 删除锚点前和删除锚点后

4. 转换点工具

转换点工具 用于调节某段路径控制点位置，即调节路径的曲率。使用钢笔工具、添加锚点工具或删除锚点工具得到一组由多条直线段组成的多边形路径。要消除多边形的顶点，使路径光滑，只需要选取此工具，然后在路径的某节点处拖动，即可进行节点曲率的调整，如图 2-159 所示。

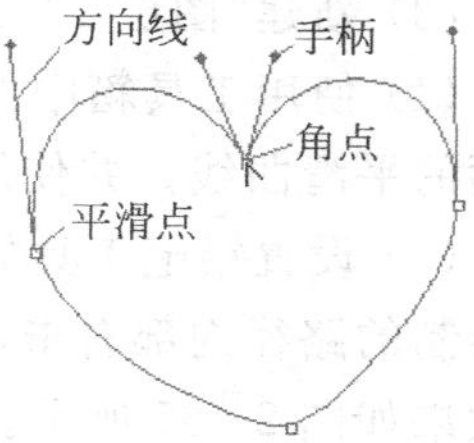

方向线　手柄　角点　平滑点

图 2-159　绘制平滑曲线

2.5.3　钢笔工具举例

任务 11　绘制一只可爱的小白兔

任务要求

在白色点缀的红色正圆背景上，绘制一只黑色描边的小白兔，效果如图 2-160 所示。

图 2-160　小白兔效果图

任务分析

使用钢笔工具和转换点工具绘制兔子的轮廓和嘴巴，并进行黑色描边。使用椭圆工具绘制一对黑色的眼睛，使用画笔工具绘制脸上的红晕。背景正圆可以使用椭圆工具或椭圆选框工具绘制再进行填充，上面的白色圆点使用画笔工具绘制。

操作步骤

(1) 新建一个大小为 400 像素×400 像素、颜色模式为 RGB 颜色、背景内容为白色的文件。

(2) 选择“视图”|“标尺”命令或者使用快捷键 Ctrl+R，在窗口打开标尺。在水平或垂直标尺上拖出参考线，如图 2-161 所示。

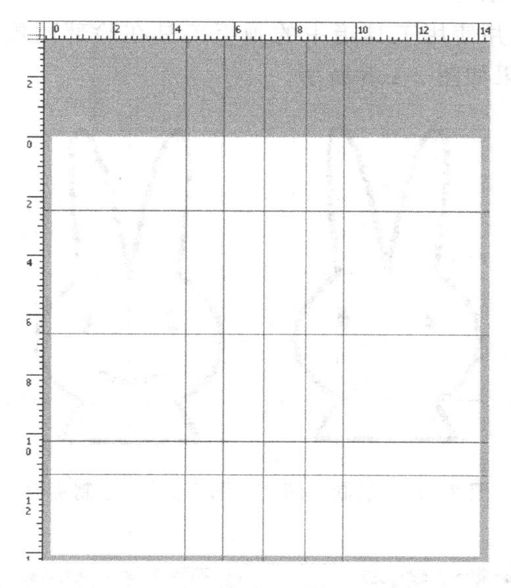

图 2-161　打开标尺、建立参考线

(3) 新建“图层 1”，并单击工具箱中的钢笔工具绘制路径，如图 2-162 所示。

(4) 使用工具箱中的转换点工具，调节图 2-162 中各节点处的曲率，得到兔子耳部和脸颊的平滑曲线。并使用直接选择工具向两边移动兔子耳朵，如图 2-163 所示。

(5) 设置铅笔工具的“大小”为 5 像素，前景色为黑色。单击工具箱中的钢笔工具，在所绘制的路径内部右击，在弹出的快捷菜单中选择“描边路径”命令，如图 2-164 所示。描边效果如图 2-165 所示。

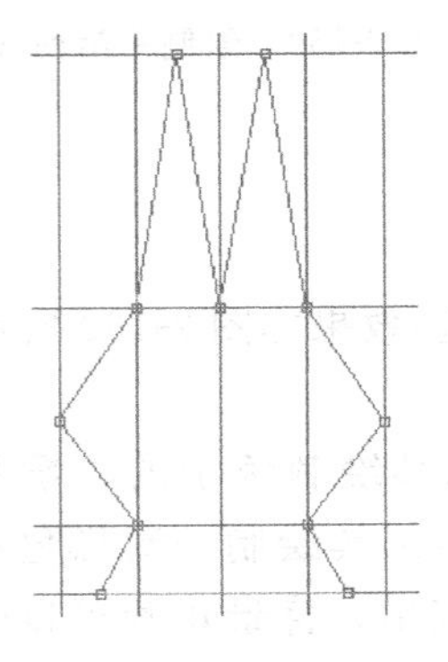

图 2-162　绘制路径

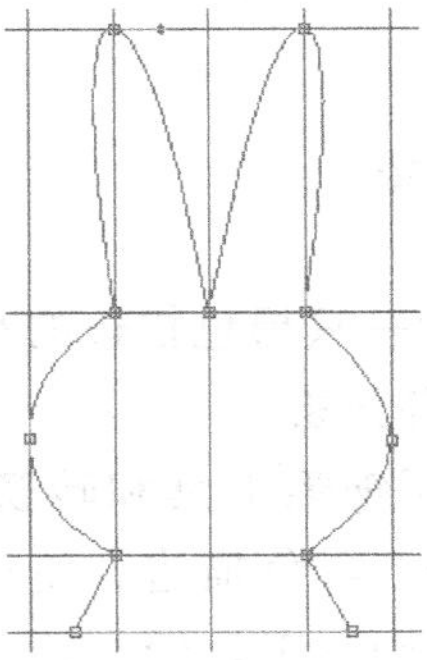

图 2-163　调节路径曲率

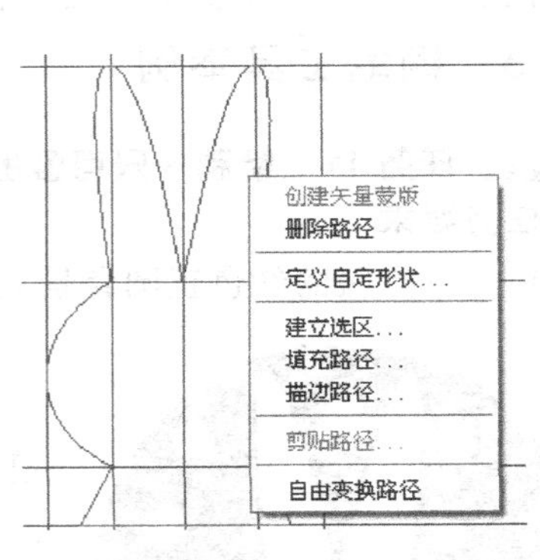

图 2-164　设置描边路径

(6) 设置前景色为黑色，单击工具箱中的椭圆工具，并在工具选项栏中设置绘图模式为“形状”，绘制兔子的一只眼睛。复制形状图层(在“图层”面板上拖动“椭圆 1”图层到“创建新图层”按钮上)，并单击工具箱中的移动工具，移动眼睛到如图 2-166 所示位置，得到兔子的另一只眼睛。

(7) 新建“图层 2”，并使用工具箱中的钢笔工具和转换点工具绘制嘴巴路径，并进行黑色描边，如图 2-167 所示。

(8) 新建“图层 3”，并使用工具箱中的画笔工具在脸部两侧绘制红晕，画笔设置如图 2-169 所示。绘制结果如图 2-168 所示。

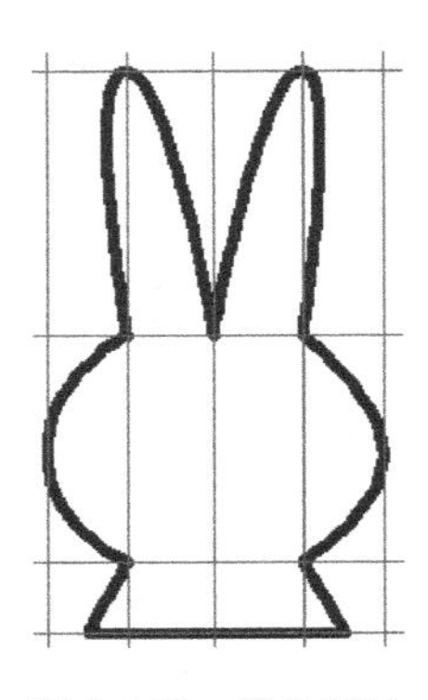

图 2-165　黑色描边

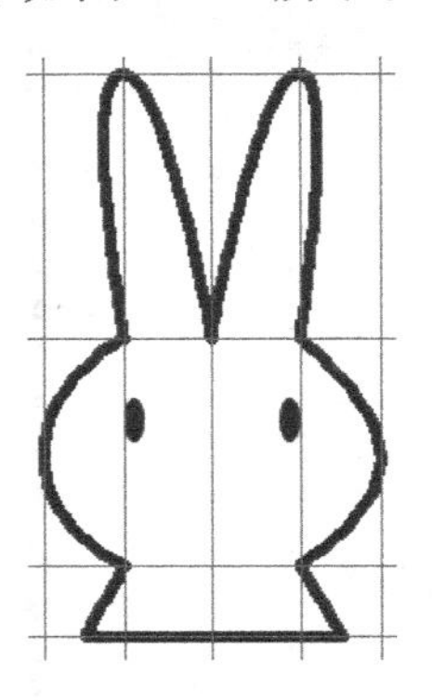

图 2-166　绘制眼睛

图 2-167　绘制嘴巴

图 2-168　绘制红晕

图 2-169　画笔选项栏设置

(9) 选择“视图”|“清除参考线”命令，清除参考线。

(10) 新建“图层 4”，单击工具箱中的椭圆选框工具，并按住 Shift 键，在兔子的四周绘制正圆，然后将其填充为红色。单击工具箱中的画笔工具并在圆内部绘制白色圆点。移动“图层 4”到“背景层”和“图层 1”之间，如图 2-170 所示。

图 2-170　绘制背景圆并调整图层

(11) 选中“图层 1”，并单击工具箱中的橡皮擦工具擦掉兔子上圆圈以外的部分，效果如图 2-170 所示。

(12) 保存文件(参考“答案\第 2 章\2-11.psd”源文件)。

提示：

① 使用钢笔工具和椭圆工具绘图时，注意绘图模式的选择，“形状”是在新图层上绘制带颜色的形状；而“路径”不新建图层，只是绘制路径，参考 2.4.1 小节。

② 注意图层的层叠次序。

2.6　综合应用举例

2.6.1　设计爱眼日标志

任务 12　为世界爱眼日绘制标志

任务要求

每年的 6 月 6 日是世界爱眼日，形象的“66”围起圆圆的眼睛，效果如图 2-171 所示。

任务分析

用钢笔工具绘制菱形并填充渐变色，绘制光滑、形象的“66”图案，并进行橙色填充、黑色描边；用椭圆工具绘制眼睛并进行填充和描边。使用文字工具编辑文字。

操作步骤

(1) 新建一个文件，并设置大小为 400 像素×400 像素，颜色模式为 RGB 颜色，背景内容为白色。

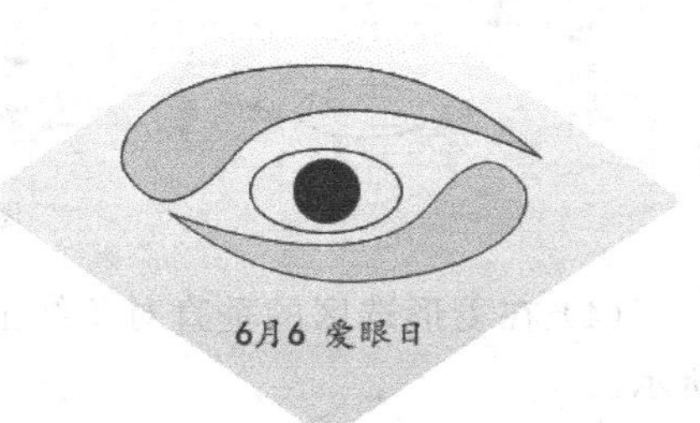

图 2-171　世界爱眼日标志效果图

(2) 新建“图层 1”，建立标尺和参考线。单击工具箱中的钢笔工具，设置其绘图模式为“路径”，用钢笔工具在四个坐标点处单击，绘制菱形，如图 2-172 所示。

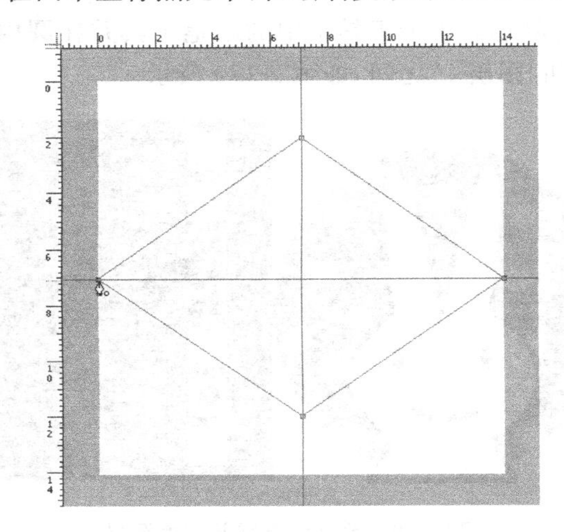

图 2-172　绘制菱形

(3) 单击钢笔工具选项栏上的“选区”按钮，将菱形路径变为选区。选择渐变工具，设置渐变工具选项栏如图 2-173 所示。单击“可编辑渐变”打开“渐变编辑器”对话框，设置白色到浅绿色(＃b1f496)渐变，单击“确定”按钮完成设置，如图 2-174 所示。

模式：正常　不透明度：100%　反向　仿色　透明区域

图 2-173　渐变工具选项栏

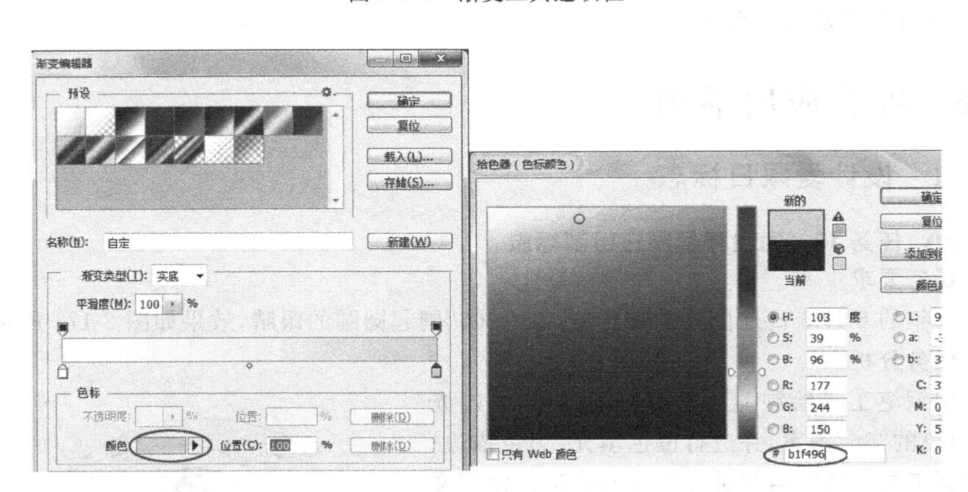

图 2-174　设置渐变色

(4) 在菱形选区的垂直对角线上自上向下拖动，为菱形选区填充渐变色，如图 2-175 所示。

(5) 按 Ctrl＋D 键取消选区。新建“图层 2”。使用工具箱中的钢笔工具绘制四个锚点，使用转换点工具和直接选择工具调整路径的光滑度，如图 2-176 所示。

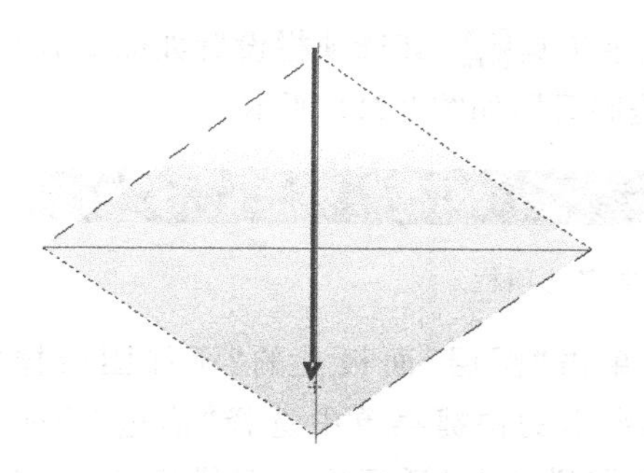

图 2-175　菱形选区填充渐变色

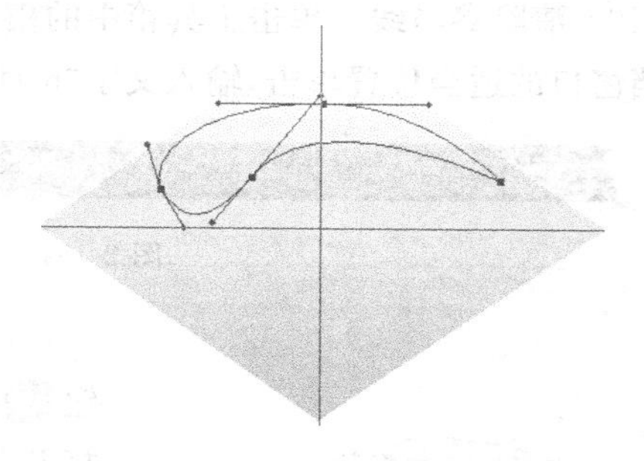

图 2-176　使用钢笔工具绘制图案

(6) 单击钢笔工具选项栏上的"选区"按钮，将路径变为选区(或在"路径"面板上单击"将路径作为选区载入"按钮)，填充颜色 # fcc8a2，并进行黑色描边，形成"6"的图案，如图 2-177 所示。

(7) 在"图层"面板上，拖动"图层 2"到"创建新图层"按钮上，得到"图层 2 副本"，如图 2-178 所示。

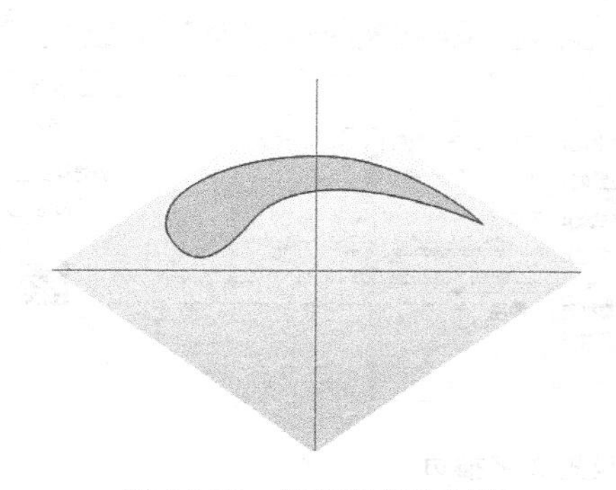

图 2-177　填充和描边图案

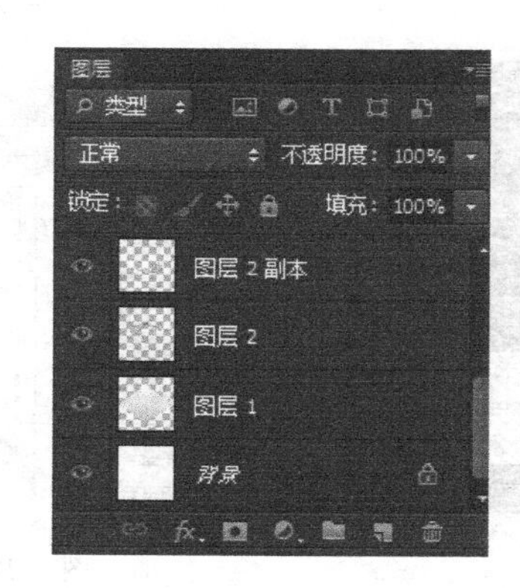

图 2-178　复制图层

(8) 按住 Ctrl 键，同时单击"图层 2 副本"的缩览图，选中"6"图案，按 Ctrl+T 键旋转并调整大小，如图 2-179 所示。然后按 Enter 键确认。

(9) 新建"图层 3"，使用椭圆选框工具绘制椭圆，并进行黑色描边。新建"图层 4"，绘制正圆，并填充黑色，如图 2-180 所示。

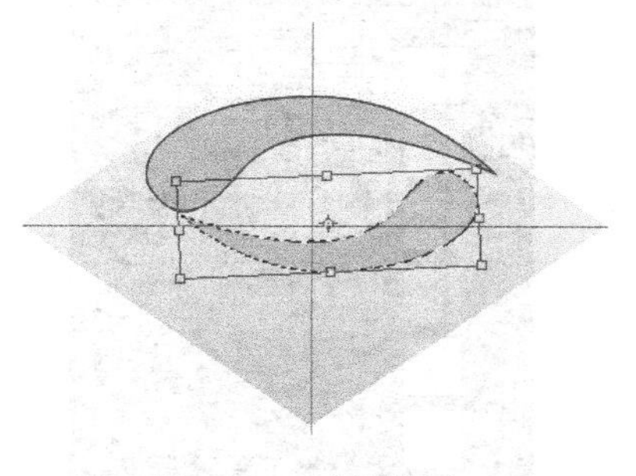

图 2-179　复制图案

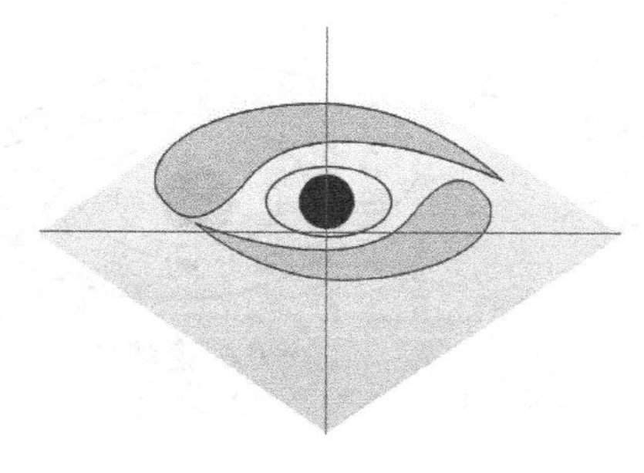

图 2-180　绘制眼睛

(10) 清除参考线。单击工具箱中的横排文字工具 T ,其选项栏设置如图 2-181 所示。在文档窗口的适当位置单击,输入文字“6 月 6 爱眼日”,如图 2-182 所示。

图 2-181 设置文字选项栏

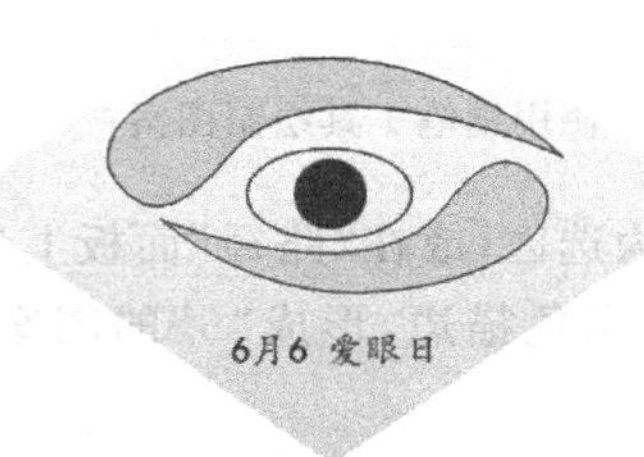

图 2-182 输入文字

(11) 单击“图层”面板上的“添加图层样式”按钮 fx ,在弹出的快捷菜单中选择“描边”命令,并在打开的“图层样式”对话框中设置描边的“大小”为 1 像素,“颜色”为 # 99fd8f,然后单击“确定”按钮,如图 2-183 所示。

(12) 适当调整各个图层上内容的位置,效果图及“图层”面板如图 2-184 所示。

(13) 保存文件(参考“答案\第 2 章\2-12. psd”源文件)。

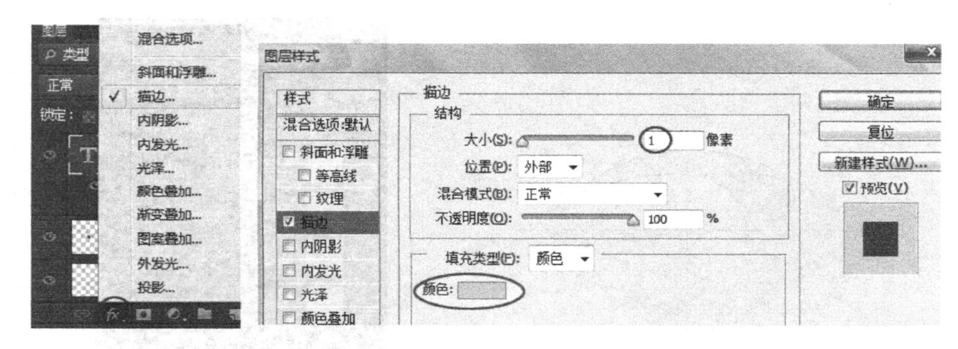

图 2-183 设置文字描边

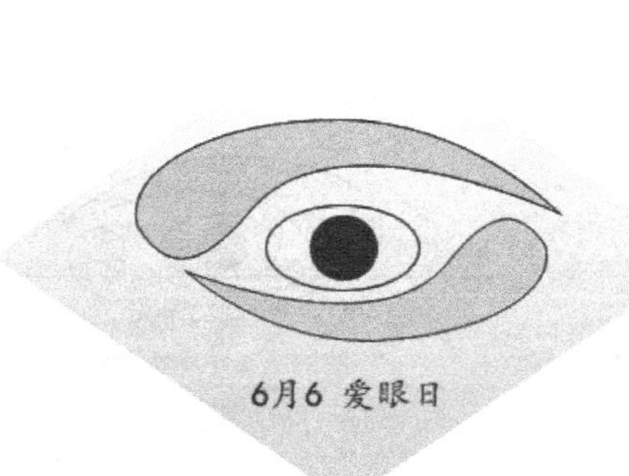

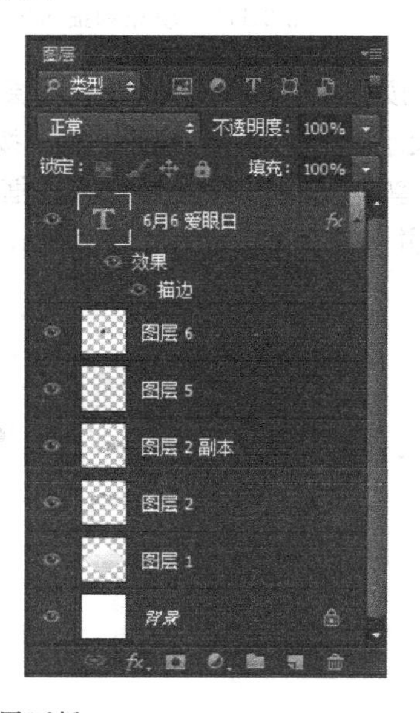

图 2-184 效果图及图层面板

2.6.2 设计蜡染花布图案

任务 13　绘制蜡染花布图案

任务要求

设计一款新颖独特的蜡染花布，效果如图 2-185 所示。

任务分析

使用自定形状工具、"自由变换"命令绘制并定义图案，再填充图案并设置滤镜的云彩，得到蜡染花布的效果。

图 2-185　蜡染花布效果图

操作步骤

(1) 新建一个文件，将其命名为"图案. psd"。设置其大小为 300 像素×300 像素，颜色模式为 RGB 颜色，背景内容为白色。

(2) 新建"图层 1"，设置其前景色为黑色。单击工具箱中的自定形状工具，并设置绘图模式为"像素"。单击"设置待创建的形状"右侧向下的小三角按钮，打开"自定形状拾色器"，选择"百合花饰"，然后在白色背景上单击并拖动，绘制图案，如图 2-186 所示。

图 2-186　绘制"百合花饰"图案

(3) 复制"图层 1"，得到"图层 1 副本"，并按 Ctrl＋T 键在图案四周添加自由变换控制点，如图 2-187 所示。

(4) 按住 Shift 键的同时拖动图案中心点垂直向下移动，如图 2-188 所示。

(5) 在工具选项栏中，单击"设置旋转"选项，输入 60，如图 2-189 所示。

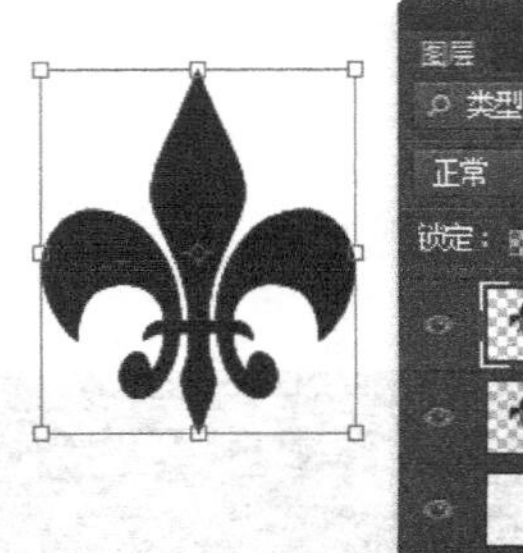

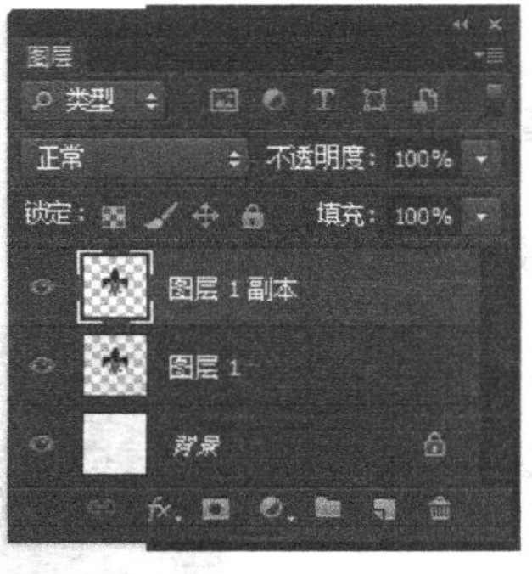

图 2-187　复制图层　　　　图 2-188　移动中心点

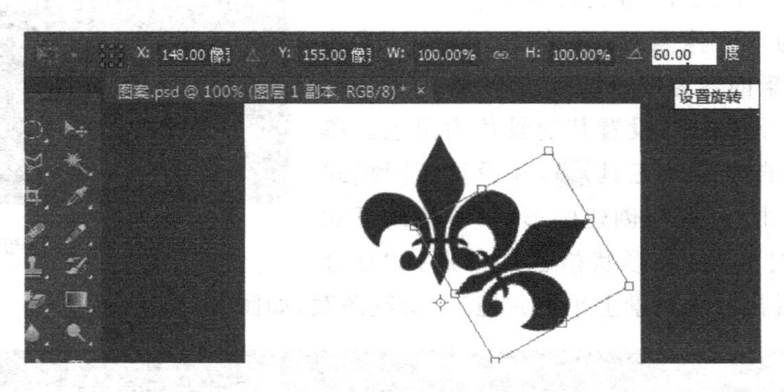

图 2-189　旋转图形

(6) 按 Enter 键确认，去掉控制点。在按住 Ctrl＋Shift＋Alt 键的同时，按 T 键 4 次，旋转并复制 4 个图层，如图 2-190 所示。

(7) 按 Ctrl＋E 键合并 6 个普通图层，得到“图层 1”。按 Ctrl＋J 键复制“图层 1”，得到“图层 1 副本”，如图 2-191 所示。

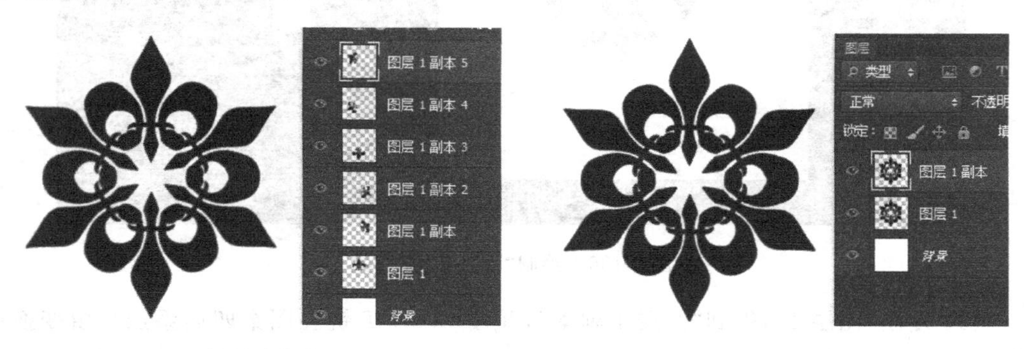

图 2-190　旋转并复制 4 个图层　　　　图 2-191　合并并复制图层

(8) 按 Ctrl＋T 键，按下 Shift＋Alt 键的同时拖动变形框的角点，缩小并顺时针旋转图案，选项栏设置和效果如图 2-192 所示。

(9) 按 Enter 键确认，去掉控制点。按 Ctrl＋E 向下合并“图层 1 副本”和“图层 1”，得到“图层 1”。按 Ctrl＋J 键复制“图层 1”，得到“图层 1 副本”，适当缩小图案大小，再复

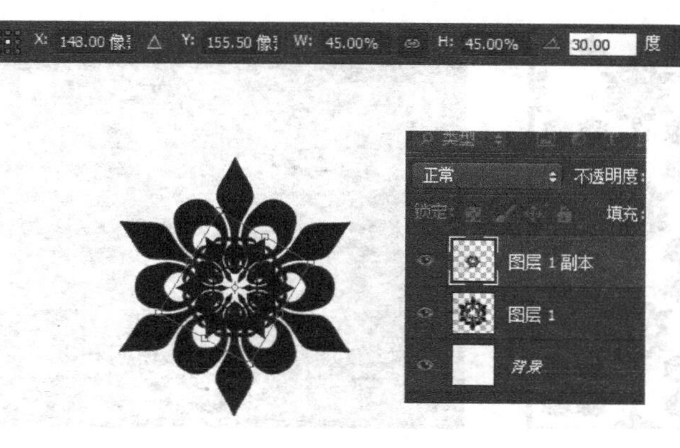

图 2-192　缩小并旋转图案

制得到三个图层副本，并调整其位置，如图 2-193 所示。

图 2-193　定义图案

(10) 选择"编辑"|"定义图案"命令，打开"图案名称"对话框，保持默认图案名称，然后单击"确定"按钮。

(11) 新建一个文件，设置其大小为 1000 像素×1000 像素，颜色模式为 CMYK，背景内容为白色。

(12) 选择"编辑"|"填充"命令，打开"填充"对话框，并在该对话框找到自定义的图案，然后单击"确定"按钮，如图 2-194 所示，填充效果如图 2-195 所示。

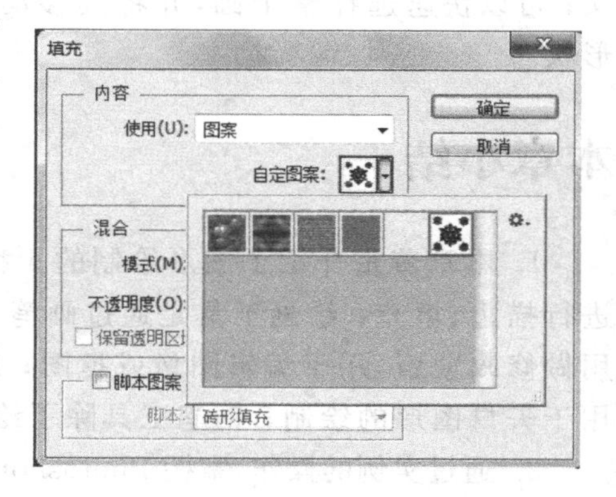

图 2-194　"填充"对话框

(13) 设置前景色为＃000033，背景色为＃9999cc。新建"图层 1"，选择"滤镜"|"渲染"|"云彩"命令，然后设置图层混合模式为"正片叠底"，效果如图 2-196 所示。

(14) 按 Ctrl＋E 键向下合并"图层 1"和"背景"。

图 2-195　填充图案

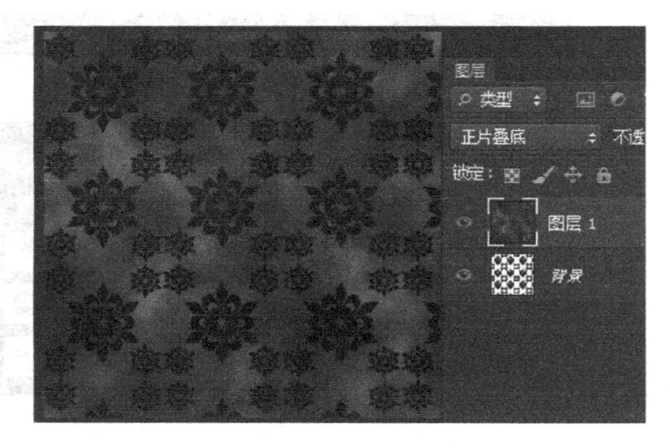

图 2-196　花布蜡染效果图

(15) 保存文件(参考"答案\第 2 章\2-13.psd"源文件)。

相关知识

1. 图形及图形设计的含义

图形是由绘、写、刻、印等手段产生的图画记号,是说明性的图画形象。

图形设计要求有创意,即是创造新意、寻求新颖和独特的某种意念、构想。图形创意是图形设计的核心,可以运用到招贴设计、书籍装帧设计、包装设计等实践设计中去,发挥图形的视觉传递作用。

2. 绘画与绘图区别

在计算机上创建图形时,绘图和绘画之间是有区别的。

绘画是用绘画工具更改像素的颜色。可以渐变地应用颜色,采用柔化边缘和转换操作,并利用强大的滤镜效果处理个别像素。

绘图是使用形状工具和钢笔工具绘制,主要是创建被定义为几何对象的形状(也称为矢量对象)。例如,如果使用椭圆工具绘制圆,则该圆由特定的半径、位置和颜色定义;可以快速选择整个圆,并将其移动到新位置,也可以编辑圆的轮廓来扭曲它的形状。

本章小结

1. 本章着重介绍了图形绘制的 4 种方法。选框工具绘图是先创建图形选区,再进行描边、填充;绘画工具是通过画笔工具或橡皮擦工具直接绘制或擦除,也经常被用做修改蒙版,用于编辑图像或抠图;形状工具可以直接绘制多种形状或路径,主要用于矢量图形的绘制;钢笔工具除了绘制特殊的形状或路径,还可以用于精细抠图。

2. 通过实例的操作,掌握 Photoshop CS6 窗口的设置和使用方法,熟悉图层和路径的主要功能和操作技巧;熟练应用颜色提取和填充的多种方法。

3. 熟悉实例中多种操作的快捷键，可以方便快捷地绘制精彩、复杂的图形。与自由变换有关的常用快捷键如下。

(1) Ctrl＋T：自由变换。

(2) Shift＋向下拖动中心点：中心点垂直下移。

(3) Shift＋在变形框外拖动变形框转动：15°增量旋转角度，可作 90°、180°顺时针和逆时针旋转。

(4) Shift＋Alt＋拖动变形框角点：中心对称的等比例放大或缩小。

(5) Ctrl＋Alt＋Shift＋T：再次变换并且复制。

思考与练习

一、选择题

1. 移动参考线的方法是(　　)。

A. 使用移动工具拖动

B. 无论当前使用何种工具，按住 Alt 键的同时单击鼠标

C. 在工具箱中选择任何工具进行拖拉

D. 无论当前使用何种工具，按住 Shift 键的同时单击鼠标

2. (　　)属于规则选择工具。

A. 矩形选框工具　　B. 直线工具

C. 魔棒工具　　D. 套索工具

3. 当使用绘图工具时，按住(　　)，暂时切换到吸管工具。

A. Shift 键　　B. Alt 键　　C. Ctrl 键　　D. Ctrl＋Alt 键

4. 下面是创建选区时常用的功能，(　　)是正确的。

A. 按住 Ctrl 键的同时单击工具箱的选择工具，就会切换不同的选择工具

B. 按住 Alt 键的同时拖动可得到正方形的选区

C. 按住 Alt 和 Shift 键可以形成以鼠标指针落点为中心的正方形和正圆形的选区

D. 按住 Shift 键使选择区域以鼠标指针落点为中心向四周扩散

5. 路径的组成不包括(　　)。

A. 直线　　B. 曲线　　C. 锚点　　D. 像素

6. 下列(　　)方法不能建立新图层。

A. 双击“图层”面板的空白处

B. 单击“图层”面板下方的“创建新图层”按钮

C. 使用鼠标将当前图像拖动到另一张图像上

D. 使用文字工具在文档中添加文字

7. 下列有关钢笔工具的说法中，不正确的是(　　)。

A. 钢笔工具属于矢量图形绘制工具　　B. 钢笔工具组不包含转换点工具

C. 钢笔工具可以实现精确抠图　　D. 钢笔工具可以绘制路径

8. 下列关于 Photoshop 背景层的说法正确的是(　　)。

A. 背景层的位置可以随便移动

B. 如果想移动背景层,必须更改其名字

C. 背景层是不透明的

D. 背景层是白色的

9. 在 Photoshop 中,如果前景色为红色,背景色为蓝色,直接按 D 键,然后按 X 键,前景色与背景色将分别是(　　)颜色。

A. 前景色为蓝色,背景色为红色　　B. 前景色为红色,背景色为蓝色

C. 前景色为白色,背景色为黑色　　D. 前景色为黑色,背景色为白色

10. 关于自定形状工具,以下说法不正确的是(　　)。

A. 自定形状工具绘制的对象会建立新图层

B. 自定形状工具绘制的对象是矢量的

C. 可以用钢笔工具对自定形状工具绘制对象的形状进行修改

D. 自定形状工具绘制的对象是一条路径

11. 下面对背景色橡皮擦工具与魔术橡皮擦工具描述不正确的是(　　)。

A. 背景色橡皮擦工具可将颜色擦为没有颜色的透明部分

B. 魔术橡皮擦工具可擦除图像的近似颜色为透明

C. 背景色橡皮擦工具选项栏中的"容差"选项是用来控制擦除颜色的范围

D. 魔术橡皮擦工具选项栏中的"容差"选项控制擦除图像连续的部分

12. 单击"图层"面板上当前图层左边的眼睛图标,则当前图层(　　)。

A. 被锁定　　B. 被隐藏　　C. 被添加蒙版　　D. 被删除

13. 对某图层执行自由变换命令时发现该命令为灰色显示,(　　)以下原因肯定不是。

A. 该图层被锁定　　B. 该图层为背景图层

C. 该图层与背景图层为链接关系　　D. 该图层位于图层组中

14. 下列关于路径的描述不正确的是(　　)。

A. 可以用画笔工具描边路径

B. 路径可以转换为选区

C. "路径"面板中路径的名称可以随时修改

D. 双击当前工作路径可存储路径

15. 使用"图层"面板中的(　　)按钮可以为当前图层或选区添加投影、浮雕等特殊效果。

A. "添加图层样式"　　B. "添加图层蒙版"

C. "创建图层组"　　D. "创建新的填充图层或调整层"

二、设计制作题

1. 吸烟有害健康,不仅仅是吸烟者本人的健康,周围的其他人也会深受其害。请参照图 2-197 所示制作一幅禁烟标志,颜色可从图样上提取(参考"答案\第 2 章\练习答案\2-1.psd"源文件)。

2. 请参照图 2-198 所示绘制图案“我的家”（参考“答案\第 2 章\练习答案\2-2.psd”源文件）。

图 2-197　“禁止吸烟”效果图

图 2-198　“我的家”效果图

第 3 章

文字设计制作

Photoshop CS6 可以方便、灵活地创建和编辑文字。将文字栅格化后，可以得到多种文字特效，以满足不同图像添加特定文字效果的要求。

学习目标

- 熟练掌握文字的创建和编辑
- 熟悉文字图层的特性和使用方法
- 熟练掌握变形文字的编辑
- 掌握特效文字的编辑方法
- 熟练掌握段落文本的编辑
- 熟悉蒙版文字和路径文字

3.1 创建文字

3.1.1 文字工具

Photoshop 的文字工具功能强大，可以编辑文字的字体、字号、颜色、字间距、行间距和段落文本，并可以对文字进行缩放、旋转、变形操作，还可以对文字进行填充、描边等操作。将文字栅格化为位图，就可以对文字应用滤镜效果，从而得到多种特效文字。

图 3-1 文字工具

Photoshop CS6 的文字工具包括 4 种，如图 3-1 所示，T 为文字工具的快捷键。使用这些工具可以在图像中创建文字或者文字蒙版，并编辑文字。

在文字工具选项栏中可以设置文字的格式，如图 3-2 所示为横排文字工具选项栏。

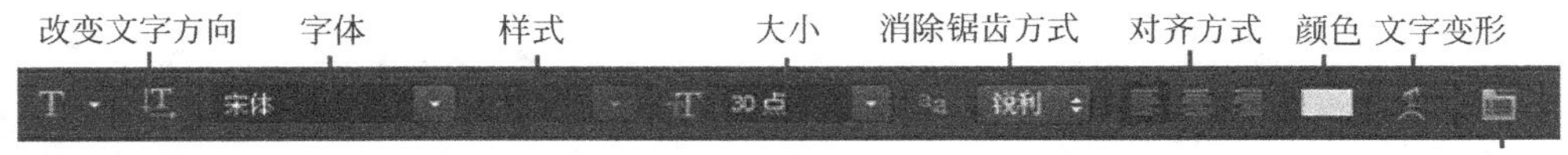

图 3-2 横排文字工具选项栏

单击“切换字符和段落面板”按钮，即可打开相应的面板，对字符和段落进行设置，如图 3-3 和图 3-4 所示。

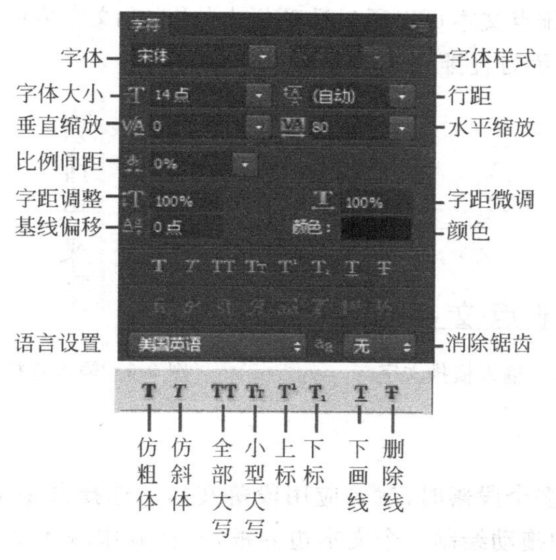

图 3-3 “字符”面板

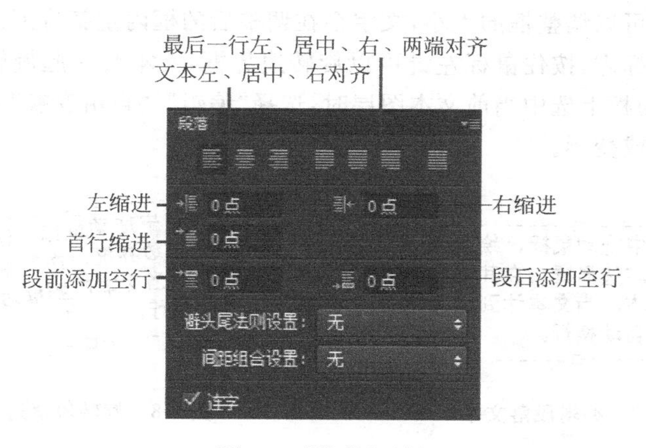

图 3-4 “段落”面板

3.1.2 文字类型

Photoshop 创建的文字分为点文本和段落文本两种文本方式，两者可以相互转换。在“图层”面板上选中当前文本图层，选择“图层”|“文字”|“转换为段落文本”或“转换为点文本”命令可以实现转换，或者直接在图层面板上当前文本图层右击，在快捷菜单中选择“转换”命令。

1. 点文本

点文本是在某点输入文字，用于输入少量文字，为水平或垂直文本行。每行文本都是独立的，文本不会自动换行，可通过 Enter 键换行。选择横排或直排文字工具后光标显示或形。在窗口中单击，出现闪烁的插入点，输入横排文字，如图 3-5 所示，输入完毕，可以单击文字工具选项栏中的“提交所有当前编辑”按钮✔，确认所输入的文字。如放弃输入的文字，单击“取消所有当前编辑”按钮⊘或按 Esc 键。

横排点文本与直排点文本可以通过选项栏中的“改变文字方向”按钮，来改变输入文字的方向，图 3-6 所示为直排点文本效果。

横排点文字

图 3-5　输入横排文字

直排点文字

图 3-6　输入直排文字

2. 段落文本

当要创建一个或多个段落时，就要应用段落文本。选择文字工具后光标呈或形状显示时，在窗口中拖动绘制一个文本边界框，并在其中输入文本，当文本达到框边缘时会自动换行，如图 3-7 所示。

拖动边界框，可以调整框的大小，文字会在调整后的框内重新排列。当光标放在边界框外时，出现旋转标志，按住鼠标左键可以旋转边界框，文本会一起旋转，如图 3-8 所示。也可以在“图层”面板上选中当前文本图层时，选择“编辑”|“自由变换”或“变换”命令实现文本的缩放、旋转或变形。

在窗口中拖动鼠标，绘制一个文本边界框，在其中输入文本，当文本达到框边缘时自动换行。

图 3-7　编辑段落文本

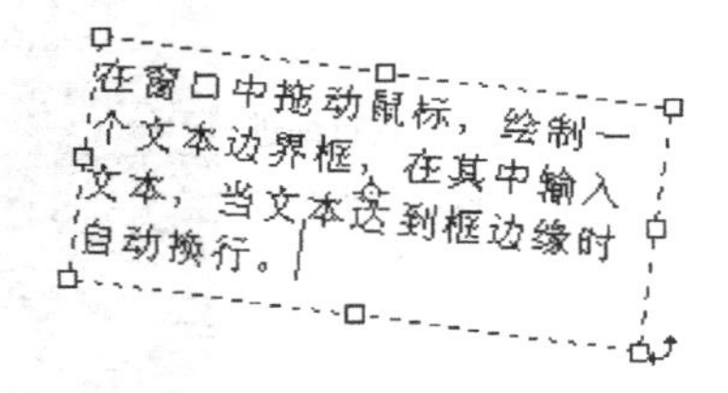

图 3-8　旋转段落边界框

图 3-9　设置段落边界框的大小

要创建固定大小的段落文本的边界框，可以单击选中文字工具，然后按住 Alt 键，并在窗口中单击，打开如图 3-9 所示的对话框，设置边界框的宽度和高度。

直观地判断当前文字类型的方法是：如果用文字工具在文字上单击，有文本框显示，表示此文本是段落文字，没有文本框显示，则表示是点文本。

3.1.3　文字图层

当创建文字时，“图层”面板中会自动建立一个新的文字图层，其图层缩览图为灰底白色 T，如图 3-10 所示。

创建文字图层后，可以编辑文字并对其应用图层命令，这种编辑为矢量变化，不影响文字效果和清晰度，但不能添加滤镜等效果。

在文字图层的蓝条上右击，弹出的快捷菜单中列出了文字图层的一些常用操作命令，如图 3-11 所示。

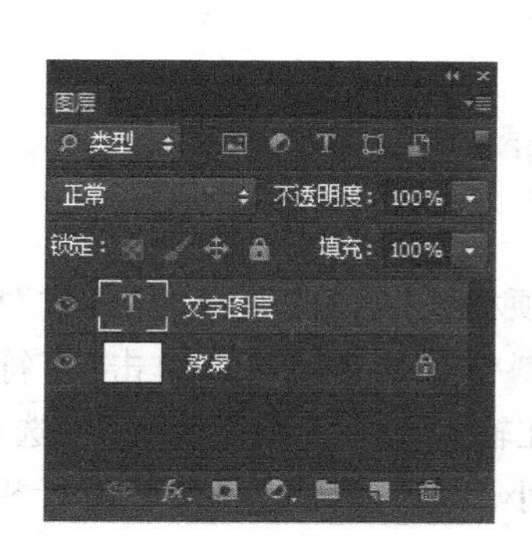

图 3-10　被选中的文字图层

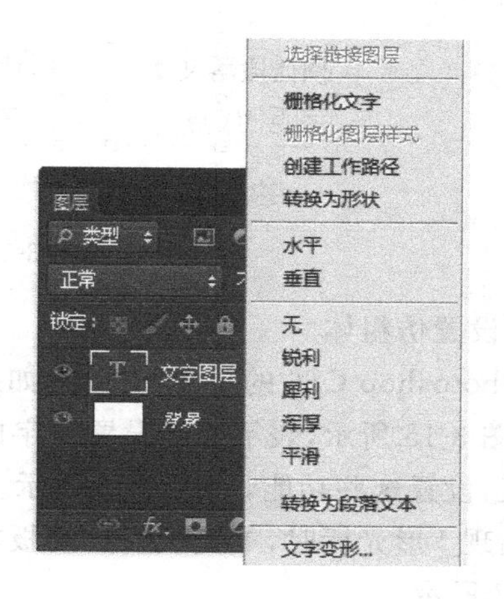

图 3-11　文字图层快捷菜单

提示：想要对几个文字图层的属性同时进行修改，如字体、颜色、大小等，只须将要修改的图层按住 Shift 键关联到一起，再进行属性修改即可。

3.1.4　文字编辑

1. 设置文本格式

(1) 设置字体大小和基线偏移

选择文字工具后，可以先在工具选项栏或字符面板中设置文字的相关参数，如字体、字号、颜色等，再输入文字。也可以先输入文字，再选中要改变格式的文字进行设置，如图 3-12 所示为输入 30 点的宋体文字，并相对基线偏移 10 点。

(2) 设置行间距

设置行间距是指两行文字基线的垂直距离，如图 3-13 左图行间距 20 点，右图行间距 50 点所示。

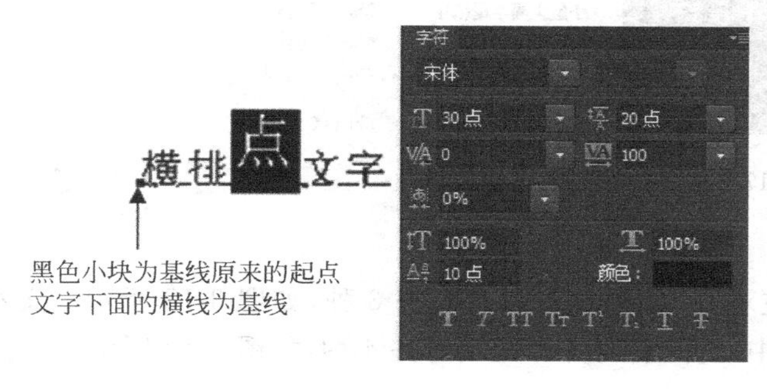

图 3-12　输入“点”文字并设置

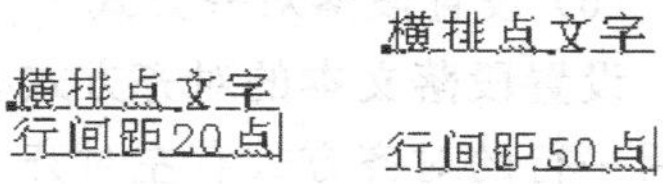

横排点文字
行间距20点

横排点文字
行间距50点

图 3-13　行间距设置

(3) 设置字符间距

字距调整 是加宽或缩小字符之间的距离。如图 3-14 所示为选中段落文本的不同设置。

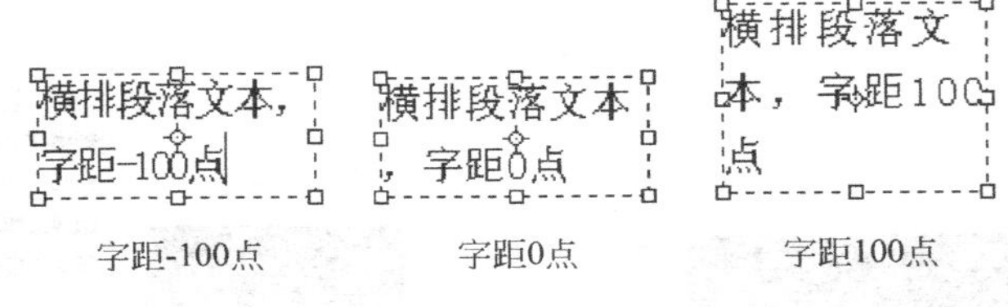

图 3-14 设置字距

(4) 设置仿粗体

在 Photoshop CS6 的中文字体中，如果工具选项栏或“字符”面板的“样式”栏呈灰色显示，如图 3-15 所示，表示不能设置文字的粗体或斜体等。这时可以单击“字符”面板的格式按钮，设置这些功能，如图 3-16 所示。也可以在输入点文字或段落文字、选中文字或文本中出现 I 形光标时，单击“字符”面板右上角的小三角，在出现的菜单进行相关设置，如图 3-17 所示。

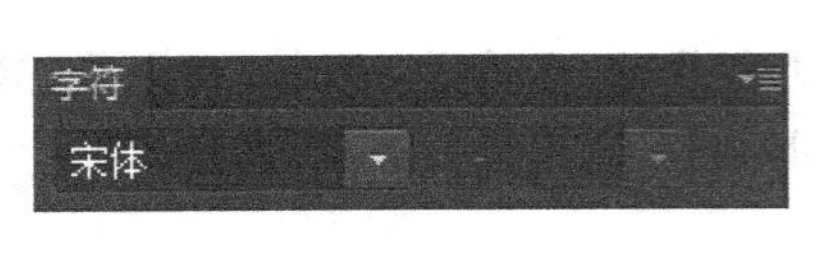

图 3-15 “样式”栏呈灰色显示

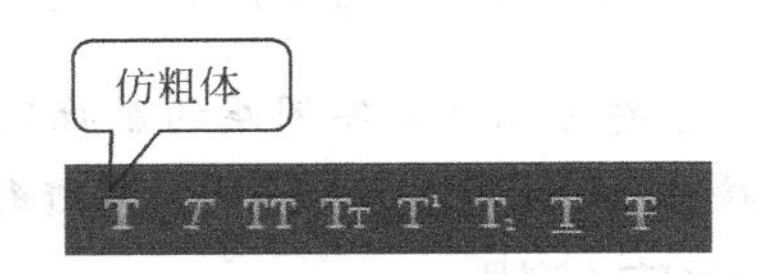

图 3-16 格式按钮

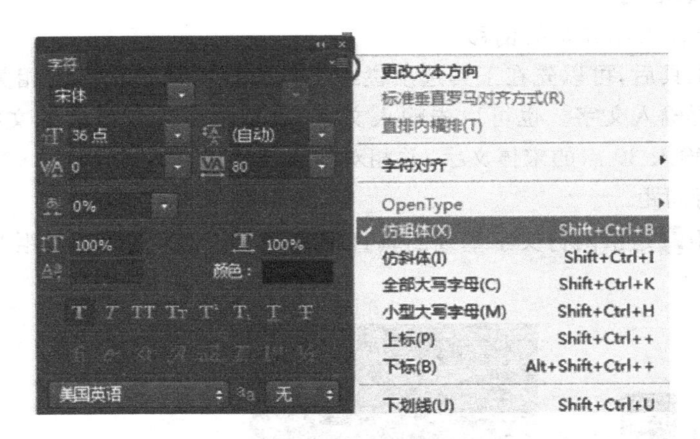

图 3-17 格式按钮的动态快捷键

(5) 设置段落对齐方式

设置段落文本的对齐方式有左对齐、居中对齐和右对齐 3 种，如图 3-18 所示。文本最后一行的对齐方式有左对齐、居中对齐、右对齐和两端对齐 4 种，如图 3-19 所示。

提示： 控制文本的常用快捷键。

① 将文本字距微调：Ctrl＋Alt＋←/→。

图 3-18　段落文本对齐方式

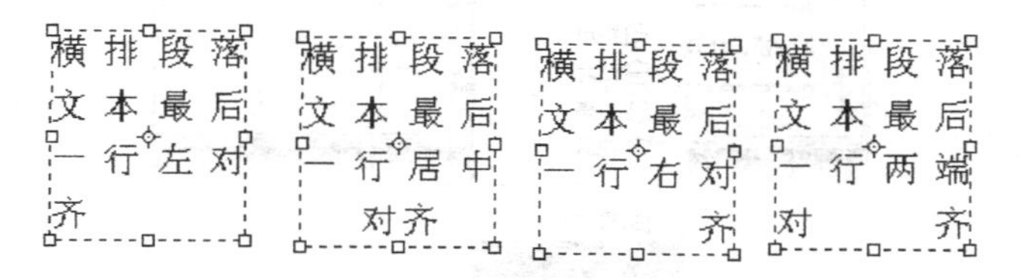

图 3-19　段落文本最后一行对齐方式

② 将所选中文本的文字缩放：Ctrl＋Shift＋＜/＞。

③ 调整选中文本相对基线的上下位置：Alt＋Shift＋↑/↓。

2. 移动文字

文字输入完成，提交确认后，如果要调整文字在窗口中的位置，最简单的调整方法是使用移动工具拖动文字。如果位置还不够精确，可再用上、下、左、右方向键进行细微调节。

3. 复制粘贴文字

如果在同一图层中对文字进行复制粘贴，可以选中文本，按 Ctrl＋C 键进行复制，确定插入点，按 Ctrl＋V 键粘贴。如果复制文字图层，可以在“图层”面板上拖动文字图层到“创建新图层”按钮上，会得到相同内容的文字图层。

4. 栅格化文字

当对文字图层进行栅格化处理后，文字不再具有矢量轮廓并且不能再作为文字进行编辑，但可以按位图选区进行操作，应用“填充”或“滤镜”命令实现文字的特效。

3.1.5　文字变形

在“图层”面板文字图层上右击，在弹出的快捷菜单中单击“文字变形”命令或者单击文字工具选项栏中的“创建文字变形”按钮，打开“变形文字”对话框，如图 3-20 所示。在该对话框中选择变形样式，设置弯曲或扭曲的参数等。如图 3-21 所示为波浪形文字效果，如图 3-22 所示为下弧形文字效果。

提示：不能对设置了仿粗体的文字应用变形效果。

3.1.6　文字选区

使用横排文字蒙版工具或直排文字蒙版工具可以创建一个文字形状的选区。文字选区出现在现用图层中，可以对其像任何其他选区一样进行移动、复制、填充或描边。

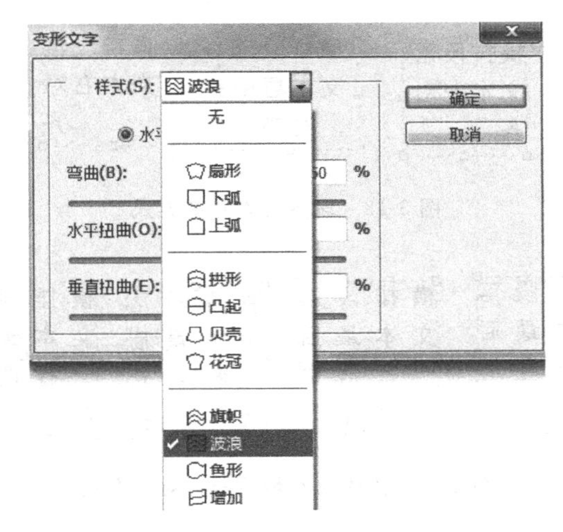

图 3-20 “变形文字”对话框

图 3-21 波浪形文字

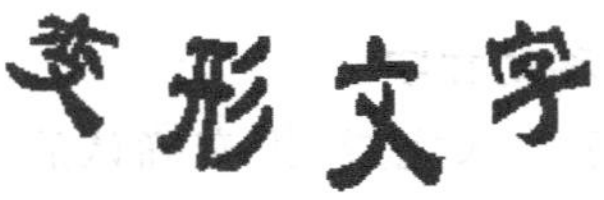

图 3-22 下弧形文字

任务1 设计渐变文字

任务要求

为素材图片创建文字选区，填充图案并描边，效果如图 3-23 所示。

图 3-23 效果图

任务分析

首先使用直排文字蒙版工具建立文字选区，并填充渐变，然后添加图层样式中的“斜面和浮雕”以及“描边”效果。

操作步骤

(1) 打开“素材\第 3 章\蝶恋花.jpg”素材图片文件，并将其另存为 3-1.psd。

(2) 新建图层，单击工具箱中的直排文字蒙版工具，在工具选项栏设置字体为华文行楷，字体大小 72 点，在图像的适当位置输入直排文字“蝶恋花”。在输入时，文档窗口会显示一层半透明的红色，代表蒙版内容，文字显示为背景色，如图 3-24 所示。单击工具选项栏中的 ✔ 按钮确认所输入的文字，得到文字选区，如图 3-25 所示。

(3) 单击工具箱中的渐变工具，设置渐变工具选项栏为线性“色谱”渐变，从“蝶”字的左上角向“花”字的右下角拖动鼠标，给“蝶恋花”填充色谱渐变，如图 3-26 所示。

图 3-24　输入文字

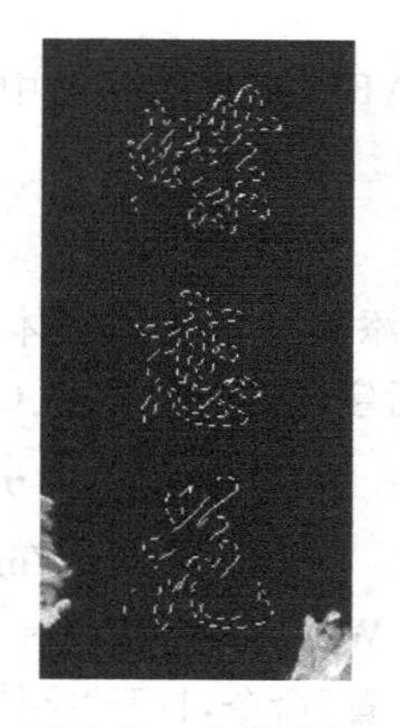

图 3-25　文字选区

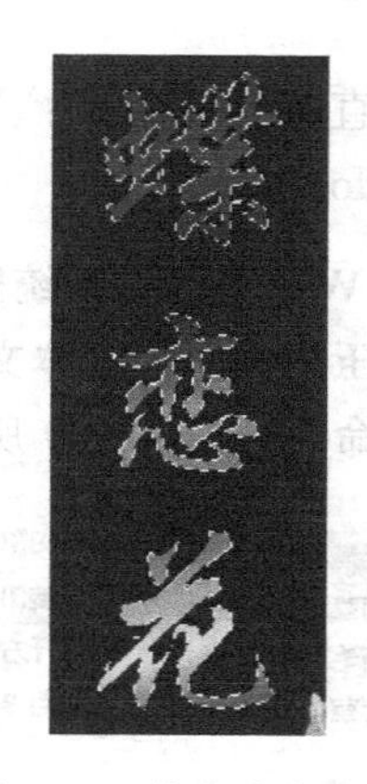

图 3-26　填充彩色渐变

(4) 单击“图层”面板上的“添加图层样式”按钮，在弹出的快捷菜单中选择“斜面和浮雕”命令，在打开的“图层样式”对话框中设置“深度”为 100%、“大小”为 5 像素，其他参数取默认值，最后单击“确定”按钮，效果如图 3-27 所示。

(5) 单击“图层”面板上的“添加图层样式”按钮，在弹出的快捷菜单中选择“描边”选项，在打开的“图层样式”对话框中设置“颜色”为黄色、“大小”为 2 像素，其他参数为默认，最后单击“确定”按钮，效果如图 3-28 所示。

图 3-27　斜面和浮雕效果

图 3-28　描边效果

(6) 按 Ctrl+D 键取消选区，得到如图 3-23 所示效果图。

(7) 保存文件(参考“答案\第 3 章\3-1.psd”源文件)。

提示：此例还可以使用以下两种方法。

① 使用文字工具输入文字后，栅格化文字图层，对文字选区填充渐变色或使用图层样式。

② 直接对矢量文字应用“添加图层样式”的“渐变填充”和“描边”命令。

3.1.7　文字字体

有时候 Windows 系统自带的字体不能满足用户的要求，用户可以从网上下载字体并添加到 Windows 系统中。

1. Windows XP 系统添加字体

从网上下载的字体一般是压缩包文件，需要首先把字体解压出来，然后复制字体文件

“.ttf”，直接复制到 C:\WINDOWS\FONTS 文件夹中。此种方法适用于 Windows XP 和 Windows 7 系统。

2. Windows 7 系统安装字体

解压得到.ttf 字体文件，选择要添加到系统的字体，右击，在打开的快捷菜单中单击“安装”命令，如图 3-29 所示。安装后字体文件保存在 C:\Fonts(字体)文件夹中。

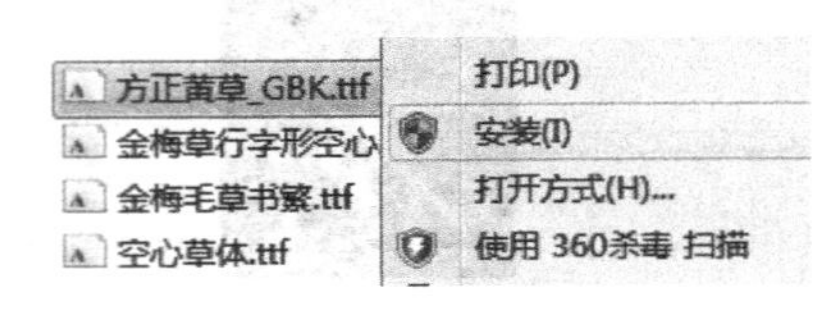

图 3-29 “安装”字体

3. Windows 7 系统安装字体的快捷方式

(1) 打开 Windows 资源管理器窗口浏览 C:\WINDOWS\Fonts 文件夹，单击窗口左侧的“字体设置”命令，打开“字体设置”窗口。选中“允许使用快捷方式安装字体(高级)”的复选框，如图 3-30 所示，然后单击“确定”按钮保存设置。

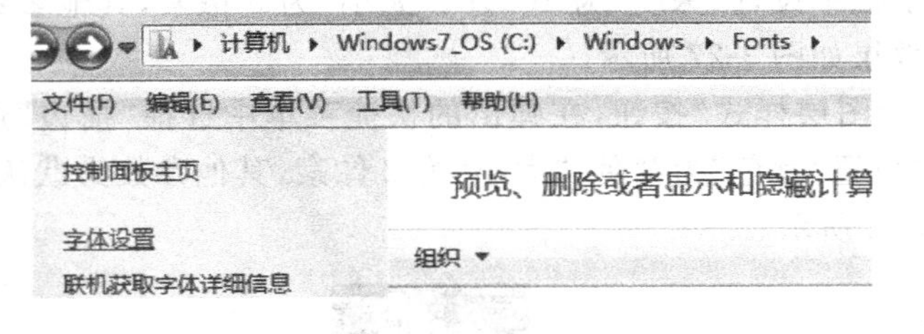

图 3-30 字体设置

(2) 选择字体文件，右击，在打开的快捷菜单中单击“作为快捷方式安装”命令，如图 3-31 所示。安装后字体文件的快捷方式保存在 C:\Fonts 文件夹中，字体文件仍保存在原位置。

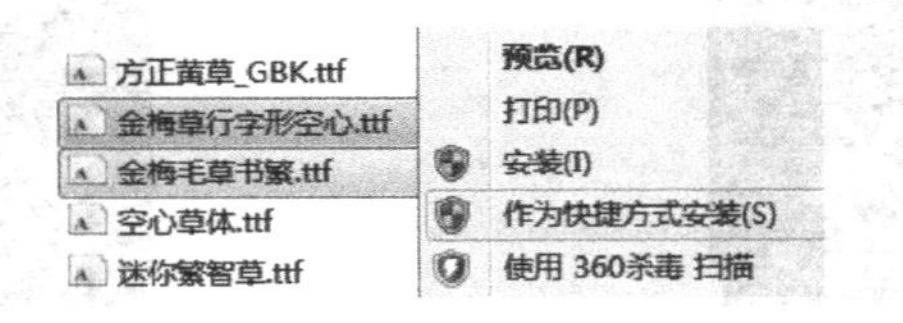

图 3-31 安装字体的快捷方式

3.2 特效文字

对文字的特效处理，可以像处理图像区域一样，使用滤镜及其他图像处理工具进行各种变幻，制作出与图像融为一体的特殊效果，给画面增强活力，并起到画龙点睛的作用。

3.2.1 冰雪文字

⚠ 任务 2 设计冰雪融化的“雪”字

任务要求

为皑皑白雪中的红果图片添加文字“傲雪”，使“雪”字呈现冰雪融化的效果，如图 3-32 所示。

任务分析

首先需要栅格化文字，然后对文字应用滤镜中的杂色、纹理和模糊效果，通过画笔在“雪”字边缘添加白色，再使用滤镜中的风格化，使“雪”字呈现融化的效果。

图 3-32　效果图

操作步骤

(1) 新建一个大小为 300 像素×300 像素、背景为黑色的文件。

(2) 单击工具箱中的横排文字工具，并在工具选项栏中设置字体为幼圆、字体大小为 100 点，颜色为白色。单击工具选项栏中的“切换字符和段落面板”按钮，在打开的“字符”面板中单击“仿粗体”格式按钮。在文档窗口输入文字“雪”，此时“图层”面板会自动添加一个名为“雪”的文字图层，如图 3-33 所示。

(3) 选择“图层”|“栅格化”|“文字”命令，或者在“图层”面板的文字图层右击，在弹出的快捷菜单中选择“栅格化文字”命令，使文字栅格化为位图格式，如图 3-34 所示。

(4) 选择“滤镜”|“杂色”|“添加杂色”命令，设置参数如图 3-35 所示，然后单击“确定”按钮。

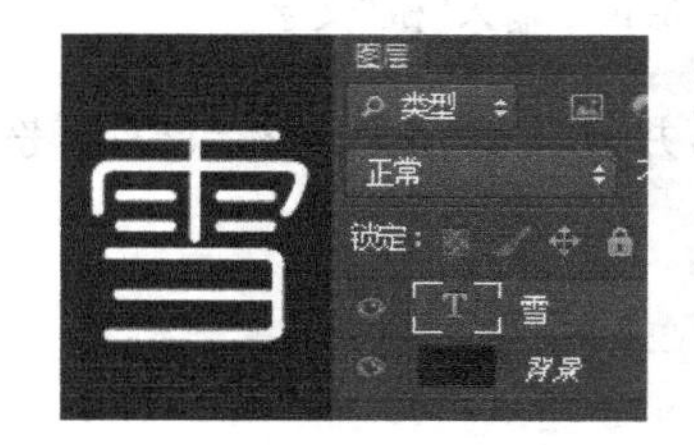

图 3-33　创建文字“雪”

图 3-34　栅格化文字图层

图 3-35　设置添加杂色参数

(5) 选择“滤镜”|“模糊”|“高斯模糊”命令，在打开的对话框中设置半径为 1.0 像素，然后单击“确定”按钮。

(6) 选择工具箱中的画笔工具，并设置画笔大小为 16 像素，硬度为 0，流量为 50%，前景色为白色。然后在“雪”字笔画的边缘涂抹，增加文字被白雪覆盖的效果，如图 3-36 所示。

(7) 选择“图像”|“图像旋转”|“90 度(顺时针)”命令，单击“滤镜”|“风格化”|“风”命令，在打开的对话框中设置参数如图 3-37 所示，最后单击“确定”按钮。

(8) 选择“图像”|“图像旋转”|“90 度(逆时针)”命令，效果如图 3-38 所示。

图 3-36　画笔涂抹边缘

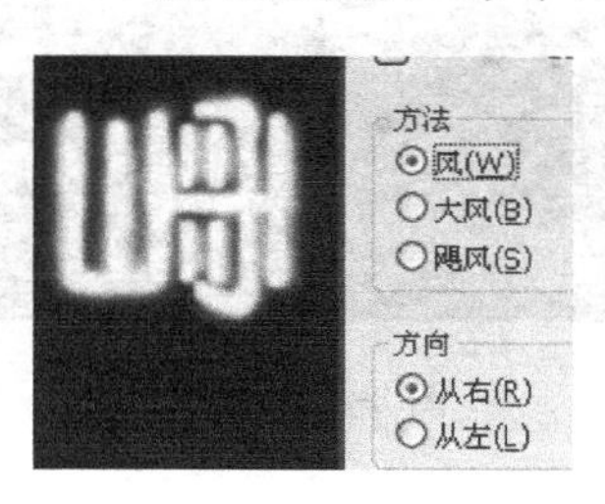

图 3-37　设置“风”参数

图 3-38　“雪”融化效果

(9) 打开“素材\第 3 章\红果.jpg”素材图片文件，选择“窗口”|“排列”|“双联垂直”命令，使两个文件同时并列摆放。然后使用工具箱中的移动工具，移动“雪”字到“红果.jpg”文件中，如图 3-39 所示。也可以使用复制方法，将“雪”字复制，再在素材中粘贴完成。

(10) 调整“雪”字的位置，然后单击工具箱中的横排文字工具，并在工具选项栏设置字体为华文行楷、字体大小 30 点，白色文字并取消仿粗体。在“红果.jpg”文档窗口适当位置输入文字“傲”。此时“图层”面板会自动添加一个名为“傲”的文字图层，如图 3-40 所示。

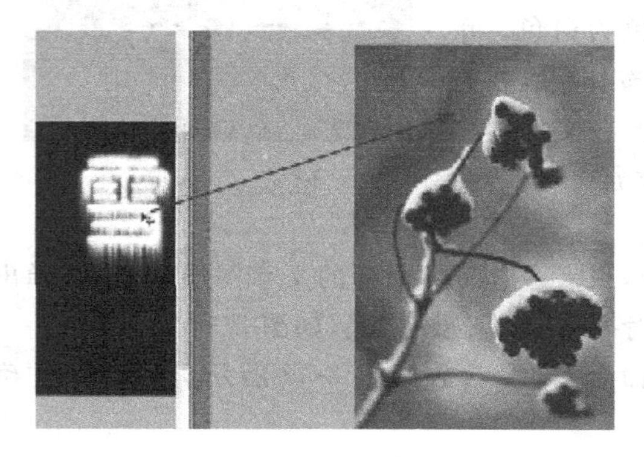

图 3-39 复制“雪”到素材图片中

图 3-40 输入“傲”文字

(11) 选择“文件”|“存储为”命令，打开“存储为”对话框，并将其保存为 3-2.psd(参考“答案\第 3 章\3-2.psd”源文件)。

3.2.2 光芒文字

任务 3 设计光芒四射效果的文字

任务要求

为素材图片添加光芒四射效果的 4 个字“星空大战”，如图 3-41 所示。

图 3-41 效果图

任务分析

首先输入变形文字，并对变形文字栅格化描边，然后使用滤镜的"模糊""风格化"和"极坐标"命令实现文字光芒四射效果，再通过设置图层的渐变填充和混合模式得到所需的文字特效。

操作步骤

(1) 打开"素材\第 3 章\星空.jpg"素材图片文件，并将其另存为 3-3.psd。

(2) 在"图层"面板上自动将素材"星空.jpg"文件内容设为背景图层。双击该图层，打开"新建图层"对话框，然后单击"确定"按钮，将背景图层转换为普通图层，图层名为"图层 0"。

(3) 单击工具箱中的横排文字工具，并在工具选项栏中设置字体为隶书，字体大小为 100 点，颜色为黑色。输入文字"星空大战"，然后单击"创建文字变形"按钮，打开"变形文字"对话框，参数设置如图 3-42 所示，再单击"确定"按钮。然后再单击"提交所有当前编辑"按钮，完成文字的设置。

(4) 在"图层"面板的文字图层上右击，在弹出的快捷菜单中选择"栅格化文字"命令。选择"编辑"|"描边"命令，打开"描边"对话框，参数设置如图 3-43 所示，然后单击"确定"按钮，设置的文字白色描边效果如图 3-44 所示。

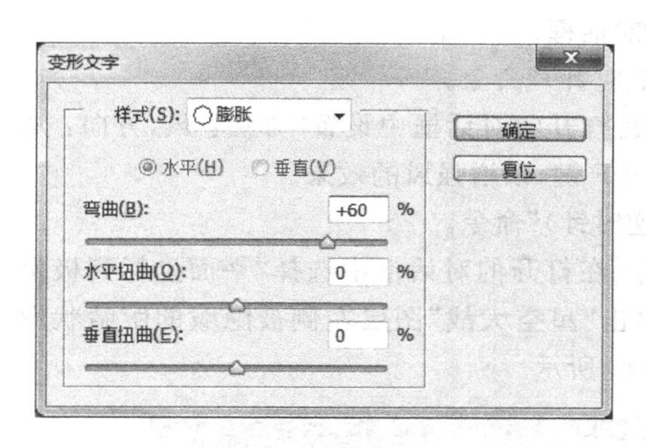

图 3-42　设置变形文字

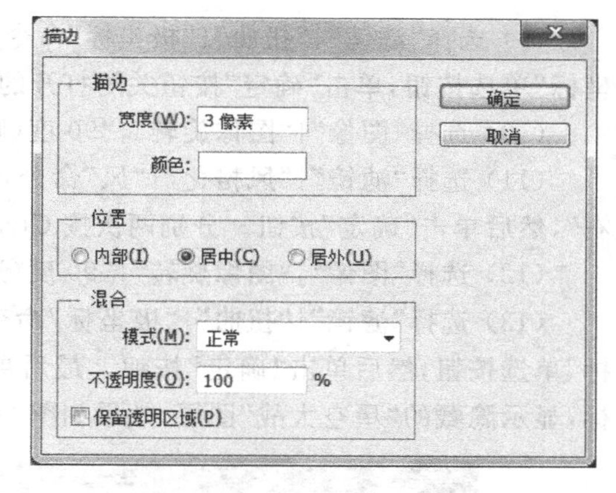

图 3-43　添加文字描边

图 3-44　文字白色描边效果

(5) 选择“滤镜”|“模糊”|“高斯模糊”命令，在打开的对话框中设置半径为 4 像素，然后单击“确定”按钮。

(6) 选择“滤镜”|“风格化”|“曝光过度”命令。

(7) 选择“图像”|“调整”|“色阶”命令，在打开的“色阶”对话框中设定三个输入色阶值分别为 15、1.2、89，然后单击“确定”按钮，使文字边缘更亮，如图 3-45 所示。

(8) 按 Ctrl+J 键复制图层，得到“星空大战副本”图层，并设置该图层的混合模式为“滤色”，然后单击“星空大战”图层左侧的眼睛状图标，隐藏“星空大战”图层，如图 3-46 所示。

图 3-45 调整色阶后效果

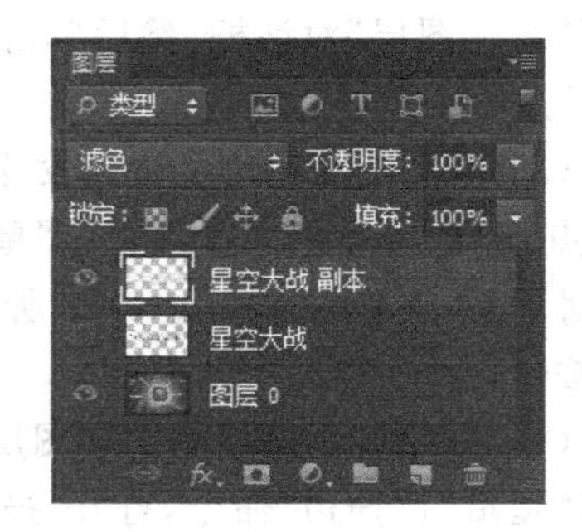

图 3-46 设置“图层”面板

(9) 选择“滤镜”|“扭曲”|“极坐标”命令，然后在打开的对话框中选中“极坐标到平面坐标”单选按钮，单击“确定”按钮关闭打开的对话框。

(10) 选择“图像”|“图像旋转”|“90 度(顺时针)”命令。

(11) 选择“滤镜”|“风格化”|“风”命令，在打开的对话框中设置“方法：风，方向：从右”，然后单击“确定”按钮。分别两次按 Ctrl+F 键，以增强风的效果。

(12) 选择“图像”|“图像旋转”|“90 度(逆时针)”命令。

(13) 选择“滤镜”|“扭曲”|“极坐标”命令，在打开的对话框中选择“平面坐标到极坐标”单选按钮，然后单击“确定”按钮。最后单击“星空大战”图层左侧被隐藏的眼睛状图标，显示隐藏的“星空大战”图层，效果如图 3-47 所示。

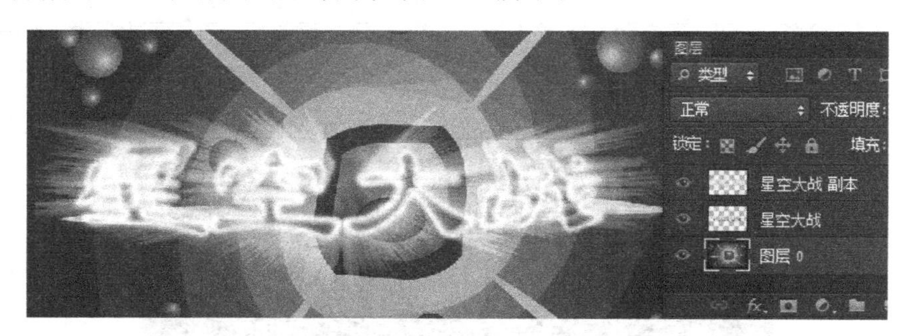

图 3-47 添加文字光芒效果

(14) 单击“图层”面板中的“创建新的填充或调整图层”按钮，从弹出的菜单中选择“渐变”命令，在打开的“渐变填充”对话框中设置渐变色为白红到蓝，其他参数设置如图 3-48 所示，然后单击“确定”按钮。

(15) 设置图层的混合模式为“叠加”,如图 3-49 所示。设置图层 0 的“不透明度”为 30%,如图 3-50 所示。

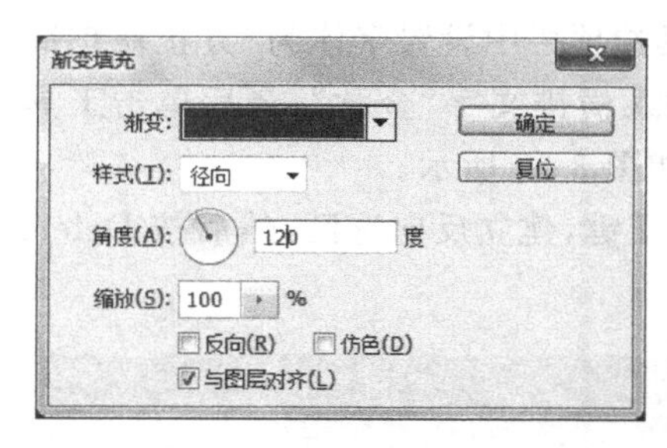

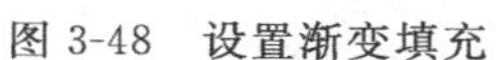

图 3-48　设置渐变填充

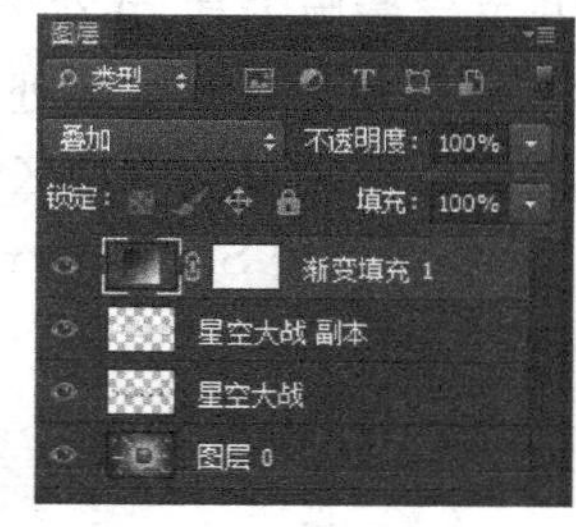

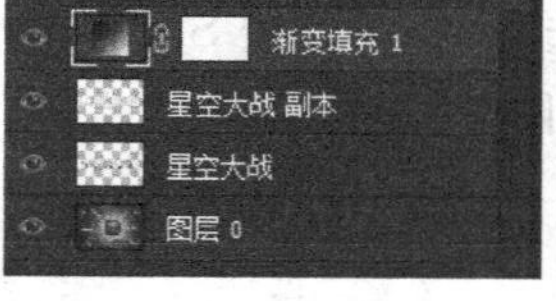

图 3-49　设置图层混合模式　图 3-50　设置图层不透明度

(16) 保存文件,得到如图 3-41 所示的效果图(参考“答案\第 3 章\3-3.psd”源文件)。

3.2.3　图案文字

任务 4　创建以图片为背景的图案文字

任务要求

使用给定的素材图片作为文字的填充内容,效果如图 3-51 所示。

图 3-51　效果图

任务分析

首先在素材图层上建立文字选区,再删除文字以外的图案。本实例中为了得到素材图片上的背景,所以必须把素材的背景图层转换为普通图层,才能对素材图片进行编辑。

操作步骤

(1) 打开“素材\第 3 章\金秋.jpg”素材图片文件,并将其另存为 3-4.psd。

(2) 在“图层”面板上自动将素材“金秋.jpg”文件内容设为背景图层。双击该图层,打开“新建图层”对话框,然后单击“确定”按钮,此时背景层会自动转换为普通图层,图层名为“图层 0”。

(3) 单击“图层”面板上“创建新图层”按钮,在“图层 0”上方建立“图层 1”,然后,拖动“图层 1”到“图层 0”的下方,改变图层次序,如图 3-52 所示。

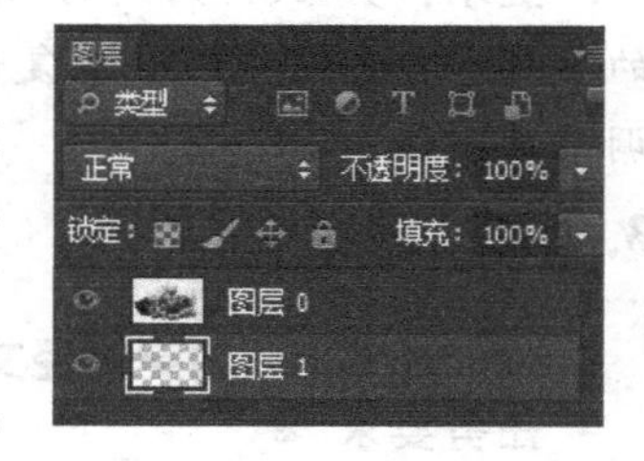

图 3-52　新建图层 1 并改变图层次序

(4) 设置前景色为黄色(#fec266),并按 Alt+Delete 键给“图层 1”填充该黄色,然后在“图层”面板上单击选中“图层 0”。

(5) 单击工具箱中的横排文字蒙版工具,并在工具选项栏中设置字体为“方正琥珀简体”,字体大小为 400 点。然后在图像的适当位置处输入横排文字“金秋”,最后单击工具箱中的其他工具,确认所输入的文字,建立文字选区,如图 3-53 所示。

(6) 选择“选择”|“反选”命令或者按 Shift+Ctrl+I 键,建立反向选区,然后按 Delete 键删除文字以外的图案,如图 3-54 所示。

图 3-53　建立文字选区

图 3-54　删除文字以外的图案

(7) 再次反选,得到文字选区。单击“图层”面板上“添加图层样式”按钮,从弹出的菜单中选择“斜面和浮雕”命令,在打开的对话框中设置文字的斜面和浮雕效果,如图 3-55 所示。

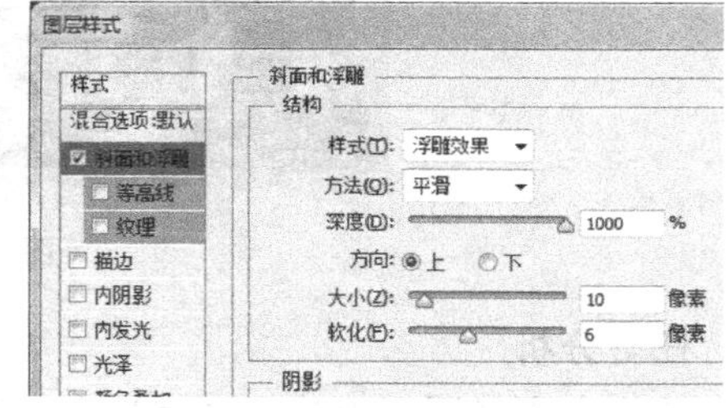

图 3-55　设置斜面和浮雕效果

(8) 按 Ctrl+D 键取消选区,并保存文件(参考“答案\第 3 章\3-4.psd”源文件)。

提示: 步骤(5)用到的“方正琥珀简体”是把 FZHPJW.TTF 文件放在“控制面板”中的“字体”文件夹中或直接复制到 C:\WINDOWS\Fonts 文件夹中,Photoshop CS6 就能调用该字体。

3.2.4 路径文字

任务 5　创建路径文字

任务要求

沿着路径书写文字,并在路径内部编辑文本。效果如图 3-56 所示。

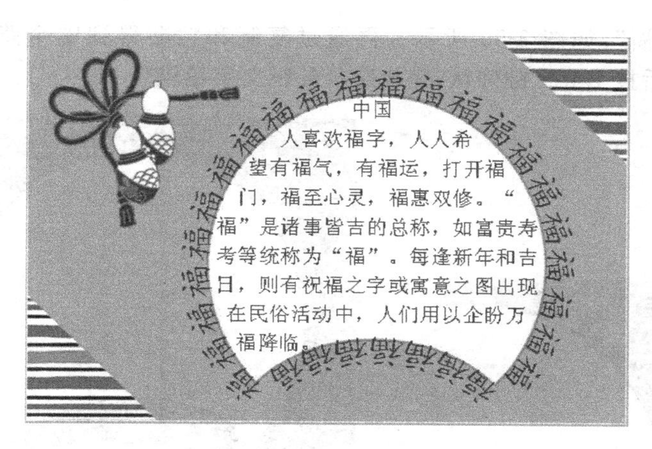

图 3-56　效果图

任务分析

首先通过魔棒工具得到白色图案的选区，再生成路径，然后编辑路径边缘文字和路径内部文字。

操作步骤

(1) 打开“素材\第 3 章\路径文字.jpg”素材图片文件，另存为 3-5.psd。

(2) 单击工具箱中的魔棒工具，并在工具选项栏中设置“容差”为 50，消除锯齿。在文档窗口的白色圆内部单击，选中白色并右击，从弹出的快捷菜单中选择“建立工作路径”命令，如图 3-57 所示，在打开的“建立工作路径”对话框中设置容差为 10 像素，然后单击“确定”按钮。

(3) 使用转换点工具在路径上单击，拖动锚点的方向线改变曲率，得到符合背景轮廓的光滑曲线，如图 3-58 所示。单击工具箱中的直接选择工具，在路径外单击，确定路径。

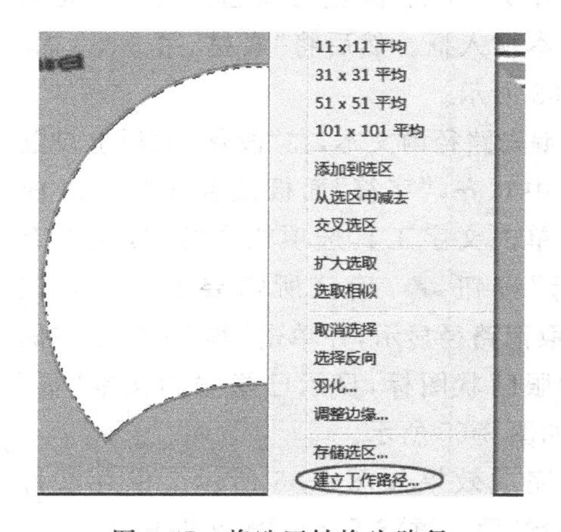

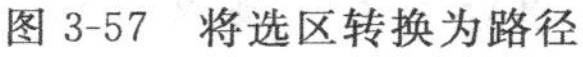

图 3-57　将选区转换为路径

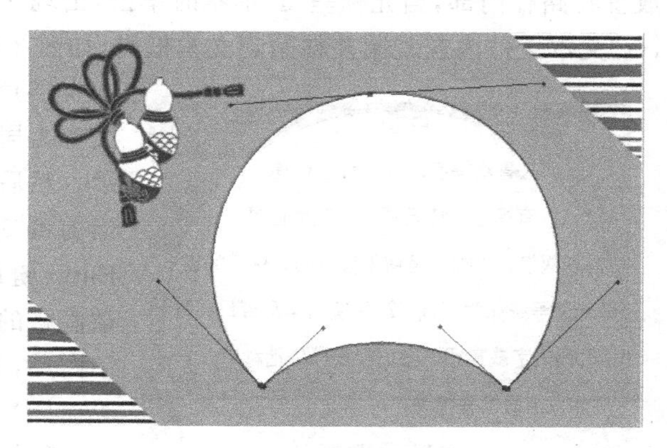

图 3-58　编辑路径

(4) 单击工具箱中的横排文字工具，并设置字体为楷体，字体大小为 36 点，颜色为红色。当光标标放在路径边缘上显示 形状时单击，会出现闪烁的 形光标，即为文字插入点，输入文字“福”，如图 3-59 所示。再通过复制和粘贴得到整个路径上的文字，如图 3-60 所示，最后按 Enter 键确认，完成路径外围文字编辑。

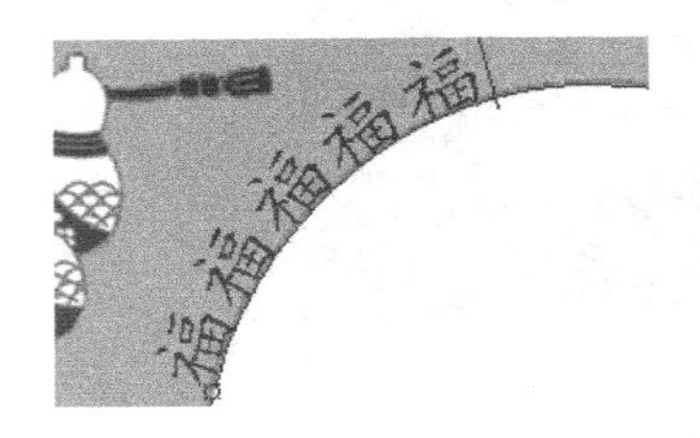

图 3-59 输入文字

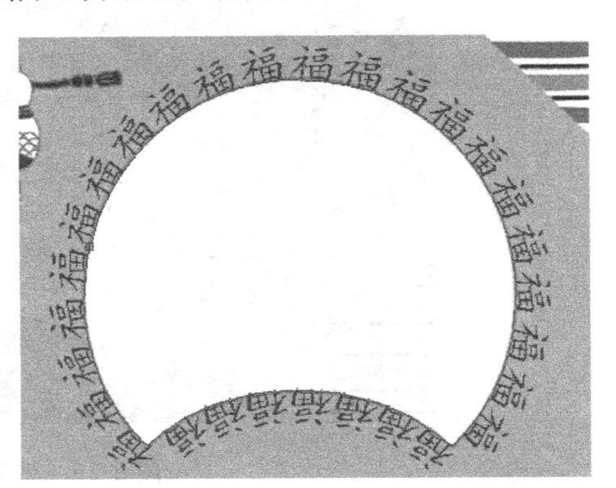

图 3-60 路径文字

(5) 单击“图层”面板上文字图层左侧的眼睛状图标，隐藏该图层，如图 3-61 所示。

(6) 单击“路径”面板，选择如图 3-62 所示的工作路径。

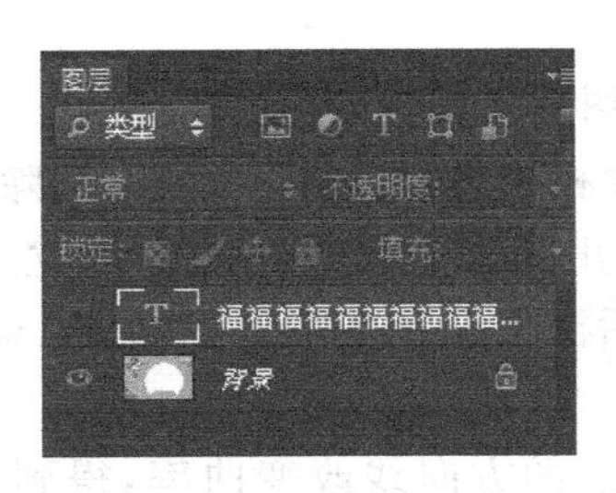

图 3-61 隐藏文字图层

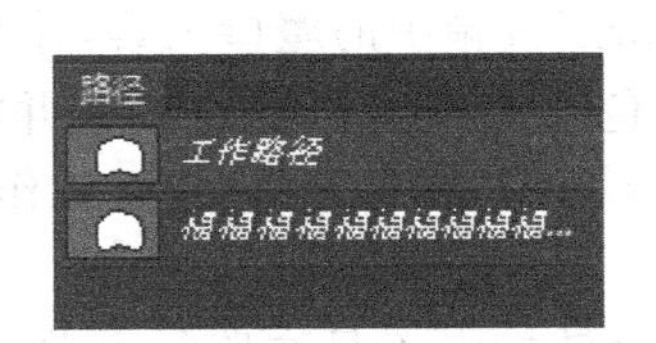

图 3-62 选定工作路径

(7) 在文字工具选项栏中设置字体为宋体，大小为 20 点，颜色为绿色。然后将光标放置在路径内部，当光标呈 形状时单击，出现文本输入框。然后将“素材\第 3 章\福.txt”文本文件内容复制并粘贴到文本框内，如图 3-63 所示。

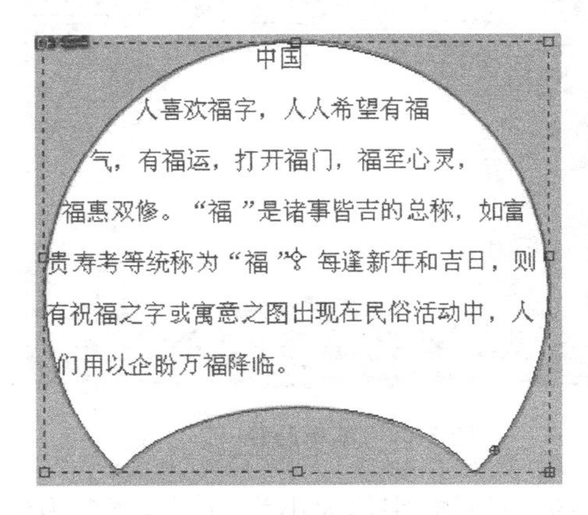

图 3-63 输入路径内部文本

(8) 编辑路径内文本，在“段落”面板上设置文本为居中对齐，“字符”面板设置如图 3-64 所示。然后单击文字工具选项栏中的“提交所有当前编辑”按钮 ✔，确认所需要的文字。按 Enter 键取消路径显示，并单击“福”字图层左侧被隐藏的眼睛状图标，显示已隐藏的文本“福”字图层，如图 3-65 所示。

(9) 完成效果如图 3-56 所示。保存文件(参考“答案\第 3 章\3-5.psd”源文件)。

提示：

(1) 上例中，在“路径”面板中可以看到，两次的路径文字位于两个独立的图层上，是通过背景图案分别建立路径文字。隐藏文字图层的目的是利用已建立的工作路径完成路径内部文字的编辑。

（2）利用形状工具绘制形状，使用文字工具可以在绘制的形状内部或外边缘上得到按形状样式排列的文字。

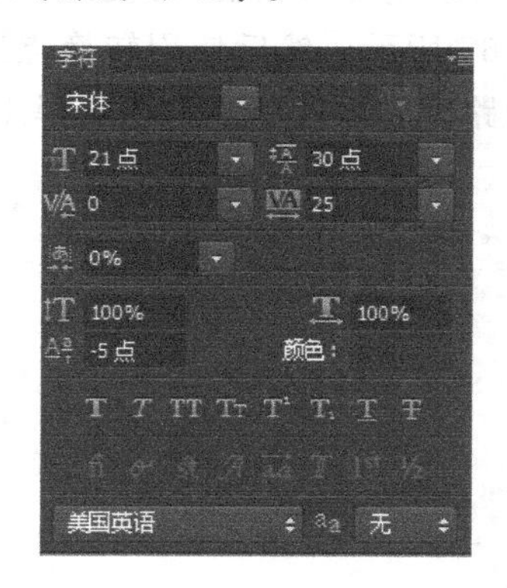

图 3-64 “字符”面板设置

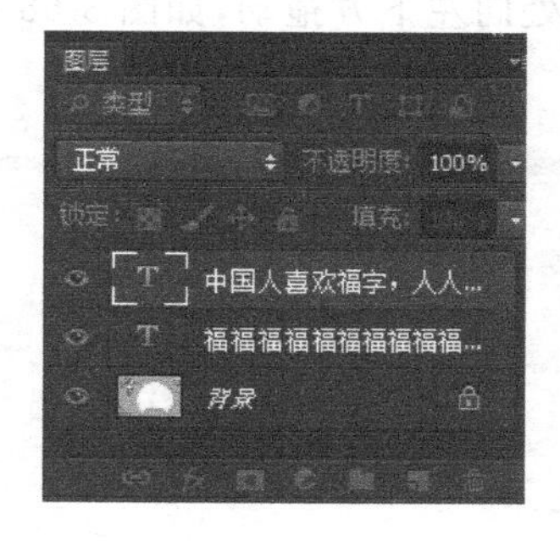

图 3-65 显示隐藏的文本

3.3 综合应用举例

菊花茶

任务 6 创建路径文字、编辑段落文本

任务要求

沿着钢笔工具绘制的路径创建文字，并编辑素材中的文本，效果如图 3-66 所示。

图 3-66 效果图

任务分析

首先使用钢笔工具绘制曲线路径，并将其填充为菊花图案，然后使用直排文字工具沿着路径输入文字，再使用路径选择工具移动路径的同时移动文字，最后通过调整“段落”面板上的参数设置段落文本。

操作步骤

(1) 新建一个大小为 400 像素×300 像素、背景内容为白色、颜色模式为 RGB 的文件。

(2) 新建“图层 1”，并在文档窗口左侧用矩形工具绘制矩形路径，再使用添加锚点工具在矩形右边框的中部单击，添加一个锚点，如图 3-67 所示。然后使用转换点工具在新加的锚点处向左下方拖动，如图 3-68 所示，形成曲线路径。最后单击路径选择工具，取消锚点。

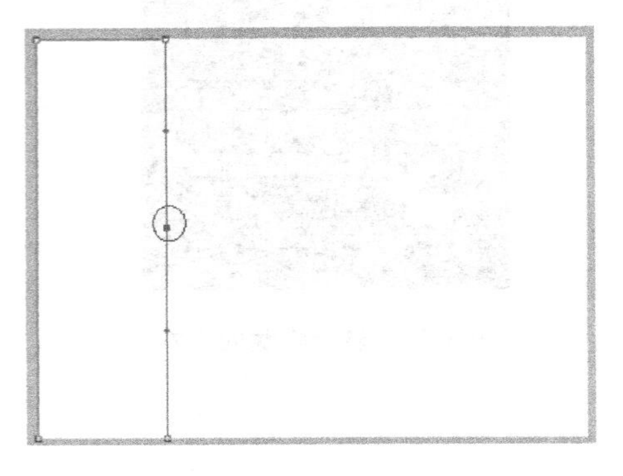

图 3-67 添加锚点

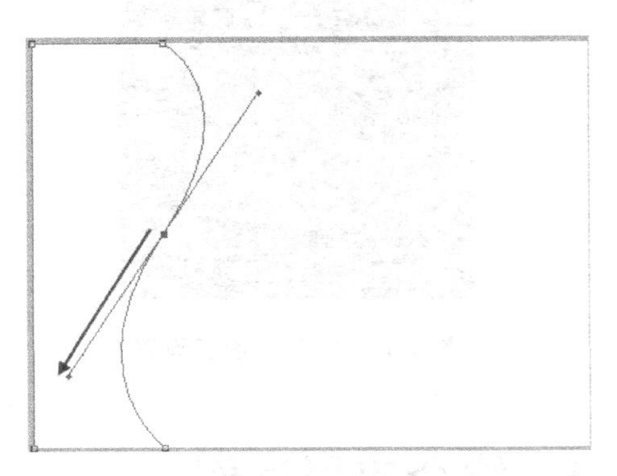

图 3-68 绘制曲线路径

(3) 单击路径选择工具，并在路径上右击，从弹出的快捷菜单中选择“填充路径”命令，打开“填充路径”对话框，然后在该对话框中选择“自定图案”中的“黄菊”图案为自定图案，如图 3-69 所示。

(4) 单击直排文字工具，并在曲线路径上方单击，在路径上输入文字“待到重阳日，还来就菊花”。然后使用路径选择工具向右拖动路径，使文字在填充的菊花边缘显示，如图 3-70 所示。按 Enter 确认所输入的文字，隐藏路径。

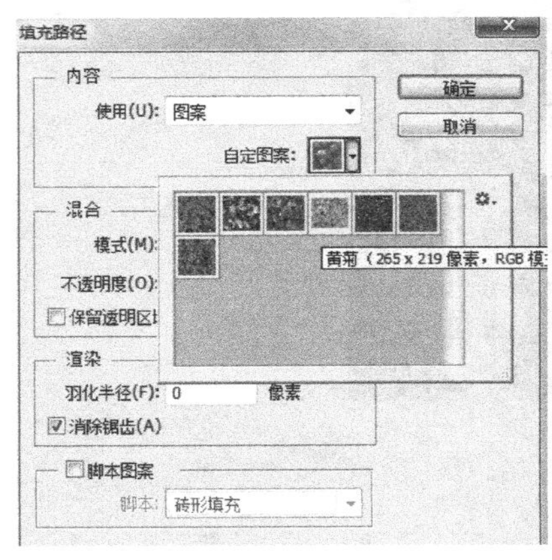

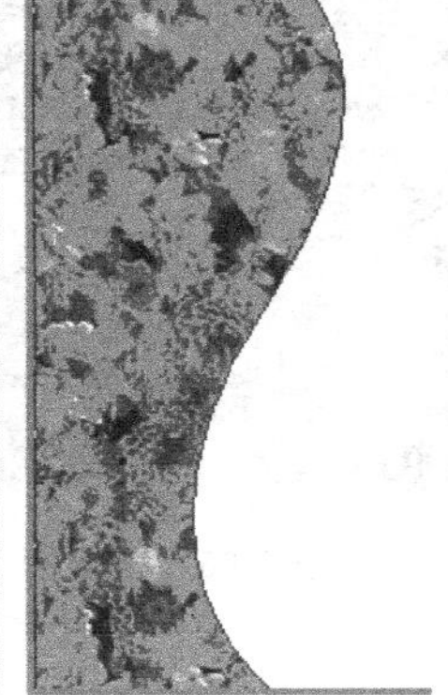

图 3-69 为路径填充“黄菊”图案

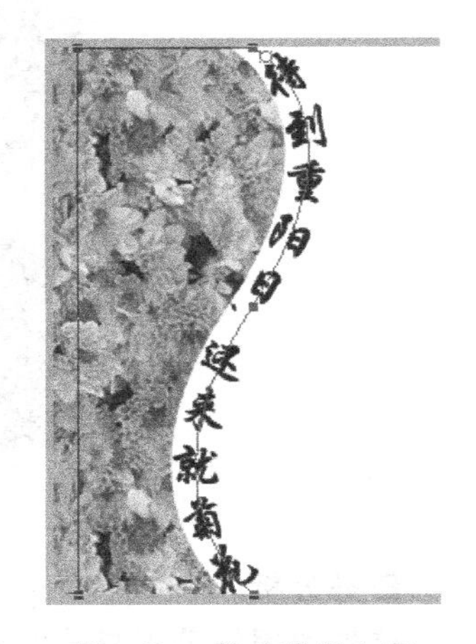

图 3-70 移动路径文字

(5) 打开素材文件“菊花茶.jpg”，按 Ctrl+A 键将其全选，并按 Ctrl+C 键将其复制到剪贴板上。关闭“菊花茶.jpg”文件，单击“图层”面板上的背景图层，按 Ctrl+V 键粘贴复制的图片，在背景层和“图层 1”之间插入“图层 2”，并设置图层的不透明度为 80%。然后在文档窗口适当调整“菊花茶”图片的位置，如图 3-71 所示。

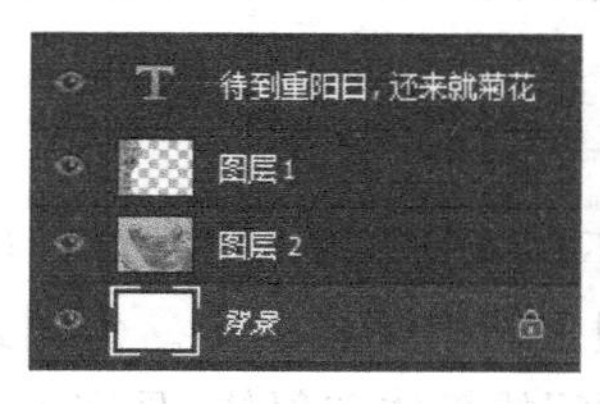

图 3-71　插入图层 2 菊花茶图片

(6) 打开“素材\第 3 章\菊花茶. txt”文本文件并按 Ctrl+A 键将其全选，然后按 Ctrl+C 键将其复制到剪贴板上。回到 Photoshop CS6 窗口中，单击工具箱的横排文字工具，在文档适当位置创建文本框，粘贴复制的文字。单击文字工具选项栏中的“切换字符和段落面板”按钮，在打开的“字符”对话框中按照如图 3-72 所示的文字格式进行设置，添加文本后的效果如图 3-73 所示。

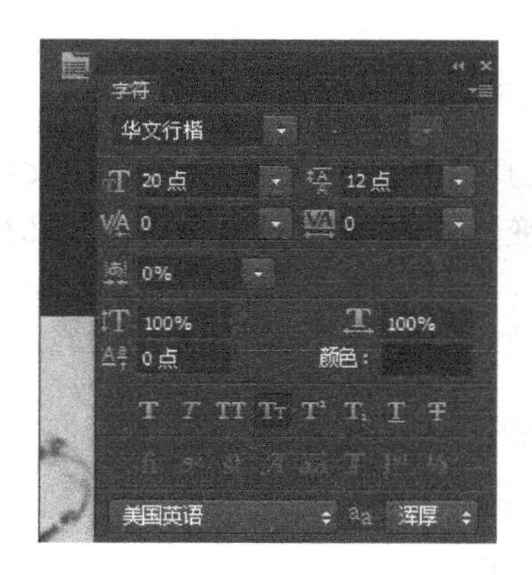

图 3-72　设置字符

图 3-73　添加文本

(7) 保存文件(参考“答案\第 3 章\3-6. psd”源文件)。

相关知识

1. 文字工具和文字蒙版工具的区别

(1) 文字工具直接创建矢量文本，包括点文本和段落文本，并可以对文本进行编辑，改变字体、字号、颜色、间距、变形等。通过栅格化文字，转换为位图格式，进一步对文字加工处理。文字工具直接创建文字图层，可以利用图层的命令处理文字。

(2) 文字蒙版工具创建的是文字选区，要先设置好文字的字体、字号等，再输入所需的文字，输入后可以直接进行颜色填充，该工具不能自动生成一个图层，只在当前图层上创建文字选区。

2. Photoshop CS6 字体的含义

Photoshop 字体是用 Adobe 的 PostScript 语言描述的一种曲线轮廓字体，是一整套具有共同的粗细、宽度和样式的字符。文字样式是字体系列中各种字体的变异版本，如“常规”“粗体”或“斜体”。Photoshop 字体是打印质量最好的字体，可以任意缩放，打印清晰、光滑。

3. “仿”字体样式

可用文字样式的范围因字体而异，如果某一字体不包括所需的样式，可以应用仿样式，如仿粗体、仿斜体、上标、下标、全部大写字母和小型大写字母样式等。仿样式用软件算法把正常字体字库的笔画加粗或者变斜形成的，而“真”的粗体和斜体，是字库的字形本身就是粗的、斜的笔画。

4. 如何安装字体

Photoshop 中所使用的字体是调用 C:\WINDOWS\Fonts 的系统字体，用户只需要把字体文件放在 Windows 的 Fonts 目录下，或者放在“控制面板”中的“字体”文件夹中就可以让 Photoshop 来使用这些字体。

本章小结

本章主要介绍文字工具的应用方法。通过文字工具的类型、文字图层的含义、文字选区的创建等，详细介绍了多种不同文字的创建、编辑、变形方法，并通过实例讲解了几种特效文字的制作方法。

思考与练习

一、选择题

1. 在 Photoshop 里，不能创建选区的工具是(　　)。

A. 钢笔工具　　B. 套索工具
C. 文字工具　　D. 文字蒙版工具

2. 没有栅格化的段落文字不可以进行(　　)操作。

A. 缩放　　B. 旋转　　C. 斜切　　D. 扭曲

3. 使用文字蒙版工具创建的是(　　)。

A. 文本层　　B. 文字选区　　C. 文字通道　　D. 文字路径

4. 点文本可以通过(　　)命令转换为段落文本。

A. “图层”|“文字”|“转换为段落文字”
B. “图层”|“文字”|“转换为形状”

C. “图层”|“图层样式”

D. “图层”|“图层属性”

5. 改变文本颜色的方法，不可行的是(　　)。

A. 选中文本直接修改选项栏中的颜色

B. 对当前文本图层执行色相/饱和度命令

C. 使用图层样式中的颜色叠加

D. 栅格化文字后，填充文字选区

二、设计题

1. 设计如图 3-74 所示的形状文字效果(参考“答案\第 3 章\练习答案\3-1.psd”源文件)。

图 3-74 形状文字效果

2. 使用给定的图片素材(素材\第 3 章\练习素材\日出.jpg)，设计如图 3-75 所示的图案文字效果(参考“答案\第 3 章\练习答案\3-2.psd”源文件)。

图 3-75 图案文字效果

第 4 章

图像简单编辑

前面主要学习了矢量图形绘制的不同方法和文字工具的多种应用。从本章开始学习位图图像的编辑和处理方法。

学习目标

- 掌握图像文件参数的调整
- 熟练掌握图像的选择、移动、复制和粘贴的方法
- 掌握图像的多种变换方式
- 掌握图像特效的制作方法
- 巩固图层的操作方法

4.1 图像调整

在编辑或处理合成图像时，经常要调整或裁切图像，使图像满足设计要求。

4.1.1 图像大小

选择“编辑”|“图像大小”命令，打开“图像大小”对话框，如图 4-1 所示。在该对话框中可以设置图像的宽度、高度和分辨率，还可以设置约束比例，以保持原有的图像比例。

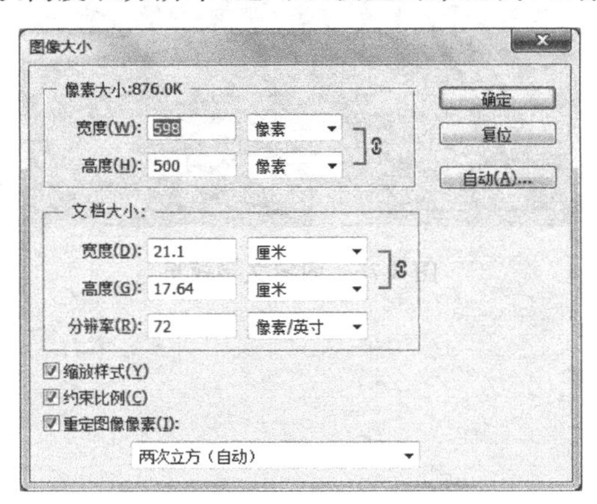

图 4-1 “图像大小”对话框

4.1.2　画布大小

选择“文件”|“新建”命令，在打开的“新建”对话框中设置的宽度和高度值是指文件画布尺寸的大小，即所编辑的文档的尺寸大小，画布大小直接影响文件的大小。文档在使用过程中可以根据需要修改画布大小。增大画布会在现有图像周围添加空间，减小画布会缩小画布空间。更改画布大小时，图像大小不会发生变化。

选择“图像”|“画布大小”命令，打开“画布大小”对话框，如图 4-2 所示。其中，“相对”选项是指相对当前画布大小添加或减去的数量，正数表示增大画布，负数表示减小画布。“定位”中的白色方块表示画布上图像在新画布上的位置。“画布扩展颜色”可以改变扩展出的画布的颜色，通过单击右侧的白色方块在打开的对话框中可以改变颜色。如果文档中有多个图层，扩展出的颜色只影响背景图层，对于非背景图层，会填充透明的栅格。

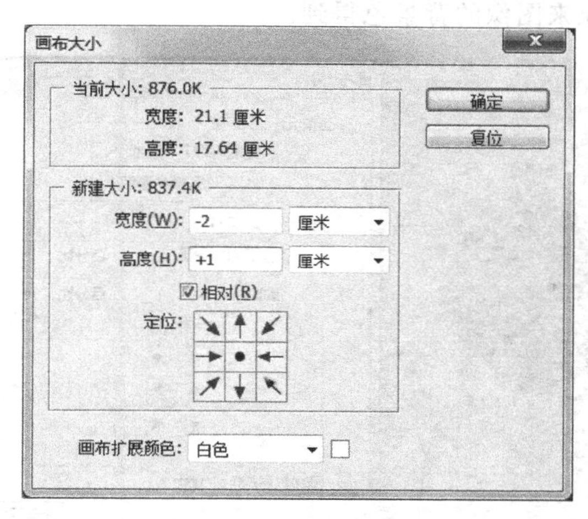

图 4-2　调整画布大小对话框

任务 1　扩大画布

任务要求

通过在宽度上扩大画布尺寸，把素材中的一朵葵花设计成两朵相对开放的葵花效果，并保持原画布颜色，如图 4-3 所示。

图 4-3　原图(左)和效果图(右)比较

图 4-4 复制图层

任务分析

首先复制背景图层得到新的图像图层，再扩大画布，然后调整图像的显示方式。

操作步骤

(1) 打开"素材\第 4 章\葵花. jpg"素材图片文件，并将其另存为 4-1. psd。

(2) 按 Ctrl+J 键复制图层，得到"图层 1"，如图 4-4 所示。

(3) 选择"图像"|"画布大小"命令，打开"画布大小"对话框，设置参数如图 4-5 所示，画布扩展颜色是由吸管工具拾取原来图像的背景色得到。

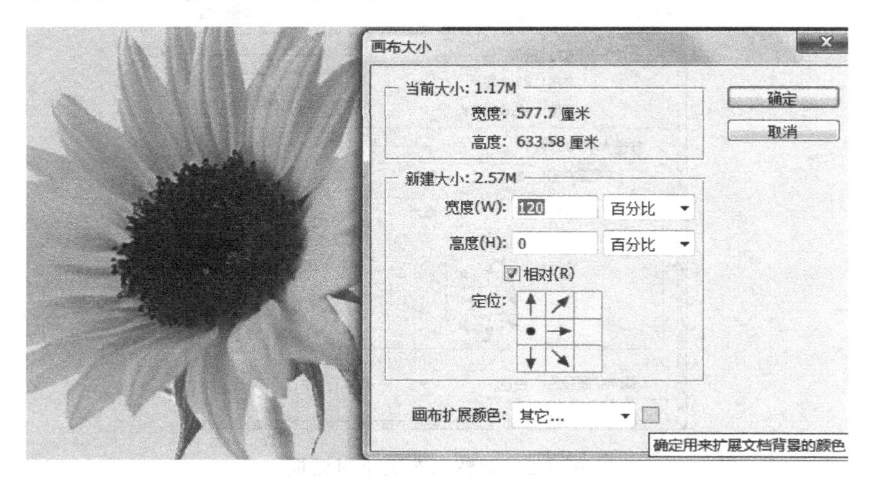

图 4-5 "画布大小"对话框

(4) 单击"确定"按钮。然后使用工具箱中的移动工具移动"图层 1"中的图像到画布的右侧，在"图层"面板中可以看到左侧画布用透明的栅格色填充，如图 4-6 所示。

图 4-6 调整图像位置

(5) 选择"编辑"|"变换"|"水平翻转"命令，改变"图层 1"中图像的显示角度，如图 4-7 所示。

(6) 保存文件(参考"答案\第 4 章\4-1. psd"源文件)。

图 4-7　水平翻转图像

4.1.3　图像裁切

当图像周围有多余景物需要突出主体或矫正主体时，要对图像进行适当裁切，去掉图像不需要的部分。以下给出两种常用的图像裁切方法。

1. 利用“裁切”命令实现图像裁切

如果要裁切的图像周围颜色单一，如图 4-8 所示，可以选择“图像”|“裁切”命令，在打开的“裁切”对话框进行设置，如图 4-9 所示，设置完成后单击“确定”按钮，得到裁切后的效果如图 4-10 所示。

图 4-8　裁切前图像

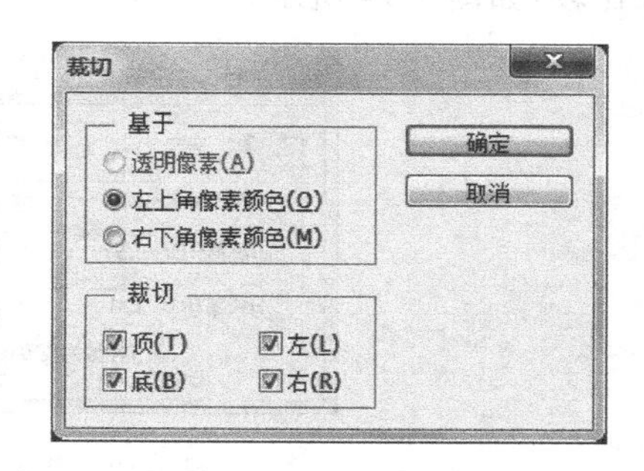

图 4-9　“裁切”对话框

2. 利用裁剪工具组实现图像裁切

裁剪工具组包括裁剪工具和透视裁剪工具，如图 4-11 所示。该组中还有切片工具，将在第 11 章网页设计制作中讲解。

图 4-10　裁切后效果

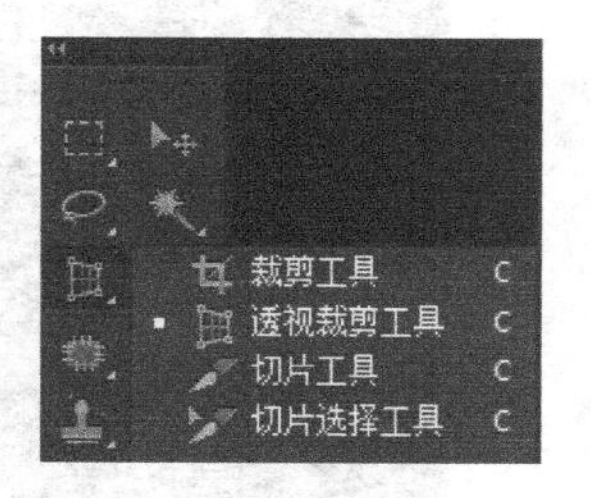

图 4-11　裁切工具组

(1) 裁剪工具

裁剪工具 的工具选项栏如图 4-12 所示。

图 4-12 裁剪工具选项栏

① 裁剪比例:显示不同的裁剪比例或设置新的裁剪比例。如果要裁剪的图像限定尺寸和分辨率大小,可以选择“大小和分辨率”命令,在打开的“裁剪图像大小和分辨率”对话框中设置宽度、高度和分辨率。例如,要得到一张一英寸照片,可设置其宽度为 2.5 厘米、高度为 3.5 厘米、分辨率为 300 像素/厘米,如图 4-13 所示。对照片裁剪前和裁剪后的效果比较,如图 4-14 所示。

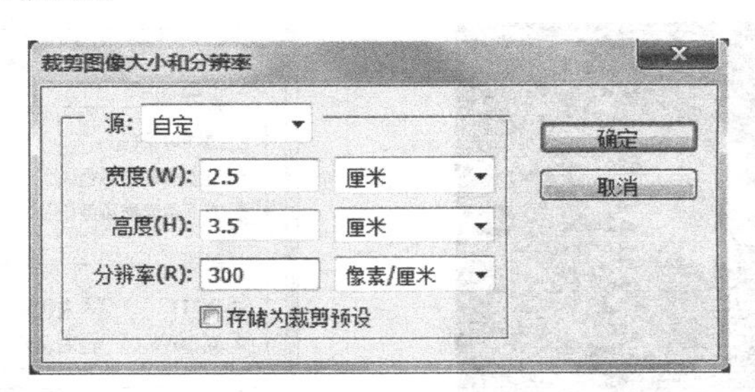

图 4-13 裁剪一英寸照片的设置

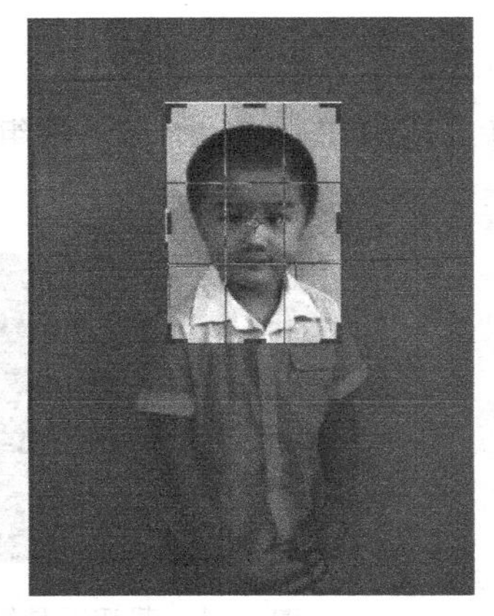
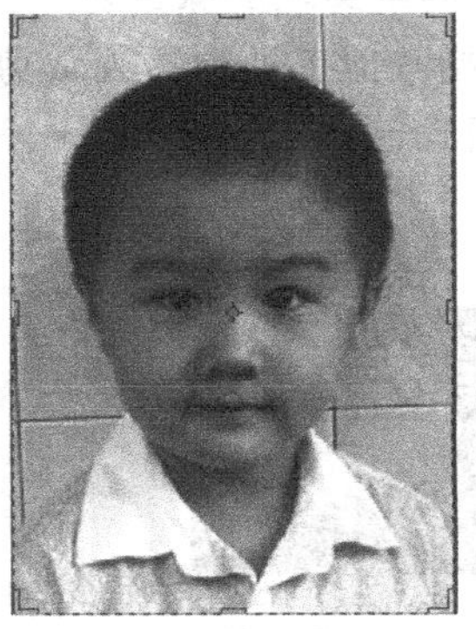

图 4-14 一英寸照片裁剪前和后效果比较

② 拉直：可以矫正倾斜的照片。单击“拉直”按钮可在图像中拉出一条直线，如图 4-15 所示。图像自动按照直线旋转角度，再适当地调整宽度和高度得到裁剪后的效果，如图 4-16 所示。

图 4-15　拉出斜线

图 4-16　按照斜线角度裁剪后的图像

③ 视图：用于设置裁剪框的视图形式，便于确定图片的焦点和视觉中心，裁剪出完美构图的图片。如图 4-17 所示按照黄金比例（视觉中心在中央框内）裁剪前和裁剪后比较。如图 4-18 所示按照金色螺线（视觉中心在螺旋线中心）裁剪前和裁剪后比较，荷花更加突出。

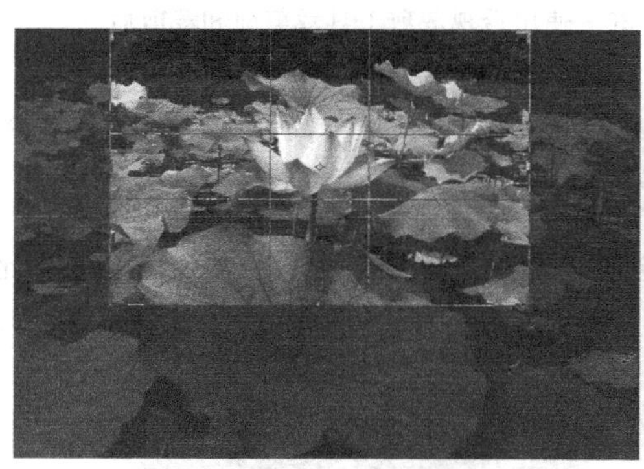

图 4-17　黄金比例裁剪前和裁剪后

④ 其他裁剪选项：可以设置裁剪的显示区域，以及裁剪屏蔽的颜色、不透明度等，按钮下拉列表如图 4-19 所示。

⑤ 删除裁剪像素：选中该选项后，裁剪完毕后的图像将不可更改；不选中该选项，裁剪完毕后图像区域仍可显示裁切前的状态，并且可以重新调整裁剪框。

（2）透视裁剪工具

透视裁剪工具将有透视的图像变形为没有透视效果的图像。如图 4-20 所示，左图为用透视裁剪工具框选裁剪部分，右图为透视裁剪后的效果。

图 4-18　金色比例裁剪前和裁剪后

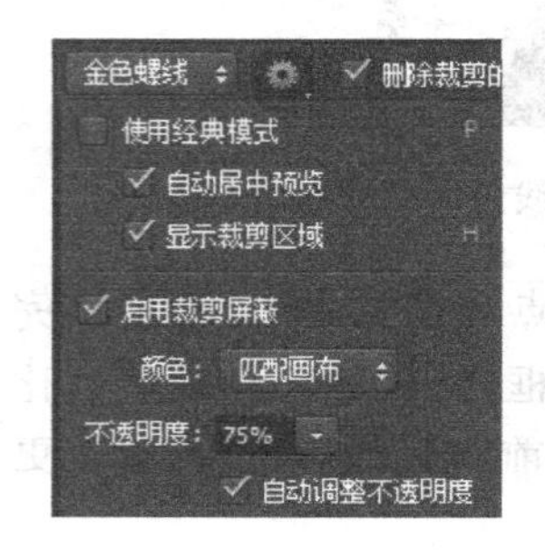

图 4-19　裁剪工具的其他选项

图 4-20　使用透视裁剪工具裁剪前和裁剪后

任务 2　裁剪图像

任务要求

裁剪并矫正图像，去掉多余的景物，以突出主体，如图 4-21 所示为裁剪前后效果比较。

图 4-21　裁剪前(左)和裁剪后(右)效果比较

任务分析

使用工具箱中的裁剪工具，适当裁剪图像，通过旋转裁剪框和调整裁剪框的位置，矫正要裁剪的图像。

操作步骤

(1) 打开“素材\第 4 章\滕王阁.jpg”文件，另存为 4-2.psd。

(2) 单击工具箱中的裁剪工具，在图像边沿处出现一个裁剪框。将指针指向裁剪框的外部，按下鼠标左键拖动旋转裁剪框，使框内图像相对裁剪框矫正，如图 4-22 所示旋转了－2.9°。松开鼠标左键，在裁剪框内双击，得到如图 4-23 效果。

图 4-22　旋转裁剪框矫正图像

图 4-23　旋转裁剪后

(3) 由于图像下部空间太多，为了突出楼阁，要适当裁掉下部和右侧部分。如图 4-24 所示，调整裁剪框的大小，然后在裁剪框内双击，得到裁剪后的效果，如图 4-25 所示。

图 4-24　调整裁剪框大小

图 4-25　裁剪后效果

(4) 要取消视图的参考线,按 Esc 键即可。

(5) 保存文件(参考"答案\第 4 章\4-2. psd"源文件)。

4.2 图像编辑

4.2.1 图像选择

要对图像进行操作,首先要选择图像,选择图像的常用方法有以下几种。

(1) 按 Ctrl+A 键选择全部图像内容。

(2) 使用魔棒工具选择相似颜色的区域。

(3) 使用选框工具和套索工具设定特定对象的选区。

(4) 如果要选中某图层中的图像,应在按住 Ctrl 键的同时单击该图层的缩览图。

(5) 使用钢笔工具可以得到特定对象的精确选区。

(6) 单击工具箱中"以快速蒙版模式编辑"按钮,用画笔涂抹要得到的图像,然后以标准模式编辑,选择"选择"|"反向"命令(或按 Shift+Ctrl+I 键),即可得到画笔涂抹的选区。

4.2.2 图像移动

如果被移动对象要移动到本文档中同一图层的其他位置,可以使用移动工具直接拖动,实现图像移动。如果被移动对象要移动到当前打开的其他文档,可以使用移动工具拖动,实现图像复制操作。常用的移动图像的方法是使用快捷键,首先按 Ctrl+X 键将其剪切下来,然后按 Ctrl+V 键将其粘贴到所需位置。常用的复制图像的方法是首先按 Ctrl+C 键将其复制下来,然后按 Ctrl+V 键将其粘贴到所需位置。

4.2.3 图像贴入

"编辑"菜单中的"贴入"命令(Shift+Ctrl+V)可以将剪切或复制的选区粘贴到同一图像或不同图像的另一个选区内。当源选区粘贴到新图层时,目标选区的边框转换为图层蒙版。

在使用"贴入"命令时,被粘贴的部分与新图像的分辨率要相同,否则两者的大小比例不对应。

任务 3 置换图像中的天空

任务要求

将图像中灰暗的天空置换成蓝天白云效果。

任务分析

通过"选择""复制"和"贴入"命令实现天空部分的置换。

操作步骤

(1) 打开"素材\第 4 章\天空. jpg"素材图片文件,按 Ctrl+A 键全选图像,再按 Ctrl+C 键复制图像。

(2) 打开"素材\第 4 章\草原. jpg"素材图片文件,并将其另存为 4-3. psd。

(3) 单击工具箱中的魔棒工具,并设置魔棒工具选项栏中的参数,然后在图像的天空

部分多次单击，选中整个天空，如图 4-26 所示。选择“编辑”|“选择性粘贴”|“贴入”命令或者按 Alt+Shift+Ctrl+V 键，即可看到草原图像的天空部分被置换，此时“图层”面板上增加了目标选区的蒙版，效果如图 4-27 所示。

图 4-26　选择天空部分

(4) 使用工具箱中的移动工具，单击并拖动被置换的天空部分，选择适当的天空位置，如图 4-28 所示。

图 4-27　置换天空

图 4-28　移动天空位置

(5) 保存文件(参考“答案\第 4 章\4-3.psd”源文件)。

4.3　图像变换

4.3.1　变换类型

在“编辑”菜单中，有“自由变换”和“变换”两个选项。变换中还有更多的选项可以选择，它们都可以用“自由变换”命令(Ctrl+T)结合快捷键来实现。要注意，变换功能对于锁定的背景层不起作用。

1. “自由变换”命令

选择“编辑”|“自由变换”命令可以实现对象的多种变换。通过拖动选区周边的 8 个

方形控制点可以实现对象的缩放和变形。按住 Shift 键的同时拖动控制点是将选区等比例缩放。按住 Alt 键的同时拖动控制点是以几何中心点为基点缩放选区。按住 Ctrl 键拖动控制点,可以改变选区的外形。

可以通过"自由变换"命令的选项栏实现变换参数的调整,也可以在自由变换和变形模式之间切换,如图 4-29 所示。

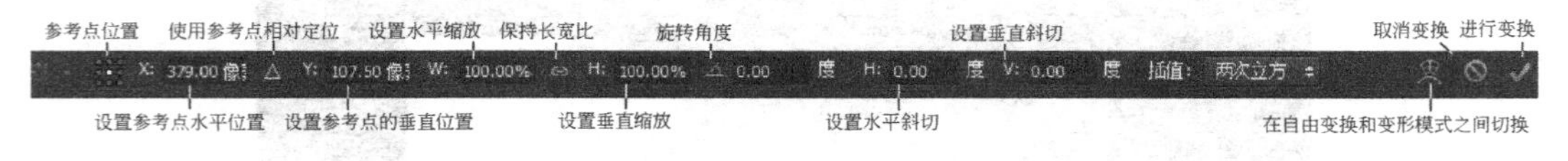

图 4-29 "自由变换"命令选项栏

2. "变换"命令

选择"编辑"|"变换"命令可以实现对象的多种变换,如图 4-30 所示。

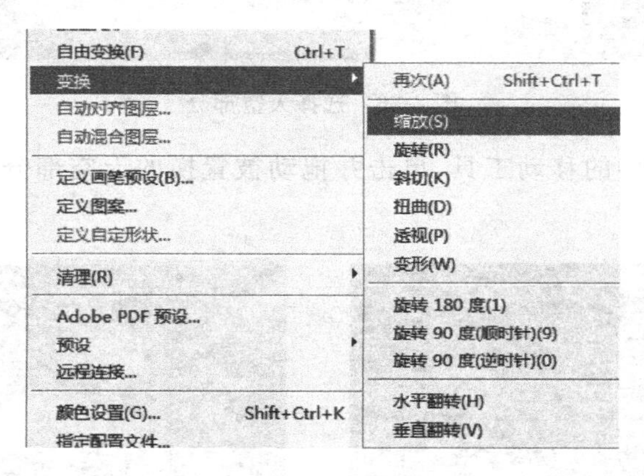

图 4-30 "变换"命令中的其他变换命令

(1) 缩放:实现图像的缩小和放大。按住 Shift 键,可以实现等比例缩放。

(2) 旋转:可以对图像进行旋转。旋转时,可以直接在选项栏的旋转角度文本框中输入数值,进行精确的旋转;也可以拖动变换框的控制点进行旋转,按住 Shift 键时将按 15°旋转。也可以直接在菜单中选择"旋转 180 度""(顺时针)旋转 90 度"或"(逆时针)旋转 90 度"命令,或者实现水平或垂直翻转。

(3) 斜切:可以对图像进行斜方向的变换。

(4) 扭曲:可以对图像进行扭曲。

(5) 透视:可以对图像变换不同的透视角度。

(6) 变形:可以对图像任意变换形状。

3. 内容识别比例

传统的缩放功能,会在照片缩减的同时,使主体变形失真。而使用"编辑"|"内容识别比例"命令将首先对图像进行分析,智能保留下前景物体的当前比例(由软件自动分析),之后,才会对背景进行缩放,这样照片中的主要对象,便不会出现太大的失真,如图 4-31 所示。

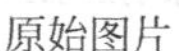

原始图片

内容识别比例缩小

变换命令缩小

图 4-31　高度缩小 50%效果对比

4.3.2　图像变形

选择“编辑”|“变换”|“变形”命令，可以对图像进行变形，Photoshop CS6 预置了许多种变形类型。如图 4-32 所示为“变形”命令选项栏。其中“在自由变换和变形模式之间切换”按钮能实现自由变换(Ctrl+T)与变形编辑状态的转换。

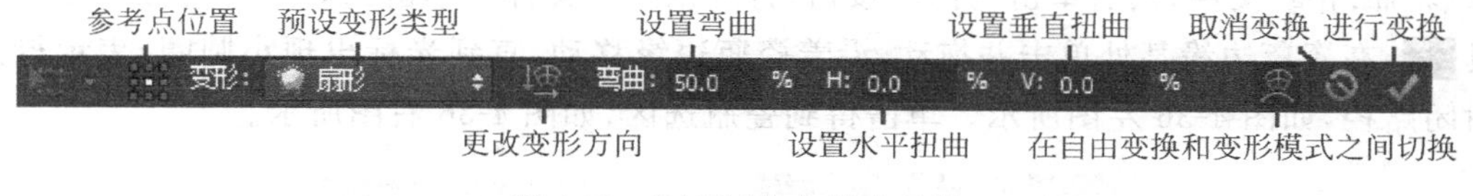

图 4-32　“变形”命令的选项栏

⚠ 任务 4　花瓶贴画

任务要求

使用素材图片为如图 4-33 所示的瓷瓶贴画，并使画面效果形象、逼真，如图 4-34 所示。

图 4-33　原图

图 4-34　效果图

任务分析

首先使用工具箱中的磁性套索工具或者钢笔工具抠取瓷瓶，并设置投影，增加瓷瓶的立体效果。然后通过“魔棒工具”抠取贴画，再变换贴画形状使贴画体现“贴”在立体瓷瓶上的效果。为了使瓶和画色泽一致，最后要设置贴画的图层混合模式为“正片叠底”模式。

操作步骤

(1) 新建文件 4-4. psd，设置其大小为 400 像素×600 像素，分辨率为 300 像素/英寸，颜色模式为 RGB 颜色，背景内容为白色。

(2) 单击工具箱中的渐变工具，在工具选项栏的渐变编辑器上设置由白色(# fcfcfc)到蓝色(# 86fafc)渐变色，单击“线性渐变”按钮，如图 4-35 所示。然后在文档窗口的白色背景上自上而下拖动，为背景填充渐变色。

图 4-35 “渐变工具”选项栏

(3) 选择“文件”|“打开”命令(Ctrl+O)，在打开的“打开”对话框中选择“素材\第 4 章\花瓶. jpg”文件，然后单击“打开”按钮，打开该素材文件。单击工具箱中的磁性套索工具，在瓷瓶边缘某处单击并拖动，沿着瓷瓶边缘移动，直到光标出现小圆圈，表示得到封闭路径，如图 4-36 左图所示。单击得到瓷瓶选区，如图 4-36 右图所示。

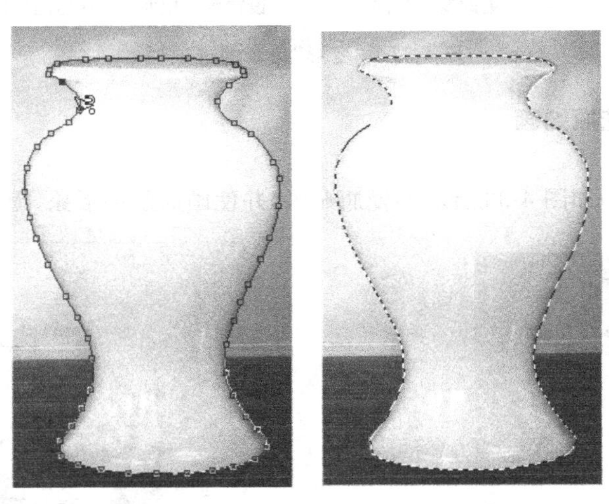

图 4-36 封闭路径(左图)并确定选区(右图)

(4) 按 Ctrl+C 键复制选区图像，并在新建文档窗口中按 Ctrl+V 键粘贴图像，然后按 Ctrl+T(自由变换)调整图像大小，将宽度和高度分别缩小到原来的 70%，选项栏设置如图 4-37 所示。调整结果如图 4-38 所示，最后按 Enter 键确认变换，如图 4-39 所示。

(5) 单击“图层”面板上的“添加图层样式”按钮，从弹出的菜单中选择“投影”命令，打开“图层样式”对话框，如图 4-40 所示，设置瓷瓶的投影，单击“确定”按钮。

图 4-37　“自由变换”命令的选项栏

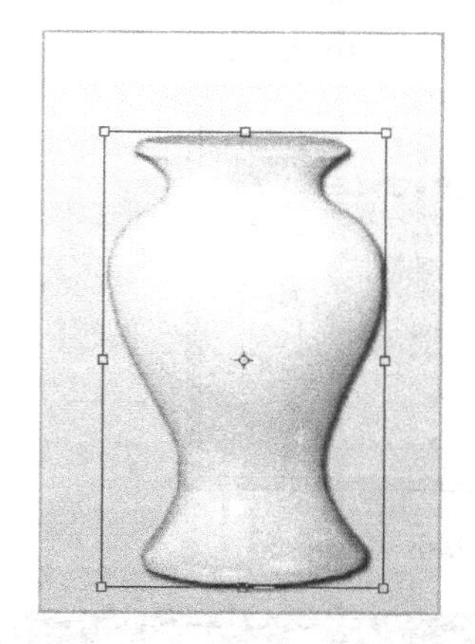

图 4-38　调整瓷瓶大小

图 4-39　调整后大小

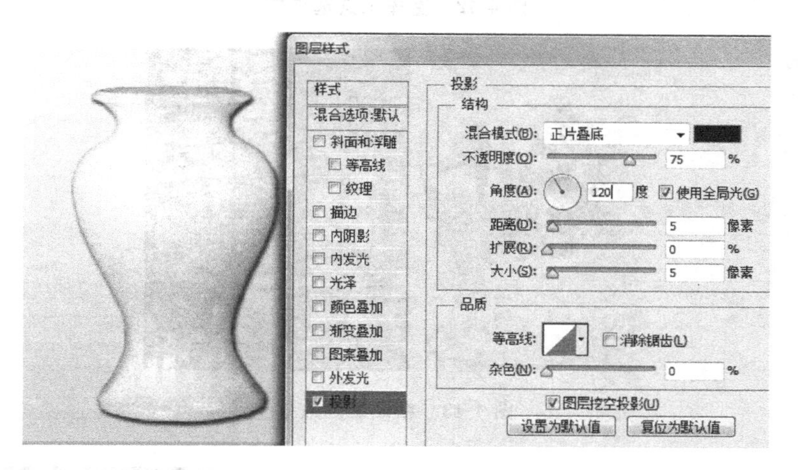

图 4-40　设置瓷瓶投影

(6) 选择“文件”|“打开”命令(Ctrl+O),在打开的对话框中选择“素材\第 4 章\贴画.jpg”选项,然后单击“打开”按钮打开该素材文件。选择“图像”|“图像大小”命令,打开“图像大小”对话框,设置参数如图 4-41 所示,将“宽度”由原来的 700 像素改为 300 像素,并约束比例,单击“确定”按钮,缩小图像。

(7) 单击工具箱中的魔棒工具,设置工具选项栏如图 4-42 所示。在贴画图像的白色区域多次单击,选中白色,然后“选择”|“反向”命令(Shift+Ctrl+I)选中彩色贴画,并按 Ctrl+C 键复制贴画选区,最后在新建文档窗口中按 Ctrl+V 键粘贴贴画图像,如图 4-43 所示。

(8) 适当调整贴画的位置,选择“编辑”|“变换”|“变形”命令,拖动 4 个角的控制点,调整图像形状,使贴画覆盖瓷瓶,如图 4-44 所示。调整完后按 Enter 键确认变形。为了使贴画和瓷瓶色泽一致,还应将贴画图层的混合模式设置为“正片叠底”,如图 4-45 所示。

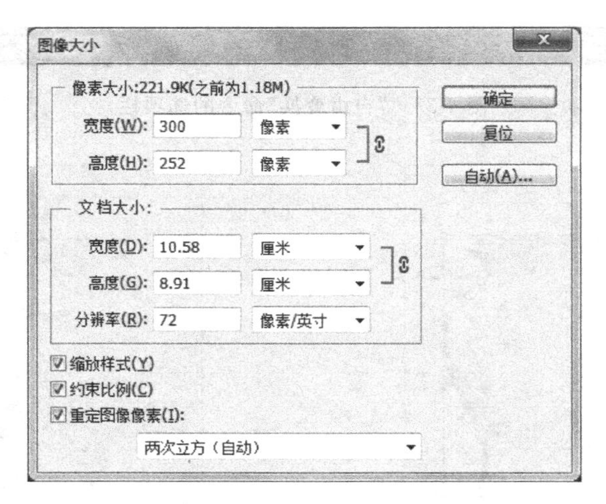

图 4-41　调整图像大小

图 4-42　魔棒工具选项栏

图 4-43　粘贴贴画效果

图 4-44　贴画变形

图 4-45　设置贴画图层的混合模式为正片叠底

（9）保存文件（参考“答案\第 4 章\4-4. psd”源文件）。

4.4　图像特效

4.4.1　影印效果

任务 5　制作图像影印效果

任务要求

使用如图 4-46 所示的素材图片，设计制作影印效果，如图 4-47 所示。

图 4-46　原图

图 4-47　影印效果图

任务分析

首先使用工具箱中的裁剪工具适当裁剪图像大小，然后设置影印的前景色为黑色、背景色为白色，最后使用“滤镜库”|“素描”|“影印”命令，调整参数设计出该任务的最终效果。

操作步骤

（1）打开“素材\第 4 章\影印. jpg”素材图片文件，并将其另存为 4-5. psd。

（2）使用工具箱中的裁剪工具适当对图像进行裁剪，如图 4-48 所示。

（3）将光标放在选框内部，双击，裁剪图像，裁剪后效果如图 4-49 所示。

（4）在工具箱中单击“默认的前景色和背景色”按钮，使前景色变为黑色，背景色变为白色。然后选择“滤镜”|“滤镜库”|“素描”|“影印”命令，打开“影印”对话框，使用默认的设置效果，如图 4-50 所示，然后单击“确定”按钮。

（5）保存文件（参考“答案\第 4 章\4-5. psd”源文件）。

提示：通过修改工具箱中的前景色和背景色，会得到不同颜色的影印效果。

图 4-48　适当裁剪图像

图 4-49　裁剪后效果

图 4-50　“影印”对话框

4.4.2　画框效果

任务 6　设计使用粗糙蜡笔在画布上绘制画框效果

任务要求

为如图 4-51 所示的素材图片设计制作画框效果，如图 4-52 所示。

图 4-51　原图

图 4-52　画框效果图

任务分析

设置素材图片的艺术效果，首先选择“滤镜”|“滤镜库”|“艺术效果”|“粗糙蜡笔”命令，然后选择“滤镜库”|“纹理”|“纹理化”命令，以增强在画布上绘画的效果。最后添加素材图片中的画框，并设置画框的浮雕效果。

操作步骤

(1) 打开“素材\第 4 章\瓶花.jpg”素材图片文件，并将其另存为 4-6.psd。

(2) 选择“滤镜”|“滤镜库”|“艺术效果”|“粗糙蜡笔”命令，打开“粗糙蜡笔”对话框，设置参数如图 4-53 所示，然后单击“确定”按钮。

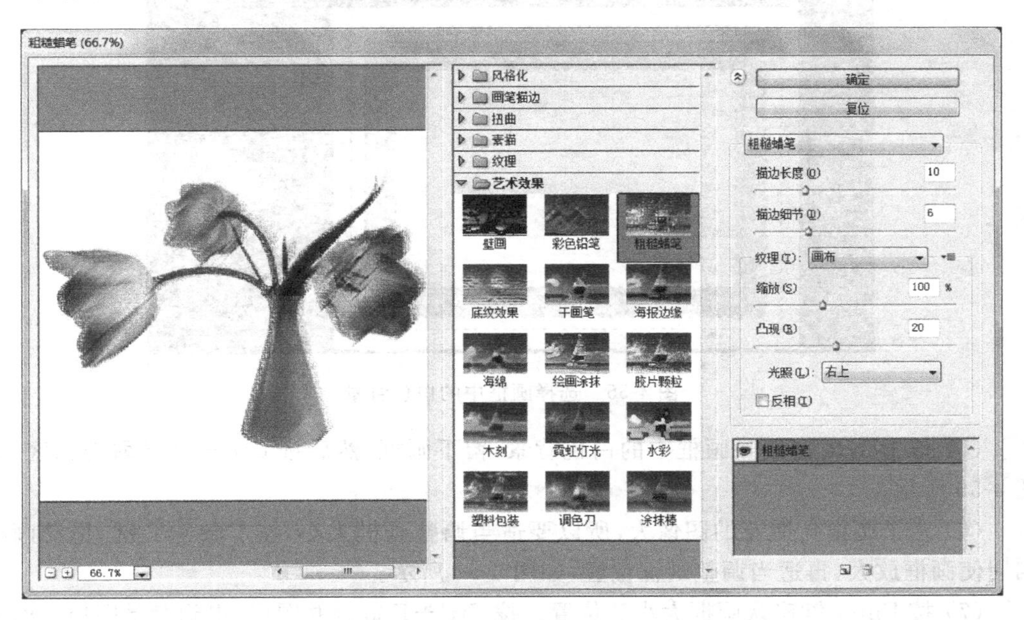

图 4-53　设置“粗糙蜡笔”参数

(3) 选择“滤镜”|“滤镜库”|“纹理”|“纹理化”命令，打开“纹理化”对话框，设置参数如图 4-54 所示，然后单击“确定”按钮。

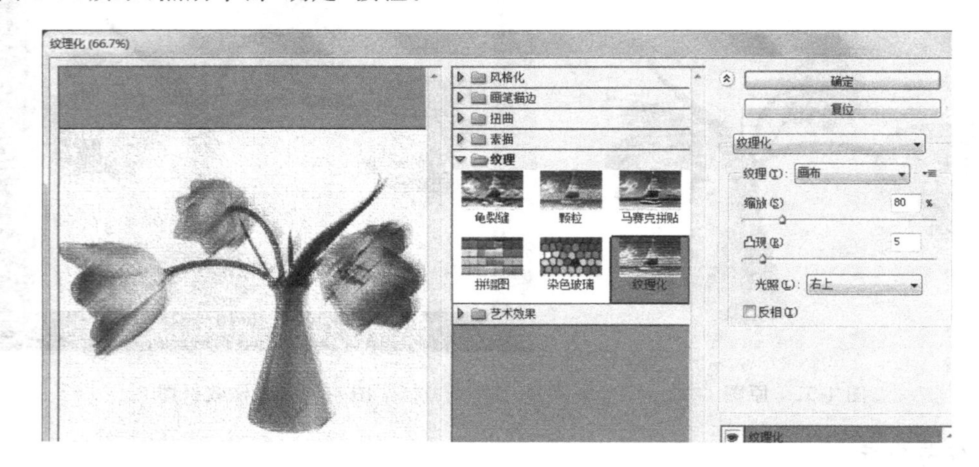

图 4-54　设置纹理化参数

(4) 打开“素材\第 4 章\画框. jpg”素材图片文件，并按 Ctrl+A 键将其全选，然后按 Ctrl+C 键将其复制下来。在 4-6. psd 文件中按 Ctrl+V 键将复制的画框进行粘贴，单击工具箱中的魔棒工具，并在工具选项栏中单击“添加到选区”按钮、设置“容差”为 50，然后在画框的内部和外边沿单击，选中画框的白色背景，如图 4-55 所示。

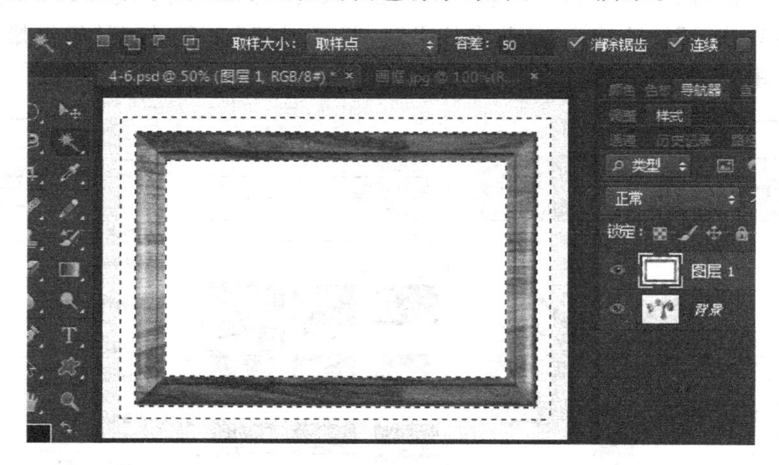

图 4-55　选择画框中的白色背景

(5) 按 Delete 键删除画框中的白色背景，留下画框，然后按 Ctrl+D 键取消选区，如图 4-56 所示。

(6) 由于画框比瓶花的图像大，所以要适当调整画框大小，按 Ctrl+T 键，拖动画框四周使画框放大，再适当调整画框位置，如图 4-57 所示。

(7) 按 Enter 键确认画框大小和位置。按 Ctrl+E 键合并图层，得到背景图层。然后单击工具箱中的裁剪工具，裁掉画框以外部分，如图 4-58 所示。

图 4-56 抠取画框

图 4-57 调整画框大小和位置

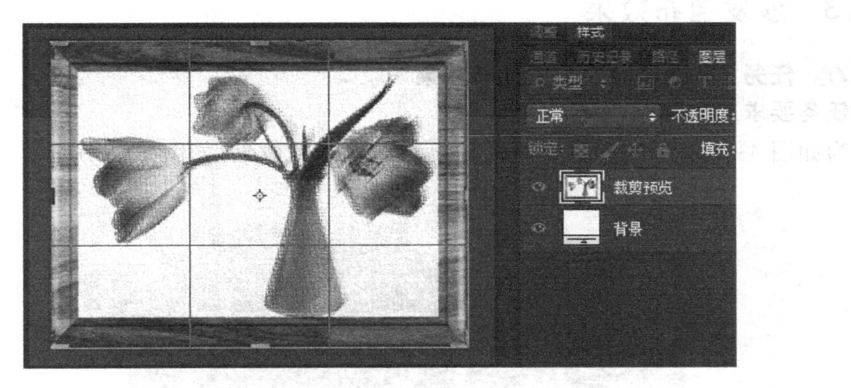

图 4-58 裁掉多余画布

(8) 按 Enter 键确认裁剪后的画布。双击“图层”面板上背景图层,使其设置为“图层 0”。然后单击“图层”面板上“添加图层样式”按钮,从弹出的菜单中选择“斜面和浮雕”命令,在打开的对话框中设置斜面和浮雕效果,参数设置如图 4-59 所示。

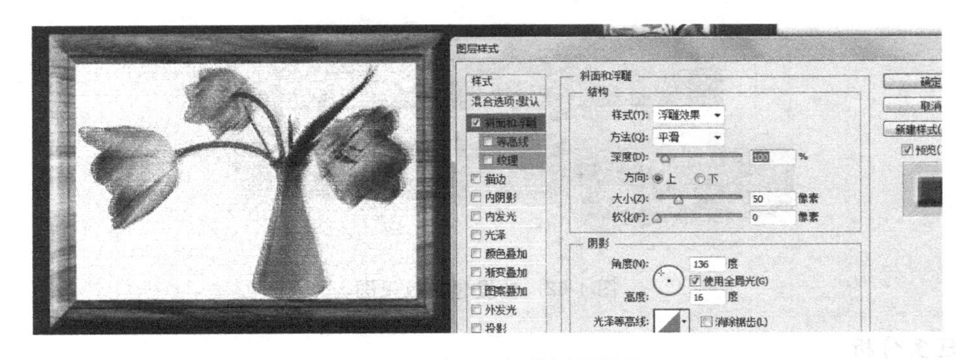

图 4-59 设置画框的图层样式

(9) 单击“确定”按钮,效果如图 4-60 所示。

(10) 保存文件(参考“答案\第 4 章\4-6. psd”源文件)。

图 4-60 画框效果

4.4.3 沙发包布效果

任务7 设计为沙发包花布效果

任务要求

为如图 4-61 所示的沙发素材图片设计包花布的效果,如图 4-62 所示。

图 4-61 素材图

图 4-62 沙发包布效果图

任务分析

首先抠选沙发,然后使用"滤镜"|"消失点"命令,复制粘贴花布图案,最后通过调整图层混合模式得到不同的包布图案。

操作步骤

(1) 打开"素材\第 4 章\沙发.jpg"素材图片文件,并将其另存为 4-7.psd。

（2）使用工具箱中的磁性套索工具把沙发抠取出来，然后按 Ctrl＋J 键，在“图层”面板上生成新的图层“图层 1”。然后按下 Ctrl 键同时单击“图层 1”的图层缩览图，得到沙发选区，如图 4-63 所示。

图 4-63　得到沙发选区及图层 1

（3）打开“素材\第 4 章\花布.jpg”素材图片文件，按 Ctrl＋A 键全选，按 Ctrl＋C 键复制到剪贴板上。

（4）回到 4-7.psd 文件，选择“滤镜”|“消失点”命令，打开“消失点”对话框，适当设置网格大小，单击“创建平面工具”按钮，创建如图 4-64 所示的三个平面。

图 4-64　创建三个平面

（5）按 Ctrl＋V 键，将花布图案粘贴到一个网格中，并按下 Alt 键同时移动花布图案，复制花布图案到其他网格中，如图 4-65 所示。单击“确定”按钮。

（6）在“图层”面板上调节“图层 1”的混合模式为“柔光”，如图 4-66 所示。

（7）按 Ctrl＋D 键取消选区。再次调节“图层 1”的混合模式为“正片叠底”，得到另一种效果的图案，如图 4-67 所示。

（8）保存文件（参考“答案\第 4 章\4-7.psd”源文件）。

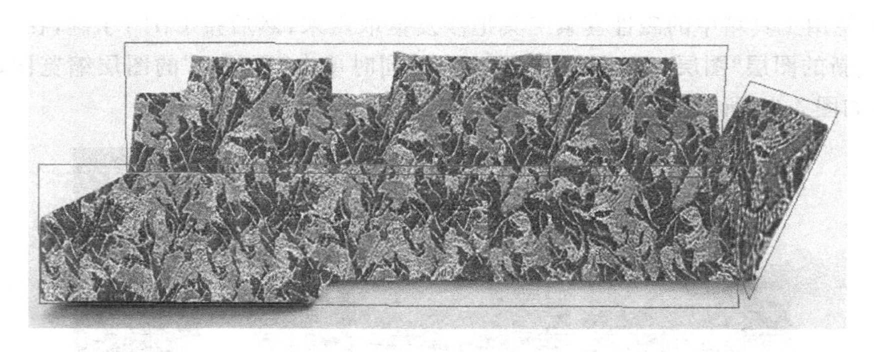

图 4-65 粘贴花布图案

图 4-66 调节图层的混合模式为“柔光”

图 4-67 更换图层的混合模式为“正片叠底”

提示：调节图层的不同混合模式，会得到不同效果的图案。

4.5 综合应用举例

4.5.1 镜中画

任务 8 设计小猫咪照镜子的效果

任务要求

使用素材中给定的猫咪图片和相框图片制作小猫咪照镜子的效果，如图 4-68 所示。

任务分析

复制猫咪图像和相框，使用“自由变换”命令以及“变换”命令中的“缩放”和“扭曲”命令，得到倾斜放置的猫咪相框。

图 4-68　小猫咪照镜子效果图

操作步骤

(1) 打开“素材\第 4 章\猫.jpg”素材图片文件,并将其另存为 4-8.psd。

(2) 打开“素材\第 4 章\相框.jpg”素材图片文件。单击工具箱中的魔棒工具,并在工具选项栏中设置“添加到选区”、“容差”为 20、“消除锯齿”,然后分别在相框的内部和外部单击选区中间的白色部分,接着按 Shift+Ctrl+I 键将其反选得到相框选区,如图 4-69 所示。按 Ctrl+C 键复制选中的画框,并在 4-8.psd 文档中按 Ctrl+V 键进行粘贴,此时“图层”面板上会自动增加“图层 1”,如图 4-70 所示。

图 4-69　选取相框

图 4-70　复制相框

(3) 单击选中“图层”面板上的背景图层,并单击工具选项栏中的矩形选框工具,在如图 4-71 所示位置确定选区,然后按 Ctrl+C 键将其复制到剪贴板上,再按 Ctrl+V 键进行粘贴,此时“图层”面板上会自动增加“图层 2”。按 Ctrl+T 键进行自由变换,并在变换框内右击,从弹出的快捷菜单中选择“水平翻转”命令,如图 4-72 所示。

(4) 当光标变为黑色箭头时,按住左键拖动复制的图像到相框的位置,如图 4-73 所示。然后调整变换框四个角上的控制点,缩小猫的图像,使之正好放在相框中,如图 4-74 所示。

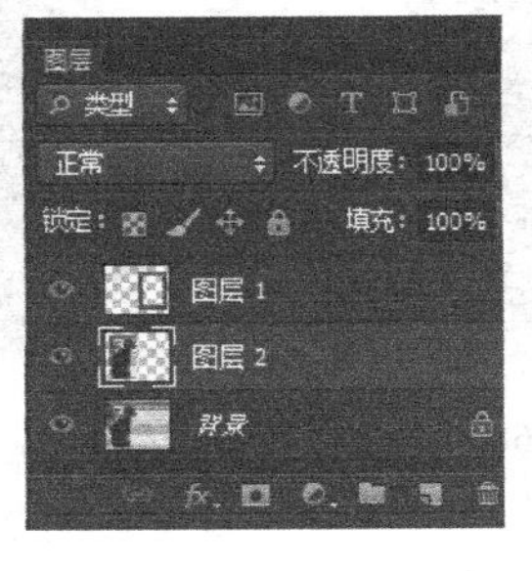

图 4-71 复制图像得到“图层 2”

图 4-72 水平翻转猫图像

图 4-73 移动猫图像到相框后

图 4-74 调整猫图像大小

(5) 按 Enter 键确认调整后猫图像的大小，然后在“图层”面板上选中“图层 1”和“图层 2”，右击，从弹出的快捷菜单中选择“合并图层”，如图 4-75 所示，此时合并后的图层会自动命名为“图层 1”，如图 4-76 所示。

(6) 选择“编辑”|“变换”|“扭曲”命令，拖动图像周围的边框句柄变换“图层 1”中的图像的形状，如图 4-77 所示，然后按下 Enter 键确认图像的变形。

(7) 单击“图层”面板上的“添加图层样式”按钮 fx，从弹出的菜单中选择“投影”命令，在打开的对话框中为图层添加投影以及斜面和浮雕效果，如图 4-78 所示。设置完成后单击“确定”按钮。

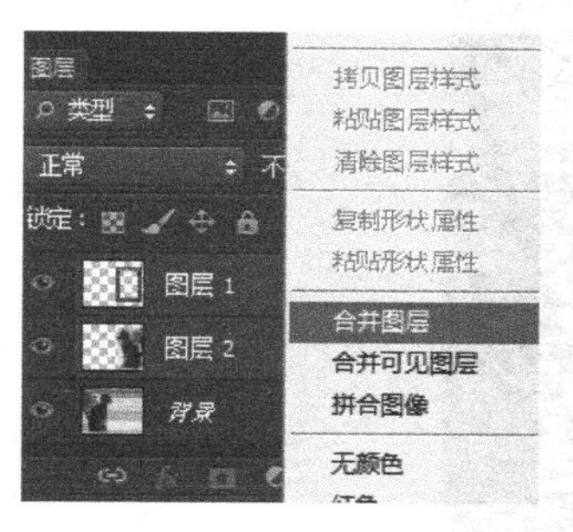

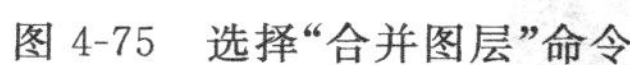
图 4-75　选择“合并图层”命令

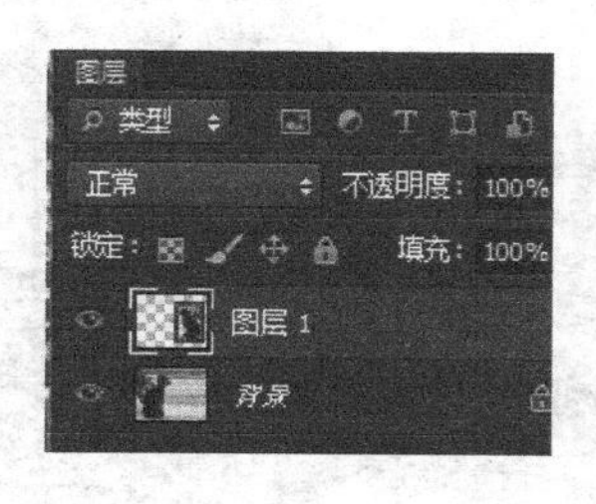

图 4-76　合并后的“图层 1”

图 4-77　扭曲镜框

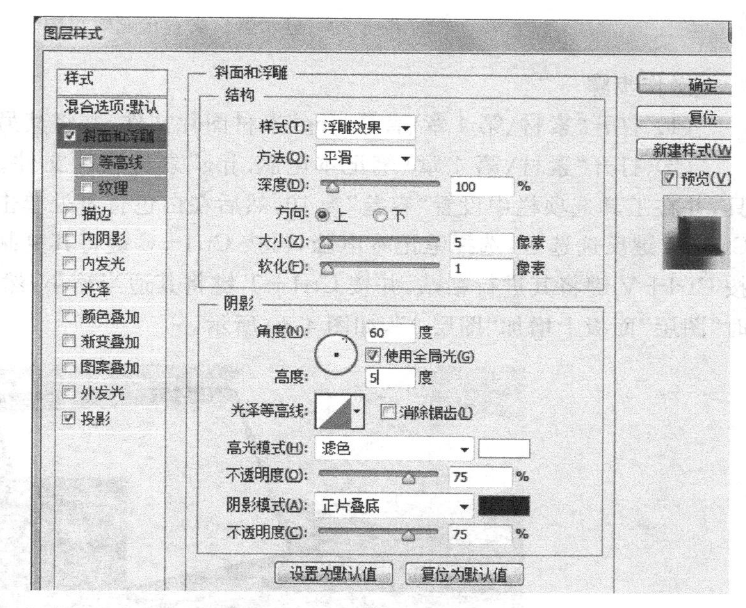

图 4-78　为图层添加图层样式

(8) 保存文件(参考“答案\第 4 章\4-8. psd”源文件)。

4.5.2　宣传画

任务 9　设计某显示器广告宣传画

任务要求

通过调整图像大小、复制、粘贴、自由变换、滤镜特效等命令，实现如图 4-79 所示的设计效果。

任务分析

首先使用工具箱中的魔棒工具抠取笔记本电脑，并调整其大小。然后使用“编辑”|“变换”命令中的“扭曲”命令调整显示器形状，再使用工具箱中的磁性套索工具抠取海豚并调整其大小，最后通过“添加图层蒙版”和渐变工具制作海豚飞出屏幕的效果。

图 4-79　显示器广告宣传画效果图

操作步骤

(1) 打开“素材\第 4 章\背景.jpg”素材图片文件，并将其另存为 4-9.psd。

(2) 打开“素材\第 4 章\笔记本电脑.jpg”素材图片文件。单击工具箱中的魔棒工具，并在工具选项栏中设置“容差”为 10，然后在白色背景处单击选取白色背景，按 Shift+Ctrl+I 键反选选区，选择笔记本电脑，再按 Ctrl+C 键将其复制下来。在 4-9.psd 文件中按 Ctrl+V 键将其进行粘贴，并按 Ctrl+T 键将其适当缩小，然后放置在适当的位置。此时“图层”面板上增加“图层 1”，如图 4-80 所示。

图 4-80　复制笔记本电脑图像

(3) 打开素材“素材\第 4 章\屏幕.jpg”，按 Ctrl+A 键全选，按 Ctrl+C 键复制，在新文件中按 Ctrl+V 键粘贴，“图层”面板增加“图层 2”。选择“编辑”|“变换”|“扭曲”命令，拖动图像周围边框句柄，变换“图层 2”中图像的形状，使之正好覆盖显示屏，然后按 Enter 键确认，如图 4-81 所示。

(4) 使用工具箱中的椭圆选框工具在显示屏中绘制一个椭圆选区，如图 4-82 所示。选择“滤镜”|“扭曲”|“水波”命令，在打开的“水波”对话框中设置水波参数如图 4-83 所示。

图 4-81　复制屏幕图像

图 4-82　绘制椭圆选区

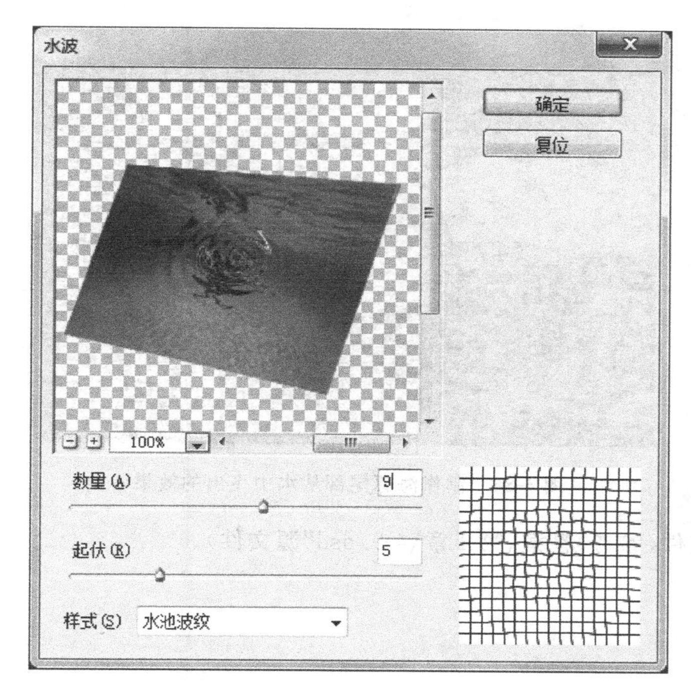

图 4-83　水波参数设置

(5) 单击“确定”按钮，然后按 Ctrl+D 键去掉选区，此时屏幕出现水波效果。

(6) 打开“素材\第 4 章\海豚.jpg”素材图片文件，然后单击工具箱中的磁性套索工具，在工具选项栏中设置“羽化”为 0，沿着海豚的边缘制作选区，如图 4-84 所示。按 Ctrl+C 键复制海豚，然后在 4-9.psd 文件中按 Ctrl+V 键粘贴海豚，此时“图层”面板上会增加“图层 3”，再按 Ctrl+T 键缩小海豚，再将其放置在适当的位置，如图 4-85 所示。

(7) 单击“图层”面板上“添加图层蒙版”按钮。然后单击工具箱中渐变工具，并在工具选项栏中设置黑白线性渐变，从海豚尾部向海豚腹部拖动鼠标，制作出海豚尾部从水中飞出的效果，如图 4-86 所示。

图 4-84 选取海豚

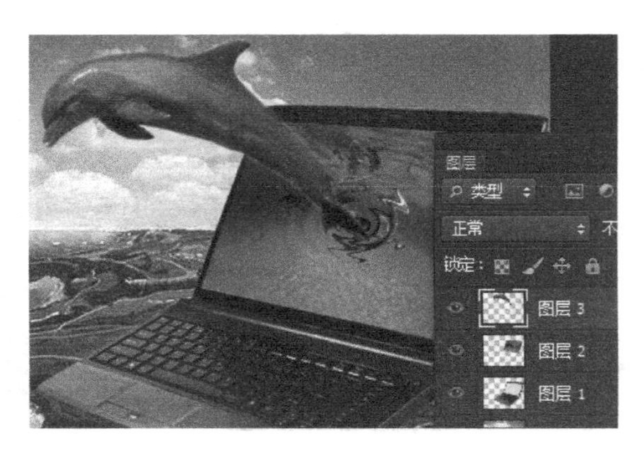

图 4-85 调整海豚位置

图 4-86 制作海豚尾部从水中飞出的效果

(8) 保存文件(参考“答案\第 4 章\4-9. psd”源文件)。

相关知识

1. 图像大小和画布大小的关系

(1) 图像大小

图像大小是指编辑文档中图像的尺寸和像素的大小。

选择“图像”|“图像大小”命令或者按 Alt+Ctrl+I 键调整图像大小。图像本身缩放的同时，画布也会相应地缩放。

(2) 画布大小

新建文件时设置的宽度和高度值是文件画布尺寸的大小，即所编辑文档的尺寸大小，画布大小直接影响文件的大小。

选择“图像”|“画布大小”命令或者按 Alt+Ctrl+C 键调整画布大小。增大画布会在现有画布的周围扩大空间，扩展出的空间可以填充不同的颜色；减小画布可以使画布

缩小。

更改画布大小时，普通图层上的图像大小不会发生变化，但是当缩小的画布小于图像尺寸时，图像不能完全显示出来，要调整图像的大小才能显示在画布上。

2. 常见照片的尺寸

照片的尺寸是以英寸为单位的，1 英寸约为 2.54 厘米。通常所说为"×寸"是指照片长的一边的英寸长度。实际洗印时，一般允许有 1～2 厘米的误差。下面给出通常所说的"×寸"照片的大约尺寸。

1 寸：2.5 厘米×3.5 厘米　身份证：2.6 厘米×3.2 厘米　12 寸：10 英寸×12 英寸
小 2 寸：3.5 厘米×4.5 厘米　6 寸：4 英寸×6 英寸　14 寸：12 英寸×14 英寸
2 寸：3.5 厘米×5.3 厘米　7 寸：5 英寸×7 英寸　16 寸：12 英寸×16 英寸
3 寸：3.5 厘米×5.2 厘米　8 寸：6 英寸×8 英寸　18 寸：14 英寸×18 英寸
5 寸：3.5 英寸×5 英寸　10 寸：8 英寸×10 英寸　20 寸：16 英寸×20 英寸

用户可以在新建文件时在"新建"对话框中设定照片的高度、宽度和分辨率，也可以对已有照片使用工具箱中的裁剪工具设定高度、宽度和分辨率。设置时注意单位的选择。

本章小结

本章介绍了图像大小、画布大小和图像裁切的设置方法，给出了图像选择、移动和贴入的编辑技巧。详细介绍了图像变换中的变形，并举典型实例讲解了三种图像应用特效。通过综合应用举例，系统地讲解了图像编辑的方法和技巧。

思考与练习

一、选择题

1. (　　)才能以 100%的比例显示图像。
   A. 调整图像大小
   B. 调整画布大小
   C. 双击抓手工具
   D. 双击缩放工具
2. 在打开的图像窗口的名称栏部分不显示(　　)信息。
   A. 图像文件的名称
   B. 图像当前显示大小的百分比
   C. 图像的容量
   D. 图像当前选中的图层名称
3. 使用(　　)，可以实现图像的复制。
   A. 移动工具　　B. 缩放工具
   C. 套索工具　　D. 抓手工具

二、设计制作题

1. 使用给定的素材图片(素材\第 4 章\练习素材\光盘.jpg),设计光盘封面效果如图 4-87 所示(参考"答案\第 4 章\练习答案\4-1.psd"源文件)。

图 4-87 光盘封面效果

2. 使用给定的三张图片素材(素材\第 4 章\练习素材\相册.jpg、照片 1.jpg、照片 2.jpg),设计相册封面和相框,效果如图 4-88 所示(参考"答案\第 4 章\练习答案\4-2.psd"源文件)。

图 4-88 相册封面和相框效果

第 5 章

入门篇综合实例

入门篇的 4 章详细介绍了 Photoshop CS6 图形、图像、文字的类型和编辑方法，基础理论和实例较多，为了巩固前面的知识，增加这些知识之间的联系，本章安排了一些综合实例。

学习目标

- 巩固选区的变换和填充操作
- 进一步掌握图形自由变换的使用技巧
- 熟练应用图像的变形操作
- 熟练掌握图层和“图层”面板的各种操作

综合实例 制作扇子

任务 使用给定的扇面制作扇子

任务要求

绘制扇架，使用给定的扇面素材图片制作扇子，效果如图 5-1 所示。

图 5-1 扇子效果图

任务分析

首先使用选框工具、“变换选区”命令、“填充”命令和“自由变换”命令制作扇架，再对素材图片“扇面”使用“编辑”|“变换”|“变形”命令制作扇面，最后制作扇架外柄和扇钉，并

通过“斜面和浮雕”效果增强扇子的真实感。

操作步骤

(1) 新建一个文件 5-1. psd,设置其大小为 1000 像素×600 像素,分辨率为 72 像素/英寸,颜色模式为 RGB 颜色,背景为白色。

(2) 新建“图层 1”,使用工具箱中的矩形选框工具绘制一个长条矩形,然后在选区内右击,从弹出的快捷菜单中选择“变换选区”命令,如图 5-2 所示。按住 Ctrl 键斜切选区,调整选区下部,使之变窄,如图 5-3 所示,然后按 Enter 键确认。单击工具箱中的椭圆选框工具,并在工具选项栏中单击“添加到选区”按钮,然后在矩形选区下方绘制一个椭圆选区,使矩形下方圆滑,如图 5-4 所示。设置前景色为 # ad8667,并按 Alt+Delete 键填充前景色,如图 5-5 所示。

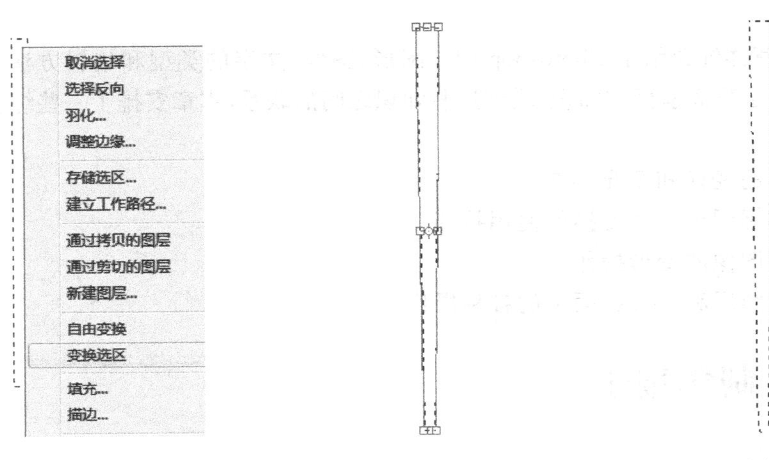

图 5-2　变换选区　　图 5-3　斜切选区　　图 5-4　绘制选区下方

(3) 按 Ctrl+D 键取消选区。按 Ctrl+J 键复制图层,并按 Ctrl+T 键,再按住 Alt 键移动中心点,如图 5-6 所示。设置工具选项栏中的旋转角度为 10° 度,效果如图 5-7 所示。然后按 Enter 键确认,得到旋转后的扇柄。

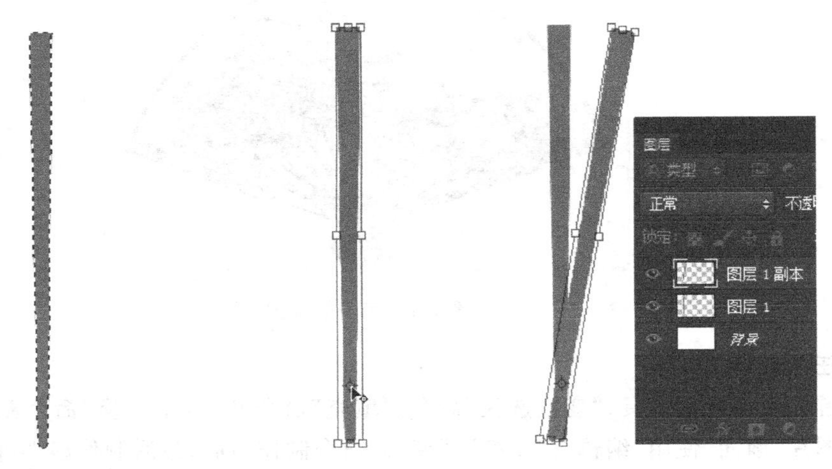

图 5-5　填充选区　　图 5-6　移动旋转中心　　图 5-7　旋转 10°

(4) 重复 13 次按 Shift+Alt+Ctrl+T 键，复制并旋转图层，共得到 15 个扇柄图层，在“图层”面板中单击“图层 1”，然后按住 Shift 键单击“图层 1 副本 14”，选中这 15 个图层。再按 Ctrl+T 键，移动旋转中心到如图 5-8 所示的位置，将光标放置在顶角控制点外侧，旋转 15 个扇柄。为了能看到整体效果，可以通过“导航器”适当缩小图像的显示比例。直到扇柄形成的扇架左右对称(可以利用参考线)，如图 5-8 所示。

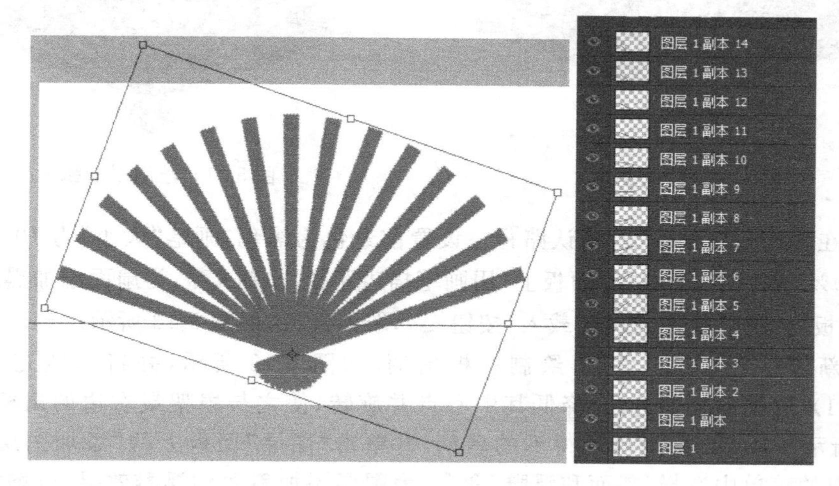

图 5-8　旋转 15 个扇柄

(5) 按 Enter 键确认得到的扇架。合并“图层 1”到“图层 1 副本 14”，重命名为“扇架”。打开素材图片“扇面.jpg”，并按 Ctrl+A 键将其全选，按 Ctrl+C 键复制，然后关闭“扇面.jpg”素材图片，在 5-1.psd 文档窗口中按 Ctrl+V 键粘贴。此时“图层”面板上会自动生成“图层 2”。调整“图层 2”的不透明度为 60%。选择“编辑”|“变换”|“变形”命令，拖动控制点，调整扇面使之覆盖扇架，如图 5-9 所示。

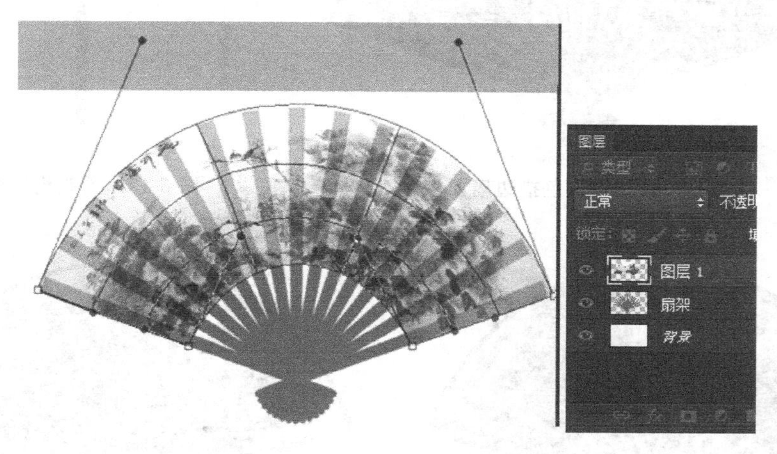

图 5-9　调整扇面

(6) 按 Enter 键确认调整后的扇面。单击工具箱中的钢笔工具，分别在扇面的三个位置单击，确定锚点，如图 5-10 所示。使用工具箱中的转换点工具在中间锚点上拖动，得到平滑的弧形,如图 5-11 所示。

图 5-10 绘制锚点

图 5-11 绘制平滑弧形

(7) 在文档空白处单击,确认路径。设置前景色为黑色,画笔"大小"为 10 像素、"硬度"为 100%,然后单击"路径"面板上"用画笔描边路径"按钮,为扇面添加黑边。单击"路径"面板上"将路径作为选区载入"按钮,取消选区,如图 5-12 所示。

(8) 新建一个"图层 3",再绘制一根扇柄,如图 5-13 所示,并将其填充为深棕色(#572701)。取消扇柄的选区,降低其中心点并旋转,使之与扇架最右边的扇柄对齐,如图 5-14 所示。按 Enter 键确认得到的扇柄,并单击"图层"面板上的"添加图层样式"按钮,从弹出的菜单中选择"斜面和浮雕"命令,为图层添加斜面和浮雕效果,以增加扇架的真实感,如图 5-15 所示。

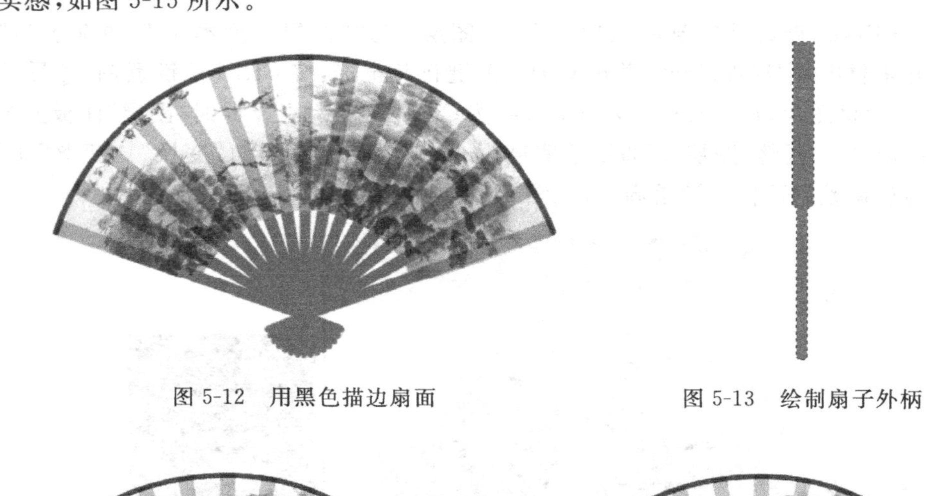

图 5-12 用黑色描边扇面

图 5-13 绘制扇子外柄

图 5-14 旋转扇子外柄

图 5-15 添加外柄的浮雕效果

（9）新建“图层 4”，制作扇钉。单击工具箱中的椭圆选框工具，在扇架的旋转点处绘制一个小圆，并对其填充由白色到灰色的径向渐变。然后单击“图层”面板上的“添加图层样式”按钮，从弹出的菜单中选择“斜面和浮雕”命令，为图层添加斜面和浮雕效果，以增加“钉”的真实感，如图 5-16 所示。

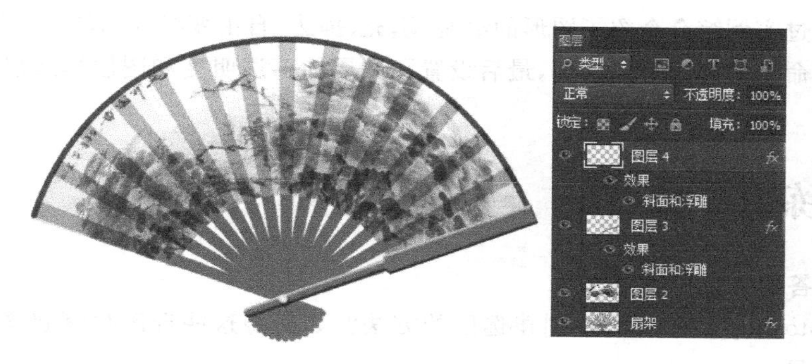

图 5-16　绘制扇钉

（10）调整“图层 2”的不透明度为 80％，以增强扇子的真实感，如图 5-17 所示。

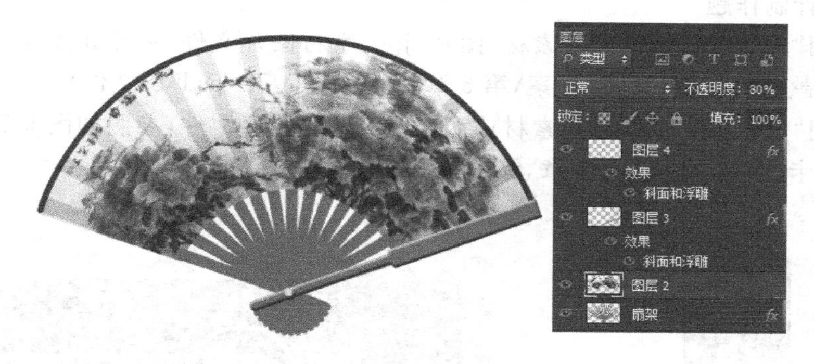

图 5-17　设置扇面的不透明度

（11）在“图层”面板上单击“扇架”图层，然后单击“图层”面板上的“添加图层样式”按钮，从弹出的菜单中选择“斜面和浮雕”命令，为图层添加斜面和浮雕效果，以进一步增加整个扇子的真实感，如图 5-18 所示。

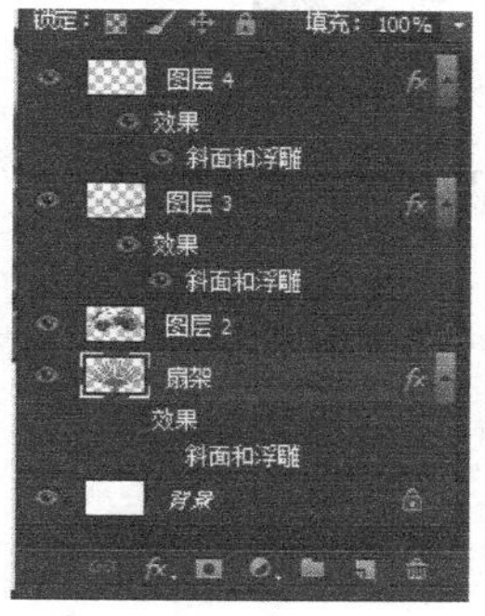

图 5-18　添加扇架的浮雕效果

(12) 保存文件(参考“答案\第 5 章\5-1. psd”源文件)。

本章小结

本章通过实例综合介绍了图形的绘制、填充、描边、自由变换等功能,选择“编辑”|“变换”|“变形”命令得到扇形的扇面,最后设置了图层的不透明度和图层样式以增强扇子的立体效果。

思考与练习

一、简答题

1. Photoshop CS6 有哪些创建选区的方法?如何将这些选区存储起来?哪种文件格式保留选区?

2. 简述选区在图像处理过程中的作用?

二、设计制作题

1. 使用“素材\第 5 章\练习素材\图片. jpg”素材图片文件,参照如图 5-19 所示为某服装设计一款吊牌标签(参考“答案\第 5 章\练习答案\5-1. psd”源文件)。

2. 使用“素材\第 5 章\练习素材\背景. jpg”素材图片文件,参照如图 5-20 所示设计一张新年贺卡(参考“答案\第 5 章\练习答案\5-2. psd”源文件)。

图 5-19　服装吊牌标签

图 5-20　新年贺卡

拓 展 篇

本篇从认识直方图开始，通过对“调整”面板功能的使用，由浅入深地讲解图像的明暗色彩调整、加工合成处理以及 3D 功能的使用，使读者逐步掌握 Photoshop 强大的图像处理功能和明暗色彩的综合运用。

本篇分为 4 章：

第 6 章　图像明暗色彩调整

第 7 章　照片加工修复合成

第 8 章　照片加工综合实例

第 9 章　3D 功能

第 6 章

图像明暗色彩调整

Adobe Photoshop CS6 集成了很多令人赞叹的全新影像处理技术，本章将学习图像明暗处理的方法，包括直方图和“调整”面板中色阶、曲线、亮度、明度和对比度等的使用技巧，以及如何校正图像中的颜色和色调等内容。

学习目标

- 认识了解直方图
- 了解色阶/曲线在图像处理中的作用
- 熟悉亮度/对比度/明度的概念及其调整方法
- 掌握改变图像色彩的方法

6.1 图像调节基础

调节图像明暗及色彩有很多种方式，常用的命令大部分都集中在“调整”面板中，在入门篇中我们已经认识了“调整”面板，下面进一步了解其作用。

6.1.1 “调整”面板

用户可以在“调整”面板中找到用于调整颜色和色调的工具，单击这些工具图标可以选择调整并自动创建调整图层。使用“调整”面板中的控件和选项进行的调整会创建非破坏性图层。

为了方便操作，“调整”面板具有应用常规图像校正的一系列调整预设。预设可用于色阶、曲线、曝光度、色相/饱和度、黑白、通道混合器以及可选颜色。单击预设选项，使用调整图层将其应用于图像，用户可以将调整设置存储为预设，并添加到预设表中。

单击“调整”面板上的图标或预设选项，可以显示特定调整的设置选项，如图 6-1 所示。

(1) ：此调整影响下面的所有图层(单击可剪切到图层)。

(2) ：此按钮可查看上一状态。

(3) ：复位到调整默认值。

(4) ：切换图层可见性。

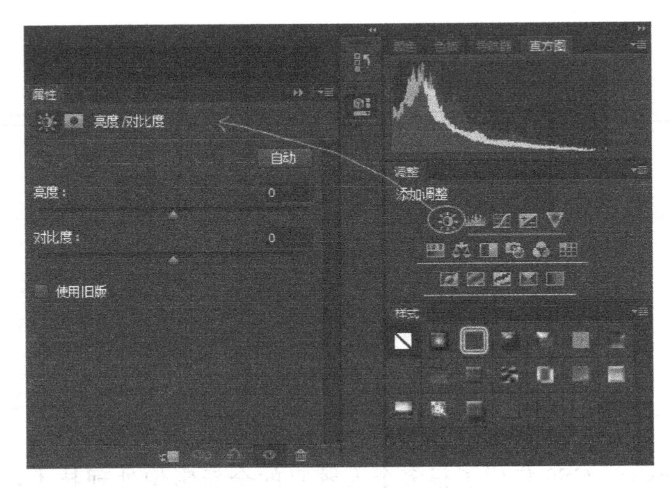

图 6-1 “调整”面板

(5) 🗑：删除此调整图层，扔掉调整。

提示：通过“调整”面板进行的编辑操作，会默认以调整图层的形式提供，不会对原图产生更改。

6.1.2 直方图

1. 认识直方图

选择“窗口”|“直方图”命令，打开如图 6-2 所示的“直方图”面板。

在“直方图”面板中有一组很详细的数据，即红、绿、蓝通道的色阶直方图。

(1) 平均值：显示图像亮度的平均值(0 至 255 之间的平均亮度)。

(2) 标准偏差：该值越小，所有像素的色调分布越接近平均值。

(3) 中间值：显示像素颜色值的中点值。

(4) 像素：显示像素的总个数。

(5) 色阶、数量、百分位、高速缓存级别：用于光标定位查看信息。

2. 直方图的存在形式

直方图常用的有紧凑和扩展两种视图，紧凑视图如图 6-3 所示，不显示数据，扩展视图如图 6-2 所示，有一组详细的数据表示。

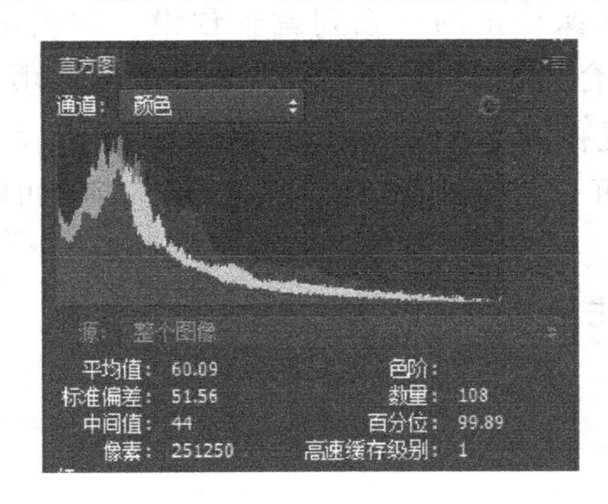

图 6-2 “直方图”面板

图 6-3 “直方图”面板的紧凑视图

直方图不仅存在于"直方图"面板中，在如图 6-4 所示的"调整"面板的"色阶"属性面板和如图 6-5 所示的"曲线"属性面板中都能看到直方图。"直方图"面板中的直方图是不可以调节的，只有在"色阶"和"曲线"属性面板中的直方图才是可以调节的，在后面章节中将介绍直方图的调整方法。

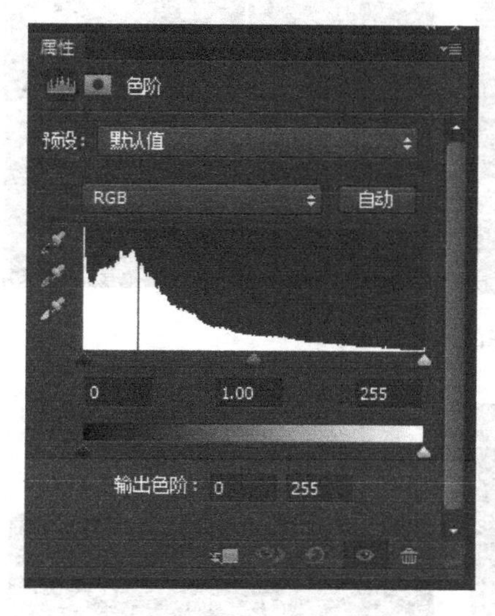

图 6-4　"色阶"属性面板中的直方图

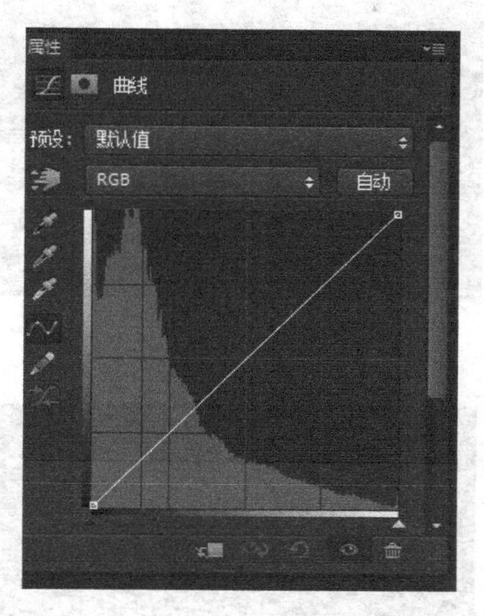

图 6-5　"曲线"属性面板中的直方图

直方图用图形表示每个亮度级别的像素数量，展示像素在图像中的分布情况。如果把图片的颜色去掉，在黑白照片中从黑色到灰色到白色体现不同的灰度级别的像素数量，横坐标为灰度级别，纵坐标为像素数量，如图 6-6 所示。

提示：色调为 0～255，0 为黑色，255 为白色，128 为灰色，0～85 为阴影，86～170 为中间调，171～255 为高光区。

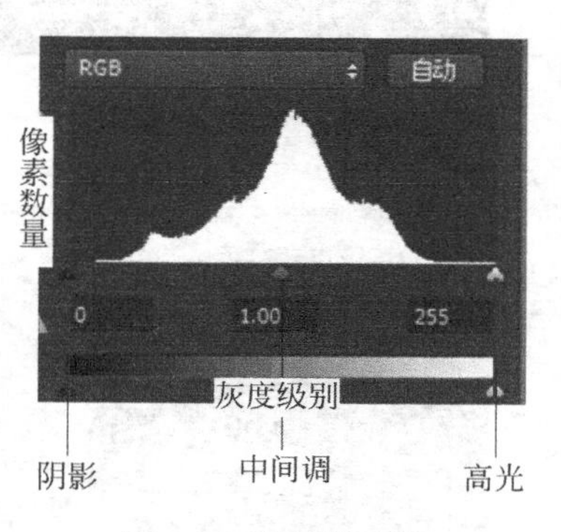

图 6-6　直方图面板

3. 直方图的代表意义

处理图像的第一步要注意查看直方图。一张曝光良好的照片，在不同的亮度级别下的细节都非常丰富，在各亮度值上都有像素分布，像一座起伏波荡的小山丘，如图 6-7 所示。曝光不足的照片，在直方图上看，暗部聚集了大量的像素而高光处没有像素分布，如图 6-8 所示；而曝光过度的照片，左边的暗部已经没有像素分布，右边高光处聚集了大量的像素，如图 6-9 所示。

无论照片是有丰富的高光还是曝光过度，还是有饱满的细部暗调，或者是细节根本分辨不清，没有比直方图更加有价值的参考工具了，所以直方图能够显示一张照片中色调的分布情况。

图 6-7 曝光良好的照片

图 6-8 曝光不足的照片

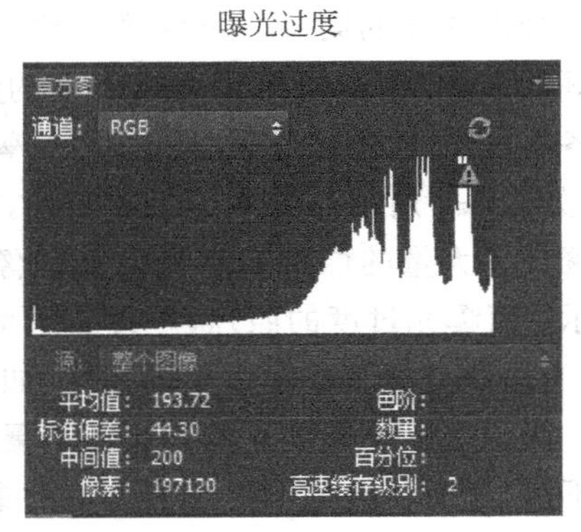

图 6-9 曝光过度的照片

任务1　分析图片存在的问题

任务要求

查看所给素材图片的直方图，分析图片存在的问题。

任务分析

通过分析“调整”面板中色阶的直方图，发现图像存在的问题。如图 6-11 所示为阴雨天拍摄的照片，图片整体色调发灰，不明朗；如图 6-12 所示为黑暗环境拍摄效果，图像暗部细节丰富，但高光部分欠缺。

操作步骤

(1) 打开“素材\第 6 章\阴雨天.jpg”素材文件。

(2) 单击“图层”面板中的“创建新的填充或调整图层”按钮，从弹出的菜单中选择“色阶”命令，如图 6-10 所示。

提示：用户也可以选择“图像”|“调整”命令，并从弹出的菜单中选择相应命令以将调整直接应用于图像图层。需要注意的是，这种方法会丢掉图像信息。

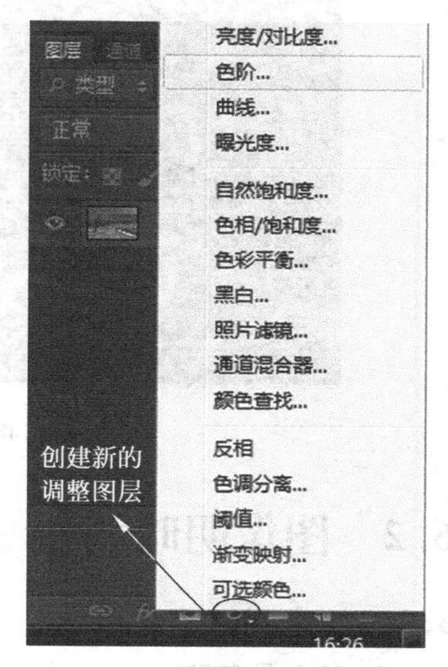

图 6-10　选择“色阶”命令

(3) 在“调整”面板的“色阶”属性面板中观察像素的分布。如图 6-11 所示，像素多集中在中间调部分，阴影和高光部分几乎没有像素分布，故图像整体色调偏灰。

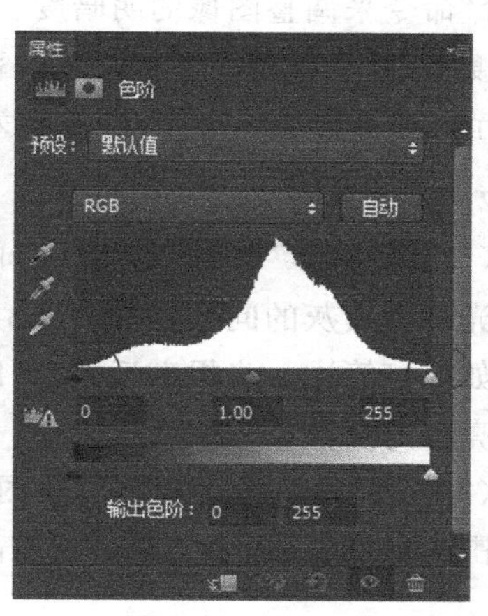

图 6-11　像素集中在中间调部分

(4) 打开“素材\第 6 章\夜晚.jpg”素材图片文件。

(5) 单击“图层”面板中的在“创建新的调整图层”按钮，从弹出的菜单中选择“色阶”命令。

(6) 在“调整”面板的“色阶”属性面板中观察像素的分布的情况。如图 6-12 所示，像素多集中在阴影部分，中间调和高光部分几乎没有像素分布，故图像整体色调偏暗。

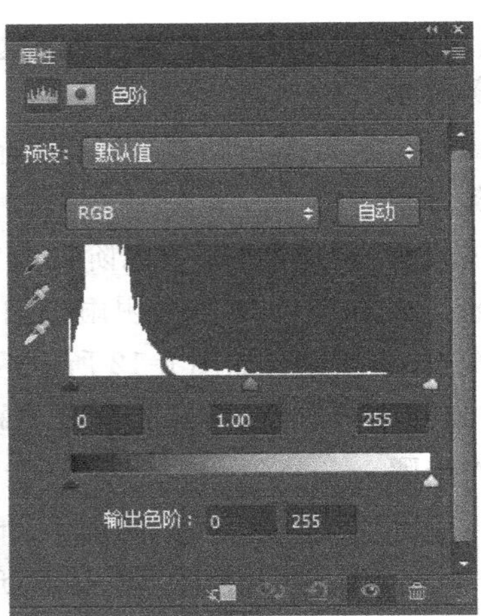

图 6-12　像素集中在阴影部分

6.2　图像明暗调整

6.2.1　色阶

1. 什么是色阶

色阶是控制、调整图像画面颜色好坏的首选参数。当图像偏暗或偏亮时，可以使用“色阶”命令来调整图像的明暗度。使用“色阶”命令通过调整图像的阴影、中间调和高光的强度级别，从而校正图像的色调范围和色彩平衡。如果剪切了阴影，则像素为黑色，没有细节；如果剪切了高光，则像素为白色，没有细节。

2. 调整方法

(1) 将“阴影”和“高光”滑块向内拖移到有像素的地方，这一步调整是解决照片高光或低光部分发灰的问题，如图 6-13 所示。

如果打算进一步提高反差，可以拖动左右滑块往中间拉。需要注意的是，这将失去暗部或亮部的层次。

(2) 中间输入滑块用于调整图像中的灰度系数。它能移动中间调，并改变灰色调中间范围的强度值，但不会明显改变高光和阴影，如图 6-14 所示。

任务 2　调整色阶

任务要求

调整图像色阶，使图像清晰、色彩鲜艳，如图 6-15 所示。

任务分析

对色阶的阴影、高光、中间调进行调整。

操作步骤

(1) 打开“素材\第 6 章\阴雨天.jpg”素材图片文件。

(2) 在“调整”面板中单击“创建新的色阶调整图层”按钮，打开“调整”面板的“色阶”

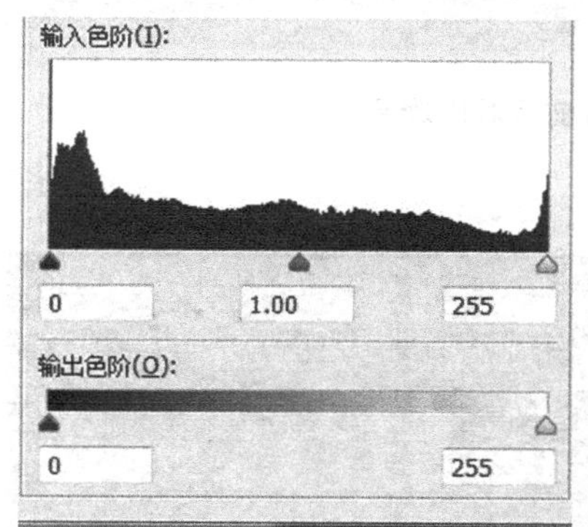

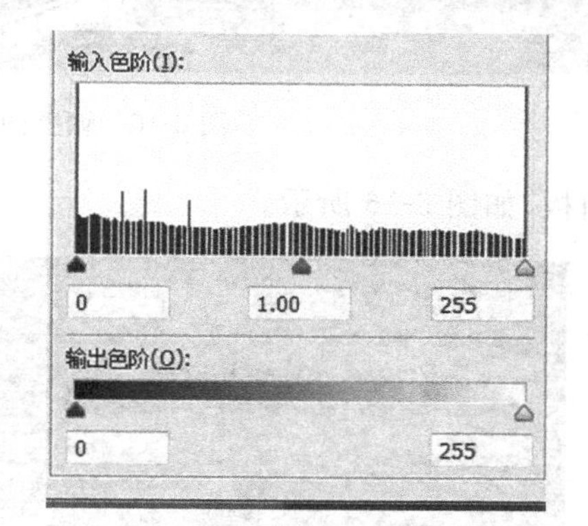

图 6-13　调整高光和阴影

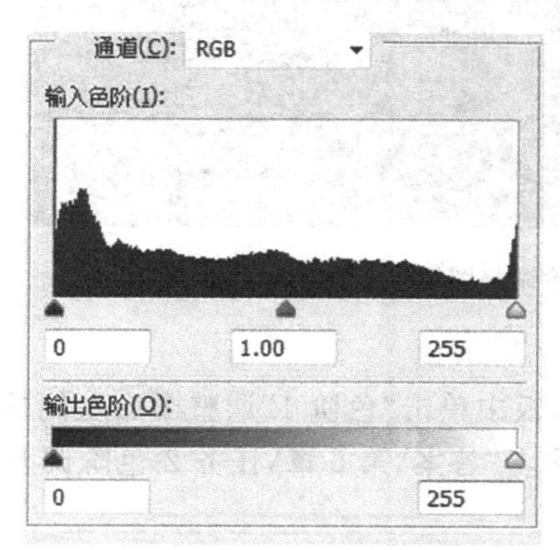

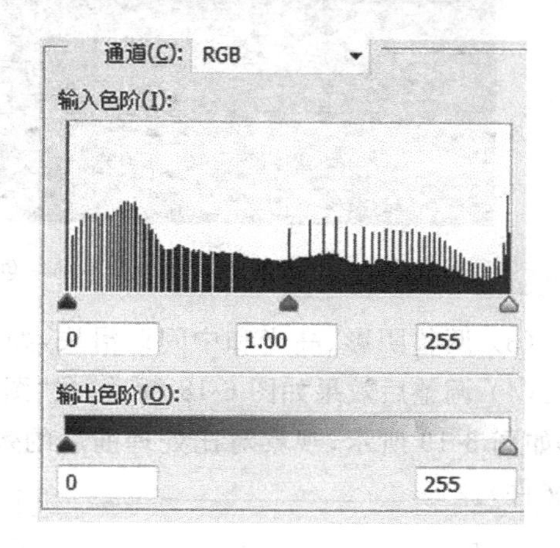

图 6-14　调整中间调

图 6-15 调整图像色阶前后对比效果

属性面板，如图 6-16 所示。

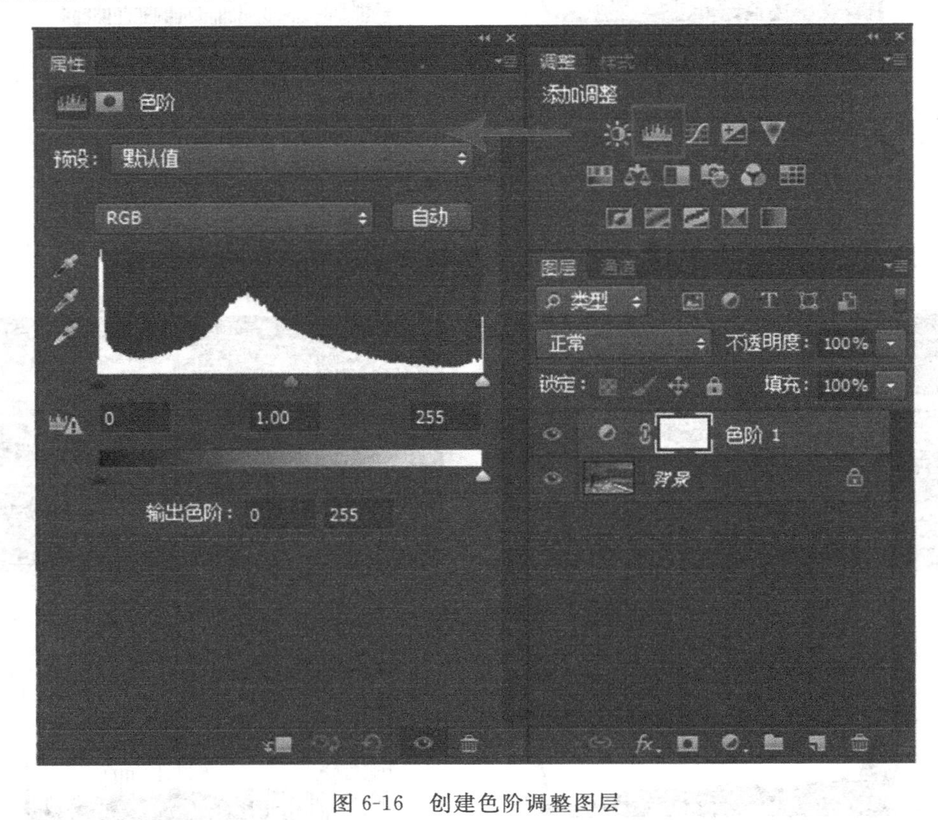

图 6-16 创建色阶调整图层

(3) 调整阴影、高光和中间调滑块，如图 6-17 所示。

(4) 调整后效果如图 6-18 所示，在“图层”面板中单击“色阶 1”调整图层左侧的 按钮，如图 6-19 所示，观察对比处理前后的效果(参考“答案\第 6 章\任务 2-色阶调整. psd”源文件)。

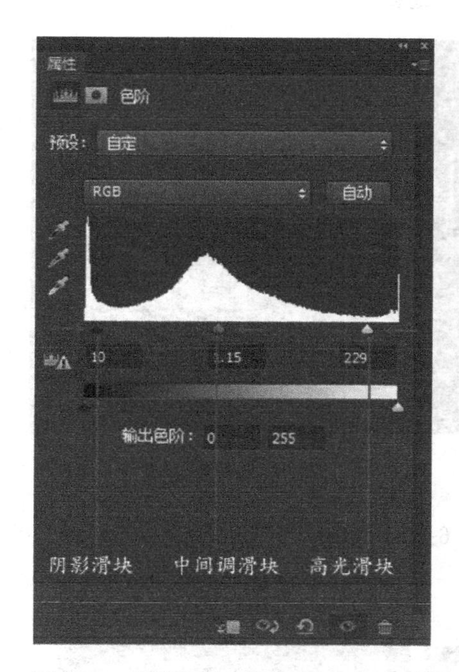

图 6-17　调整阴影、高光和中间调滑块

图 6-18　完成色阶调整后的效果

图 6-19　显示/隐藏色阶调整图层

6.2.2　曲线

1. 什么是曲线

曲线可以固定那些不需要调整的暗度和亮度区域，只调整需要修改的暗度或亮度区域。曲线对话框与色阶对话框一样，曲线对话框也允许调整图像的整个色调范围。但是，曲线不是只使用三个变量（高光、暗调以及中间调）进行调整，而是可以调整 0～255 范围内的任意点，也可以使用曲线对图像中的个别颜色通道进行精确的调整。

2. 调整方法

用户可以通过改变曲线形状，来调整图像的色调和色彩。将曲线向上或向下拖移可以让图像变亮或变暗，移动右半部的点可以对亮部进行调整；移动曲线中央的点，则可以调整中间调；而移动曲线左半部的点，则会调整阴影。

⚠ 任务 3　调整曲线

任务要求

调整图像曲线，使图像清晰、色彩鲜艳（如图 6-23 所示）。

任务分析

使用“调整”面板中的“曲线”属性面板调整图像。

操作步骤

(1) 打开“素材\第 6 章\曲线调整.jpg”素材图片文件，如图 6-20 所示。

(2) 在“调整”面板中单击“创建新的曲线调整图层”按钮，打开“调整”面板中的“曲线”属性面板，如图 6-21 所示。

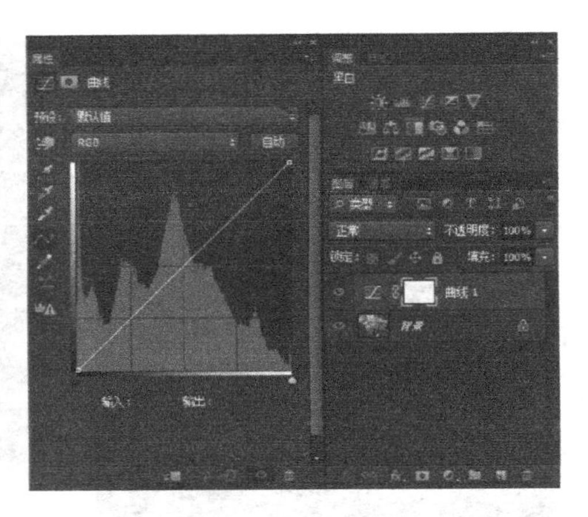

图 6-20　用于曲线调整的素材图片　　　图 6-21　创建新的曲线调整图层

(3) 在曲线对话框中调整阴影和高光滑块，如图 6-22 所示。

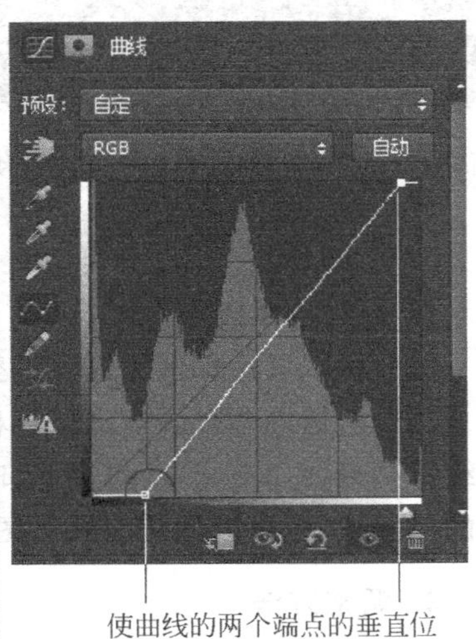

图 6-22　调整曲线两端点

(4) 在曲线对话框中调整中间调，在曲线上单击并拖移，效果如图 6-23 所示(参考“答案\第 6 章\任务 3-曲线调整. psd”源文件)。

6.2.3　亮度/明度/对比度

1. 亮度

亮度是指颜色的相对明暗程度，其与物体表面色彩反射的光量有关。一般来说，彩色物体表面的反射光量越多，它的亮度越高。

把香蕉和葡萄并排放在一起，你会发现，香蕉比葡萄明亮。换句话说，黄色比紫色明亮。每一个色调都有其“天然”的亮度。把如图 6-24 所示色环转换成相对应的灰色，可以发现，亮度的区别是多么明显。色环的上半部颜色会反射 90%以上的光线，而底部的只

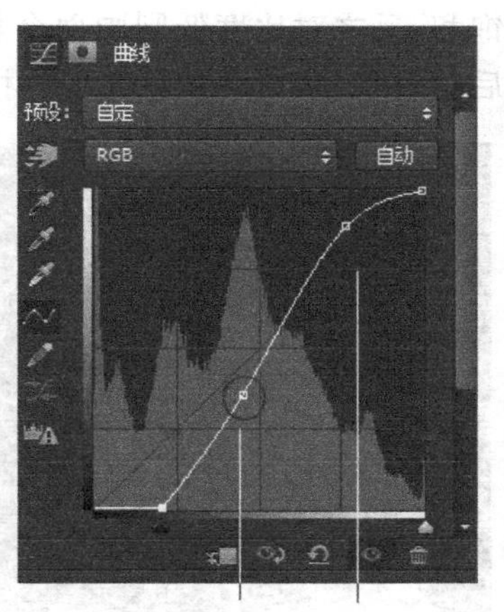

图 6-23　调整中间调

有 22%。

图 6-24 中色环的上半部颜色显然比下部明亮，尤其是最顶部的黄色，比底部的紫色明亮许多。

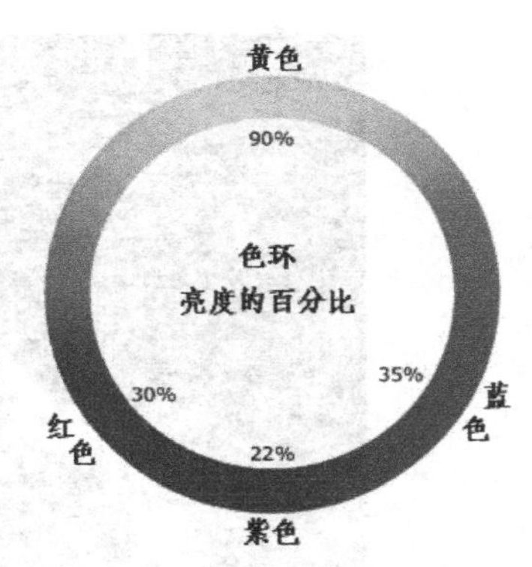

图 6-24　色环图

2. 明度

明度指图像的明亮程度。它是一个心理颜色概念，是指人们所感知到的色彩的明暗程度，但不等同于亮度。由于眼睛是判断颜色、感知颜色的唯一器官，因此明度才是最关心的。亮度和颜色的辐射与能量有关，但能量高的颜色不一定明度高。例如蓝色的能量很高，但其明度却低。颜色有深浅、明暗的变化，如柠檬黄、淡黄、中黄、深黄等黄颜色在明度上就不一样，紫红、深红、玫瑰红、大红、朱红、橘红等红颜色在亮度上也不尽相同。这些颜色在明暗、深浅上的不同变化，也就是色彩的重要特征——明度变化。

色彩的明度变化有以下几种情况。

(1) 不同色相之间的明度变化，如白比黄亮、黄比橙亮、橙比红亮、红比紫亮、紫比黑亮。

(2) 在某种颜色中加白色，亮度就会逐渐提高，反之加黑色亮度就会变暗，但同时它们的饱和度也会降低。

(3) 相同的颜色，因光线照射的强弱不同也会产生不同的明暗变化。

3. 对比度

对比度是指图像最亮和最暗区域之间的比率，比值越大，从黑到白的渐变层次就越多，从而色彩表现越丰富。对比度对视觉效果的影响非常关键，一般来说对比度越大，图像越清晰醒目，色彩也越鲜明艳丽；而对比度小，则会让整个画面都灰蒙蒙的。高对比度对于图像的清晰度、细节表现、灰度层次表现都有很大帮助。对比度越高图像效果越好，色彩会更饱和，反之对比度低则画面会显得模糊，色彩也不鲜明。如图 6-25 所示为对比度调整前后的效果(素材图片参考“素材\第 6 章\对比度调整.psd”源文件)。

图 6-25 亮度/对比度调整前后的效果

6.3 色彩调整

色彩在图像设计中的重要性不言而喻，理解和运用好 Photoshop 的色彩调整，会帮助读者在色彩的世界中游刃有余。

6.3.1 色相/饱和度

使用色相/饱和度功能，可以调整图像中特定颜色范围的色相、饱和度和亮度，或者同时调整图像中的所有颜色。此调整尤其适用于微调 CMYK 图像中的颜色，以便使它们处在输出设备的色域内。

1. 色相

色相是指色彩的相貌和特征。自然界中色彩的种类很多，色相指色彩的种类和名称。例如：红、橙、黄、绿、青、蓝、紫等颜色的种类变化就叫色相，如图 6-26 中 B 点所示。

2. 饱和度

饱和度是指色彩的鲜艳程度，也叫纯度，如粉红色就是红色色相的不饱和颜色。原色是纯度最高的色彩。颜色混合的次数越多，纯度越低；反之纯度则高。原色中混入补色，纯度会立即降低、变灰，如图 6-26 中 A 点所示。注意饱和度不要调得太过，因为调过了图像的层次会损失，照片显得失真。

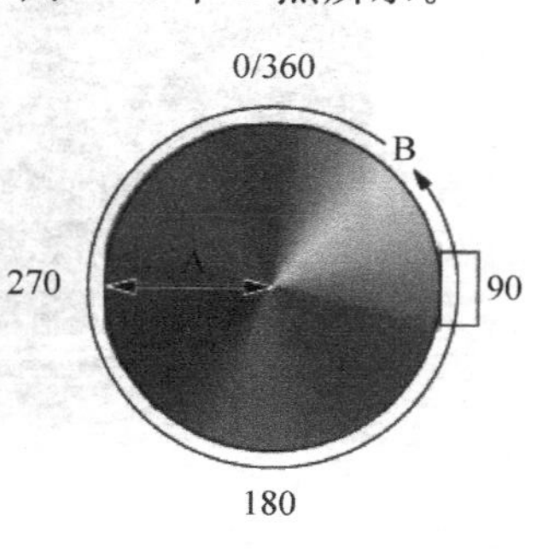

图 6-26　色轮

A—饱和度；B—色相

3. 自然饱和度

调整自然饱和度可以在颜色接近最大饱和度时最大限度地减少修剪，在调整时会大幅增加不饱和像素的饱和度，而对已饱和的像素只作很少、很细微的调整，特别是对皮肤的肤色有很好的保护作用。

4. 色相/饱和度调整的应用

(1) 单击“调整”面板中的“色相/饱和度”图标，可以在“调整”面板中存储色相/饱和度设置，并载入以便在其他图像重复使用。

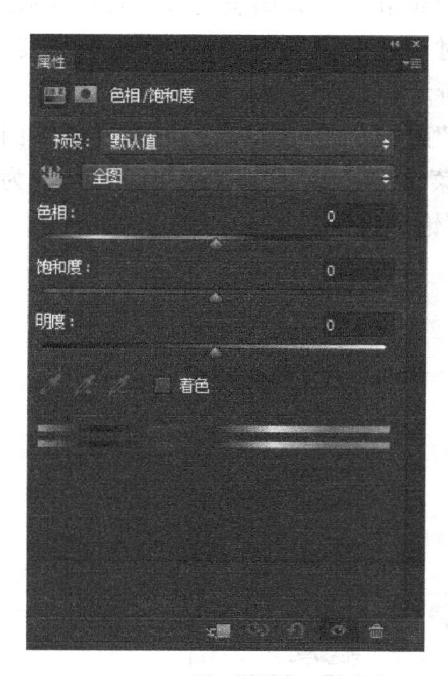

图 6-27　“调整”面板中的“色相/饱和度”属性面板

(2) 选择“图层”|“新建调整图层”|“色相/饱和度”命令，在打开的“新建图层”对话框中直接单击“确定”按钮，在打开的“色相/饱和度”对话框中显示有两个颜色条，它们以各自的顺序表示色轮中的颜色。上面的颜色条显示调整前的颜色，下面的颜色条显示如何以全饱和状态影响所有色相，如图 6-27 所示。

提示：用户也可以选择“图像”|“调整”|“色相/饱和度”命令(Ctrl+U)调整图像的色相/饱和度。需要注意的是，这种方法直接对图像图层进行调整并扔掉图像信息。

用户可以选择“调整”面板“色相/饱和度”属性面板的图像调整工具，并单击图像中的颜色，然后在图像中向左或向右拖动，以减少或增加包含所单击像素的颜色范围的饱和度。

单击“复位”按钮可以还原“调整”面板中的“色相/饱和度”设置。

任务4 季节变化

任务要求

改变图像的色相，变为秋天的红叶效果，要求颜色自然，选区精确，如图 6-28 所示。

图 6-28 调整前后对比图

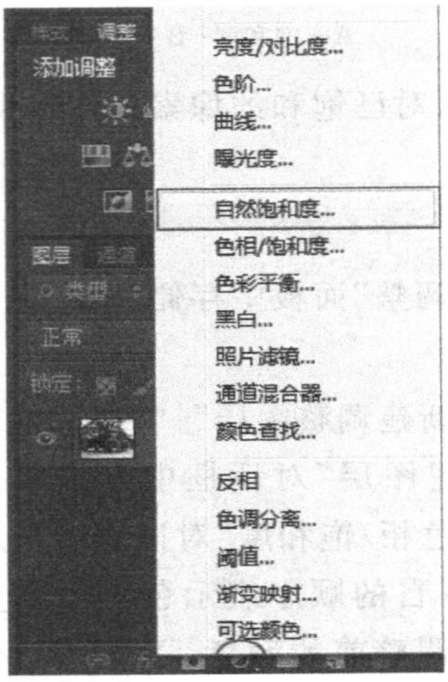

任务要求

先提高图像的自然饱和度，然后改变其色相，变为秋天效果。

操作步骤

(1) 打开“素材\第 6 章\季节变化.jpg”素材图片文件，然后单击“图层”面板上的“创建新的填充或调整图层”按钮，从弹出的菜单中选择“自然饱和度”命令，为图像创建新的自然饱和度调整图层，如图 6-29 所示。

图 6-29 创建新的自然饱和度调整图层

(2) 在打开的对话框中调整图像的“自然饱和度”为＋70，如图 6-30 所示。

(3) 单击“图层”面板上的“创建新的填充或调整图层”按钮，从弹出的菜单中选择“色相/饱和度”命令，为图像创建新的色相/饱和度调整图层，如图 6-31 所示。

图 6-30 调整图像的自然饱和度

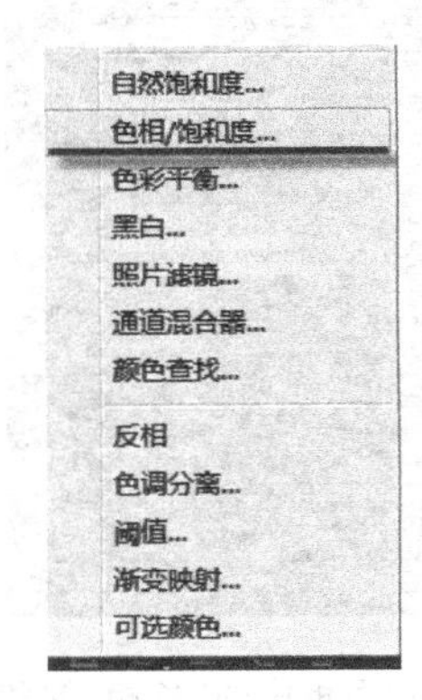

图 6-31 创建新的色相/饱和度调整图层

(4) 在打开的对话框中设置“色相”为－50，如图 6-32 所示(参考“答案\第 6 章\任务 4-色相.psd”源文件)。

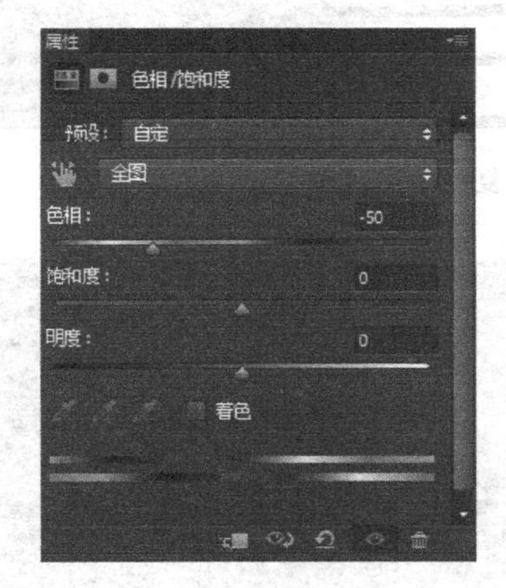

图 6-32　调整图像的色相

6.3.2　色彩平衡

使用“色彩平衡”命令可以校正图像偏色、过饱和或饱和度不足的情况，使图像整体达到色彩平衡。该命令在调整图像的颜色时，根据颜色的互补色原理，要减少某个颜色，就增加这种颜色的互补色。

任务 5　为黑白照片上色

任务要求

为黑白照片上色。要求颜色自然、选区精确。

任务分析

在工具箱中选择适当的选择工具(如魔棒工具、多边形套索工具)对不同的上色区域进行选择，通过调整色彩平衡来进行上色。

操作步骤

(1) 打开“素材\第 6 章\色彩平衡.jpg”文件，为了保护原始素材，操作前请先将其复制成背景副本，如图 6-33 所示。

(2) 选择栈桥部分，改变色彩平衡，如图 6-34 所示。

图 6-33　复制图层副本

图 6-34　调整栈桥的色彩

(3) 自己动手更改海水及远处海景的色彩(参考“\答案\第 6 章\任务 5-色彩平衡.psd.”源文件)。

相关知识

互补色是指在色谱中原色和与其对应的间色之间所形成的互为补色关系。在 RGB 色彩模式中，原色有 3 种，即红、绿、蓝，它们是不能再分解的色彩单位。三原色中每两组相配而产生的色彩称为间色，如图 6-35 所示，如红加绿为黄色，绿加蓝为青色，蓝加红为洋红色，黄、青、洋红称为间色。红与青、绿与洋红、蓝与黄就是互为补色的关系，如图 6-35 所示。由于互补色有强烈的分离性，故在色彩绘画的表现中，在适当的位置恰当地运用互补色，不仅能加强色彩的对比，拉开距离感，而且能表现出特殊的视觉对比与平衡效果。

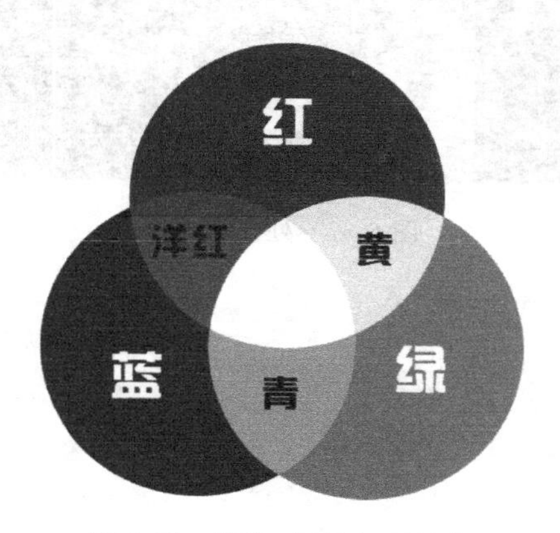

图 6-35　原色、间色与互补色

例如，将洋红色与绿色并列，会显示出洋红色更红、绿色更绿，这是因为在两种颜色彼此交接的边缘分别引发其补色绿色和洋红色，所以加强了个别色彩的颜色，产生洋红色更红、绿色更绿的现象。由于颜色对比使得每一个颜色在自己的周围产生与自身颜色色相相反的对立色，此对立色实际上并不存在，这种现象的产生是视觉上的错觉造成的补色。就像黑色和白色单独存在时，并不会显得白的很白、黑的很黑，但是如果将两者放在一起，就会有白的很白、黑的很黑的现象，这就是对比作用引起的错觉。

本章小结

本章着重介绍用直方图来检查图像的品质和色调范围，以及色阶、曲线的调整应用。学习了"调整"面板的基本操作，创建调整图层，这种方法可以增大灵活性，并且不会扔掉图像信息。

思考与练习

将图 6-36 所示的 3 张图片综合运用本章所学知识，调整为图 6-37 所示效果（素材图片在"\素材\第 6 章\练习素材"中。参考"\答案\第 6 章\练习"源文件）。

图 6-36 素材图

图 6-37 处理后效果

第 7 章

照片加工修复合成

随着数码相机的广泛家用，数码照片已经成为现代生活中不可或缺的一部分，对于非专业的数码相机和非专业的摄像者来说，数码照片的修复加工和合成是不可不上的一课，通过第 6 章的学习，我们已经初步掌握了问题图像的诊断和处理方法，在本章中，将对照片的更高阶处理做进一步讲解。

学习目标

- 掌握仿制图章工具的使用方法
- 掌握修复画笔工具的使用方法
- 掌握修补工具的使用方法
- 掌握内容感知移动工具的使用方法
- 掌握污点修复画笔及红眼工具的使用方法
- 认识图层混合模式的基本原理
- 熟练图层混合模式的应用
- 熟练掌握蒙版的应用技巧
- 认识通道的工作原理及简单应用

7.1 照片修复

修复与修饰图像是 Photoshop 图像处理的重要内容之一。修复图像主要是对有划痕、污点或破损的图像进行修补，对多余的图像进行擦除；而修饰图像则是指对图像局部进行较为细致的处理，如局部润色、模糊等。

修复旧照片中最常用的工具有仿制图章工具、修复画笔工具、污点修复画笔工具、修补工具、内容感知移动工具等。这些工具的工作原理相似，但各有各的用处，各有各的长处，在修复有缺陷照片时需要同时并用，才会达到最高的效率和最好的修复效果。

7.1.1 仿制图章工具

仿制图章工具 可以将图像的一部分仿制到同一图像的另一部分或仿制到具有相同颜色模式的任何打开的文档的另一部分，也可以将一个图层的一部分仿制到另一个图层。仿制图章工具对于复制对象或移去图像中的缺陷很有用。

1. 使用方法

要使用仿制图章工具，可通过以下几步来完成。

(1) 选择工具箱中的仿制图章工具，如图 7-1 所示，将指针放置图像中。

(2) 按住 Alt 键(待光标变为 ⊕ 形状)并单击来设置取样点，然后释放鼠标左键和 Alt 键。

(3) 将光标移动到另一个区域上进行拖动绘制。

2. 参数设置

(1) 画笔笔尖。用户可以对仿制图章工具使用任意的画笔笔尖大小，在图像上右击弹出“画笔”面板，如图 7-2 所示，这将使用户能够准确控制仿制区域的大小。用户也可以使用仿制图章工具选项栏中的“不透明度”和“流量”选项控制对仿制区域应用绘制的方式，如图 7-3 所示。

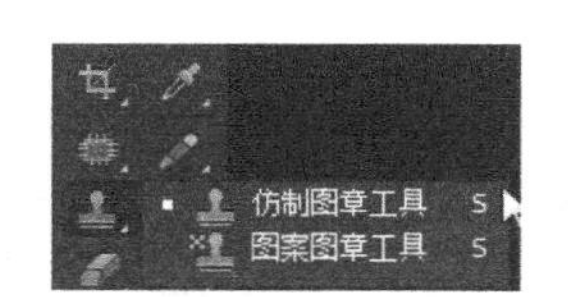

图 7-1 选择仿制图章工具

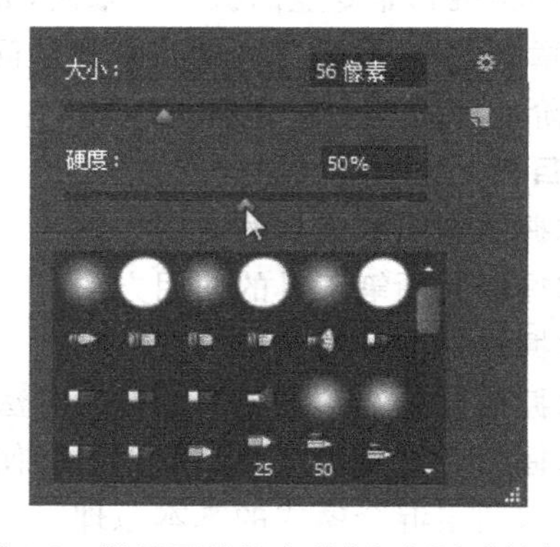

图 7-2 设置画笔笔尖的“大小”和“硬度”

(2) 对齐。在仿制图章工具选项栏(如图 7-3 所示)中，选中“对齐”选项，可以连续对像素进行取样，即使释放鼠标，也不会丢失当前取样点。如果取消选中“对齐”选项，则会在每次停止并重新开始绘制时使用初始取样点中的样本像素。

图 7-3 仿制图章工具选项栏

(3) 样本。在仿制图章工具选项栏右侧，可以通过“样本”下拉列表框从指定的图层中进行数据取样。要从当前图层及其下方的可见图层中取样，则选择“当前和下方图层”选项；要仅从当前图层中取样，则选择“当前图层”选项；要从所有可见图层中取样，则选择“所有图层”选项；要从调整图层以外的所有可见图层中取样，则选择“所有图层”选项，然后单击选项栏右侧的“打开以在仿制时忽略调整图层”按钮。

(4) “切换画笔面板”按钮。单击该按钮可以打开或关闭“画笔”面板。

(5)“切换仿制源面板”按钮 。单击该按钮可以打开或关闭“仿制源”面板。

任务 1　去除照片中多余的景物

任务要求

将照片中多余的景物去掉,要求过渡自然,效果如图 7-4 所示。

图 7-4　使用仿制图章工具处理图像前后对比效果

任务分析

图中要去除画面中多余的景物,要求在取样本和仿制绘制时注意光标的中心位置以及在涂抹时不要覆盖到其他地方。

操作步骤

(1) 打开“素材\第 7 章\风景素材.jpg”,为了保护原始素材,操作前先复制背景副本,如图 7-5 所示。

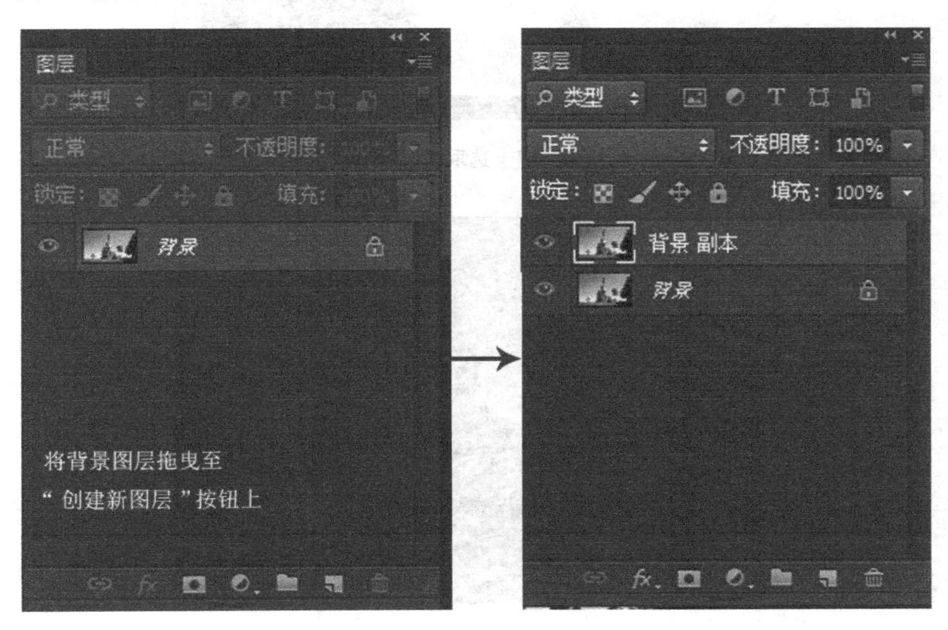

图 7-5　复制背景副本

(2) 在工具箱中选择选择仿制图章工具，在图像上右击，弹出“画笔”面板。拖动“大小”滑块，改变大小为 45 像素，硬度适中，如图 7-6 所示。

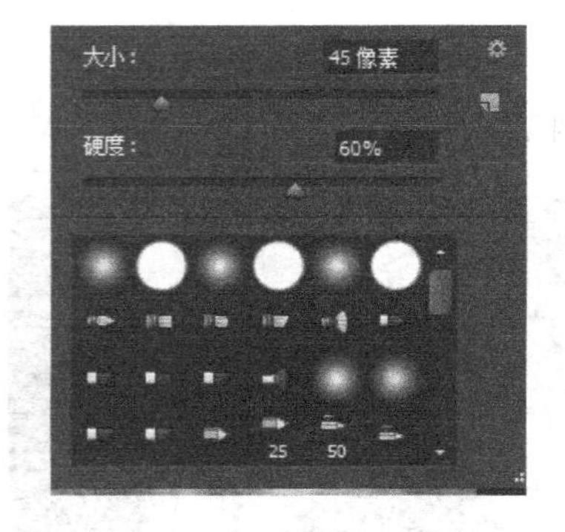

图 7-6 调整画笔笔尖的大小和硬度

(3) 将光标的圆心放在需要覆盖的物体的旁边，按住 Alt 键（光标变为⊕形状）并单击来设置取样点，如图 7-7 所示。

(4) 在要校正的图像部分上拖动，涂抹覆盖，注意观察“十”字形光标的位置，如图 7-8 所示，在拖动的时候，采样点也会产生一个“十”字形光标并同时移动，移动的方向和距离与正在绘制的部分是相同的。完成效果如图 7-9 所示（参考“答案\第 7 章\任务 1-去除照片中多余的景物.psd”源文件）。

图 7-7 选取采样点

图 7-8 涂抹覆盖多余景物

图7-9　去除照片中多余景物后的效果

7.1.2　修复画笔工具

修复画笔工具(如图7-10所示)可用于校正图像中的瑕疵,使它们消失在图像中。与仿制图章工具一样,使用修复画笔工具可以利用图像或图案中的样本像素来绘画。但是,修复画笔工具还可将样本像素的纹理、光照、透明度和阴影与所修复的像素进行匹配,从而使修复后的像素不留痕迹地融入图像的其余部分。

修复画笔工具与仿制图章工具的参数和用法相似,不同的是每次释放鼠标按键时,取样的像素都会与现有像素混合。如果要修复的区域边缘有强烈的对比度,则在使用修复画笔工具之前,要先建立一个选区,选区应该比要修复的区域大。当用修复画笔工具绘画时,该选区将防止颜色从外部渗入。

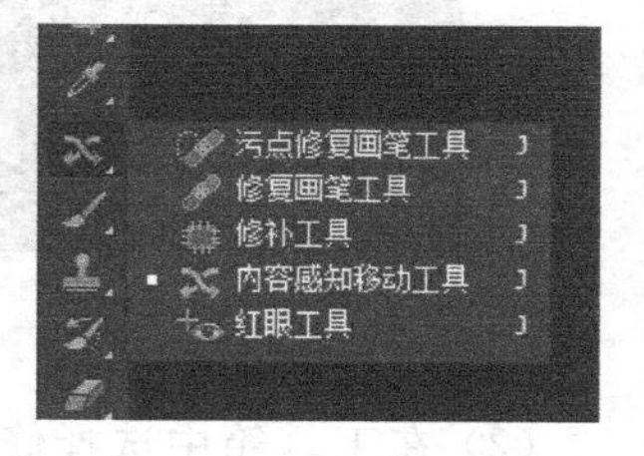

图7-10　修复画笔工具

修复画笔工具的缺点是,当使用它在修补图像中边缘线的时候也会自动匹配,所以,在图像中边缘的部分修复时,还应使用仿制图章工具。而大面积相似颜色的部分,使用修复画笔工具是非常有优势的,如图7-11所示。

图7-11　使用修复画笔工具处理前后对比效果

提示: 如果要从一幅图像中取样并应用到另一图像中,则这两个图像的颜色模式必须相同,否则除非其中一幅图像处于灰度模式。

任务2 去除画面中的海鸥

任务要求

将天空中的海鸥去除，要求去除自然，无痕迹，效果如图 7-11 所示。

任务分析

海鸥的背景颜色有差异，选用修复画笔工具进行复制可以很好地重现背景，并注意天空与云彩之间的衔接。

操作步骤

(1) 打开“素材\第 7 章\海鸥.jpg”，为了保护原始素材，操作前先复制背景副本，如图 7-12 所示。

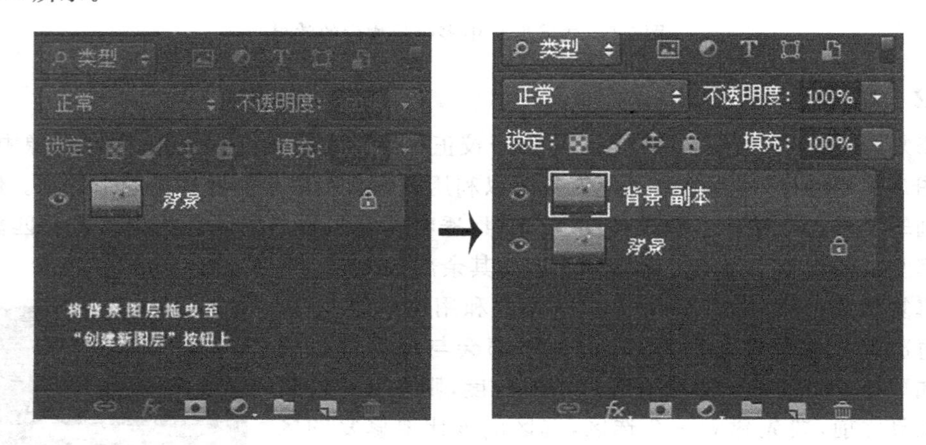

图 7-12 复制背景副本

(2) 在工具箱中选择修复画笔工具。

(3) 将光标的圆心放置在海鸥附近的天空背景上，按住 Alt 键(光标变为⊕形状)并单击选取采样点，如图 7-13 所示。

图 7-13 点取采样点

(4) 将光标移到目标位置(海鸥翅膀处)，按下鼠标左键拖动，如图 7-14 所示。

(5) 涂抹覆盖，如图 7-15 所示。注意观察“十”字形光标的位置。

图 7-14　光标移到目标位置

图 7-15　涂抹覆盖需要擦除的海鸥

(6) 完成效果如图 7-16 所示(参考"答案\第 7 章\任务 2-海鸥.psd"源文件)。

图 7-16　去除海鸥后的效果

7.1.3　污点修复画笔工具

污点修复画笔工具(如图 7-17 所示),继承了修复画笔工具自动匹配的优秀功能,而且将这个功能发挥到了极致。这个工具不需要定义原点,只要确定好图像中需要修复的位置,就会在确定的修复位置边缘自动找寻相似的像素进行自动匹配,也就是说只要在需要修复的位置画上一笔就可以了，如图 7-18 所示。

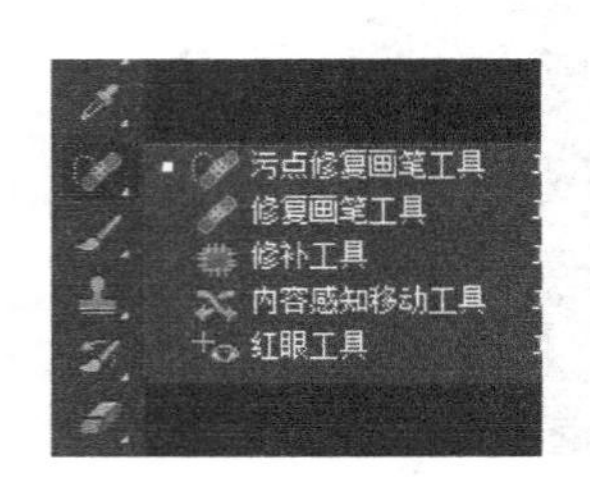

图 7-17 污点修复画笔工具

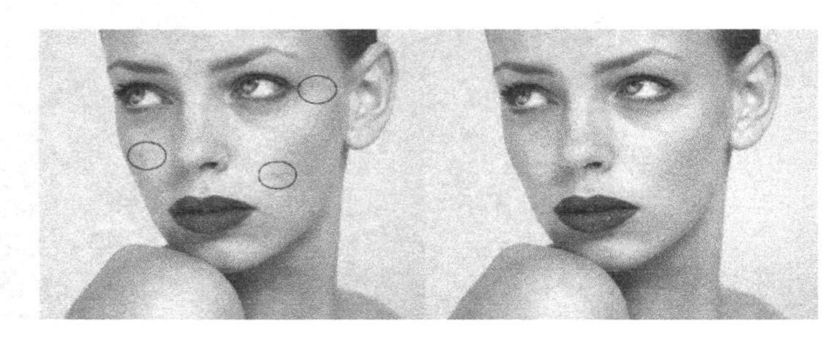

图 7-18 使用污点修复画笔工具修复图像前后对比

7.1.4 修补工具

通过修补工具（如图 7-19 所示），可以使用其他区域或图案中的像素来修复选中的区域。像修复画笔工具一样，修补工具会将样本像素的纹理、光照和阴影与源像素进行匹配。

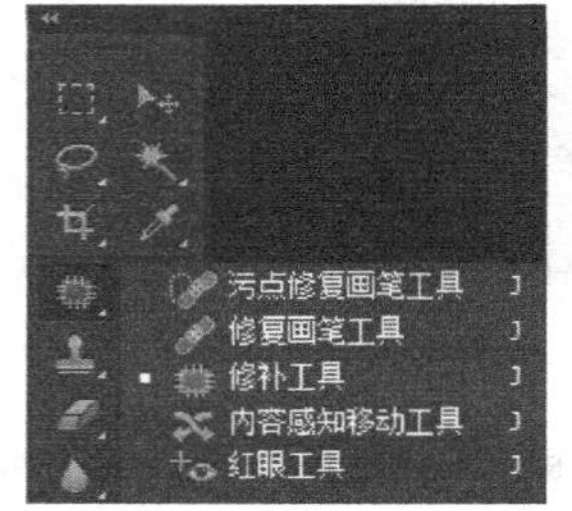

图 7-19 修补工具

1. 修补工具选项栏

修补工具的选项栏（如图 7-20 所示）中有“正常”和“内容识别”两种模式。“内容识别”选项可合成附近的内容，以便与周围的内容无缝混合。

如果在修补工具选项栏中选中了“源”单选按钮，可将选区边框拖动到想要从中进行取样的区域。释放鼠标按键后，原来选中的区域被使用样本像素进行修补。

图 7-20 修补工具选项栏

如果在修补工具的选项栏中选中了“目标”单选按钮，可将选区边界拖动到要修补的区域。释放鼠标按键后，将使用样本像素修补新选定的区域。

2. 操作技巧

修补工具在没有选区前，其实就是一个套索工具，在图像中可以任意地绘制选区（应将需要修补的地方框选出来或者将修补的目标源框选出来），也可以使用其他创建选区的方法来创建这个选区。使用修补工具拖动该选区，在画面中寻找要修补位置。修补图像中的像素时，选择较小区域以获得最佳效果。

要调整选区，可以在使用修补工具之前使用套索等其他选择工具建立选区，选区的调整操作有以下几种技巧。

（1）按住 Shift 键并在图像中拖动，可添加到现有选区。

（2）按住 Alt 键并在图像中拖动，可从现有选区中减去一部分。

（3）按住 Alt＋Shift 键并在图像中拖动，可选择与现有选区交叠的区域。

任务 3　去掉照片上的日期

任务要求

使用修补工具去掉照片上的日期(如图 7-21 左图所示),要求修补后自然、不留痕迹,效果如图 7-21 右图所示。

图 7-21　使用修补工具修补图像前后对比效果

任务分析

由图 7-21 左图可以看出,图片右下角的日期位置正处于地毯上,因此可以在日期附近找到相似元素,然后利用工具箱中的修补工具进行修补。

操作步骤

(1) 打开"素材\第 7 章\去日期.jpg"。

(2) 在工具箱中选择修补工具,框选待修补的部分图像,如图 7-22 中 a 位置所示。

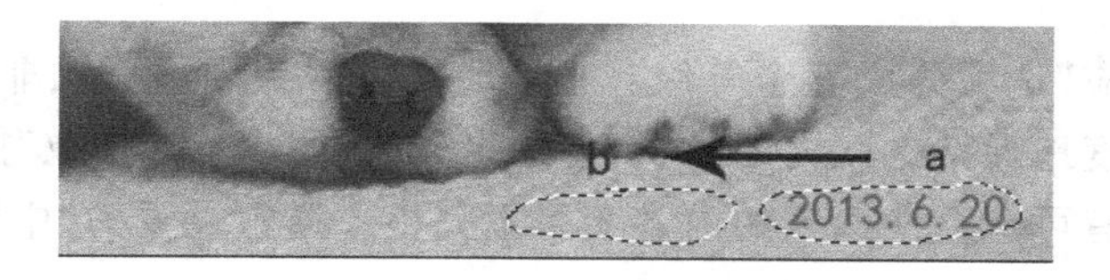

图 7-22　框选待修补部分图像

(3) 框选完待修补的图像后,将要校正的图像部分 a 位置移动到 b 位置处,如图 7-22 中 b 位置所示,则 a 位置的日期被 b 位置的地毯图案覆盖。

(4) 取消选区,修补后的图像效果如图 7-23 所示。

图 7-23　修补后的图像效果

7.1.5 内容感知移动工具

使用内容感知移动工具（如图 7-24 所示）移动图片中对象，并随意放置到合适的位置。移动后的空隙位置，Photoshop 会智能修复。移动模式用于将对象置于不同的位置中（在背景相似时最有效）。扩展模式可对头发、树枝或建筑物等对象进行扩展或收缩，效果逼真。

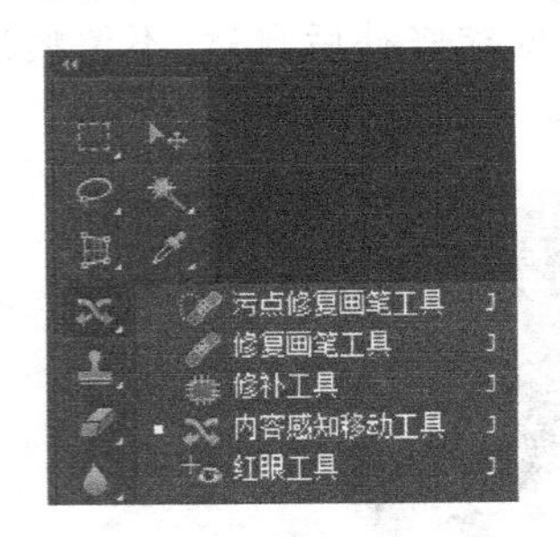

图 7-24 内容感知移动工具

内容感知移动工具选项栏如图 7-25 所示。

该工具有“移动”和“扩展”两种工作模式。在“移动”模式下，首先将需要移动的物体通过套索工具圈选，然后移动到新的位置，即可看到经过软件的运算后自动填补被移走物体移走前所在位置的背景。“扩展”模式的用法和移动模式很类似，首先都要先圈选所要扩展的部分，然后往想要扩展的方向拖动，程序会自动完成扩展的过程。

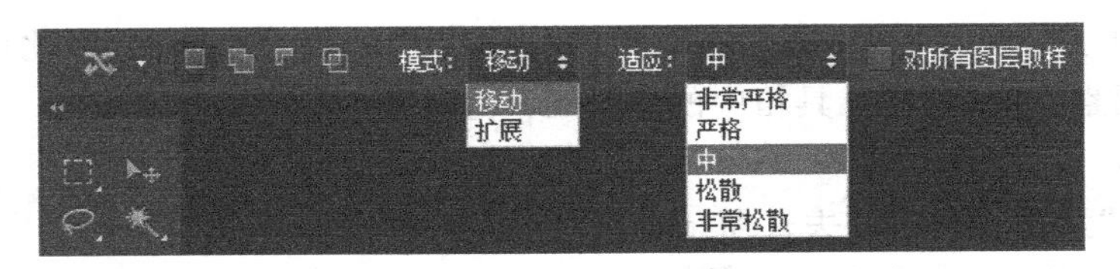

图 7-25 内容感知移动工具选项栏

该工具的“适应”选项分成五个等级：非常严格、严格、中、松散、非常松散。其中“非常严格”能最大限度地保持选区内的形状，但边缘较生硬；“非常松散”能将选区与边缘的衔接更为生动，但有可能会使选区的内容变得不完整。通常设置为“中”。

任务 4 移动对象的位置和复制对象

任务要求

使用内容感知移动工具移动或复制照片中吃草的鹿（如图 7-26 左图所示），要求移动后背景自然、不留痕迹，效果如图 7-26 右图所示。

图 7-26 使用内容感知移动工具移动图像前后的效果对比

任务分析

本例完成两种模式的操作，“移动”或“扩展”图 7-26 左图左侧吃草的鹿到图的右侧。

操作步骤

(1) 打开“素材\第 7 章\内容感知移动.jpg”素材图片文件。

(2) 在工具箱中选择内容感知移动工具 ，在工具选项栏中设置模式为“移动”，“适应”为“中”。然后框选待移动的对象，如图 7-27 所示。

图 7-27　使用内容感知移动工具框选要移动的对象

(3) 拖动选区到右侧适当的位置，松开鼠标左键完成移动，移动后的效果如图 7-28 所示。

图 7-28　移动对象到右侧合适的位置

(4) 在选区外单击，取消选择，得到图 7-26 右图效果。

(5) 保存文件(参考“答案\第 7 章\任务 4-内容感知移动.psd”源文件)。

(6) 重复(2)～(4)步，只是在第(2)步中改变工具选项栏的模式为“扩展”，得到如图 7-29 所示效果。

图 7-29 复制对象到右侧合适的位置

7.1.6 红眼工具

1. 产生红眼的原因

由于闪光灯的闪光轴与镜头的光轴平行，在光线较暗的环境下人的瞳孔张开得比较大，如果拍摄时打开了闪光灯，瞳孔来不及收缩，此时眼底视网膜上的毛细血管就会被记录下来，反映在照片上就表现为人眼发红的现象。

2. 使用方法

红眼工具主要用来处理照片中由于使用闪光灯引起的红眼现象，使用起来极为简单，只需要框选红眼区域就可以将其消除，如图 7-30 所示。

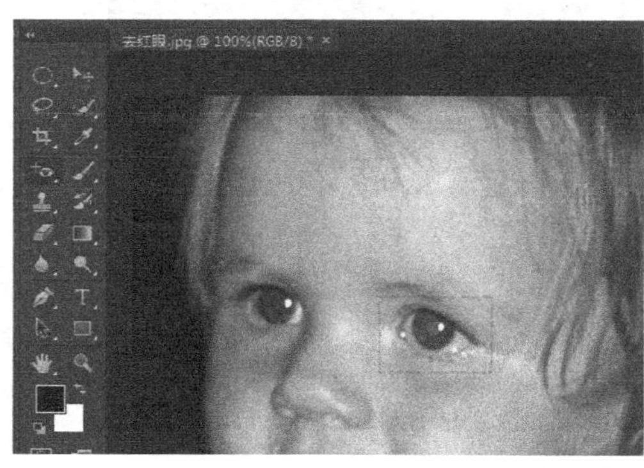

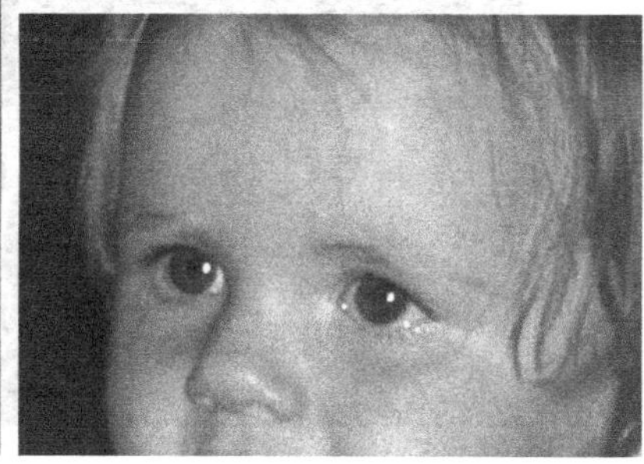

图 7-30 消除红眼

7.2 图像合成

图像合成是指将图片中物体分离出来，然后重新组合，达到新的构图目的的一种创作方式。与图像处理(狭义)不同，后者图像的表现内容不会发生变化，只是表现的形式(曝光、色彩等)发生改变，而图像合成作品的内容和构成会发生改变，二者同属于广义的图像处理范畴。

图像合成时，前景不透明的像素就按照前景输出，前景透明的像素就按照背景输出，介于透明和不透明之间的像素按照透明度混合输出。在 Photoshop 中，用图层的形式进行组织图像，每个图层都是一个单独的图像，背景是一个图层，前景是另一个图层。两个图层在空间上有遮挡关系，操作者可以自由改变任意一个图层的属性(比如调整、修饰、移动等)，而不会影响到其他的图层。输出时，图层按照遮挡关系合并成完整的一个图像。当然，当合成的前景对象不止一个的时候，可以有多个前景图层。

总的来说，图像的合成就是图层之间以不同的透明度、不同的色彩混合、重叠。用图层混合模式、蒙版、通道来改变图层的不透明度，以及色彩的重叠混合方式。

7.2.1　图层混合模式

1. 什么是图层混合模式

图层就像是一层层的玻璃纸，层层叠叠，组成了各种各样的视觉效果。那么，相邻两个图层间是什么样的关系呢？在 Photoshop CS6 中，设计了 27 种不同的混合关系，这就是图层混合模式。

通过设置“图层”面板中的“图层混合模式”选项混合图层得到新的图像。在图像处理中，尤其是在图像合成方面，图层混合模式非常实用。例如，对于过亮的图像经常会采取“正片叠底”混合模式来压暗图像；对于过暗的图像会采取“滤色”混合模式来加亮图像；而对于反差不好的图像则经常使用“叠加”类混合模式来改善。

2. 混合模式的分类

在 Photoshop CS6 中，混合模式分为 6 大类，如图 7-31 所示。

(1) 组合模式：“正常”和“溶解”混合模式是不依赖其他图层的。它们需要配合使用不透明度才能产生一定的混合效果。

(2) 变暗混合模式：“变暗”“正片叠底”“颜色加深”“线性加深”和“深色”模式会使下面图层中的图像变暗。

(3) 变亮混合模式：“变亮”“滤色”“颜色减淡”“线性减淡”和“浅色”模式会使黑色完全消失，任何比黑色亮的区域都可能加亮下面的图像。

(4) 对比混合模式：“叠加”“柔光”“强光”“亮光”“线性光”“点光”和“实色混合”模式会使任何暗于 50%灰色的区域都可能使下面的图层中的图像变暗，而亮于 50%的区域则可能使下面图层中的图像加亮。

(5) 比较混合模式：“差值”“排除”“减去”“划分”模式是将上层的图像和下层的图像进行比较，寻找二者完全相同的区域。

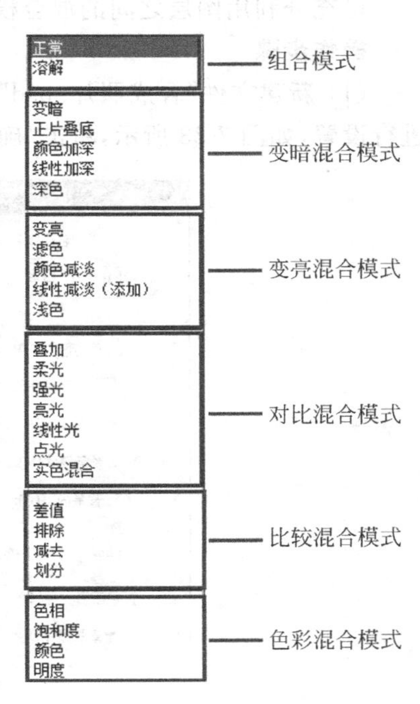

图 7-31　图层混合模式菜单

(6) 色彩混合模式："色相""饱和度""颜色"和"明度"模式只会将上层图像中的一种或两种特性应用到下层图像中，它们是最实用、最显著的几种模式。

任务5 合成一张人物写真照片

任务要求

使用所给素材合成一幅人物的写真照片，如图 7-32 所示。

图 7-32 合成写真照片

任务分析

可充分利用图层之间的混合模式来达到合成效果。

操作步骤

(1) 新建文件"合成照片.psd"。选择"文件"|"新建"命令，在打开的"新建"对话框中进行设置，如图 7-33 所示，单击"确定"按钮。

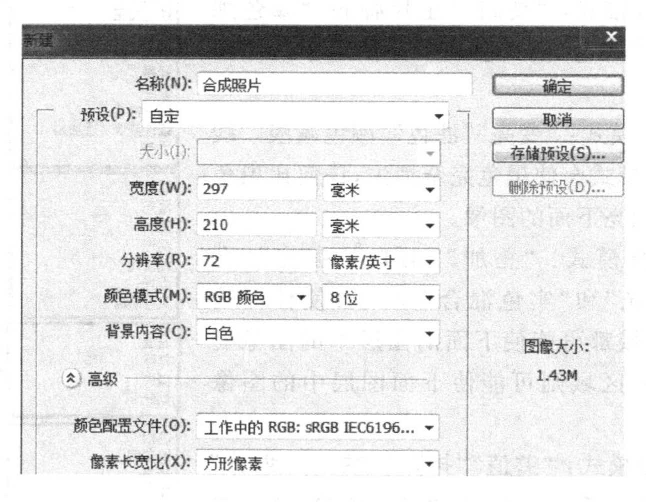

图 7-33 "新建"对话框

(2) 打开“素材\第 7 章\背景图 1.jpg”，将其复制到新建文件中，并调整到与文件的大小一致，如图 7-34 所示。

图 7-34　复制背景图 1

(3) 打开“素材\第 7 章\人物写真照.jpg”，将其复制到新建文件中。选择“编辑”|“自由变化”命令(或按快捷键 Ctrl+T)，调整图片大小，并设置图层混合模式为“变暗”，如图 7-35 所示。

图 7-35　设置“图层 2”的混合模式

(4) 打开“素材\第 7 章\背景图 2.jpg”，将其复制到新建文件中，选择“编辑”|“自由变化”命令(或按快捷键 Ctrl+T)，并适当调整图片大小，如图 7-36 所示。

(5) 设置混合模式为“变亮”，这时可以看到图片与背景已经融合到了一起，但是颜色有些过亮，所以调整不透明度为 70%，让闪耀的光斑更好地和人物、背景融合到一起，如图 7-37 所示。

(6) 下面再为它配上文字，并将“春天”两个字放大，如图 7-38 所示。

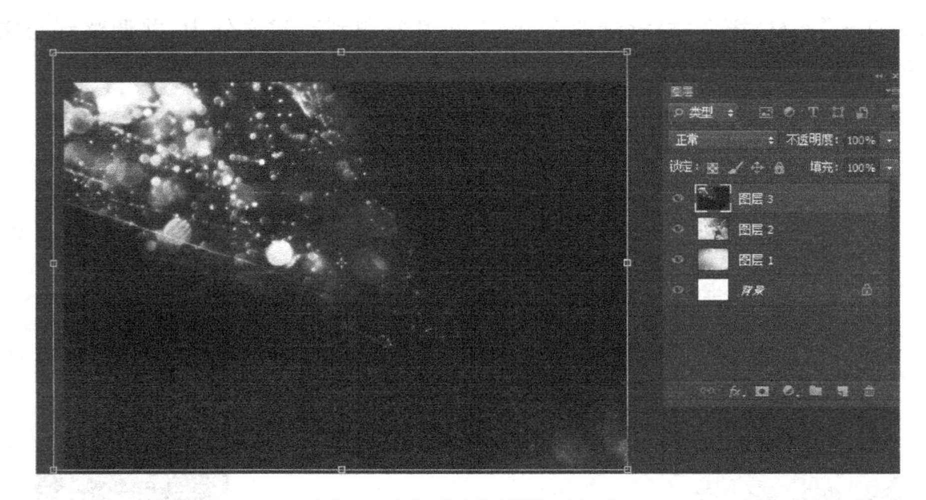

图 7-36 调整“背景图 2”大小

图 7-37 设置“图层 3”的混合模式

图 7-38 放大文字

(7) 为文字加上投影效果，如图 7-39 所示。这样一幅利用混合模式合成的人物写真照就完成了(参考“答案\第 7 章\任务 5-合成照片.psd”源文件)。

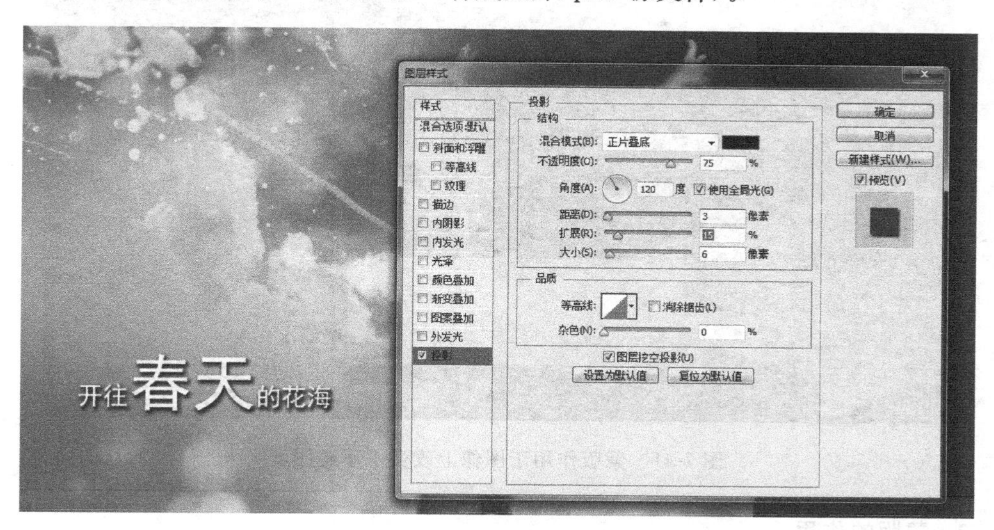

图 7-39　为文字添加投影

7.2.2　蒙版

1. 蒙版功能概述

蒙版将不同的灰度色值转化为不同的透明度，使受其作用图层上的图像产生相对应的透明效果。蒙版的模式为灰度，范围为 0～100。黑色部分作用到图层时为完全透明，白色为完全不透明，从黑色至白色过渡的灰色上依次为由完全透明过渡到完全不透明，如图 7-40 所示。

图 7-40　为图像添加不同灰度级别的蒙版

透明的程度则由灰度来决定，灰度为百分之多少，这块区域将以百分之多少的透明度来显示，如图 7-41 所示。利用蒙版的这种特性，在对图片进行融合、淡化等处理时有效地使用蒙版，会得到比羽化选区更柔和的效果。

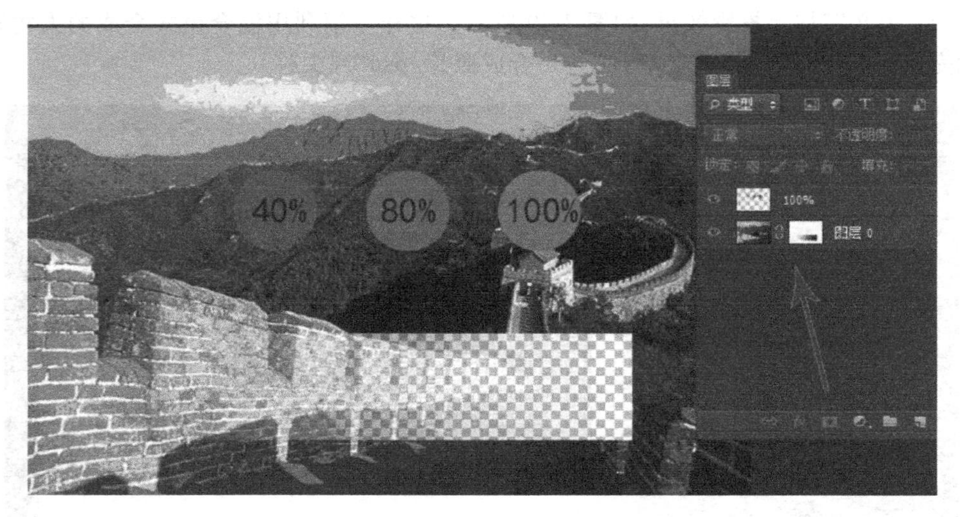

图 7-41　蒙版作用于图像上改变了不透明度

2. 蒙版的作用

蒙版是用来保护图像的任何区域都不受编辑的影响，并能使对它的编辑操作作用到它所在的图层上，从而在不改变图像信息的情况下得到实际的操作结果。对蒙版的修改、变形等编辑在一个可视的区域里进行，和对图像的编辑一样方便，具有良好的可控制性。蒙版的作用如下。

(1) 修改方便，不会因为使用橡皮擦或剪切删除而造成不可返回的遗憾，如图 7-42 所示。

图 7-42　对于蒙版的误操作不会影响图层

(2) 应用广泛，任何一张灰度图都可用来作为蒙版，如图 7-43 所示。图中写出了该例的制作步骤(参考“答案\第 7 章\灰度图蒙版.psd”源文件)。

(3) 无痕拼接，可配合渐变工具形成渐变蒙版从而实现无痕的融合效果，如图 7-44 所示。

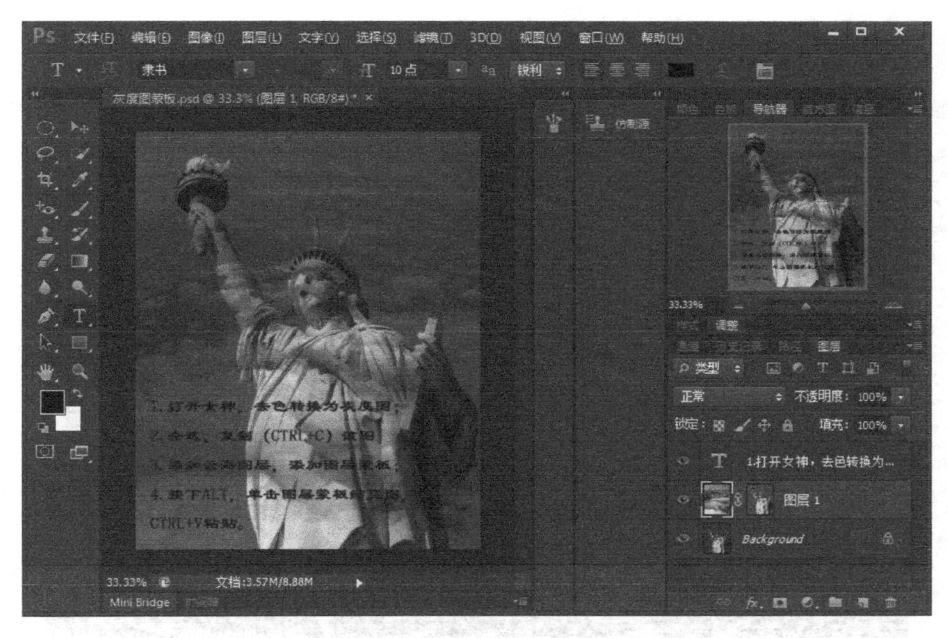

图 7-43　灰度图片作为蒙版来使用

图 7-44　无痕拼接

(4) 随意替换，创建复杂边缘选区，替换局部图像，如图 7-45 所示。

(5) 局部调整，结合调整层来随心所欲地调整局部图像，如图 7-46 所示。

3. 快速蒙版的使用方法

快速蒙版是一种简易的蒙版操作方式，使用方法如下。

(1) 打开图像，单击工具箱下方的“以快速蒙版模式编辑”按钮 ，或按下 Q 键，切换为快速蒙版的编辑状态。

(2) 使用黑色画笔工具在需要选择的位置涂抹，直至目标区域全部为半透明红色，如

图 7-45 替换局部图像

图 7-46 结合调整层实现局部调整

图 7-47 所示。

提示：如果涂抹错误的部分，可使用白色画笔修改。

(3) 再次单击工具箱最下方的按钮，切换为标准编辑状态。

(4) 图像中除去红色透明区域的部分转化成了选区，如图 7-48 所示。

如果要对该选区进行修改，可以再次单击工具箱下方的“以快速蒙版模式编辑”按钮，重新进入快速蒙版编辑状态。编辑完毕再单击工具箱下方的“以标准模式编辑”按钮，回到标准模式编辑状态。

4. 图层蒙版的使用方法

图层蒙版的使用方法如下。

(1) 选择需要编辑的图层，单击“图层”面板最下方的“添加图层蒙版”按钮，为当

图 7-47 快速蒙版的编辑状态

图 7-48 标准模式的编辑状态

前图层添加蒙版，如图 7-49 所示。

(2) 此时注意“图层”面板中“图层 1”的两种编辑状态，当“图层缩览图”用框线圈住时(如图 7-50 左图所示)是处于图层的编辑状态，当图层蒙版缩览图用框线圈住时(如图 7-50 右图所示)是处于图层蒙版的编辑状态。

(3) 在“图层 1”的图层蒙版编辑状态下，选择渐变工具的“线性渐变方式”，自上至下拖出渐变引导线，为“图层 1”添加渐变蒙版，如图 7-51 所示。完成效果如图 7-52 所示。

图 7-49 为"图层 1"添加蒙版

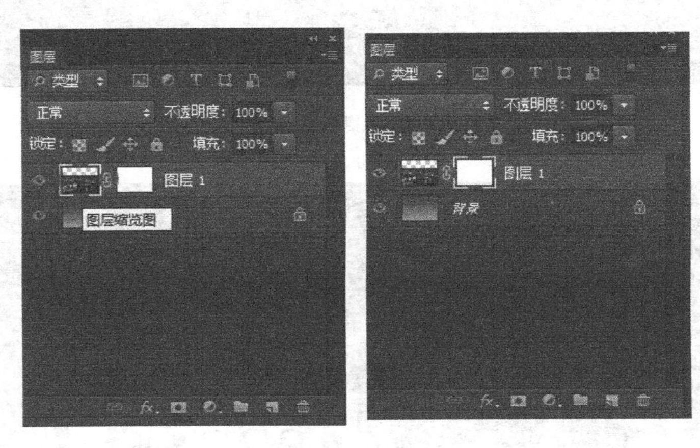

图 7-50 不同的编辑状态

图 7-51 添加渐变蒙版

图 7-52　添加渐变蒙版后效果

任务 6　制作怀旧照片

任务要求

把三幅图片合成到一起，设计一张怀旧的芭蕾舞照片，如图 7-53 所示。

图 7-53　合成前后对比效果

任务分析

利用蒙版将三幅图通过不透明度的调整结合在一起，注意蒙版渐变形 的合理使用。

操作步骤

(1) 打开“素材\第 7 章\怀旧背景.jpg”，再将“素材\第 7 章\怀旧照.jpg”置入，选择“编辑”|“自由变换”命令(或按快捷键 Ctrl+T)，调整图片大小，使图片和背景大小一致，如图 7-54 所示。

图 7-54　置入图片并调整图片大小

(2) 将“图层 1”的“混合模式”设为“深色”，并为它添加图层蒙版，选择由黑到白的线性渐变，从右往左进行拖拉，将右边的萨克斯隐藏，效果如图 7-55 所示。

图 7-55　为“图层 1”添加图层蒙版

(3) 打开“素材\第 7 章\芭蕾舞.jpg”，将它置入画面，并调整其大小，效果如图 7-56 所示。

(4) 给“图层 2”添加图层蒙版，选择黑白线性渐变，从左往右进行拖拉，将人物的左边背景擦去，如图 7-57 所示。

(5) 这时人物与背景已经很好地融合到了一起，但是芭蕾舞者照片的颜色和背景还不统一，还需要对它进行色相的调整。选择“图像”|“调整”|“色彩平衡”命令，对各个数值

进行调整，使照片的颜色和背景统一，效果如图 7-58 所示。这样一副具有怀旧风情的芭蕾舞的照片就制作完成了，效果如图 7-59 所示（参考“答案\第 7 章\任务 6-制作怀旧照片.psd”源文件）。

图 7-56　置入舞者照片

图 7-57　为“图层 2”添加图层蒙版

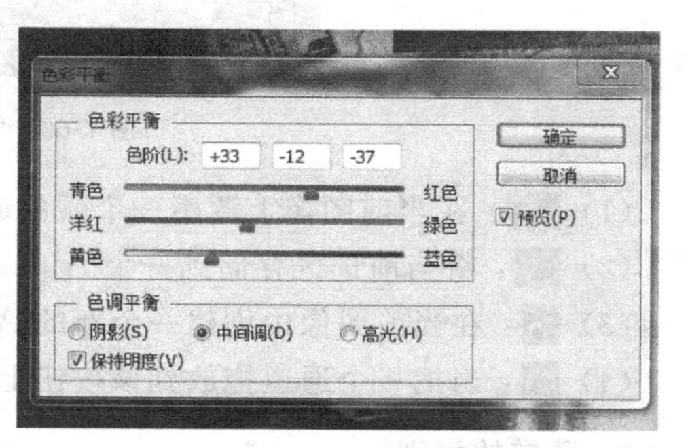

图 7-58　调整色彩平衡

图 7-59　照片合成效果图

7.2.3　通道

1. 通道功能概述

通道是记录和保存信息的载体，它能够保存图像的颜色信息和选择信息。通道的本质就是灰度图像，所以对通道的编辑过程本身就是一个调整图像的过程。在使用其他工具调整图像的过程实质上是改变通道的过程，换一个角度来思考，就是可以对通道进行调整以达到改变图像的目的。

“通道”面板的底部共有四个工具图标，如图 7-60 所示。

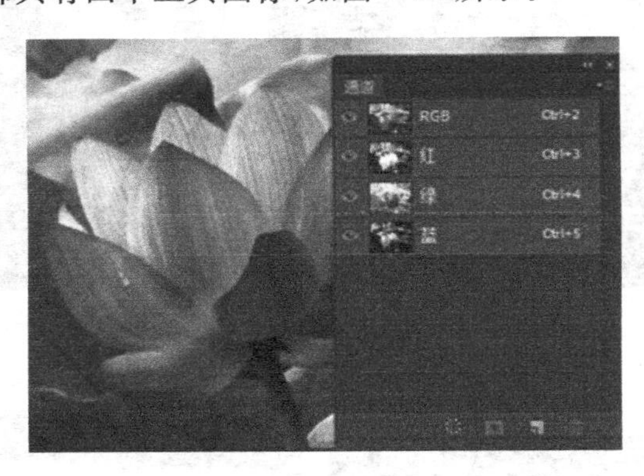

图 7-60　“通道”面板

(1) ：在当前图像上调用一个颜色通道的灰度值并将其转换为选区区域。

(2) ：将当前选区存储到一个 Alpha 通道中。

(3) ：在当前图像中创建一个新的 Alpha 通道。

(4) ：当把一个通道拖放到该按钮上时，这个通道将被删除。

2. 通道的类别

通道就是存储不同类型信息的灰度图像，种类有以下 3 种。

(1) 颜色通道

颜色通道是图像固有的通道，根据色彩模式自动产生颜色通道。如图 7-61 所示，左、右分别是 RGB 模式和 CMYK 模式。图像打开时，"通道"面板显示的状态。其中，"通道"面板上的第一层并不是一个通道，而是各个通道组合到一起的显示效果。

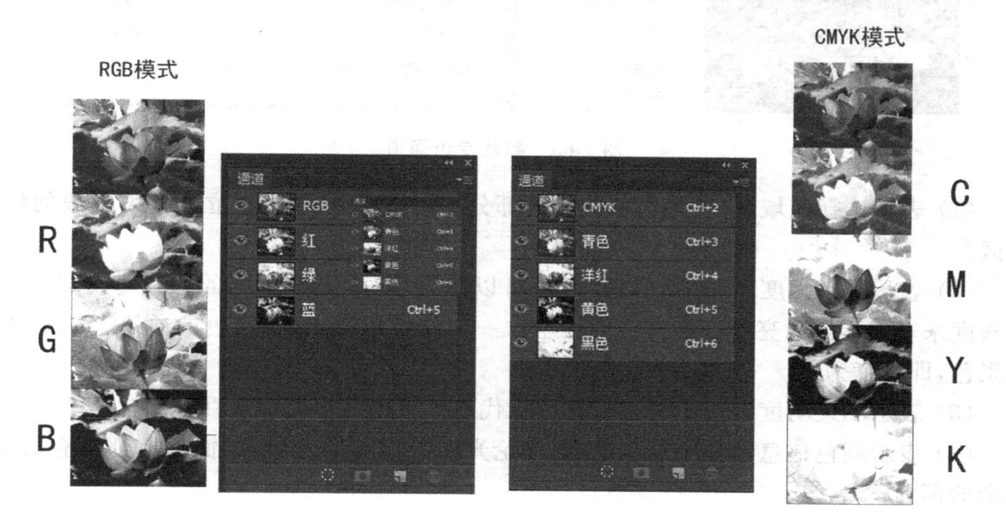

图 7-61 "通道"面板的颜色通道

一般地，一张真彩色图像的分色胶片是 4 张透明的灰度图，单独看每一张单色胶片时不会发现什么特别之处，但如果将这几张分色胶片分别以 C(青)、M(品红)、Y(黄)和 K(黑)四种颜色并按一定的角度叠印到一起时，会惊奇地发现，这原来是一张绚丽多姿的彩色照片。

(2) Alpha 通道

图像中除了固有的颜色通道外，用户还可以定义自己的 Alpha 通道。该通道常用于编辑、存储选区信息。单击"创建新通道"按钮可新建 Alpha 通道，如图 7-62 所示。

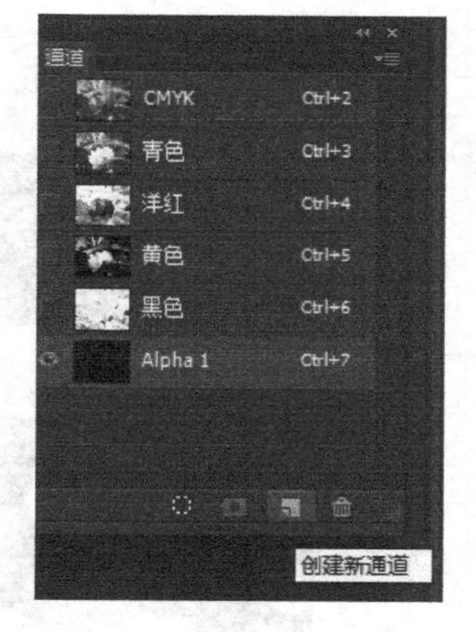

图 7-62 创建 Alpha 通道

(3) 专色通道

存储油墨信息的通道与 CMYK 色彩模式很相似，所以在所有支持专色通道的色彩模式下，专色通道跟 CMYK 模式下的颜色通道很相似，都是以黑色来表示有油墨的区域，白色表示无油墨区域，灰度则表示某种油墨的分布密度。单击"通道"面板右上角按钮，在打开的菜单中选择"新建专色通道"命令，在弹出的"新建专色通道"对话框中可对相关选项进行设置，如图 7-63 所示。

3. 通道存在的意义

在通道中，记录了图像的大部分信息，这些信息自始至终与操作密切相关。通道的作用主要有以下几种。

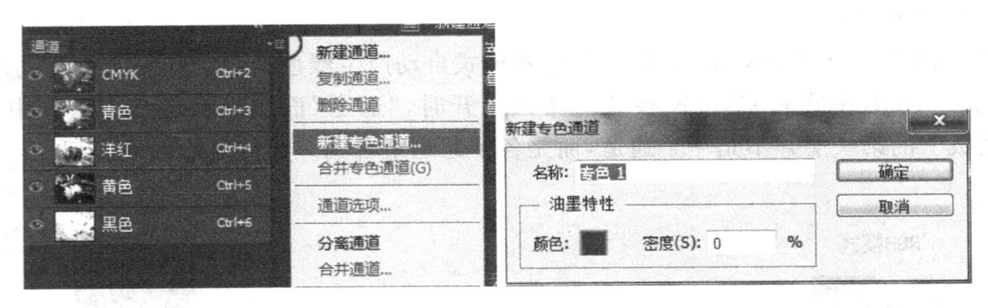

图 7-63 新建专色通道

(1) 表示选择区域,也就是白色代表的部分。利用通道,可以建立细如发丝般的精确选区。

(2) 表示墨水强度。利用"信息"面板可以体会到这一点,不同的通道都可以用 256 级灰度来表示不同的亮度。在红色通道里的一个纯红色的点,在黑色的通道上显示就是纯黑色,即亮度为 0。

(3) 表示不透明度。不同的灰度百分比代表了不同的不透明度百分比。

(4) 表示颜色信息。预览红色通道,无论光标怎样移动,"信息"面板上都仅有 R 值,其余的都为 0。

任务 7 制作洗发水的广告

任务要求

使用如图 7-64 所示的素材图片,利用通道合成一张洗发水的广告,效果如图 7-65 所示。

图 7-64 素材图片

图 7-65 利用“通道”合成后的效果

任务分析

利用“通道”面板将素材中的人物复制到背景图中，合成一幅洗发水广告。

操作步骤

(1) 打开“素材\第 7 章\薰衣草.jpg”和“光斑.jpg”，将“光斑.jpg”拖入“薰衣草”背景中。选择“编辑”|“自由变换”命令(Ctrl+T)调整图片大小，“混合模式”选择“叠加”，使光斑融入薰衣草背景中，效果如图 7-66 所示。

图 7-66 设置“图层 1”混合模式

(2) 打开“素材\第 7 章\人物.jpg”，进入“通道”面板，通过观察红、绿、蓝三个通道，发现绿色通道黑白效果比较明显。选择“绿色通道”，再选择“图像”|“计算”命令，在弹出的对话框中，选择绿色通道，混合模式选择“正片叠底”，“不透明度”为 100%，如图 7-67 所示。

(3) 选择钢笔工具将人物除飘起的头发其余的部分抠取出来，形成选区，效果如图 7-68 所示。

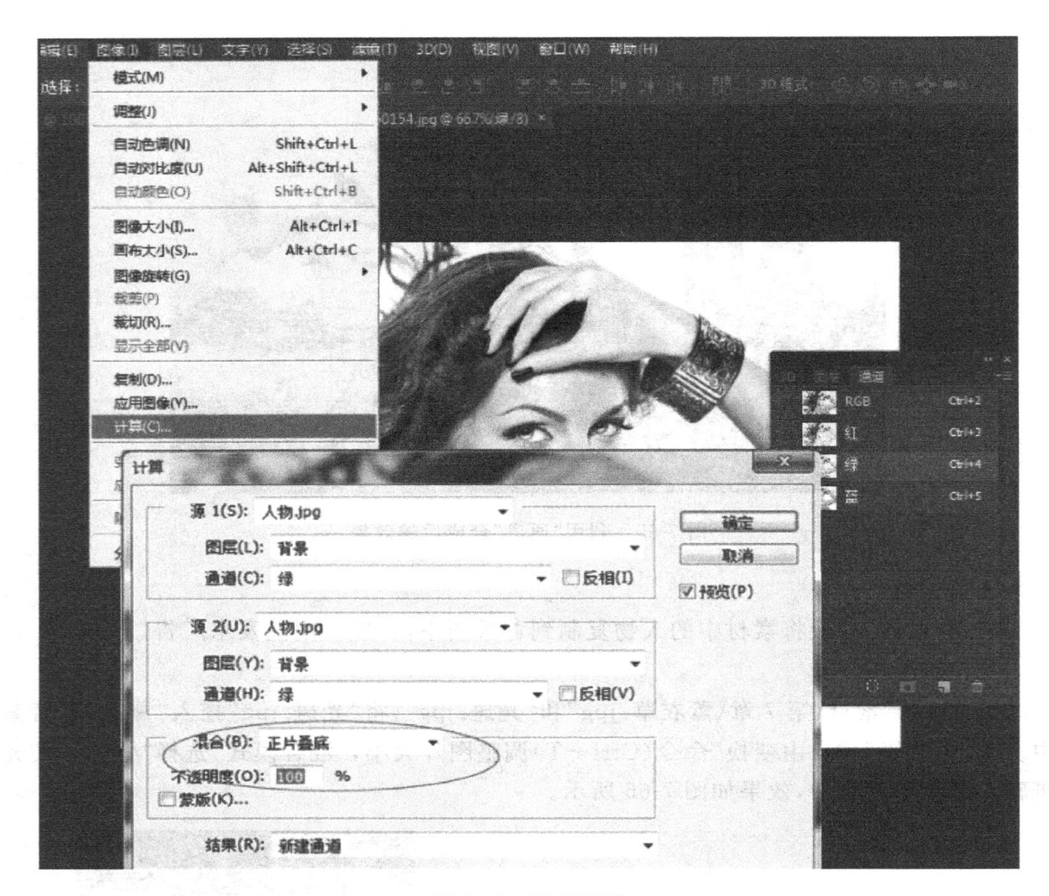

图 7-67 计算通道

图 7-68 抠取人物的路径

(4) 确定前景色为黑色，背景色为白色，将选区填充为黑色，反选，调整曲线(Ctrl+M)，使背景的黑白更加分明，效果如图 7-69 所示。

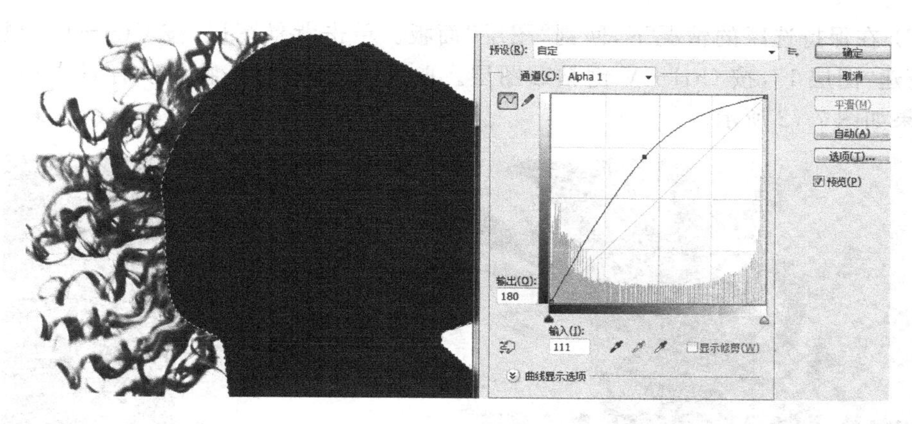

图 7-69　调整曲线

(5) 取消选区,选择“图像”|“调整”|“反相”命令,效果如图 7-70 所示。

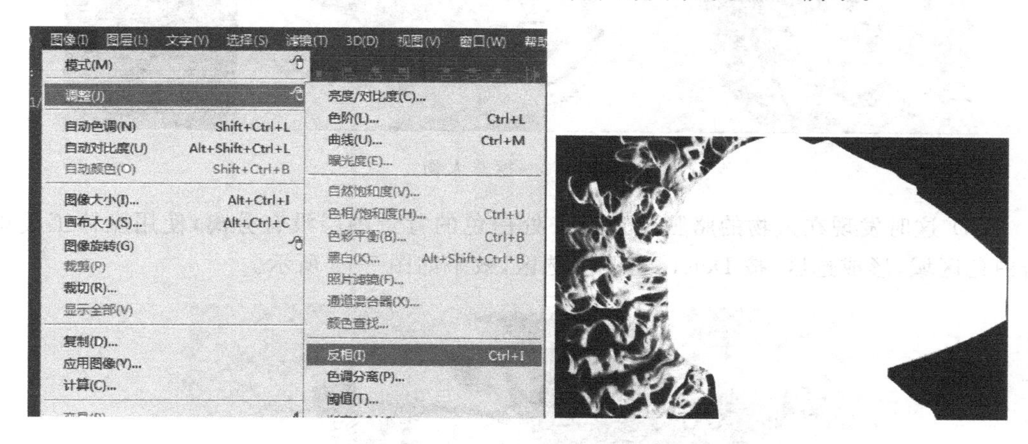

图 7-70　反相效果

(6) 按住 Ctrl 键,单击 Alpha 1 通道,形成选区,选中人物。单击 RGB 通道,如图 7-71 所示。

图 7-71　选中人物,回到 RGB 通道

(7) 在保持选区的情况下，回到“图层”面板。单击背景图层，按 Ctrl+C 键复制选区。新建“图层 1”，按 Ctrl+V 键粘贴图层。取消选区，这时人物就从背景中提取出来了，效果如图 7-72 所示。

图 7-72　抠选人物

(8) 这时发现在人物的胳膊上还有一处白色的背景图层没有分离，使用魔棒工具单击白色区域，形成选区，按 Delete 键删除选区，效果如图 7-73 所示。

图 7-73　删除背景白色区域

(9) 将抠取出来的人物移动到前面制作好的背景图层中，形成“图层 2”。选择“编辑”|“自由变换”命令(Ctrl+T)调整图片大小，效果如图 7-74 所示。

(10) 打开“素材\第 7 章\洗发水.jpg”，将洗发水使用钢笔工具抠取出来，复制到文件中形成“图层 3”，并调整其大小，效果如图 7-75 所示。

(11) 最后输入文字，这样一幅洗发水广告就制作完成了，效果如图 7-76 所示(参考“答案\第 7 章\任务 7-制作洗发水的广告.psd”源文件)。

图 7-74　放入人物,调整大小

图 7-75　放入洗发水

图 7-76　洗发水广告效果图

7.3 综合应用举例

7.3.1 祛斑美白

任务8 祛斑美白

任务要求

把素材女孩面部的雀斑去掉，细化、美白肌肤，达到如图 7-77 所示的效果。

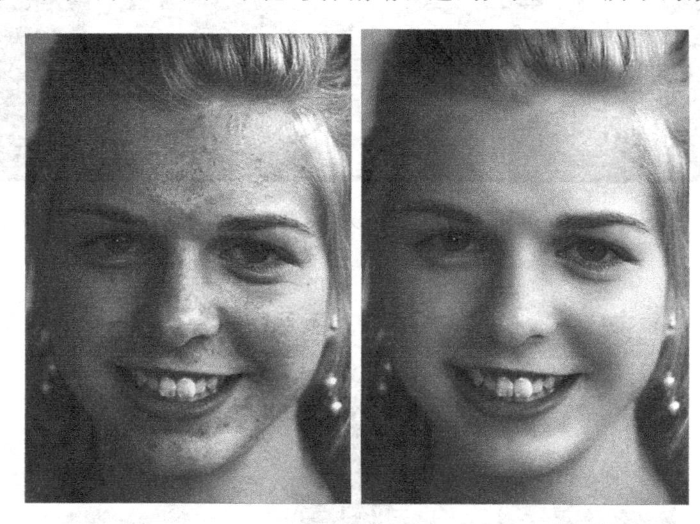

图 7-77 祛斑前后对比效果

(1) 打开"素材\第 7 章\人物磨皮. jpg"，进入"通道"面板，复制"蓝"通道，得到"蓝副本"通道，如图 7-78 所示。

图 7-78 复制"蓝"通道

(2) 选择“滤镜”|“其他”|“高反差保留”命令,设置半径为 7 像素,如图 7-79 所示。

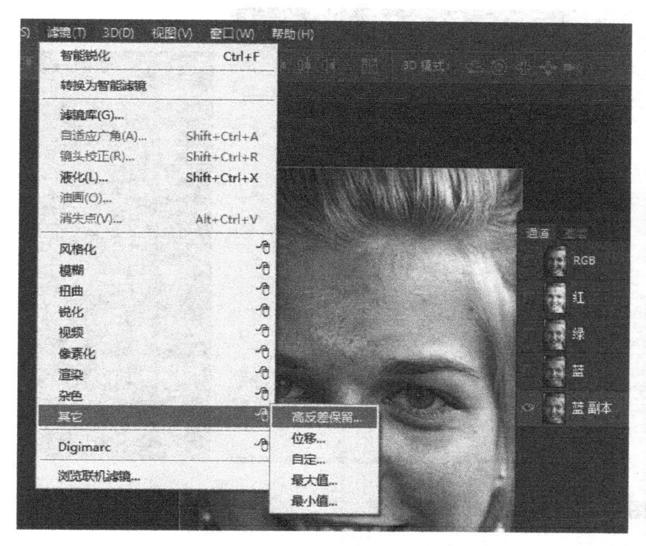

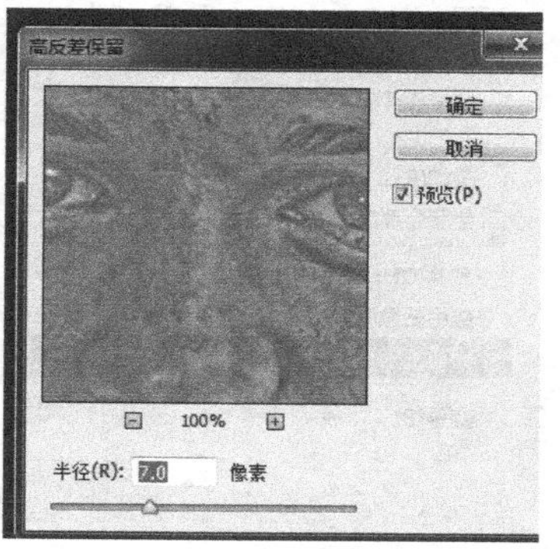

图 7-79　设置高反差保留

(3) 使用吸管工具在人物边缘拾取颜色,再使用画笔工具对人物的眼睛、嘴进行涂抹,效果如图 7-80 所示。

图 7-80　涂抹五官

(4) 选择“图像”|“计算”命令,将混合模式设置为“强光”,其余参数设置不变,这时在“通道”面板上会得到 Alpha 1 通道。重复三次,第三次参数如图 7-81 所示,然后得到 Alpha 3 通道,如图 7-81 所示。

(5) 按住 Ctrl 键单击 Alpha 3 通道,以 Alpha 3 作选区。选择“选择”|“反向”命令(Ctrl+Shift+I)反选选区,如图 7-82 所示。

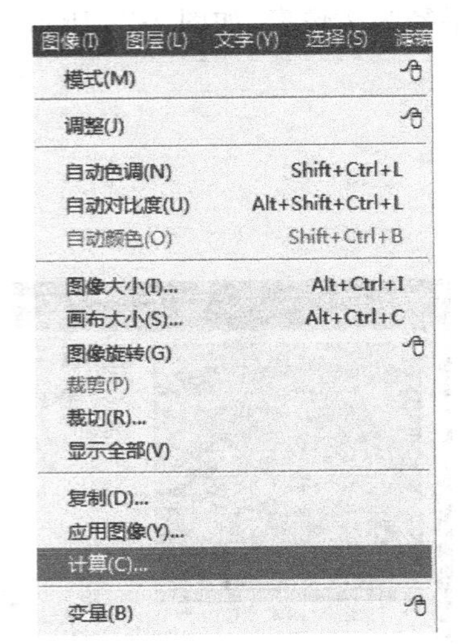

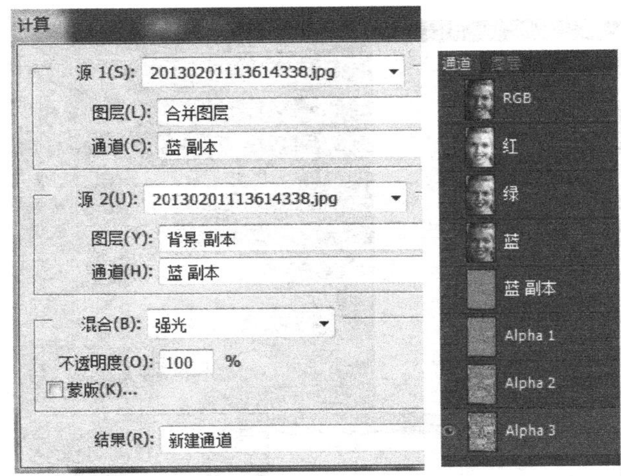

图 7-81 得到 Alpha 3 通道

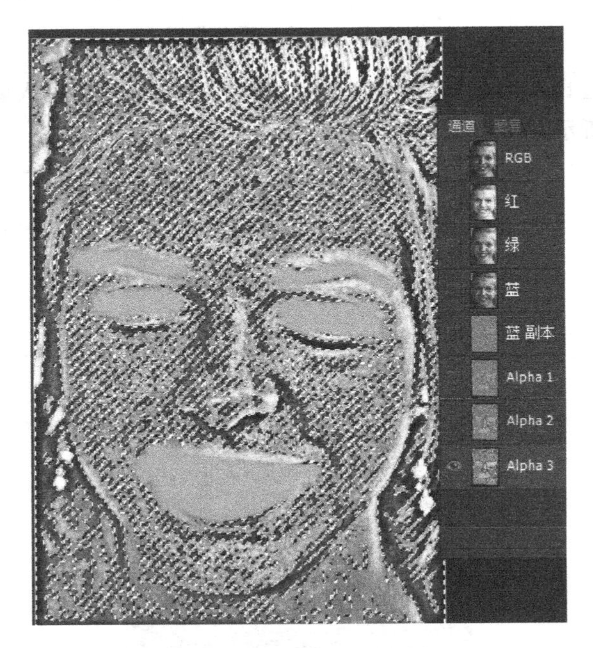

图 7-82 反选选区

(6) 回到“图层”面板，创建曲线调整图层，在“曲线”属性面板中提高画面亮度，如图 7-83 所示。

(7) 选择画笔工具，确定前景色为黑色，在曲线蒙版上擦去五官与头发，只留下皮肤的部分，如图 7-84 所示。

(8) 新建空白的“图层 1”，按 Ctrl + Shift + Alt + E 键盖印可见图层，得到如图 7-85 所示的“图层 1”。

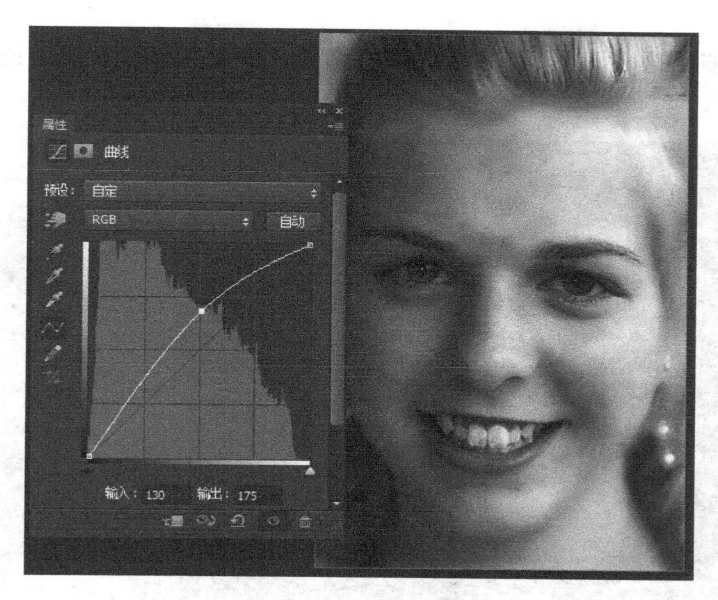

图 7-83　创建曲线调整层

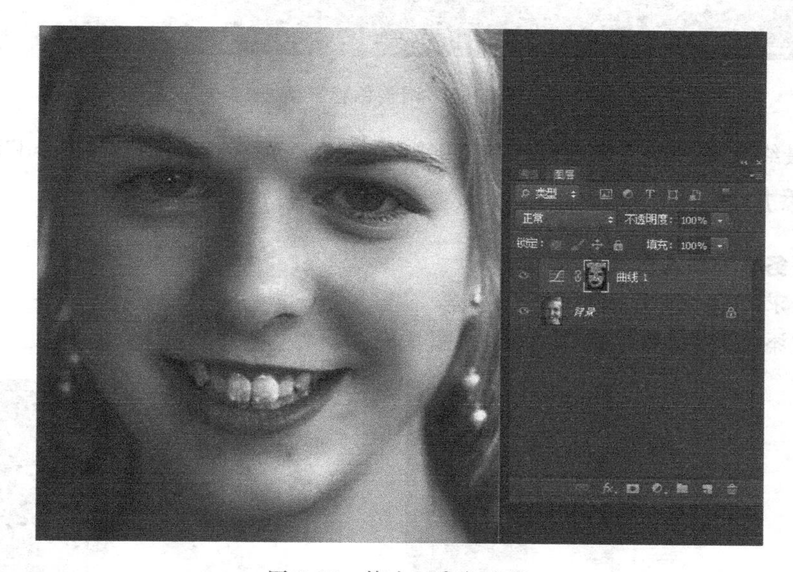

图 7-84　擦去五官与头发

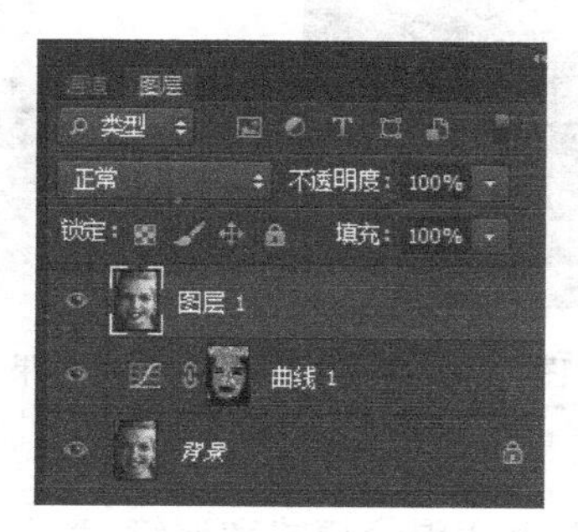

图 7-85　盖印可见图层

(9) 使用修复画笔工具,将脸上的斑点修掉。创建色彩平衡调整图层,数值设置如图 7-86 所示。

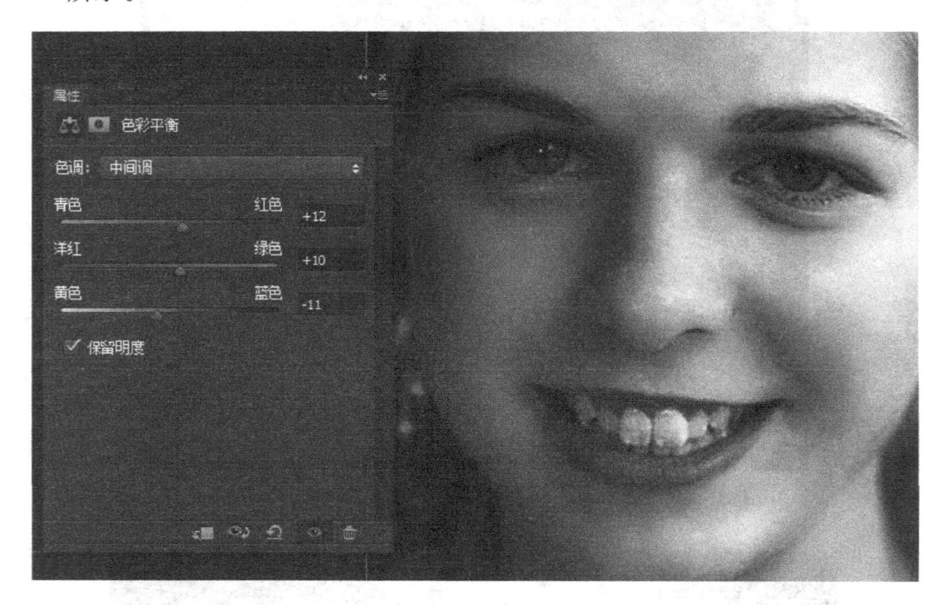

图 7-86　调整色彩平衡

(10) 最终效果如图 7-77 所示(参考"答案\第 7 章\任务 8-祛斑美白.psd"源文件)。

7.3.2　添加唇彩

任务 9　为人物添加唇彩

任务要求

为人物添加唇彩,要求色彩自然,如图 7-87 所示。

图 7-87　添加唇彩前后对比效果

任务分析

可通过蒙版选择嘴唇区域,利用混合模式和滤镜,为人物添加唇彩。

操作步骤

(1) 打开"素材\第 7 章\添加唇彩.jpg"。

(2) 利用钢笔工具绘制嘴唇的路径,如图 7-88 所示。

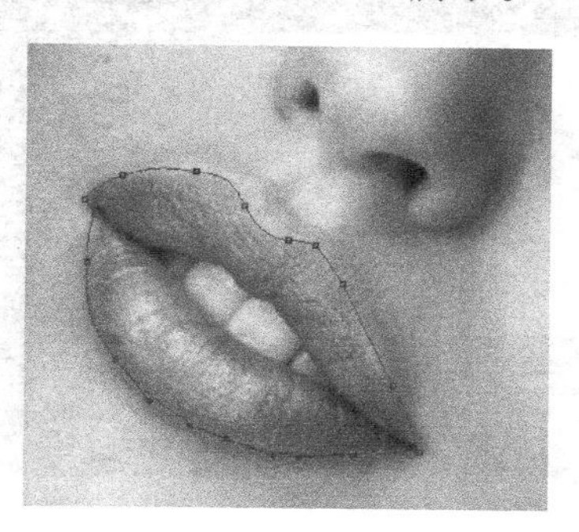

图 7-88　利用钢笔工具绘制路径

(3) 打开"路径"面板,双击工作路径,在弹出的对话框中,单击"确定"按钮,将工作路径存储为"路径 1",如图 7-89 所示。

(4) 回到"图层"面板,新建"图层 1",将前景色设为深灰色,填充前景色。设置"混合模式"为"颜色减淡","不透明度"为 60%,如图 7-90 所示。

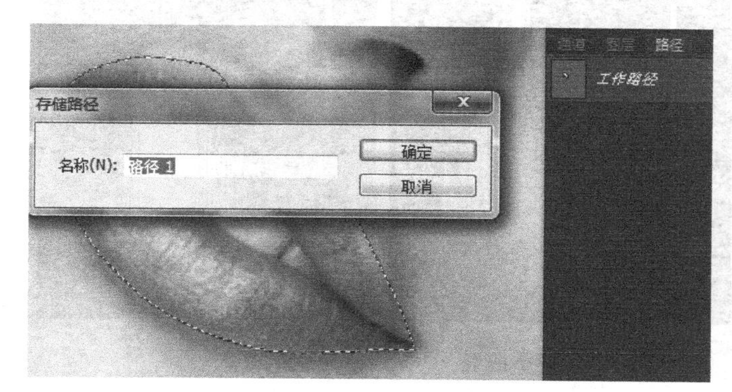

图 7-89　建立工作路径

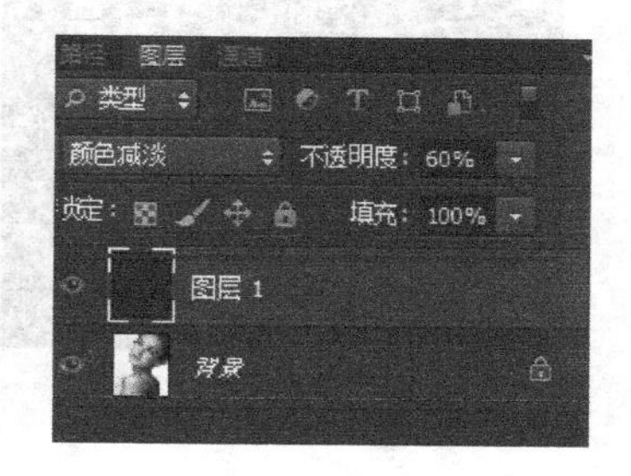

图 7-90　为新建的"图层 1"填充深灰色

(5) 选择"路径"面板,单击"路径 1",将路径转换为选区。选择"选择"|"修改"|"羽化"命令,弹出"羽化"对话框,设置羽化值为 8 像素,如图 7-91 所示。

(6) 回到"图层"面板,为"图层 1"添加蒙版。选择画笔工具,确定前景色为黑色,将牙齿部分擦除。再按住 Ctrl 键单击蒙版缩略图,载入选区,创建曲线调整图层,分别对"红""绿""蓝"通道进行调整,如图 7-92 所示。

(7) 选择"路径"面板,将"路径 1"选中,载入选区,并"羽化"10 像素,回到"图层"面板。将背景图层复制,得到"背景副本"。在保持选区的状态下,选择"图像"|"调整"|"色相/饱和度"命令,将饱和度提高,如图 7-93 所示。

(8) 最后还可根据唇彩的颜色调整曲线,加强唇彩的效果,如图 7-94 所示(参考"答案\第 7 章\任务 9-为人物添加唇彩.psd"源文件)。

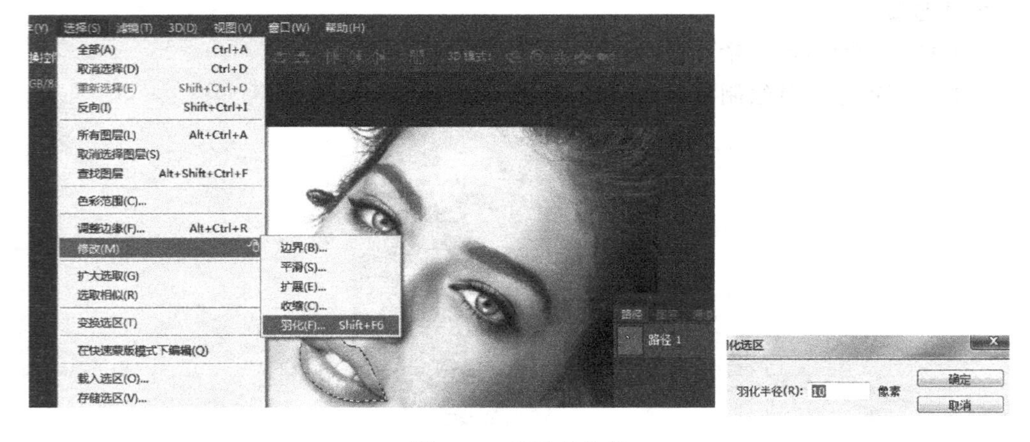

图 7-91 设置羽化值

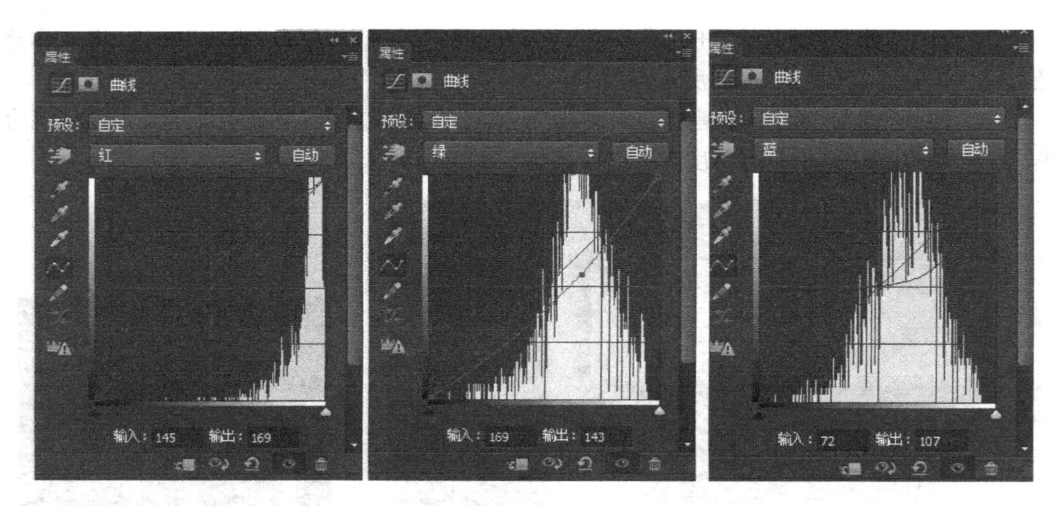

图 7-92 调整曲线

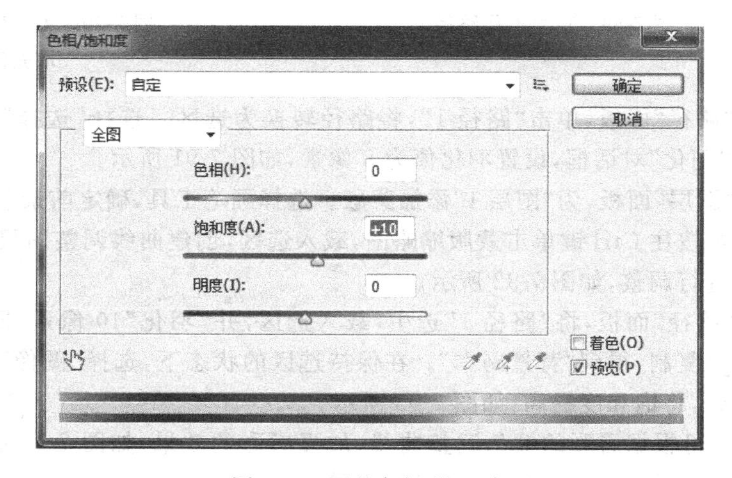

图 7-93 调整色相/饱和度

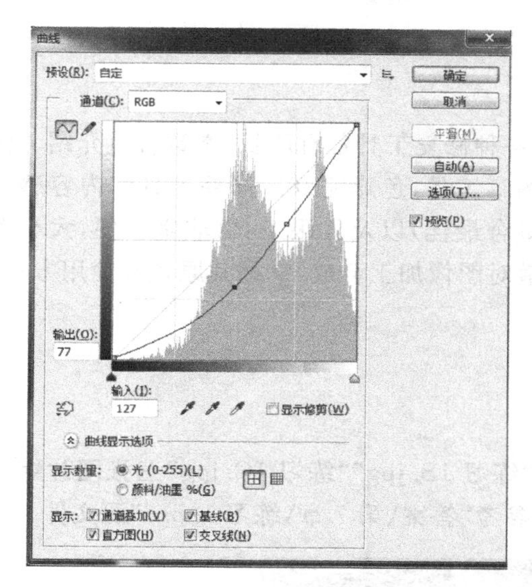

图 7-94　调整曲线及最终效果图

相关知识

通道、图层、蒙版的关系

Alpha 通道与图层看起来相似，但区别却非常大：Alpha 通道可以随意地增减，这一点类似图层功能；但 Alpha 通道不是用来存储图像而是用来保存选区。在 Alpha 通道中，黑色表示非选取区域，白色表示被选取区域，不同层次的灰度则表示该区域被选取的百分率。

即使在不同的色彩模式下，Alpha 通道都是一样的，即白色区域表示选择区域，黑色区域表示没有选中的区域，而灰色区域则是部分选中。说到 Alpha 通道，就要涉及图层蒙版，在图层蒙版中出现的黑色区域表现在被操作图层中就是这块区域不显示，白色区域就表示在图层中这块区域显示，介于黑白之间的灰色则决定图像中的这一部分以一种半透明的方式显示，透明的程度则由灰度来决定，灰度为百分之多少，这块区域将以百分之多少的透明度来显示。这跟 Alpha 通道极为相似，因此从某种意义上来说，图层蒙版是 Alpha 通道的一个延伸。

Alpha 通道的另外一个重要延伸是快速蒙版，它也经常用于建立和编辑选区。在快速蒙版状态下，打开“通道”面板观察可以发现有快速蒙版这样一个通道，临时保存着选区的信息。由于快速蒙版只是一种临时的选区，退出快速蒙版状态后，这种选区就只能用于当前操作，不会保留在“通道”面板中。而如果在关闭一个文件前未把快速蒙版中的选区保存成 Alpha 通道，下次打开文件时将无法重新得到该选区。

本章小结

本章着重介绍了照片修复、合成的方法。各种修复工具各有所长，本章着重介绍了污点修复画笔工具（祛斑）、修复画笔工具（取代图章工具，色彩完好）、修补工具和内容感知移动工具（无缝复制另外一块区域，亮度色彩融合最佳）以及红眼工具（非常方便，大小图像都可适用）。使用图像混合模式、蒙版和通道对图像加工合成，掌握其原理和使用方法，这些工具配合使用可以创造绝佳的艺术效果。

思考与练习

1. 将“素材\第 7 章”中的“练习 1A. jpg”“练习 1B. jpg”“练习 1C. jpg”三张图片综合运用本章所学知识合成，效果如图 7-95 所示（参考“答案\第 7 章\练习 1. psd”源文件）。

图 7-95　练习 1

2. 将“素材\第 7 章”中的“练习 2. jpg”处理，效果如图 7-96 所示（参考“答案\第 7 章\练习 2psd”源文件）。

图 7-96　练习 2

3. 将“素材\第 7 章”中的“练习 3.jpg”，综合运用本章所学知识合成，效果如图 7-97 所示（参考“答案\第 7 章\练习 3.psd”源文件）。

图 7-97 练习 3

第 8 章

照片加工综合实例

第 6 章和第 7 章详细介绍了 Photoshop CS6 的图像修复处理合成和编辑方法，为了巩固以上知识，增加这些知识之间的联系，本章安排了综合实例。

学习目标

- 巩固色阶、曲线在图像处理中的使用
- 熟悉亮度、对比度、明度的概念及调整方法
- 掌握用修复画笔工具修复图像的方法
- 进一步综合运用图像合成的方法

实例 1　调整鲜活色彩

任务 1　为图片调整鲜活色彩

任务要求

将图片（如图 8-1 左图所示）的颜色进行调整，呈现鲜活色彩效果，如图 8-1 右图所示。

图 8-1　调整图像颜色前后对比效果

任务分析

图片的整体色调发灰，通过图片的直方图进行分析，按照处理图片的一般步骤，调整色阶、曲线、饱和度等，使图片色彩鲜艳。

操作步骤

(1) 打开“素材\第 8 章\花卉原图.jpg”文件。在“扩展”视图方式下打开“直方图”面板，如图 8-2 所示。可以看出，直方图的最右侧和最左侧少有像素分布。

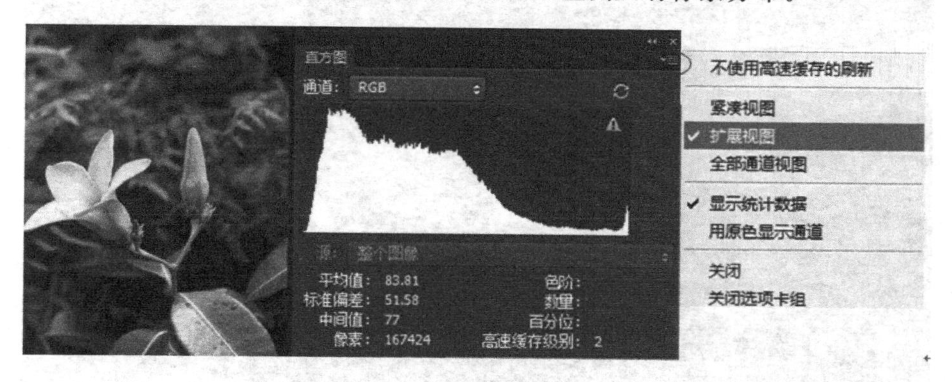

图 8-2　直方图

提示：在“直方图”面板中只能观察像素的分布情况，不能调整，下面通过“色阶”和“曲线”命令来调整图像。

(2) 单击“图层”面板上“创建新的填充或调整图层”按钮，选择“色阶”命令，或者直接单击“调整”面板上“创建新的色阶调整图层”按钮，打开“色阶”属性面板，调整阴影和高光，参数设置如图 8-3 所示。

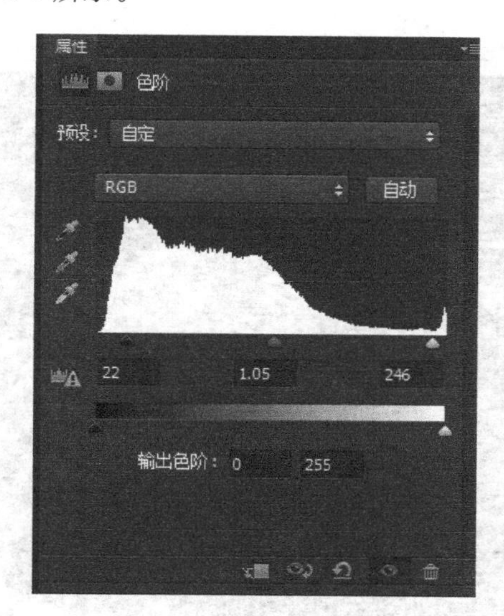

图 8-3　调整色阶

(3) 单击“创建新的曲线调整图层”按钮，调整红色通道，如图 8-4 所示。注意直方图的变化，像素和颜色分布变得均匀。

(4) 再调整绿色通道，如图 8-5 所示。

(5) 随后调整蓝色通道，如图 8-6 所示。

图 8-4 调整曲线(红色通道)

图 8-5 调整曲线(绿色通道)

图 8-6　调整曲线(蓝色通道)

(6) 调整之后,观察直方图,像素和颜色分布更均匀、更协调了,最后再调整亮度/对比度,如图 8-7 所示。

图 8-7　调整亮度/对比度

(7) 反复调试,最终达到如图 8-8 所示的效果(参考"答案\第 8 章\任务 1-花卉. psd"源文件)。

图 8-8　调整色彩效果图

实例 2　调出古典柔和的室内婚纱色调

任务 2　为室内婚纱照调出古典柔和的色调

任务要求

将一张普通的婚纱照片(如图 8-9 左图所示)调出古典的柔和色调(如图 8-1 右图所示)。

图 8-9　调整色彩前后效果比较

任务分析

使用“调整”面板创建新的调整图层对照片调节色阶、色相/饱和度和亮度/对比度,将照片调出古典色调。

操作步骤

(1) 打开素材“素材\第 8 章\婚纱照.jpg”文件,首先复制背景层,然后单击“调整”面板上“创建新的色相/饱和度调整图层”按钮,依次调整全图、黄色和青色,设置参数如图 8-10 所示。

(2) 在“图层”面板中,将“色相/饱和度 1”图层复制得到“色相/饱和度 1 副本”图层,调整其“不透明度”为 70%,如图 8-11 所示。

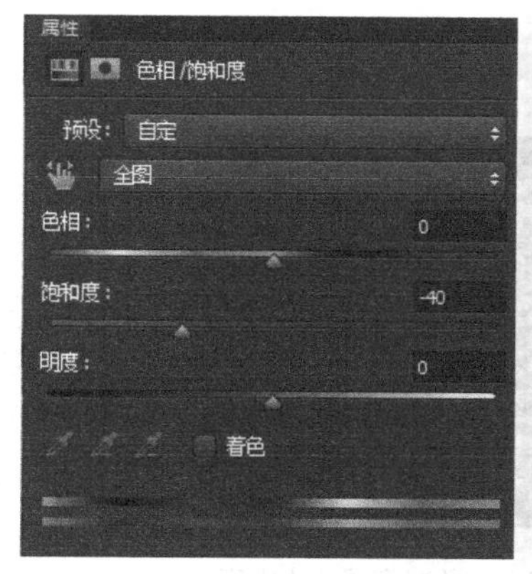

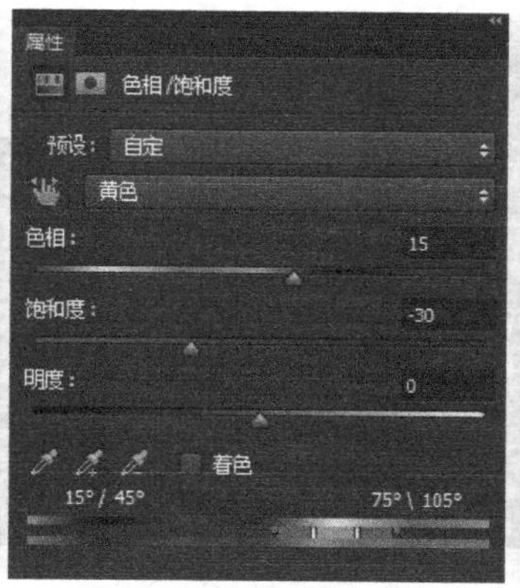

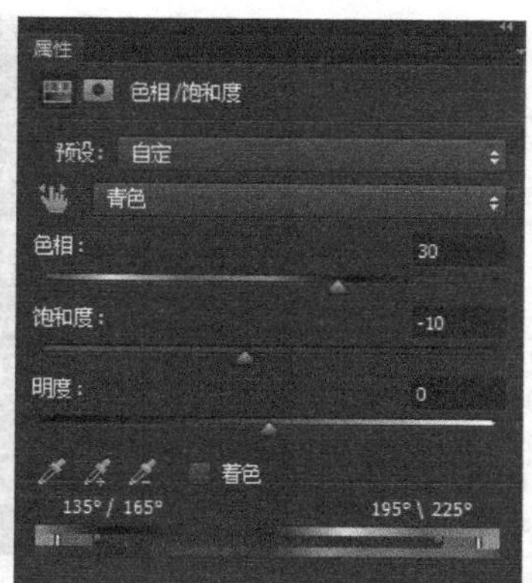

图 8-10　调整色相/饱和度

(3) 单击“调整”面板上的“创建新的色彩平衡调整图层”按钮，分别对“阴影”“高光”“中间调”数值进行调整，使图片的色彩更偏重于青色调，如图 8-12 所示。

(4) 在“图层”面板中，将“色彩平衡 1”图层复制得到“色彩平衡 1 副本”图层，调整其“不透明度”为 40%，如图 8-13 所示。

(5) 单击“调整”面板上“创建新的亮度/对比度调整图层”按钮，适当提高画面的亮度和对比度，参数设置如图 8-14 所示。

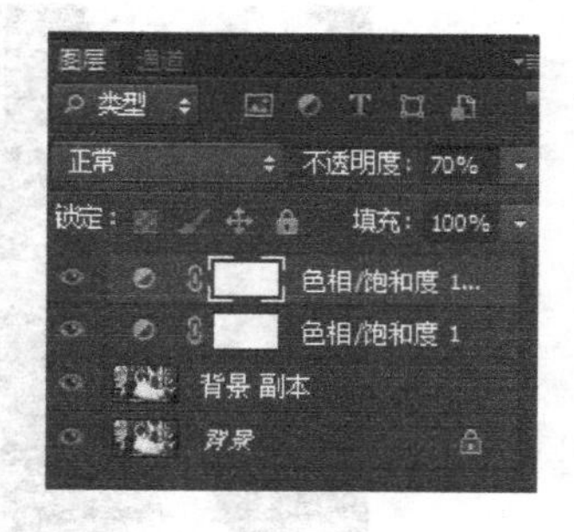

图 8-11　复制“色相/饱和度”图层并调整不透明度

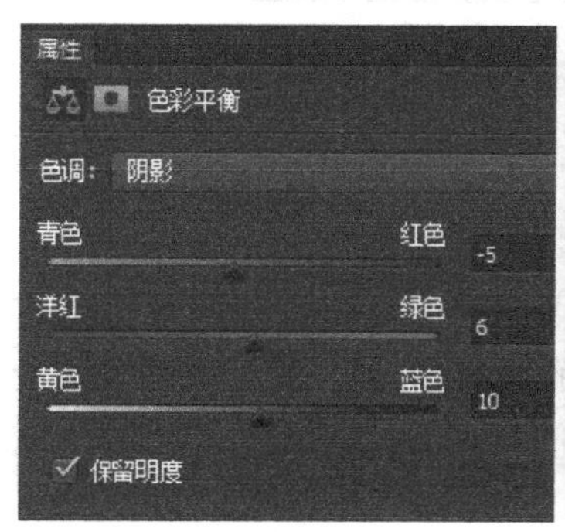

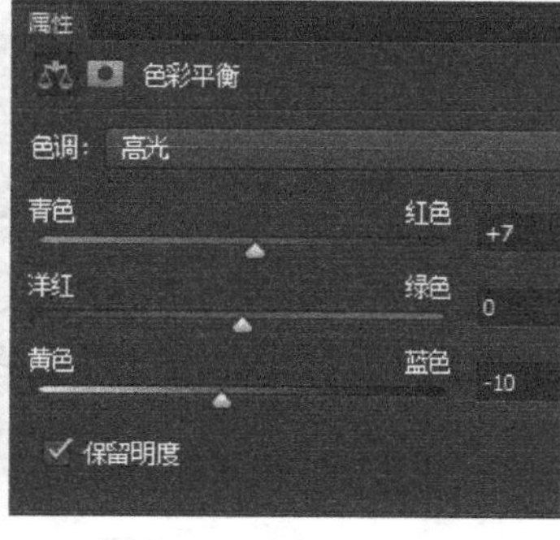

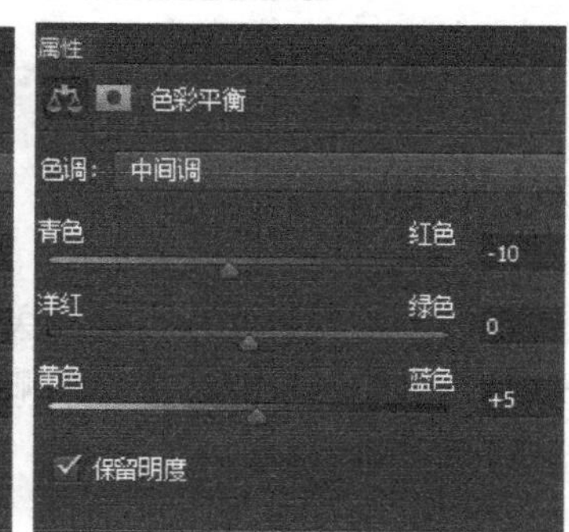

图 8-12　调整色彩平衡

(6) 新建一个图层，按 Ctrl+Alt+Shift+E 键盖印图层。选择“滤镜”|“模糊”|“动感模糊”命令，设置“角度”为 45°、“距离”为 120，单击“确定”按钮。然后设置图层的混合模式为“柔光”，不透明度为 50%。最终效果如图 8-15 所示(参考“答案\第 8 章\任务 2-调出古典柔和的室内婚纱色调.psd”源文件)。

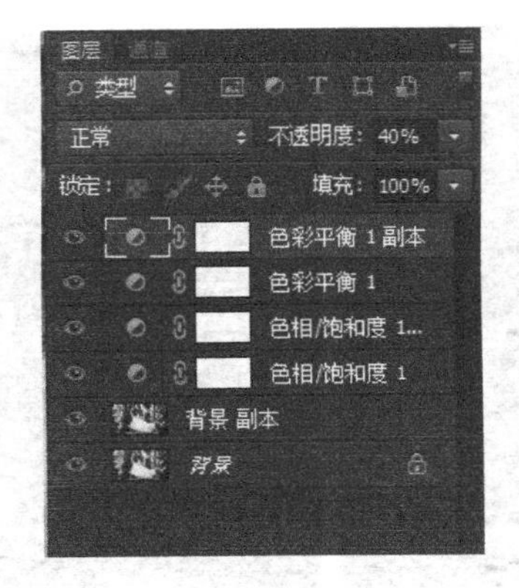

图 8-13 复制图层并更改不透明度

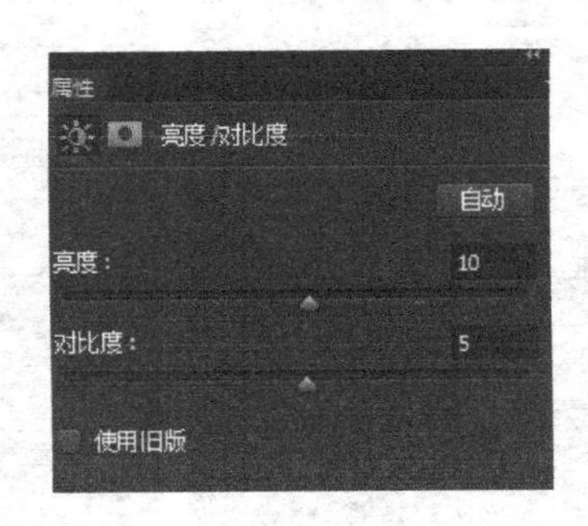

图 8-14 提高亮度/对比度

图 8-15 最终效果

相关知识

初学者拿到一张不够完美的数码照片时往往不知道从何下手，其实修复照片也是有一定规律的。只要按下面的顺序，用户就可以修复出很好的数码照片。修复数码照片的一般步骤如下。

1. 色阶的调整

修复照片一般先从色阶调整开始，按 Ctrl+L 键打开"色阶"属性面板对数码照片进行调节。通过移动阴影、高光、中间调滑块，可以调节照片的影调，但不要移动得太多，否则照片会失去层次，后面就不太好修复。

2. 曲线的调整

按 Ctrl+M 键打开"曲线"属性面板对数码照片进行调整。在调节照片曲线时，一定要正确地选择调整点。人物照片一般以人物脸部为基准，而且尽量不要选择脸部很亮或很暗的地方。

用户可以按住 Ctrl 键在人物脸部选择一个适当的位置单击，此时就会在曲线上出现对应的调整点。只要在键盘上用上、下方向键调整就可以了。往上调整曲线，照片会变亮；往下调整曲线，照片会变暗。这样就可以很方便地控制曲线的调节了。

3. 色彩的调整

如果照片的颜色偏差很大，用户可以用色彩平衡来统调照片的颜色，按 Ctrl+B 键打开"色彩平衡"属性面板对数码照片进行调整。如果照片没有偏色，可以直接按 Ctrl+U 键对色相/饱和度进行深入的调整。

4. 修复图像

修复图像是把图像多余的污点处理干净，包括脸部的细纹、鱼尾纹等。用修复工具组配合使用效果会更好。修复脸部时压力值不要过大，透明度控制在 30%以下，笔尖不要太小，稍微大一些为好。选用带虚边的笔刷硬度值为 0，均匀地进行修复，再用加深工具对眼部、眼眉进行强调。为了让图像在修复以后更加有质感，可以使用锐化的方法让脸部在修复过以后更加有质感。

本章小结

本章从综合运用的角度出发，选取实例进一步讲解和应用，以达到巩固所学知识的效果。

思考与练习

将"素材\第 8 章"中的"素材 1.jpg""素材 2.jpg"合成，效果如图 8-16 所示(参考"答案\第 8 章\练习 1.psd"源文件)。

图 8-16　图像合成效果

第 9 章

3D 功 能

从 Photoshop CS4 开始就有了 3D 功能，但是作为新生命来说还有很多的不成熟，Adobe Photoshop CS6 在 3D 功能上做了很多改进，使 3D 功能更加强大，能够把 2D 和 3D 更完美地结合起来，能够把 3ds max 等一些模型制作软件创建的 3D 文件与 Photoshop 的强大功能结合起来，用于制作更加真实的设计效果。

学习目标

- 掌握新建 3D 图像的各种方法
- 熟练使用 3D 工具、命令及面板
- 学会创建并设置 3D 材质
- 学会创建并修改光源设置

9.1 3D 功能简介

在 Adobe Photoshop CS4 以前，用户在用 Photoshop 制作 3D 贴图时，总是会在 Photoshop 中把图处理好，然后再利用三维模型制作软件赋予物体贴图。但是，如果 3D 贴图在 Photoshop 中进行了修改，模型中的材质不会随之变化，还需要再重新导入。现在，在 Photoshop 中对模型使用的材质进行修改时，会直接影响到模型的材质，不需要再重新导出或导入。

3D 功能包含“环境”与“相机”两个组件，其中网格、材质、光源、相机共同构成了 3D 场景，而“环境”则是独立于场景之外的另外一个专门的组件。

(1) 网格：网格提供了 3D 模型的底层结构，一个模型包含最少一个网格，大多模型包含多个网格。

(2) 材质：简单地说就是物体的质地。材质主要指物体表面的颜色、纹理、光滑度、透明度、反射率、折射率和发光度等特性。

(3) 光源：有光才有影，才能使物体呈现出更加真实的立体感觉。光源类型包括无限光、聚光灯和点光，不同的灯光营造的视觉效果也不一样。

(4) 相机：像一个真正的相机，它能够移动、旋转和推拉，使设计师能够更好地展示设计作品。

"环境"组件主要用于设置全局环境色以及地面、背景等基础要素的属性。

9.2　3D 操作和视图

在 Photoshop CS6 中，可以使用移动工具完成对 3D 对象和相机的旋转、滚动、拖动、滑动和缩放等操作。

1. 3D 模式操作按钮

在工具箱中选择移动工具，其工具选项栏中就会显示 3D 模式操作按钮。当前图层为 3D 图层时，则操作按钮为可选择状态，如图 9-1 所示。使用 3D 功能在视图中任意位置单击时，缩放 3D 对象图标由变成，此时可对"相机"进行操作。

① 旋转 3D 对象：可以对 3D 对象和视图的旋转进行操作。

② 滚动 3D 对象：可以对 3D 对象和视图的滚动进行操作。

③ 拖动 3D 对象：可以对 3D 对象和视图的拖动进行操作。

④ 滑动 3D 对象：可以对 3D 对象和视图的滑动进行操作。

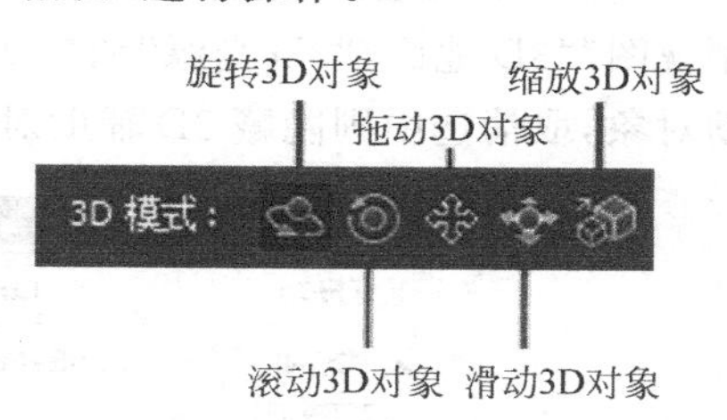

图 9-1　3D 模式操作按钮

⑤ 缩放 3D 对象：可以对 3D 对象和视图的缩放进行操作。

提示：

① 按住 Shift+V 键可以在五种功能间切换。

② 按住 Shift 键并拖动，可在"旋转""平移""移动"和"缩放"工具时限制为沿单一方向操作。

2. 3D 操作轴

当单击 3D 对象时，会出现如图 9-2 所示的 3D 操作轴。其中红色代表 X 轴，绿色代表 Y 轴，蓝色代表 Z 轴。

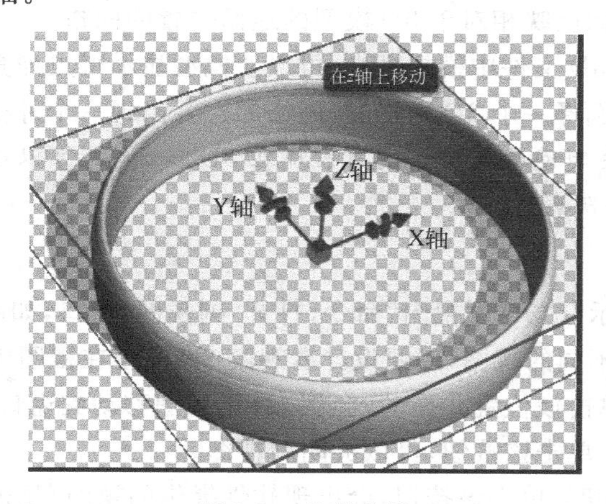

图 9-2　3D 操作轴

(1) 移动模型：要使模型沿着X、Y或Z轴移动，需将光标放到任意轴的轴尖，该轴尖会变为黄色高亮，此时可以拖动鼠标沿该方向移动。按住Alt键的同时将光标放到两个轴交叉的区域，出现提示后向该平面内任意方向拖动。

(2) 旋转模型：要旋转模型，单击轴尖内弯曲的旋转线段，同样会出现显示旋转平面的黄色高亮显示圆环。

(3) 缩放模型：要使模型沿着X、Y或Z轴缩放，需将光标放到任意轴上的小方块上，该方块变为黄色高亮时，此时可以拖动鼠标沿该方向缩放。选择3D轴中心方块，可以对模型均匀缩放。

3. 3D辅助对象

新建3D图层后，选择"视图"|"显示"命令，内有4种3D辅助对象命令，分别为"3D副视图""3D地面""3D光源"和"3D选区"命令，如图9-3所示。选中选项即可显示3D辅助对象，取消选中则隐藏3D辅助对象。

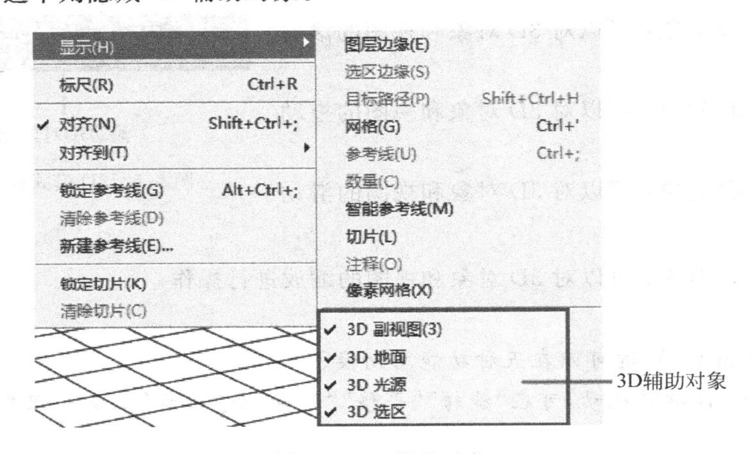

图9-3 3D辅助对象

(1) 3D副视图：在副视图中可以显示与文档中3D模型不同角度的视图，以便可以更好地观察视图中的各种变化。

(2) 3D地面：地面反映相对于3D模型的地面位置的网格。

(3) 3D光源：在3D文件中模拟灯光，可以使模型显示得更加真实。

(4) 3D选区：当选择一个3D网格时，网格周边会出现一个外框，同时会显示3D轴。

提示：在视图中发现网格的阴影没有出现在3D地面上，可以选择3D|"将对象紧贴地面"命令来正确显示阴影。

4. 3D副视图

选择"视图"|"显示"|"3D副视图"命令，打开"副视图"窗口，如图9-4所示。在3D副视图中可以设置显示不同的视图，以便设计者观察3D模型在视图中的各种变化。

(1) 移动视图：单击该位置并拖动，会将3D副视图移动到窗口任何位置。

(2) 关闭副视图：单击该按钮，可以关闭副视图。

(3) 选择视图/相机：单击该按钮，会出现软件提供的视图/相机供用户选择。

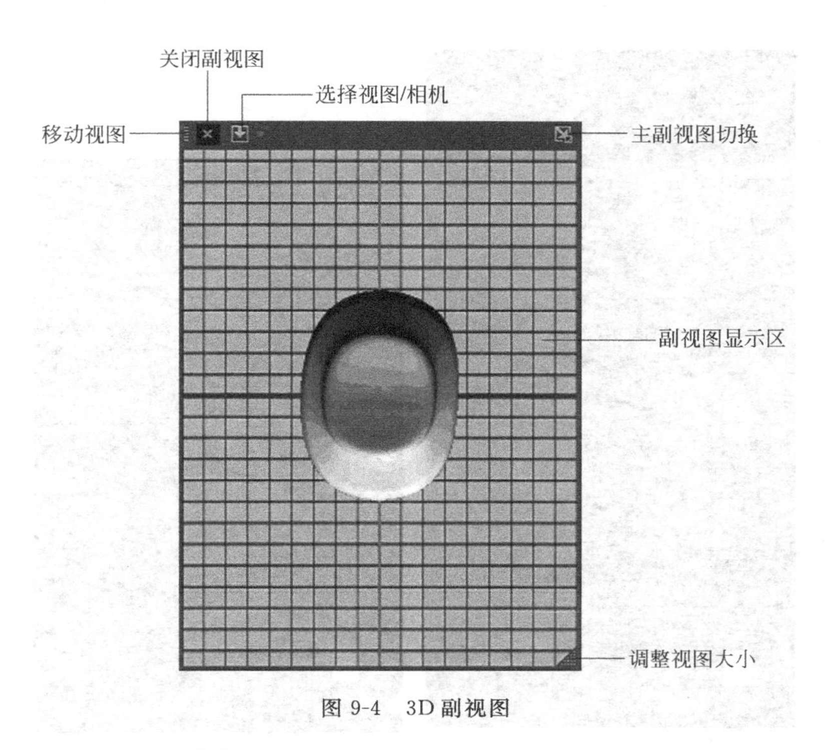

图 9-4　3D 副视图

(4) 主副视图切换：单击该按钮，可以将主视图和副视图所显示视图切换。

(5) 副视图显示区：此处显示的是副视图的视图。

(6) 调整视图大小：单击该位置并拖动，可以调整副视图的显示大小。

9.3　3D 图层

1. 新建 3D 图层

选择 3D|"从 3D 文件新建图层"命令，打开"打开"对话框，可以看到 Photoshop CS6 中可导入的 3D 文件格式有 3ds max、DAE、OBJ、FL3、KMZ 和 U3D 共 6 种。

(1) 3DS：是由 3ds max 软件导出生成的格式。

(2) DAE：是由 Maya 软件导出生成的格式。

(3) OBJ：是一种标准的 3D 模型文件格式，适合用于 3D 软件模型之间的互导。

(4) FL3：是 Photoshop CS6 中对 3D 功能新增的一种导入格式。

(5) KMZ：是由 Google Earth 软件生成的一种文件格式。

(6) U3D：是 3D 图形的标准格式，旨在创建一种能够免费获得的 3D 数据编码方式。

2. 合并 3D 图层

选择 3D|"合并 3D 图层"命令，可以合并一个场景中的多个 3D 模型，如图 9-5 所示。合并后，可以单独处理每个 3D 模型，或者同时在所有模型上使用位置工具和相机工具。

提示：合并的图层必须都是 3D 图层，如果选择普通的 2D 图层，"合并 3D 图层"命令将为灰色不可选状态。

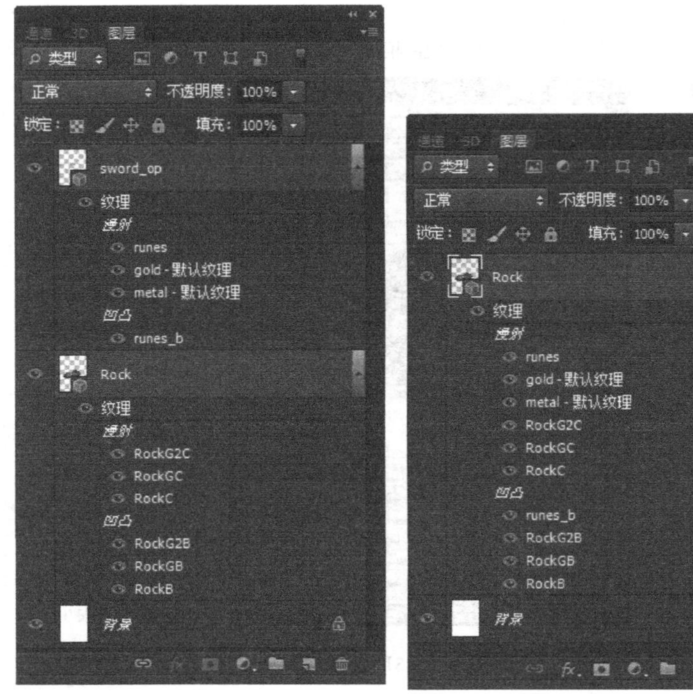

图 9-5　合并两个 3D 图层

9.4　3D 凸出

9.4.1　新建 3D 凸出的方法

1. 从所选图层新建 3D 凸出

选择 Photoshop CS6 文件中任意图层，选择 3D|“从所选图层新建 3D 凸出”命令，即可将该图层画面凸出为 3D 网格，如图 9-6 所示。

图 9-6　从所选图层新建 3D 凸出

提示：从所选图层新建 3D 凸出需要所选图层的色彩模式为 RGB 颜色模式或者灰度模式（灰度模式会把彩色图片变为黑白模式，所以一般选择 RGB 模式）。如果发现所选不能凸出时，选择“图像”|“模式”|“RGB 颜色”命令即可。

2. 从所选路径新建 3D 凸出

使用钢笔工具或者形状工具绘制路径或者形状后，选择 3D|“从所选路径新建 3D 凸出”命令，即可将所选路径凸出为 3D 网格，如图 9-7 所示。

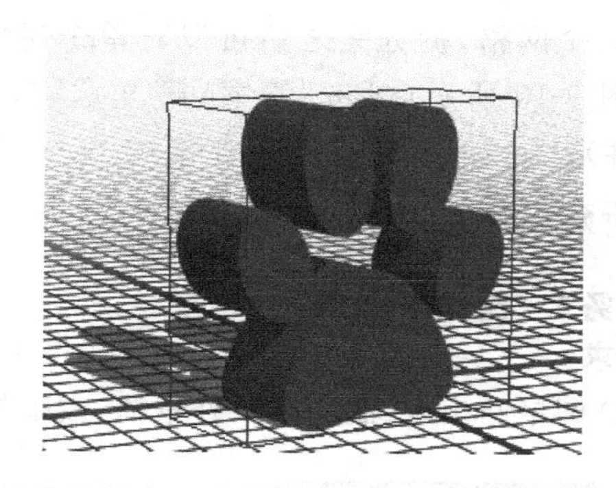

图 9-7 从所选路径创建 3D 网格凸出

3. 从所选选区新建 3D 凸出

创建选区，选择 3D|“从所选选区新建 3D 凸出”命令，即可将选区凸出为 3D 网格，如图 9-8 所示。

图 9-8 从所选选区创建 3D 网格凸出

4. 文本凸出为 3D

选定文本图层，选择“文字”|“凸出为 3D”命令，即可将文本图层凸出为 3D 网格，如图 9-9 所示。

图 9-9 从文本创建 3D 网格凸出

5. 拆分 3D 凸出

使用"拆分凸出"命令从图层、路径和选区中创建 3D 对象，选择 3D|"拆分凸出"命令，将拆分 3D 对象为具有 5 种材质的单个网格，拆分完之后可以对单个对象进行操作，效果如图 9-10 所示（参考"答案\第 9 章\拆分 3D 网格.psd"文件）。

图 9-10 拆分 3D 凸出

9.4.2 新建 3D 凸出应用举例

任务 1 制作桌椅

任务要求

利用 3D 网格凸出，绘制一组户外桌椅，效果如图 9-11 所示。

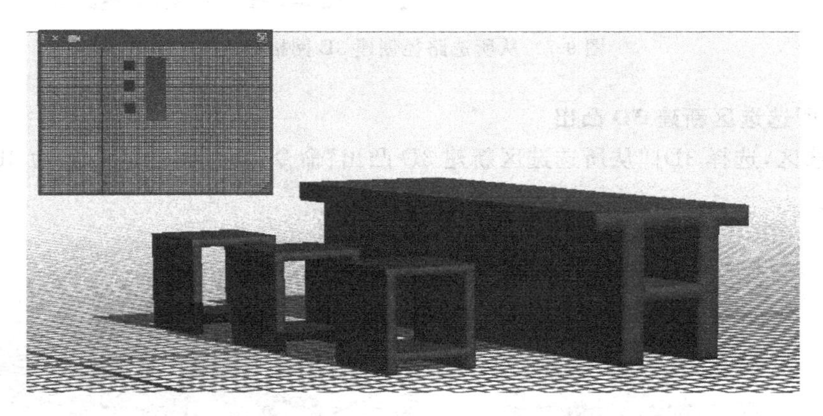

图 9-11 最终效果

任务分析

创建图层，从所选图层新建 3D 凸出，形成桌面。创建文字图层，创建文字凸出，形成凳子。

操作步骤

(1) 选择"文件"|"新建"命令(Ctrl+N)，打开"新建"对话框。设定文件名称为"户外桌椅"，文件大小为 18 厘米×13 厘米，分辨率为 300 像素/英寸，色彩模式为 RGB 颜色、8 位，背景内容为白色，单击"确定"按钮，如图 9-12 所示。

(2) 选择文字工具，设置字体为黑体，字体大小为 50，输入文字"一"。再新建一个图层，设置字体为黑体，字体大小为 50，输入大写字母 H。在工具箱中选择移动工具，将文字移动到如图 9-13 所示位置。

(3) 按 Ctrl+T 键，拉伸 H 图层大小为如图 9-14 所示。选择两个文字图层，按 Ctrl+E 键合并两个图层，如图 9-15 所示。

(4) 选择 3D|"从所选图层新建 3D 凸出"命令，打开"窗口"|3D 面板，选择网格面板，如图 9-16 所示。双击 H 前面的，打开网格属性面板。

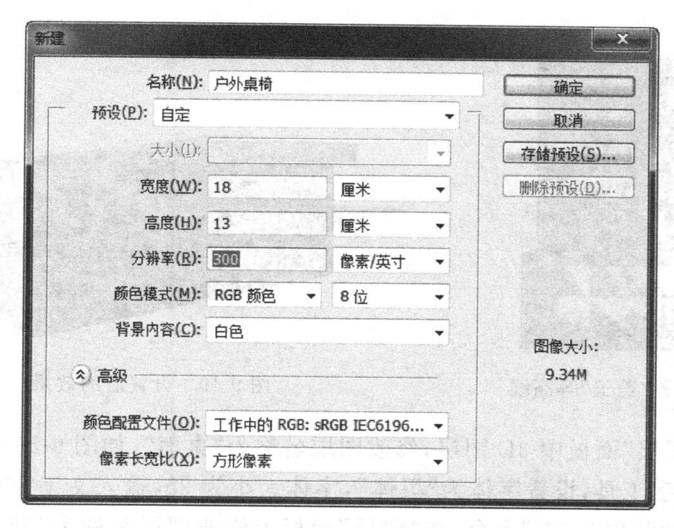

图 9-12　“新建”对话框

图 9-13　移动文字图层

图 9-14　拉伸 H 图层效果

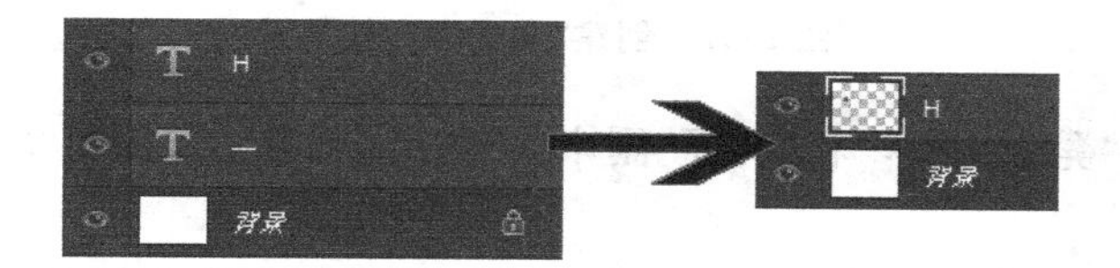

图 9-15　合并两个文字图层

图 9-16　H 图层网格属性面板

（5）选择“网格”属性面板中的“变形”属性面板，设置“形状预设”为，设置“凸出深度”为 600，如图 9-17 所示。

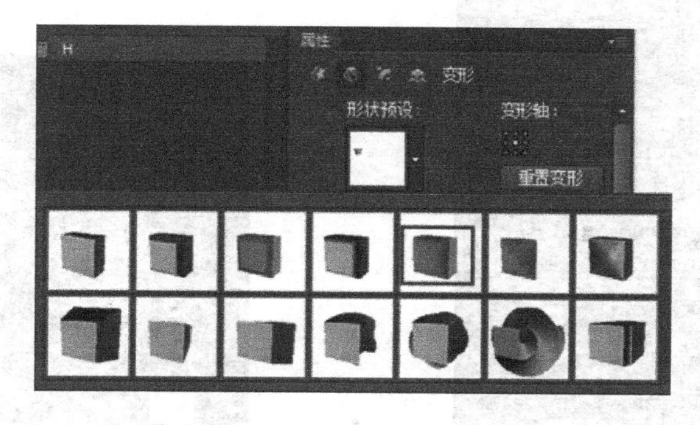

图 9-17　设置 H 图层的“形状预设”

（6）选择“网格”属性面板中的“盖子”命令，设置“边”为“前部和背面”，设置“等高线”为如图 9-18 所示，效果如图 9-19 所示。

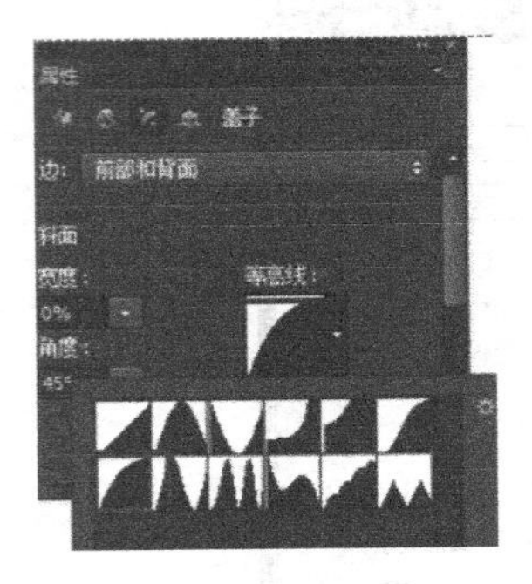

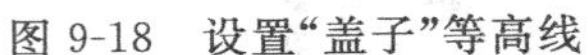

图 9-18 设置“盖子”等高线

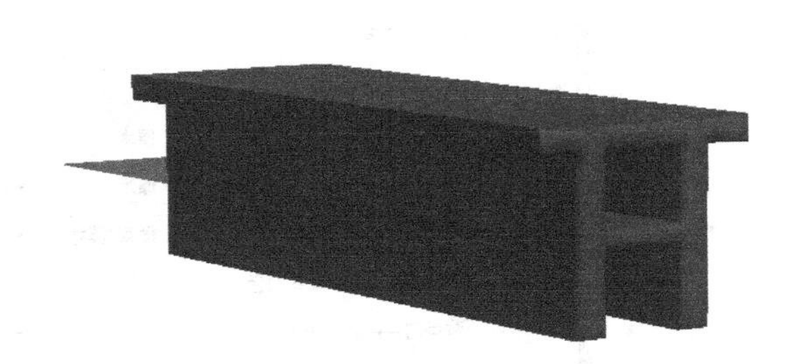

图 9-19 设置后的效果

(7) 双击“图层”面板中 3D 图层，修改图层名称为“桌面”，如图 9-20 所示。

(8) 选择文字工具，设置字体为“黑体”，字体大小为 35，输入文字“口”。退出文字编辑，选择“文字”|“凸出为 3D”命令，在“图层”面板上修改图层名称为“凳子”，设置其凸出深度为 100，其他设置跟“桌面”3D 图层相同，效果如图 9-21 所示。

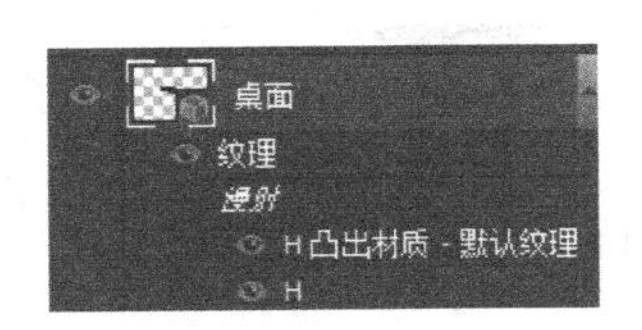

图 9-20 修改 3D 图层名称

图 9-21 创建“凳子”3D 效果

(9) 复制“凳子”3D 图层，得到“凳子 副本”和“凳子 副本 2”两个 3D 图层，如图 9-22 所示。

(10) 按住 Ctrl 键，选中 4 个 3D 图层，选择 3D|“合并 3D 图层”命令，形成新的“桌面”3D 图层，如图 9-23 所示。

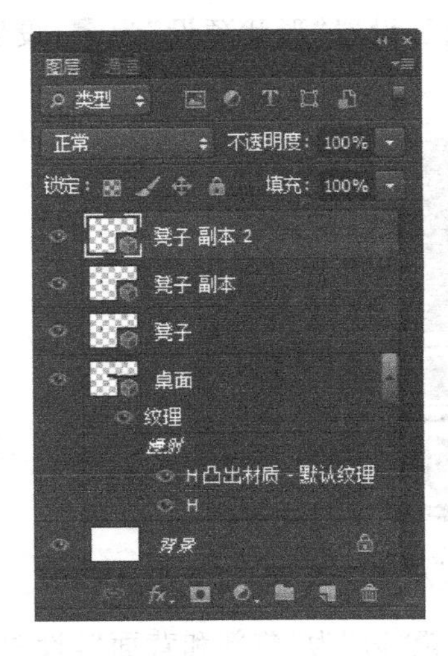

图 9-22 复制“凳子”3D 图层

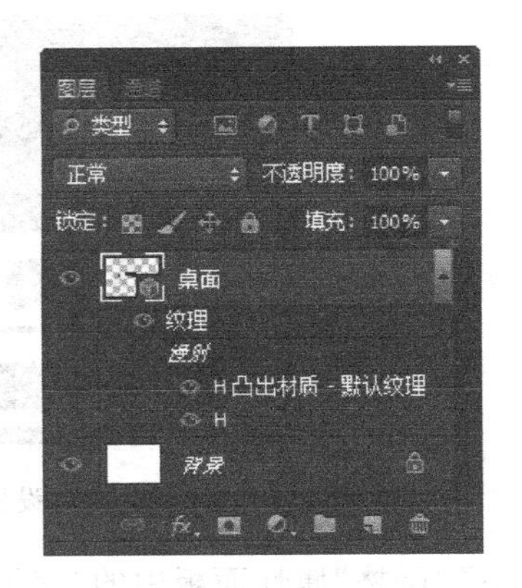

图 9-23 合并 4 个 3D 图层

(11) 在 3D 面板的“凳子_图层”中,双击“口”,打开 3D 属性面板。在“坐标”属性面板,设置 X 旋转为 0°,Y 旋转为 0°,Z 旋转为 0°,如图 9-24 所示。用同样方法设置另外两个凳子图层。

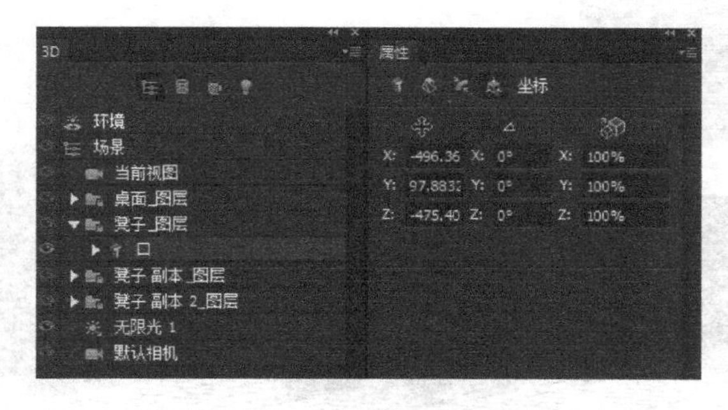

图 9-24 设置凳子图层的坐标

(12) 单击“桌面_图层”,选择 3D|“将对象紧贴地面”命令。再用同样方法设置其他三个图层,使 4 个物体都处于同一个地面之上。选择选择工具,选中“视图”|“显示”|“3D 副视图”和“3D 地面”选项,如图 9-25 所示。

(13) 单击副视图中“互换主副视图”按钮,分别选择三个凳子图层,单击“拖动 3D 对象”按钮,移动三个凳子到如图 9-26 所示位置。

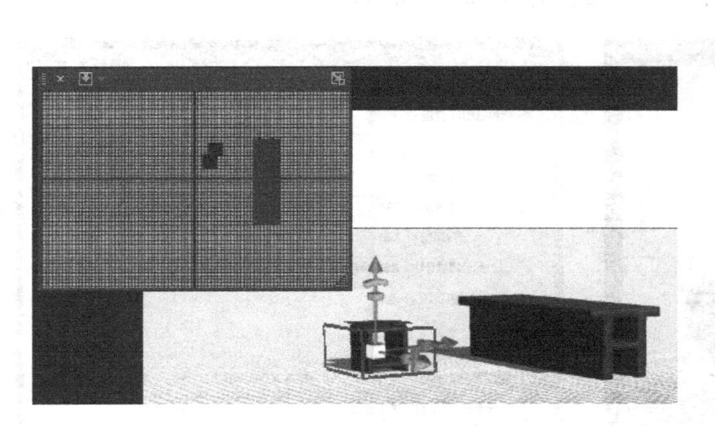

图 9-25 打开“3D 副视图”和“3D 地面”

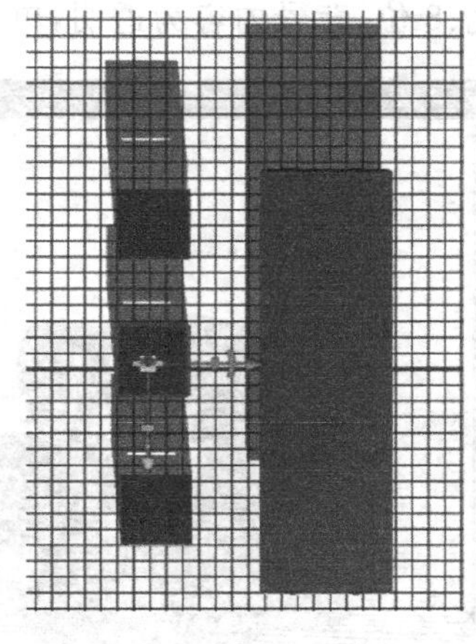

图 9-26 移动三个凳子后的视图效果

(14) 互换主副视图,得到如图 9-27 所示的效果(参考“答案\第 9 章\户外桌椅.psd”文件)。

任务 2 制作 3D 百度 Logo

任务要求

制作 3D 百度 Logo,效果如图 9-28 所示。

任务分析

首先自定义一个百度 Logo 的图形,再从所选选区新建 3D 凸出,创建立体的百度

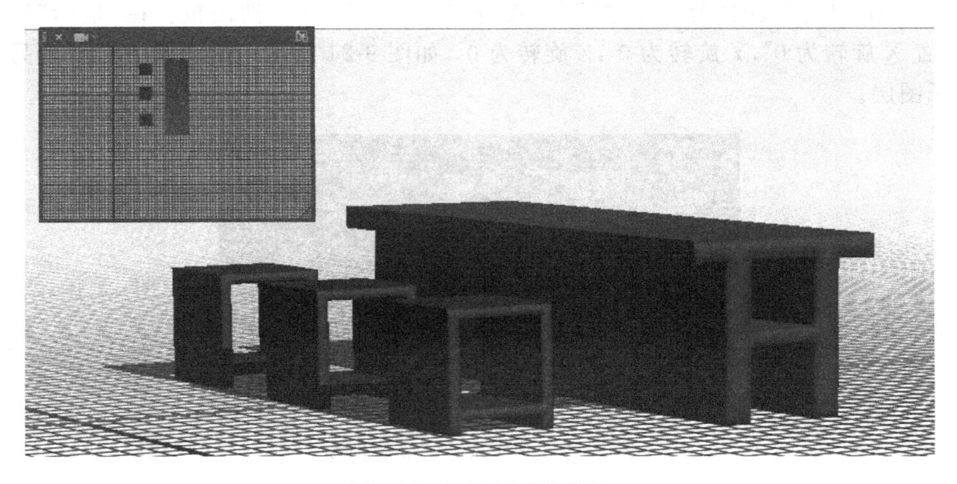

图 9-27 “桌椅”最终效果

Logo。

操作步骤

(1) 选择“文件”|“新建”命令(Ctrl+N),打开“新建”对话框。设置文件名称为“百度Logo”,文件大小为 210 毫米×297 毫米,分辨率为 300 像素/英寸,色彩模式为 RGB 颜色、8 位,背景内容为透明,单击“确定”按钮,如图 9-29 所示。

图 9-28 3D 百度 Logo 效果

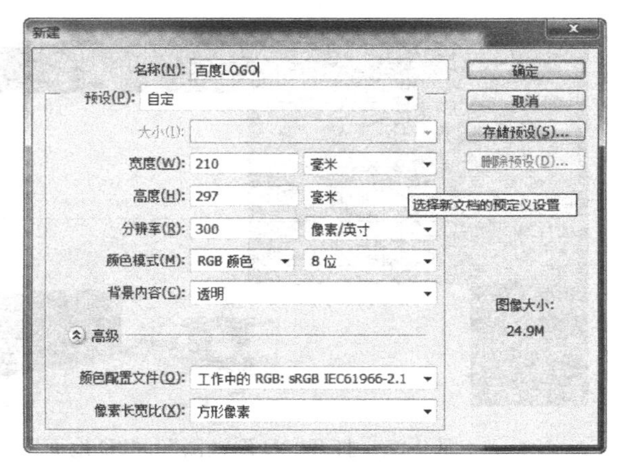

图 9-29 “新建”对话框

(2) 选择工具箱中的自定形状工具,在其工具栏选项栏中选择“形状”下拉菜单中的,如图 9-30 所示。在绘图区按住 Shift 键拖动,绘制一个正方形的百度 Logo,效果如图 9-31 所示。

(3) 在“图层”面板中右击“形状 1”图层,选择“栅格化图层”命令。再使用魔棒工具选中所绘图形,设置前景色为(R:41,G:40,B:225),然后按 Alt+Delate 键进行填充。

(4) 选择 3D|“从所选选区新建 3D 凸出”命令,使选区凸出为 3D 网格,效果如图 9-28 所示(参考“答案\第 9 章\百度 Logo. psd”文件)。

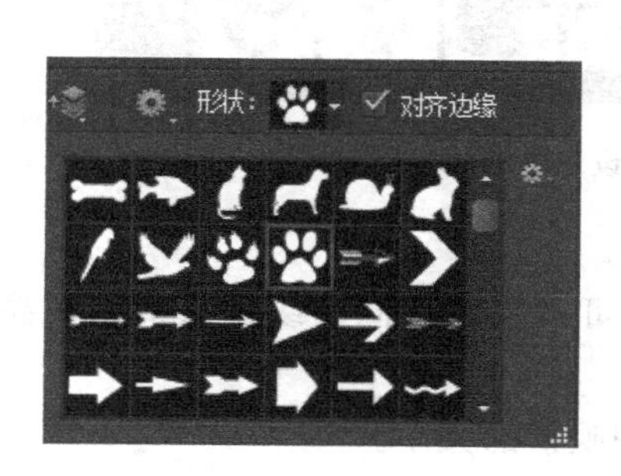

图 9-30　选择自定义形状

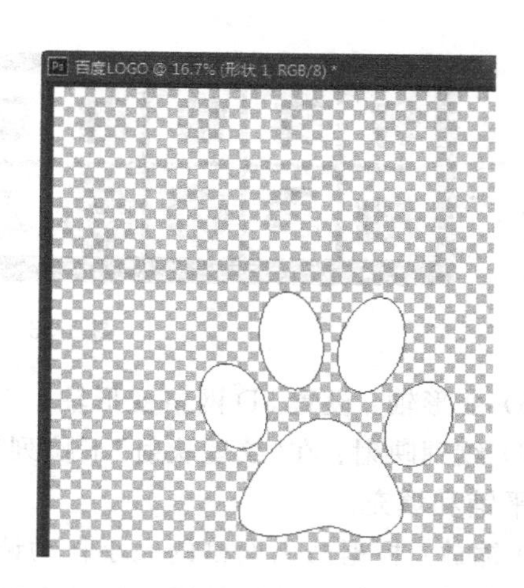

图 9-31　绘制百度 Logo 效果

9.4.3　编辑 3D 凸出

1.　3D 属性的网格设置

任务 2 中，使用 3D 凸出创建 3D 网格后，选择“窗口”|“属性”命令，打开属性面板，如图 9-32 所示。

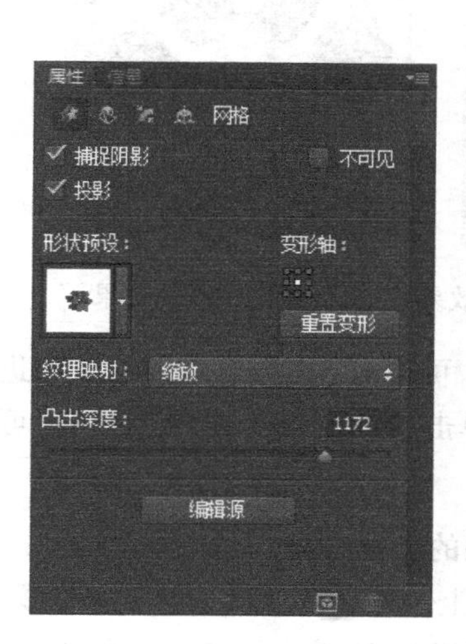

图 9-32　3D 网格属性面板

其中，各种参数功能如下。

(1) 捕捉阴影：选中“捕捉阴影”复选框，可以显示 3D 网格上的阴影效果；取消选中，则不显示阴影。

(2) 不可见：选中该复选框，则突出的 3D 网格为不可见，但显示其表面的所有阴影。

(3) 投影：选中此复选框，网格表面显示 3D 网格的投影；取消选中，则不显示投影。

(4) 形状预设：Photoshop CS6 提供了 18 种预设形状，可以制作出不同的凸出效果，如图 9-33 所示。

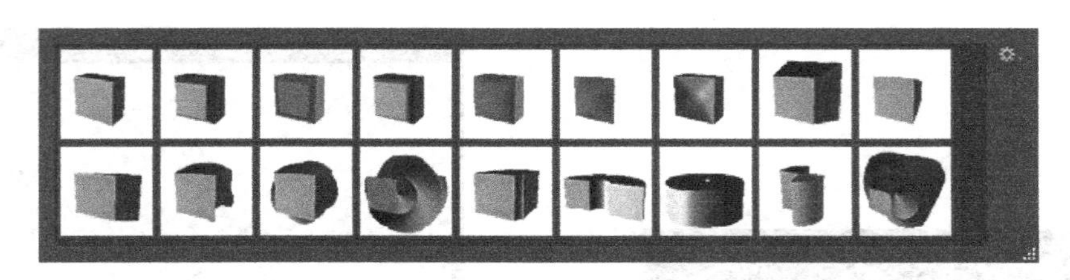

图 9-33　18 种预设形状

（5）变形轴：设置 3D 网格变形轴。

（6）纹理映射：在“纹理映射”下拉列表框中可以指定不同的纹理映射的类型，包括缩放、平铺和填充。

① 缩放：根据凸出网格的大小自动调整纹理映射的大小。

② 平铺：以纹理映射的固有尺寸平铺显示。

③ 填充：以原有纹理映射的尺寸显示。

（7）凸出深度：可以设置凸出的深度。图 9-34 的左图和右图分别所示的是深度为 1500 和 100 的效果。

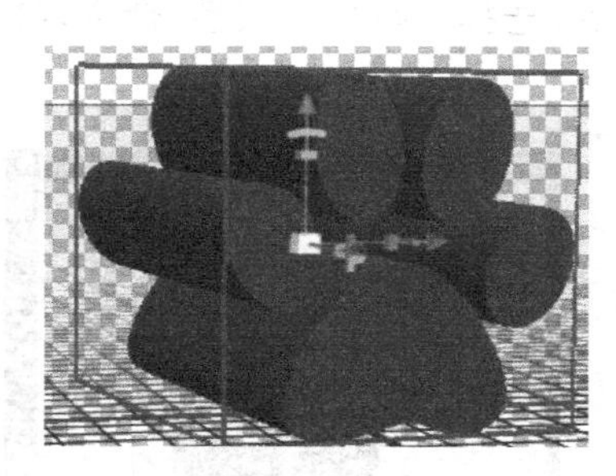

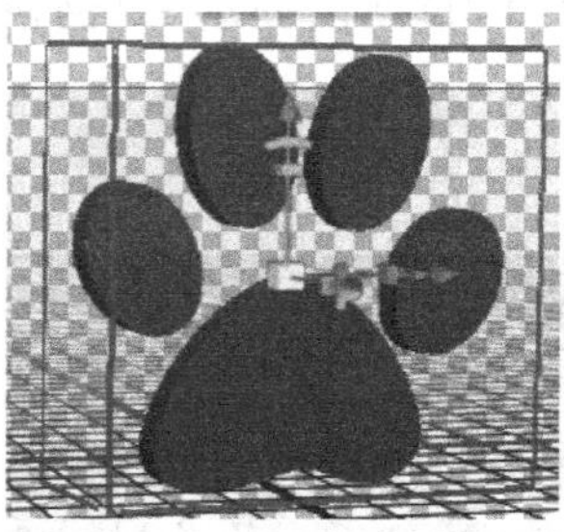

图 9-34　左图为深度 1500 的效果，右图为深度 100 的效果

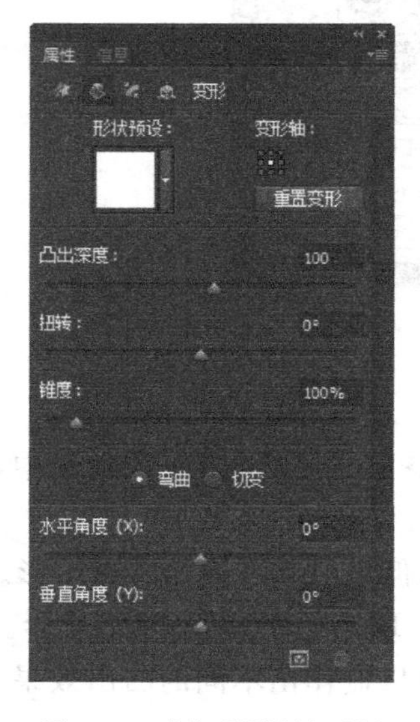

图 9-35　“变形”属性面板

（8）编辑源：可以对 3D 凸出之前的对象进行修改。

（9）渲染：单击属性面板下方的按钮，可以对 3D 网格进行渲染。

2.　3D 属性的变形设置

在属性面板上单击按钮，切换到“变形”属性面板，如图 9-35 所示。可以按 V 键在网格、变形、盖子和坐标之间进行切换。

（1）扭转：将 3D 网格沿 Z 轴旋转，如图 9-36 所示为扭转 90°的效果。

（2）锥度：将 3D 网格沿 Z 轴锥化，如图 9-37 所示为锥度 150%的锥化效果。

（3）弯曲：使 3D 网格产生弯曲。如图 9-38 所示为水平角度为 30°、垂直角度为 30°的弯曲效果。

（4）切变：使 3D 网格产生倾斜。如图 9-39 所示为水平角度为 30°、垂直角度为 30°的切变效果。

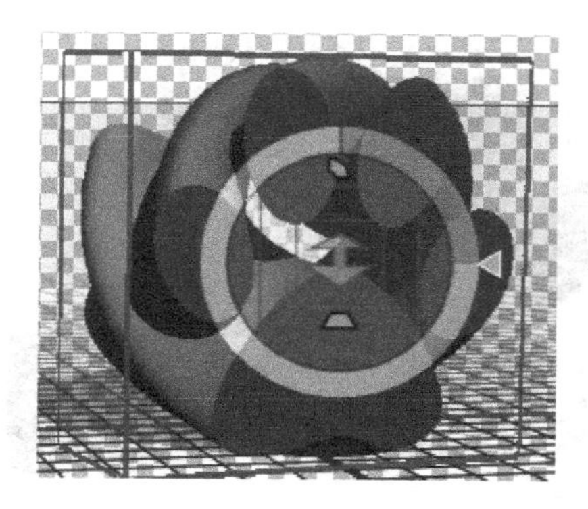

图 9-36　扭转 90°的效果

图 9-37　锥度为 150%的效果

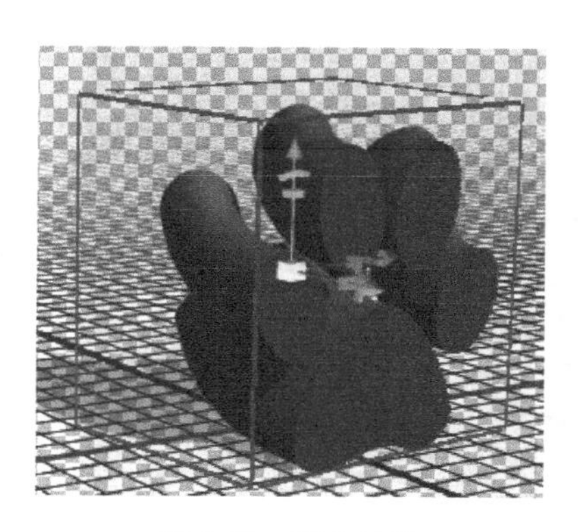

图 9-38　弯曲效果

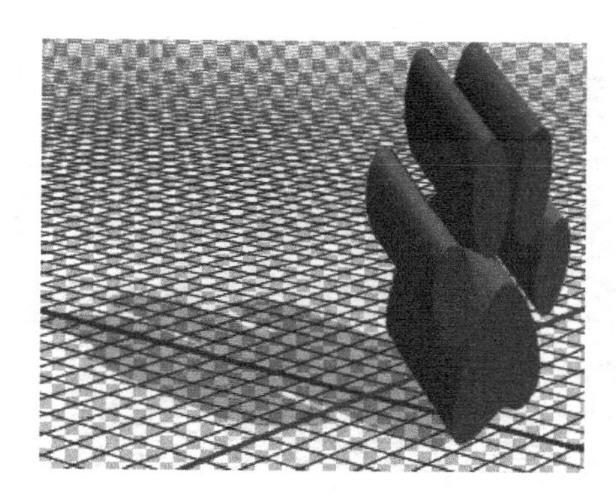

图 9-39　切变效果

3. 3D 属性的盖子设置

在属性面板中单击按钮，切换到“盖子”属性面板，如图 9-40 所示。盖子是指 3D 网格的前部或背部部分。

(1) 边：选择要倾斜或者膨胀的侧面，可以选择“前部”“背部”和“前部和背部”。

(2) 斜面：设置斜面的宽度和角度。如图 9-41 所示为宽度为 30%、角度为 50°的斜面效果。

(3) 等高线：可以选择不同的等高线效果，如图 9-42 所示。宽度和角度都非零时可以显示出等高线效果。

(4) 膨胀：设置膨胀的角度和强度。如图 9-43 所示为角度 90°、强度为 30%的膨胀效果。

(5) 重置变形：所有参数归为默认值。

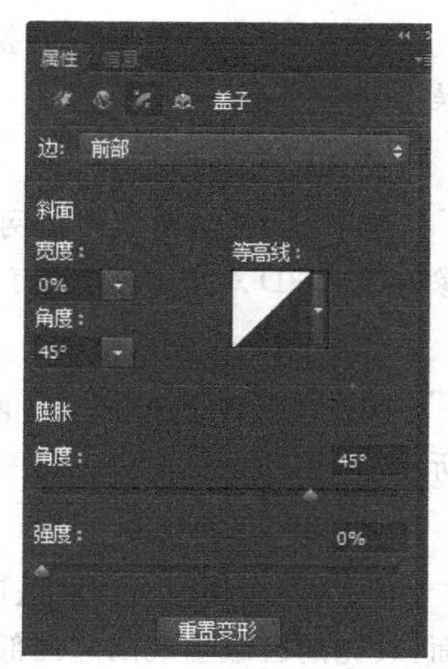

图 9-40　“盖子”属性面板

4. 3D 属性的坐标设置

在属性面板中单击，切换到“坐标”属性面板，如图 9-44 所示。可以准确地对 3D 网格进行移动、旋转和缩放操作。

图 9-41 斜面效果

图 9-42 等高线效果

图 9-43 膨胀效果

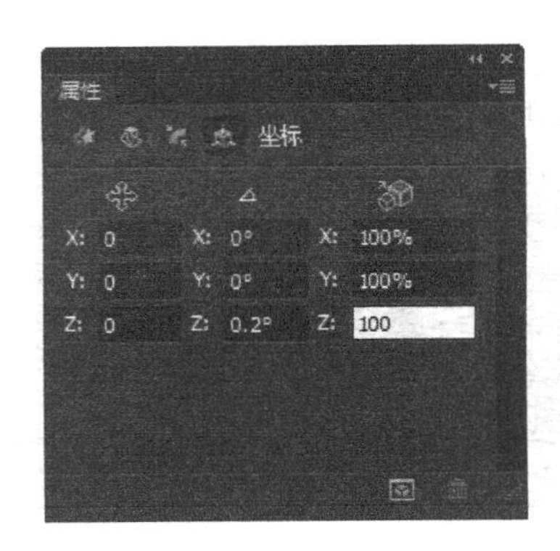

图 9-44 “坐标”属性面板

9.5 3D 对象

Photoshop CS6 可以转换 2D 图像为各种基本的 3D 对象，然后对 3D 对象执行相应操作。

1. 创建 3D 明信片

选择 3D|“从图层新建网格”|“创建 3D 明信片”命令，即可创建 3D 明信片。将 2D 图像转换成 3D 对象，使其具有 3D 的属性，如图 9-45 所示。

2. 创建 3D 网格预设

将 2D 图像转换成 3D 网格预设，如锥形、立方体、圆柱体等网格对象，如图 9-46 所示。

3. 创建深度映射

创建深度映射可以将灰度图像转换为深度映射，从而将明度值转换为深度不一的表面，较亮的区域生成凸起的部分，较暗的区域生成凹下去的部分，如图 9-47 左图为原图，右图为创建深度映射后的效果。

图 9-45　创建 3D 明信片

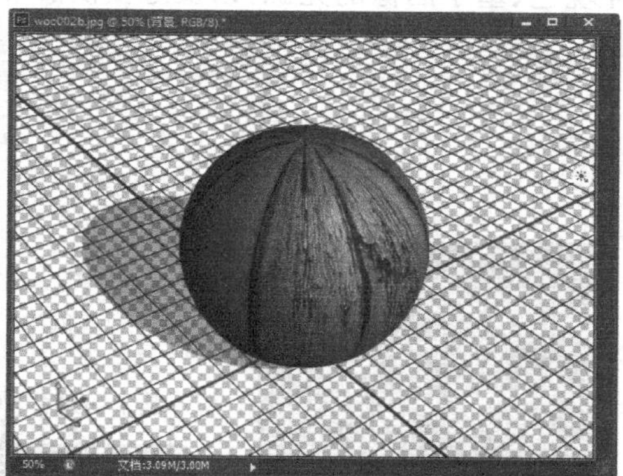

图 9-46　创建 3D 网格预设

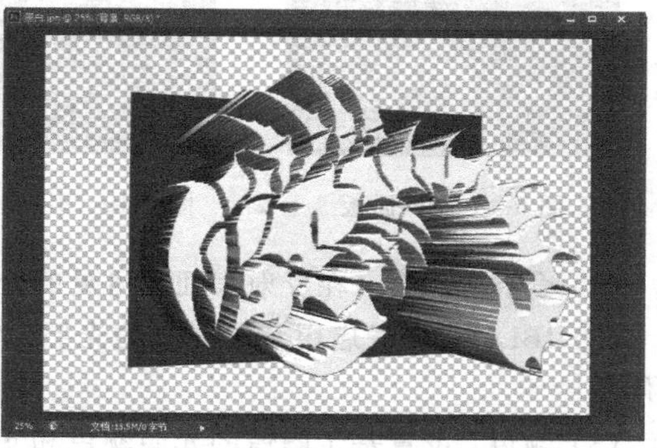

图 9-47　原图和创建深度映射后的效果

提示：如果将 RGB 图像创建为网格时，则绿色通道会被用于生成深度映射，或者把图像转换成灰度模式(选择“图像”|“模式”|“灰度”命令，或使用“图像”|“调整”|“黑白”命令转换成灰度模式)。

9.6 3D 面板

1. 3D 面板

新建一个文档的时候，选择“视图”|3D 命令，即可打开 3D 面板，如图 9-48 所示。利用 3D 面板，可以根据需要创建各种 3D 对象。

2. 3D 属性面板

新建 3D 对象之后，3D 面板变为 3D 属性面板，如图 9-49 所示。

3D 属性面板包含 4 个常用的属性面板：整个场景、网格、材质和灯光。单击各个属性前面的 按钮，可以隐藏和显示所选属性。

3. 设置环境

单击 3D 面板上的 按钮，可以打开“环境”属性面板，如图 9-50 所示。可以设置全局环境色、基于图像的光源，以及地面阴影和反射等参数。

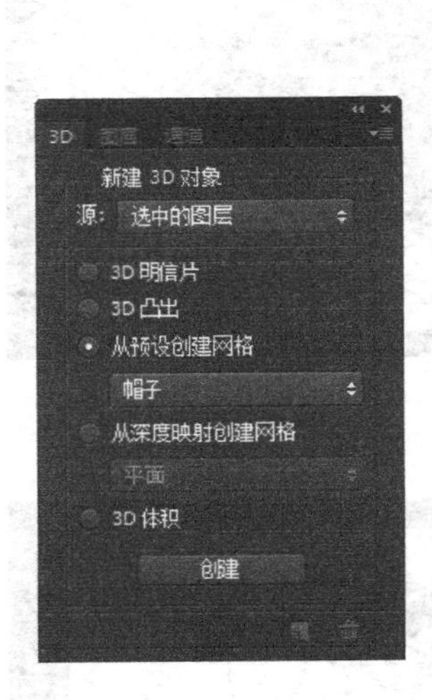

图 9-48 3D 面板

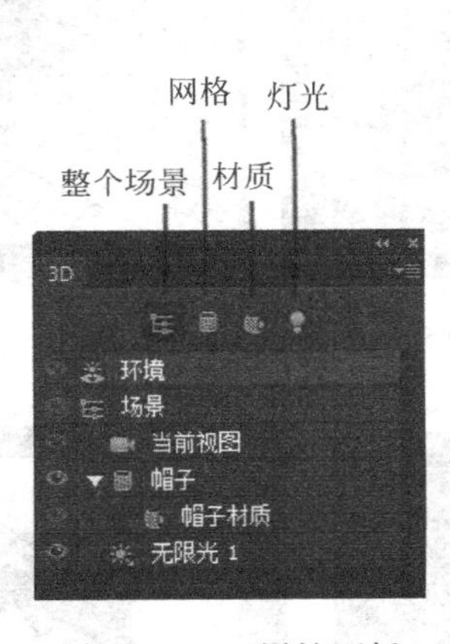

图 9-49 3D 属性面板

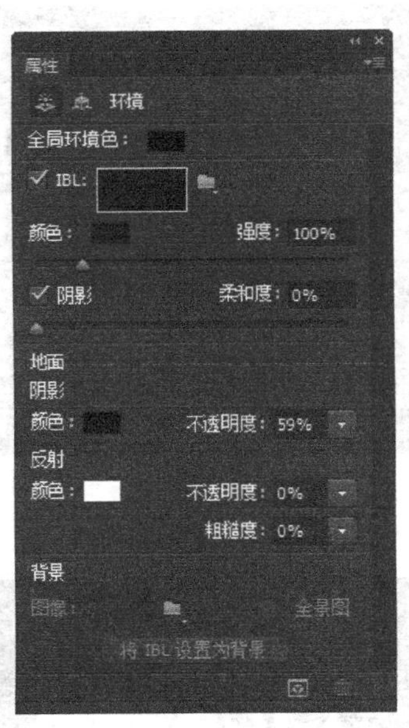

图 9-50 “环境”属性面板

(1) 全局环境色：在反射表面上可见的全局环境光的颜色。

(2) IBL：为场景启用基于图像的光照。单击 IBL 后面的 ，可以打开作为光照的文件。

(3) 颜色：设置基于图像的光照颜色和光照强度。

(4) 阴影：设置地面光照的阴影和柔和度。

(5) 地面阴影颜色：设置投射到地面的阴影颜色。

(6) 地面阴影不透明度：设置投射到地面的阴影的不透明度。

(7) 反射：设置地面反射的颜色、不透明度和粗糙度。

(8) 背景：将图像作为背景使用。

(9) 全景图：将背景图像设置为全景图。

(10) 将 IBL 设置为背景：将背景图像设置为基于图像的光照图。

4. 设置 3D 相机

单击按钮，打开“3D 相机”属性面板，如图 9-51 所示。

(1) 视图：选择要显示的相机或者视图。

(2) 透视：使用视角显示视图时，显示汇集成消失点的平行线。

(3) 正交：使用缩放显示视图时，保持平行线不相交，在精确地缩放时图中显示模型，而不会出现任何透视扭曲。

(4) 视角：设置相机的镜头大小、选择镜头的类型。

(5) 景深距离：决定焦距位置到相机的距离。

(6) 景深深度：可以使图像的其余部分模糊化。

(7) 立体：选中此项，启动立体视图功能，包括浮雕装饰、并排和透镜 3 种类型。

5. 设置 3D 材质

单击按钮，可以打开“材质”属性面板，如图 9-52 所示。

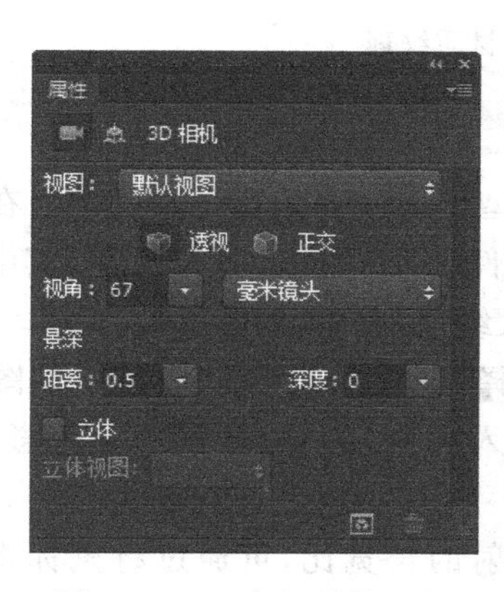

图 9-51 3D 相机属性面板

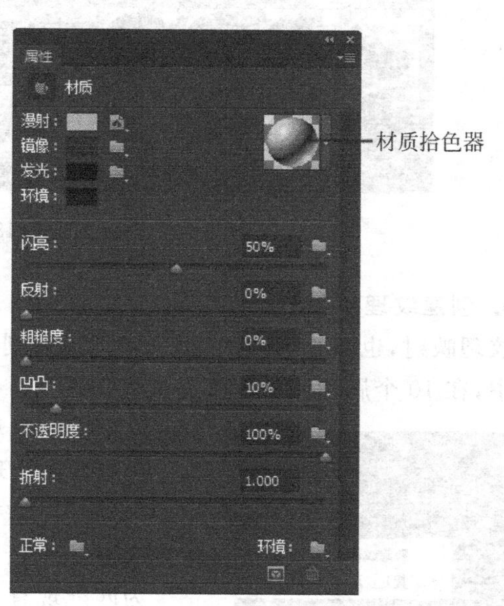

图 9-52 “材质”属性面板

(1) 漫射：在光照条件好的情况下物体所反射的颜色，又被称为物体的“固有色”，也就是物体本身的颜色。

(2) 镜像：为镜面属性设置的显示颜色。

(3) 发光：使用“漫射”颜色替换网格上的任何阴影，从而创建出白炽灯效果。

(4) 环境：设置在反射表面上可见的环境光的颜色，该颜色与用于整个场景的全局环境色相互作用。

(5) 闪亮：增加 3D 场景、环境映射和材质表面上的光泽。

(6) 反射：增加 3D 场景、环境映射和材质表面上其他对象的反射。

(7) 粗糙度：增加材质表面的粗糙度。

(8) 凹凸：在材质表面创建凹凸，无须改变底层网格。凹凸映射是一种灰度图像，其中较亮的数值用于创建突出的表面区域，较暗的数值创建平坦的表面区域。用户可以创建或载入凹凸映射文件，或直接在模型上绘画以自动创建凹凸映射文件。

(9) 不透明度：增加或减少材质的不透明度(在 0～100%范围内)。可以使用纹理映射或小滑块来控制不透明度。纹理映射的灰度值控制材质的不透明度，白色创建完全的不透明度，黑色创建完全的透明度。

(10) 折射：可以设置折射率。两种折射率不同的介质(如空气和水)相交时，光线方向发生改变，即产生折射。新材质的默认值是 1.0(空气的近似值)。

(11) 正常：设置材质的正常材质映射。

(12) 材质拾色器：在材质拾色器中可以快速运用材质预设纹理，软件共提供了 18 种默认材质纹理，如图 9-53 所示。

图 9-53 软件提供的 18 种默认材质纹理

6. 创建纹理映射

纹理映射，也叫纹理贴图，把一张图像贴到 3D 模型的表面上来增强真实感。在材质面板中，在 10 个属性面板上都有文件夹按钮。单击文件夹按钮，可以弹出菜单，其中包含“新建纹理”命令和“载入纹理”命令，如图 9-54 所示。

图 9-54 创建纹理映射

(1) 新建纹理。选择“新建纹理”命令，打开如图 9-55 所示“新建”对话框。输入名称、尺寸、分辨率和色彩模式，单击“确定”按钮。

为匹配现有纹理映射的长宽比，可通过将鼠标指针悬停在“图层”面板中的纹理映射名称上来查看其尺寸。

新纹理映射的名称会显示在“材质”面板中纹理映射类型的旁边，该名称还会添加到“图层”面板中“3D 图层”下的纹理列表中，默认名称为材质名称并附加纹理映射的类型。

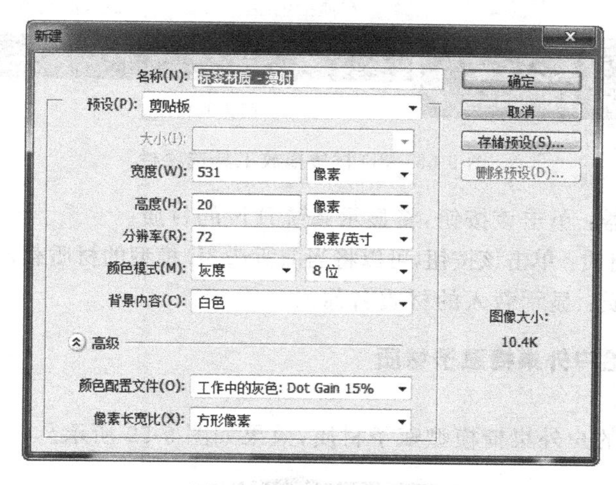

图 9-55　新建纹理映射

(2) 载入并编辑纹理。选择“载入纹理”命令，可以载入 10 个可用纹理映射类型中任何一个 2D 纹理文件。载入纹理之后，单击 按钮，弹出菜单，其中包含“编辑纹理”“编辑 UV 属性”等 5 种快捷操作命令，如图 9-56 所示。

选择“编辑纹理”命令，可以用打开文件的方式打开纹理文件，用户可以在新文件中对纹理进行编辑。保存后，新纹理将应用到 3D 网格上。

选择“编辑 UV 属性”命令，打开如图 9-57 所示对话框。

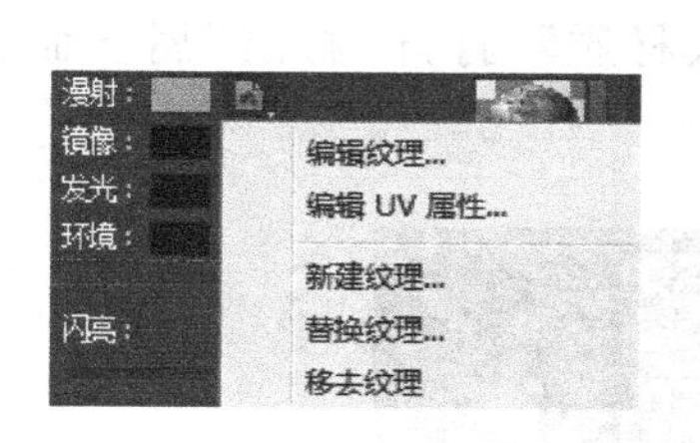

图 9-56　载入纹理

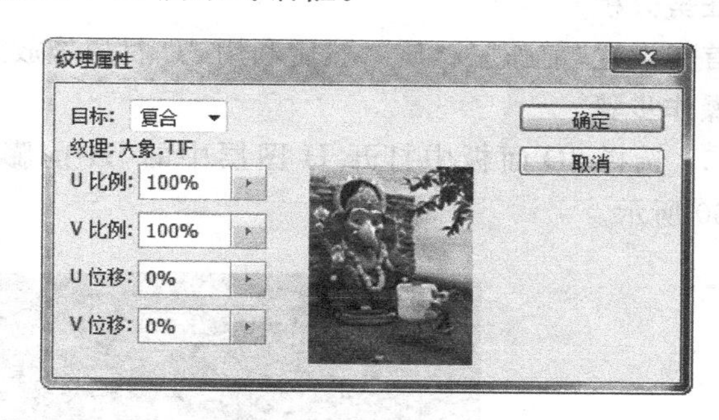

图 9-57　编辑 UV 属性

① 目标：设置应用于特定图层还是复合图像。

② 纹理：显示纹理的文件名。

③ U 和 V 比例：调整映射纹理的大小。降低两个比例数值，可以创建重复图案。

④ U 和 V 位移：调整映射纹理的位置。

7. 直接选取对象上的材质

Photoshop CS6 的渐变工具组中新增了一个可以填充 3D 材质的工具 3D 材质拖放工具，如图 9-58 左图所示。选择该工具，显示如图 9-58 右图所示工具选项栏。3D 材质拖放工具的工作方式与传统的油漆桶工具非常相似，能够直接在 3D 对象上对材质进行取样并应用这些材质。

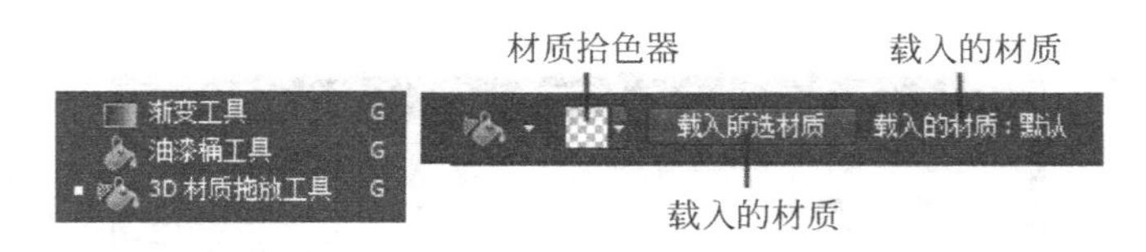

图 9-58 3D 材质拖放工具选项栏

(1) 材质拾色器：单击该按钮，将显示系统预设的材质。

(2) 载入所选材质：单击该按钮，可以将当前所选 3D 模型的材质载入材质油漆桶中。

(3) 载入的材质：显示载入的材质名称。

任务 3 给户外桌椅赋予材质

任务要求

给任务 2 完成的户外桌椅模型赋予材质，效果如图 9-59 所示。

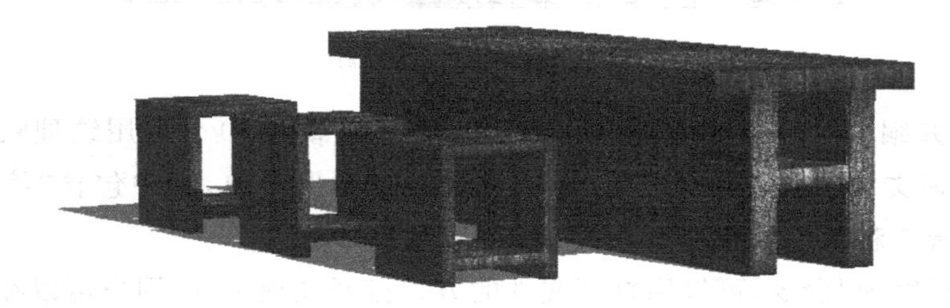

图 9-59 添加材质后的效果

任务分析

首先设置"前膨胀材质"，然后利用 3D 材质拖放工具给其他部分设置材质。

操作步骤

(1) 选择 3D 面板中打开 H 图层中的"H 前膨胀材质"，打开"材质"属性面板，如图 9-60 所示。

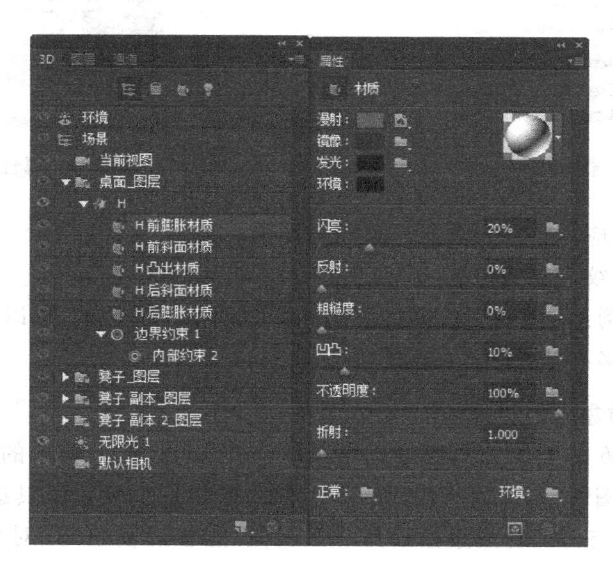

图 9-60 "材质"属性面板

(2) 单击“漫射”后面的按钮,选择“载入纹理”命令,打开“打开”对话框,选择“素材\第9章\木纹.jpg”文件。选择“编辑UV属性”命令,设置U比例为100%,V比例为100%,U位移为0,V位移为0,如图9-61所示。

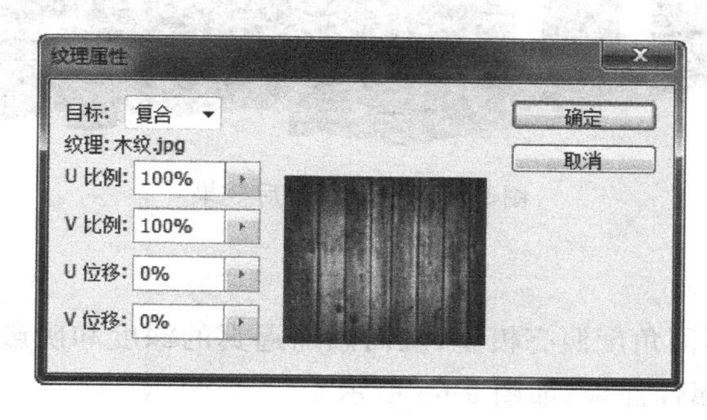

图9-61　编辑UV属性

(3) 打开“素材\第9章\木纹.jpg”文件,选择“图像”|“调整”|“去色”命令。将图片另存为“木纹黑白.jpg”。

提示:在材质设置中凹凸贴图和不透明度贴图只识别黑白模式,所以要先把有颜色的图片变为黑白模式。

(4) 单击“凹凸”后面的按钮,选择“载入纹理”命令,打开“打开”对话框,选择“素材\第9章\木纹黑白.jpg”文件。设置“凹凸”值为20%,如图9-62所示。为了能使凹凸贴图与木纹贴图对应上,需要设置“编辑UV属性”,设置U比例为100%,V比例为100%,U位移为0,V位移为0。

图9-62　设置凹凸问题数值

(5) 在工具箱中选择3D材质拖放工具,按住Alt键,单击刚刚设置的“H前膨胀材质”,松开Alt键,单击三把椅子的前膨胀材质和H凸出材质部分,效果如图9-63所示。

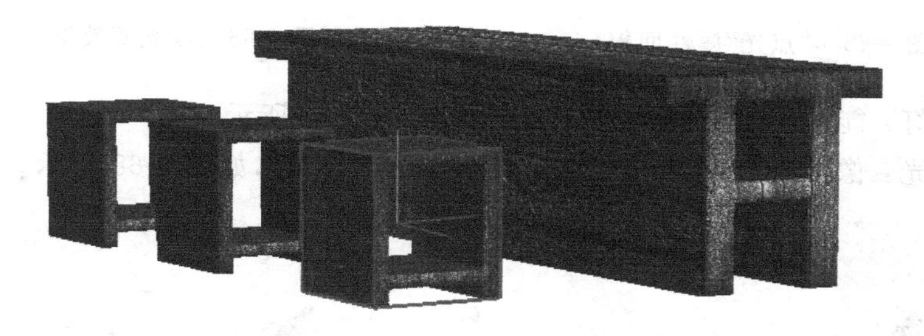

图9-63　材质设置效果

(6) 选择3D面板中打开H图层中的“H凸出材质”命令,打开“材质”属性面板。单击“漫射”后面的按钮,设置U比例为500%,V比例为500%,U位移为0,V位移为0。单击“凹凸”后面的按钮,设置“编辑UV属性”,设置U比例为500%,V比例为500%,U位移为0,V位移为0。在工具栏中选择3D材质拖放工具,按住Alt键,单击刚刚设置的“H凸出材质”,松开Alt键,单击三把椅子的凸出材质部分,效果如图9-64所示(参考“答案\第9章\户外桌椅材质.psd”文件)。

图 9-64　材质设置后效果

8. 设置 3D 光源

3D 光源可以从不同角度照亮模型，从而添加逼真的深度和阴影。单击 3D 面板上的按钮，打开“点光”属性面板，如图 9-65 所示。

(1) 预设：软件共有 15 种预设光源供选择。也可以通过“存储”命令自定义光源预设。

(2) 类型：共有 3 种光源类型，分别是点光、聚光灯和无限光。切换灯光类型时，面板的参数选项也会有一些变化。

① 点光源：像灯泡一样，可以向各个方向照射，如图 9-66 所示。

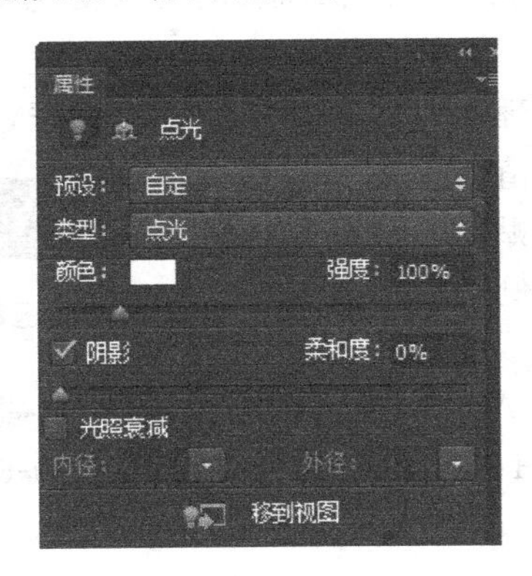

图 9-65　“点光”属性面板

图 9-66　点光源效果

② 聚光灯：能够射出可调整的锥形光线，如图 9-67 所示。

③ 无限光：像太阳光一样，可以从一个方向平面照射，如图 9-68 所示。

图 9-67　聚光灯效果

图 9-68　无限光效果

(3) 颜色：设置光源的颜色。

(4) 强度：设置光源的光照强度。

(5) 阴影：从前景表面到背景表面、从单一网格到其自身或从一个网格到另一个网格的投影。

(6) 柔和度：模糊阴影边缘，产生逐渐的衰减。

(7) 光照衰减：选中该项，即可修改参数。“内径”和“外径”选项决定锥形衰减以及光源强度随对象距离的增加而减弱的速度。对象接近“内径”限制时，光源强度最大；对象接近“外径”限制时，光源强度为零；处于中间距离时，光源从最大强度线性衰减为零。

(8) 移到视图：将光源移动到当前视图。

任务 4 给户外桌椅打上灯光

任务要求

在完成任务 3 之后，给户外桌椅添加背景，并设置灯光，使场景更加真实，效果如图 9-69 所示。

图 9-69 添加背景和打光后的效果

任务分析

首先给户外桌椅添加背景，然后设置主光源参数，再新建一个次光源并进行设置。

操作步骤

(1) 打开“素材\第 9 章\校园.jpg”文件，按 Ctrl+T 键，调整大小，并放置于“桌面”3D 图层之下，如图 9-70 所示。

(2) 选择移动工具，单击场景空白处，出现对场景操作的 3D 模式按钮 3D 模式: 。单击“移动 3D 对象”按钮 ，将桌椅移动到合适位置，然后单击“旋转 3D 对象”按钮 进行旋转，旋转效果如图 9-71 所示。

(3) 选择 3D 面板中的灯光选项，选择“无限光 1”，如图 9-72 所示。在“灯光”属性面板中设置灯光强度为 85%，阴影柔和度为 30%，如图 9-73 所示。旋转无限光到如图 9-74 所示位置，以模拟真实场景效果。

图 9-70 添加背景

图 9-71 移动和旋转对象后效果

图 9-72 灯光面板

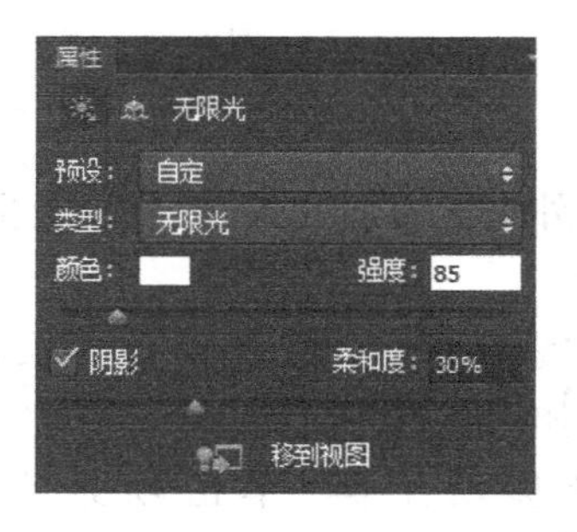

图 9-73 设置灯光属性

(4) 单击“灯光”属性面板下面的“新建光源”按钮 ，新建一个“无限光 2”作为辅助光源。单击“无限光 2”，在“灯光”属性面板中设置灯光强度为 30%，取消阴影。旋转“无限光”到如图 9-75 所示位置(参考“答案\第 9 章\户外桌椅灯光.psd”文件)。

图 9-74　旋转无限光(1)

图 9-75　旋转无限光(2)

9. 设置渲染

单击按钮,打开“场景”属性面板,如图 9-76 所示。

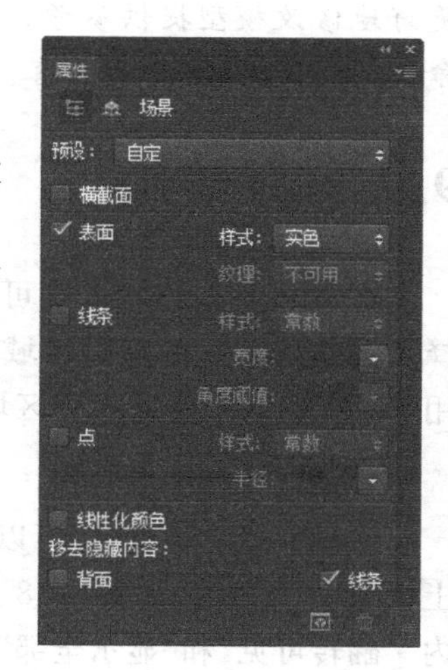

图 9-76　“场景”属性面板

(1) 预设：软件提供了 20 种渲染预设,默认的渲染预设为“实色”,即显示模型的空间表面。

(2) 横截面：选中此项,将显示设置 3D 模型横截面的面板,可以对其中的参数进行设置,以添加切片的轴,设定切片的位移和倾斜角度等。选中“平面”项,会显示横截面的平面,如图 9-77 所示为不选中和选中“平面”选项的效果。

(3) 表面：该选项决定如何显示模型表面。

(4) 样式：Photoshop CS6 共提供了 11 种样式供用户选择。

(5) 线条：“边缘”选项决定线框线条的显示方式。

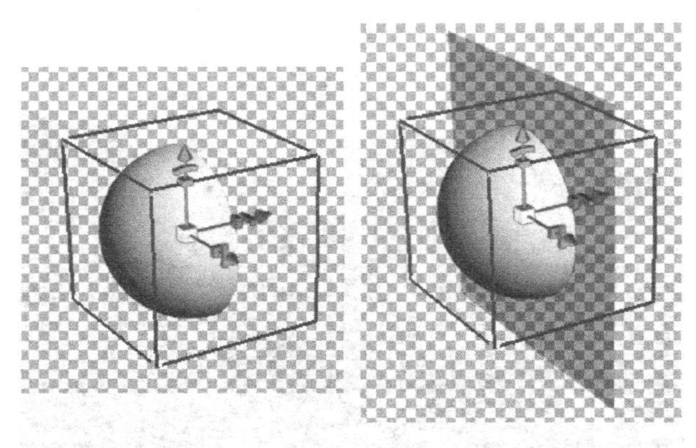

图 9-77 左图为不选中“平面”的效果，右图为选中“平面”效果

(6) 点：“顶点”选项调整顶点的外观(组成线框模型的多边形相交点)。

(7) 线性化颜色：选中该选项，将以线性化显示场景中的颜色。

(8) 背面：选中该项，将隐藏的背面移除，不再显示。

(9) 线条：选中该项，将隐藏的线条移除，不再显示。

10. 最终渲染输出 3D 文件

完成 3D 文件的处理之后，可创建最终渲染以产生用于 Web、打印或动画的最高品质输出。最终渲染使用光线跟踪和更高的取样速率以捕捉更逼真的光照和阴影效果。

使用最终渲染模式以增强 3D 场景中的下列效果。

(1) 基于光照和全局环境色的图像。

(2) 对象反射产生的光照(颜色出血)。

(3) 减少柔和阴影中的杂色。

提示：最终渲染可能需要很长时间，具体取决于 3D 场景中的模型、光照和映射。若要提高效率，可以只渲染模型的局部，再从中判断整个模型的最终效果是否满意，以便为更好地修改模型提供参考。使用选取工具在模型上创建一个选区，然后选择 3D|“渲染”命令，即可渲染选中的内容。

9.7 3D 绘画

在 Photoshop CS6 中可以使用任何绘画工具直接在 3D 模型上绘画，也可以使用选择工具选取特定的模型区域作为绘画目标，或者识别并高亮显示可绘画的区域，还可以使用 3D 功能移除模型部分区域，从而访问内部或隐藏的部分，以便进行绘画。

1. 显示/隐藏多边形

在编辑 3D 网格时，可以根据需要显示或隐藏多边形。先利用各种选区工具，在模型上设置一个选区，如图 9-78 所示。然后选择 3D|“显示/隐藏多边形”命令，可以使用“选区内”“翻转可见”和“显示全部”3 条命令实现操作。选择“选区内”效果如图 9-79 所示，选择“翻转可见”效果如图 9-80 所示。

图 9-78　绘制选区

图 9-79　选择“选区内”的效果

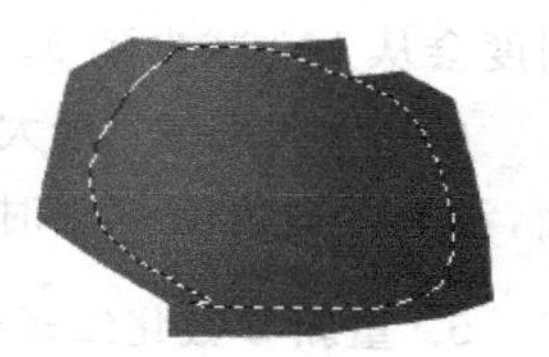

图 9-80　“翻转可见”的效果

2. 选择可绘画区域

直接在模型上绘画与直接在 2D 纹理上绘画是不同的，有时画笔在模型上看起来挺大，但是相对于纹理来说可能要比实际小很多，因此，只观看 3D 模型无法明确判断是否可以成功地在某些区域绘画。选择 3D|“选择可绘画区域”命令，即可选择模型上可以绘画的最佳区域。

3. 在目标纹理上绘画

使用绘画工具直接在 3D 模型上绘画时，不同的纹理需要使用不同的绘制效果。如果需要在纹理上绘制凹凸效果，则需要该模型具有凹凸属性。

(1) 选择 3D|“从文件新建 3D 图层”命令，打开“\素材\第 9 章\茶壶. 3DS”文件，替换其凹凸纹理。效果如图 9-81 所示。

(2) 选择 3D|“在目标纹理上绘画”|“凹凸”命令。

(3) 选择画笔工具，设置画笔样式为枫叶，在纹理上绘制，效果如图 9-82 所示（参考“答案\第 9 章\绘制纹理. psd”文件）。

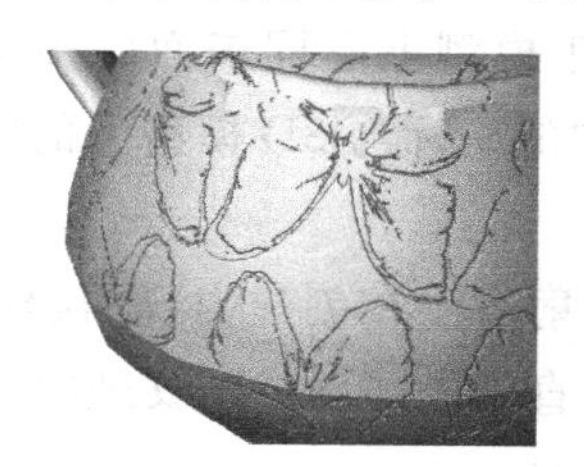

图 9-81　设置凹凸纹理贴图

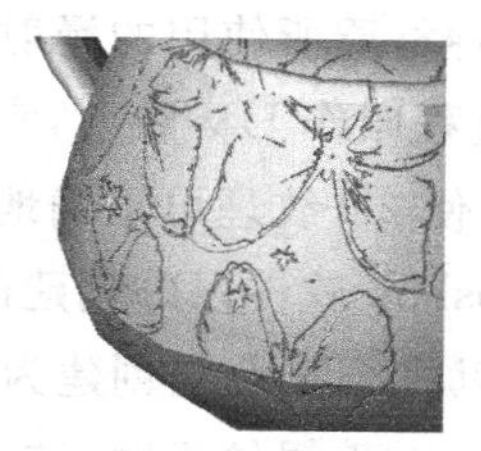

图 9-82　在目标纹理上绘制凹凸纹理

4. 设置 3D 绘画衰减角度

3D 绘画衰减角度控制表面在正面视图弯曲时的油彩使用量，是根据朝向用户的模型表面凸出部分的直线来计算的。例如，在一个球体模型上制作地球效果时，当球体面对用户时，地球正中心的衰减角度为 0°，随着球体的弯曲，衰减角度逐渐增大，并在球体边缘处达到最大值 90°。选择 3D|“绘画衰减”命令，打开“3D 绘画衰减”对话框，如图 9-83 所示。

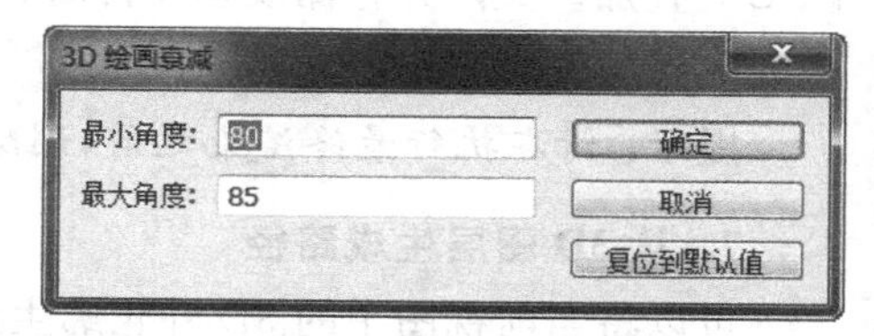

图 9-83　“3D 绘画衰减”对话框

(1) 最小角度：最小绘画衰减角度设置绘画随着接近最大衰减角度而渐隐的范围。例如，如果最大衰减角度为45°，最小衰减角度为30°，那么在30°～45°的衰减角度之间绘画的不透明度会从100减少到0。

(2) 最大角度：最大绘画衰减角度在0°～90°之间，0°时，绘画仅应用于正对前面的表面，没有减弱角度；90°时，绘画可沿弯曲的表面延伸至其可见边缘。

5. 重新参数化纹理映射

效果较差的纹理映射会在模型表面外观中产生明显的扭曲，如多余的接缝、纹理图案中的拉伸或挤压区域。使用"重新参数化"命令可将纹理重新映射到模型，以校正扭曲并创建更有效的表面覆盖，如图9-84左图所示。使用"低扭曲度"重新参数化的纹理如图9-84中间图所示，使用"较少接缝"重新参数化的纹理如图9-84右图所示。

图9-84 重新参数化纹理映射的不同效果

(1) 选择3D|"从文件新建3D图层"命令，替换纹理。

(2) 选择3D|"重新参数化"命令，单击"确定"。

(3) 选取重新参数化选项。

6. 创建绘图叠加

3D模型上多种材质所使用的漫射纹理文件可应用于模型上不同表面的多个内容区域的编组。这个过程叫作UV映射，它将2D纹理映射中的坐标与3D模型上的特定坐标相匹配。UV映射使2D纹理可正确地绘制在3D模型上。

对于在Photoshop软件以外创建的3D内容，UV映射发生在创建内容的程序中。然而，Photoshop可以将UV叠加创建为参考线，帮助用户直观地了解2D纹理映射如何与3D模型表面匹配。在编辑纹理时，这些叠加可作为参考线。

(1) 单击"图层"面板中的"纹理"选项以打开进行编辑。

提示：只有当纹理映射是打开的并且是当前窗口时，才可启用"创建UV叠加"命令。

(2) 选择3D|"创建绘图叠加"命令，然后选择叠加选项。

UV叠加作为附加图层添加到纹理文件的"图层"面板中。可以显示、隐藏、移动或删除UV叠加。关闭并存储纹理文件时，或从纹理文件切换到关联的"3D图层"时，叠加会出现在模型表面。

提示：请在执行最终渲染之前，删除或隐藏UV叠加。

7. 从3D图层生成路径

可以将当前视图中的3D外轮廓生成工作路径。

9.8 导出和存储3D文件

要保留文件中的3D内容,必须以Photoshop的标准格式或其他支持3D内容的图像格式存储文件;还可以用支持3D的文件格式将3D图层导出为文件。

1. 导出3D图层

可以用以下所有支持3D的格式导出3D图层:Collada DAE、Wavefront/OBJ、U3D和Google Earth 4 KMZ。选取导出格式时,需考虑以下因素。

(1) 纹理图层用所有3D文件格式存储。

(2) U3D只保留"漫射""环境"和"不透明度"纹理映射。

(3) Wavefront/OBJ格式不存储相机设置、光源和动画。

(4) 只有Collada DAE会存储渲染设置。

要导出3D图层,需要执行以下操作。

(1) 选择3D|"导出3D图层"命令。

(2) 选择导出纹理的格式。U3D和KMZ支持JPEG或PNG作为纹理格式。DAE和OBJ支持所有Photoshop用于纹理的图像格式。如果导出为U3D格式,请选择编码选项。ECMA 1与Acrobat 7.0兼容。ECMA 3与Acrobat 8.0及更高版本兼容,并提供一些网格压缩。

(3) 单击"确定"按钮。

2. 存储3D图层

当用户完成3D模型设置后,可以将文件格式设置为PSD、PSB、TIFF或PDF来保存3D模型的位置、光源、渲染模式和横截面。

相关知识

Photoshop中所导入的格式最常见的就是.3ds格式,它是3ds max创建的文件格式,直接导入即可进行渲染。在Photoshop还没有3D功能之前,用户在3ds max中做完效果图的渲染之后,总是要导入Photoshop再做最后的完善。自从Photoshop有了3D功能,用户可以直接把3ds max制作的模型赋予一些基本材质之后导成.3ds格式,然后在Photoshop中进行完善,以达到更好的效果。

本章小结

本章主要学习了Photoshop CS6中的3D功能,通过对3D面板中网格、灯光和材质设置的学习,与2D图像的制作相结合,可以创作出更加真实美观的平面效果。

思考与练习

将“素材\第 9 章\练习素材”中的 1. png 和 2. png 合成如图 9-85 所示效果(参考“答案\第 9 章\练习答案”中的源文件“练习 1. psd”)。

图 9-85　练习 1

提 高 篇

每当翻开一本设计精美的画册，在网上看到具有创意的平面广告，或者在逛街时看到琳琅满目的外包装袋时，大家都会惊叹设计师所带给人们的奇妙视觉感受。

现在计算机辅助设计已经渗透到设计的各个领域，Photoshop 在设计上的应用已经相当广泛，对平面设计师、室内设计师、网页设计师及三维动画设计师而言，Photoshop 无疑能提供巨大的帮助。设计师把本来平凡的图片、文字根据用户的需求，并按照一定的设计规律，加上自己独特的创意，把一些概念和思想通过精美的构图、文字和色彩传达给大众。

本篇分为 4 章：

第 10 章　海报设计制作

第 11 章　包装设计制作

第 12 章　网页设计制作

第 13 章　室内效果后期制作

第10章

海报设计制作

本章介绍海报设计的基础知识，并通过一个电影海报和一个灯箱广告的实例设计来学习如何利用Photoshop进行海报的制作。

学习目标

- 了解海报的定义和种类
- 了解海报设计常识
- 熟悉Photoshop CS6的文字工具、图层样式以及滤镜等命令的运用

10.1 海报设计概述

海报又称招贴，是贴在墙面、车辆等公共场所的印刷广告，其主要功能在于宣传，向消费者传递一个思想，或者表达一个主题。海报按照应用的不同，大致可分为商业海报、文化海报、电影海报和公益海报等几种。

10.2 海报设计常识

海报的标准尺寸为：13厘米×18厘米、19厘米×25厘米、30厘米×42厘米、42厘米×57厘米、50厘米×70厘米、60厘米×90厘米、70厘米×100厘米。最常见的是42厘米×57厘米、50厘米×70厘米两种尺寸的海报。有时会根据纸张的大小设计海报的大小，在印刷时尽可能的节约纸张，从而减少制作成本。

如果制作的作品需要喷绘，那就直接设置所需要的尺寸；但是如果作品是要印刷，那就需要做出血。出血是指加大产品外尺寸的图案，在裁切的位置加一些图案的延伸，专门给各生产工序在其工艺公差范围内使用，以避免裁切后的成品露出白边或裁到内容。海报制作尺寸分为设计尺寸和成品尺寸，设计尺寸总是比成品尺寸大，多出来的边是要在印刷后裁切掉的，这个要印出来并裁切掉的部分就称为印刷出血。一般制作海报时都会在上下左右各留出3毫米的出血，这是在进行制作时一定要注意的。

用Photoshop制作海报等印刷品时，新建文件应设置色彩模式为RGB模式，这是因为计算机显示的是RGB颜色，如用CMYK模式的话，设计的作品会出现偏色，建议买本

色标手册,直接设置颜色数值,以达到更准确的色彩。选择"视图"|"校样设置"|"工作中的 CMYK"命令,这样就会在 RGB 模式下工作,但是会用 CMYK 的预览方式去预览,最后在打印时转换成 CMYK 模式,再进行出片。

10.3 实例制作

本节以电影海报设计和灯箱广告设计为例,来学习海报的制作过程,并提高对 Photoshop CS6 中图层、蒙版、文本以及滤镜等工具综合运用能力。

10.3.1 设计制作电影海报

⚠ 任务1 《哈利波特 6》电影海报制作

任务要求

首先利用滤镜工具制作水晶球效果,然后使用文字工具制作海报标题,并通过"图层"面板上"添加图层样式"增强设计效果,如图 10-1 所示。

图 10-1 海报效果

任务分析

针对电影海报的制作,设计内容必须要符合电影内容。海报中的主要插图大部分来自电影本身,这些插图是最具魅力和生命气息的真实影像,能展现人物的命运,从而达到吸引观众的目的。对于电影海报的色彩,应用与电影的主题内容相一致的"色调"。比如动画片电影,应用的色彩是比较活泼的颜色,这样更能够表现电影的真实感。对于《哈利波特》这样的系列电影,电影名称的字体已经自成一家,并不需要再重新设计字体,只是对字体效果进行处理,所以在制作该海报时,要沿用原有字体,利用 Photoshop CS6 的工具和命令做出效果。

操作步骤

(1) 选择“文件”|“新建”命令(Ctrl＋N),打开“新建”对话框,设置文件名称为“Harry-potter 海报”,文件大小为 42.6 厘米×57.6 厘米,分辨率为 300 像素/英寸,色彩模式为 RGB 颜色、8 位,背景内容为白色,然后单击“确定”按钮,如图 10-2 所示。

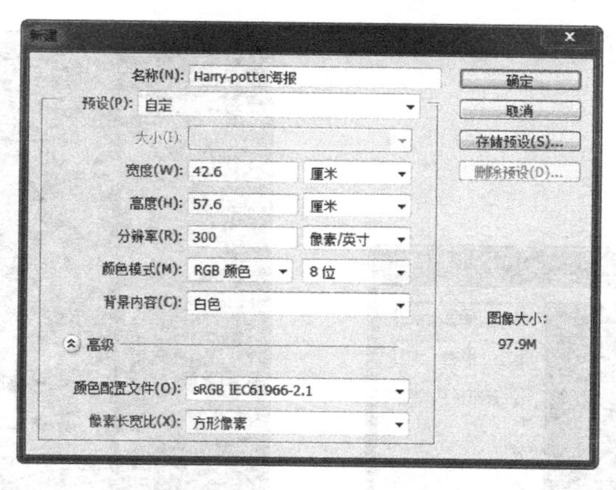

图 10-2　“新建”对话框

(2) 打开图像文件“素材 1.jpg”(素材\第 10 章\素材 1.jpg),利用 Ctrl＋A 键、Ctrl＋C 键和 Ctrl＋V 键把图像复制到新建文件中,此时系统会自动生成“图层 1”。接着按 Ctrl＋T 键调整大小与新建文档一致,如图 10-3 所示,然后删除背景图层。

(3) 单击“图层”面板中的“创建新的填充与调整图层”按钮,从弹出的菜单中选择“色相/饱和度”命令,打开“调整”对话框。调整“图层 1”的色相和饱和度,使人物色彩更加饱满真实,参数设置如图 10-4 所示。

图 10-3　复制素材 1 图像

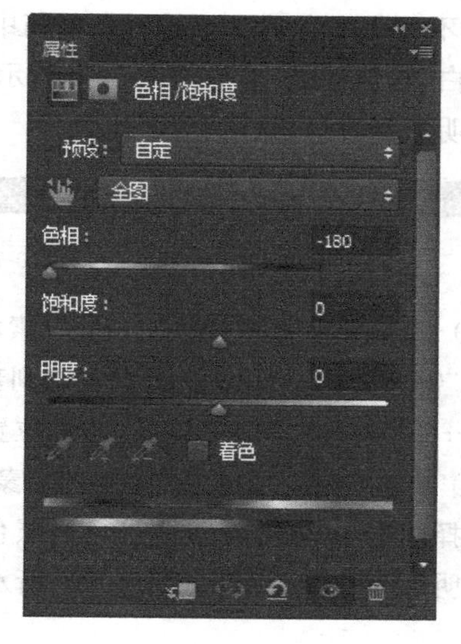

图 10-4　调整素材 1 色相

(4) 选择“图层 1”,选择“滤镜”|“模糊”|“高斯模糊”命令,打开“高斯模糊”对话框,设置“半径”为 9.0,如图 10-5 所示。

(5) 打开图像文件“素材 2.jpg”(素材\第 10 章\素材 2.jpg),利用 Ctrl+A 键、Ctrl+C 键和 Ctrl+V 键把图像复制到新建文件中,此时系统会自动生成“图层 2”,然后按 Ctrl+T 键调整素材 2 的大小和位置,如图 10-6 所示。

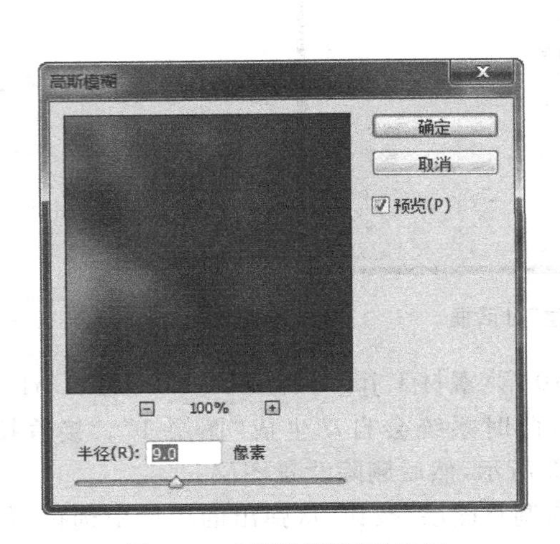

图 10-5 “高斯模糊”对话框

图 10-6 复制素材 2 图像并调整其大小

(6) 单击“图层”面板中的“添加图层蒙版”按钮,为“图层 2”增加蒙版。然后设置“图层 2”的不透明度为 70%。选择工具箱中的渐变工具,然后在工具选项栏中设置渐变颜色由黑到白,线性渐变,参数如图 10-7 所示,然后由下向上拖动鼠标,在“图层 2”蒙版上增加一个透明渐变效果,如图 10-8 所示。

图 10-7 设置渐变参数

(7) 打开图像文件“素材 3.jpg”(素材\第 10 章\素材\素材 3.jpg),利用 Ctrl+A 键、Ctrl+C 键和 Ctrl+V 键把图像复制到新建文件中,此时系统会自动生成“图层 3”,然后按 Ctrl+T 键调整“图层 3”的大小和位置,如图 10-9 所示。

(8) 单击“图层”面板中“添加图层蒙版”按钮,给“图层 3”增加一个蒙版,然后在工具栏中选择画笔工具,并设置前景色为黑色,涂抹“图层 3”,把多余背景去掉,再设置“图层 3”不透明度为 70%,效果如图 10-10 所示。

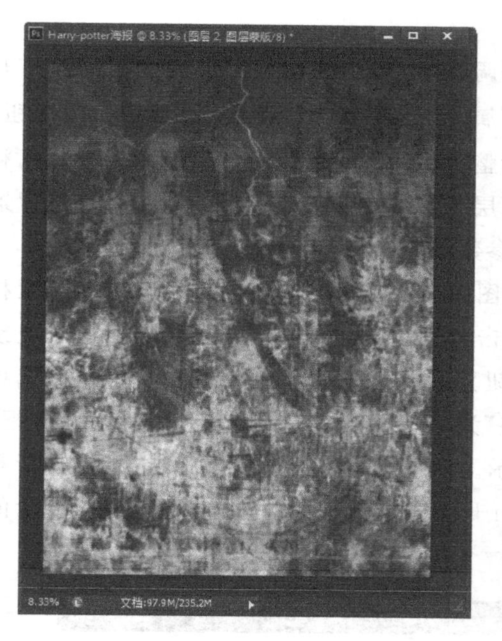

图 10-8 给“图层 2”增加蒙版

图 10-9 复制素材 3 图像

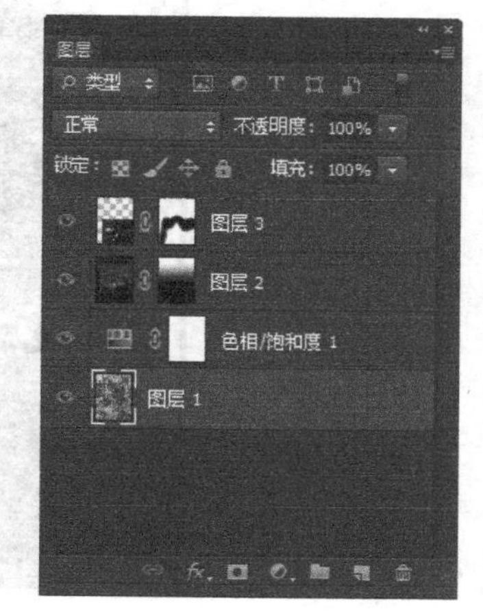

图 10-10 调整“图层 3”中的图像

提示：利用图层蒙版和工具箱中的“橡皮擦工具”同样能达到这样的效果，但是作为设计人员应该注意，设计是一个不断完善的过程，不可能一步到位，做出完美的作品，如果利用橡皮擦工具制作这一部分效果，除非是删除肯定不需要的一部分，否则将会给后面的制作带来麻烦，因此应该选择添加图层蒙版来制作这种效果，有利于在不满意时进行修改。

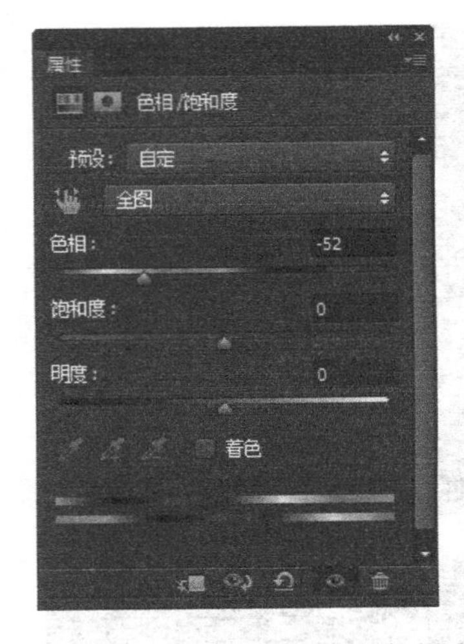

图 10-11 调整“图层 3”的色相/饱和度

(9) 单击“调整”面板中的“色相/饱和度”按钮，打开“色相/饱和度”属性面板。单击“调整”面板中按钮，使其变为“此调整剪切到此图层”，仅对当前图层进行色彩调整。调整“图层 3”的色相和饱和度，使“图层 3”与背景的色调一致。参数设置如图 10-11 所示。

(10) 打开图像文件“素材 4.jpg”(素材\第 10 章\素材 4.jpg)，然后双击背景图层，打开“新建图层”对话框，直接单击“确定”按钮。选择工具箱中的魔棒工具，在工具选项栏中设置“容差”为 20，选中“消除锯齿”和“连续”复选框，如图 10-12 所示。设置背景色为黑色，按 Delete 键进行删除，再按下 Ctrl＋D 键取消选区，得到如图 10-13 所示的效果。

取样大小: 取样点 容差: 20 消除锯齿 连续 对所有图层取样 调整边缘...

图 10-12 魔棒工具选项栏

图 10-13 删除背景后的效果

(11) 按住 Alt 键的同时单击工具箱中的橡皮擦工具(Shift＋E)来选择背景橡皮擦工具，并在工具选项栏中设置画笔“大小”为 40 像素，“硬度”为 40%，取样方式为“一次”，“限制”为“不连续”，“容差”为 45，选中“保护前景色”复选框，如图 10-14 所示。按住 Alt 键，单击头发丝，使头发丝颜色成为前景色。然后在头发丝边沿处黑色地方单击，按住鼠标左键并拖动，删除多余黑色背景。大致处理完成之后，用橡皮擦工具进行修饰，这样得到一个处理好的人物图像，如图 10-15 所示。

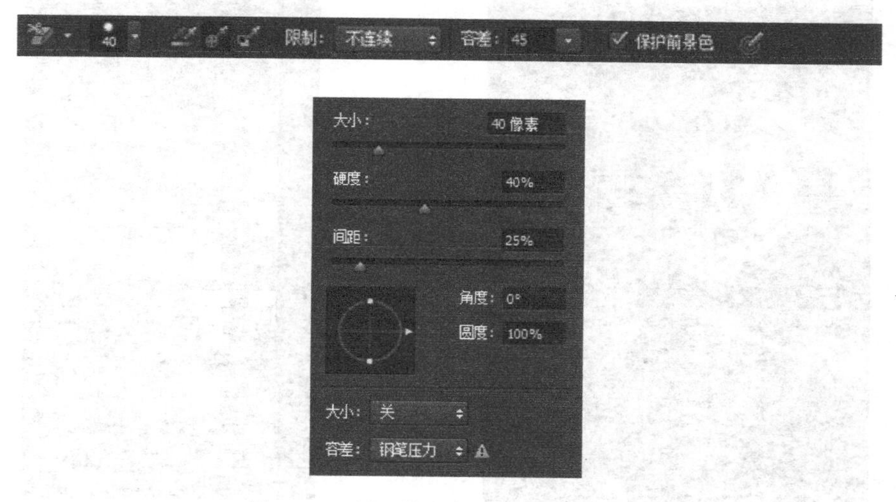

图 10-14　设置背景橡皮擦工具选项栏

(12) 利用 Ctrl＋A 键、Ctrl＋C 键和 Ctrl＋V 键把刚处理好的"素材 4"图像复制到"Harry-potter 海报"文档中，此时系统会自动生成"图层 4"，然后按 Ctrl＋T 键调整"素材 4"的大小和位置，如图 10-16 所示。

图 10-15　删除多余黑色背景

图 10-16　导入并调整"素材 4"大小

(13) 选择工具箱中的椭圆选框工具，并在工具选项栏中设置羽化值为 5，然后按住 Shift 键在适当位置绘制一个正圆，如图 10-17 所示。单击"图层 3"缩略图，并按 2 次 Ctrl＋J 键，复制出 2 个圆形，得到"图层 5"和"图层 5 副本"两个图层。设置"图层 5 副本"

不透明度为40%，把“色相/饱和度 2”图层拖动到“图层 5”下方，如图 10-18 所示。

图 10-17　绘制圆形选区

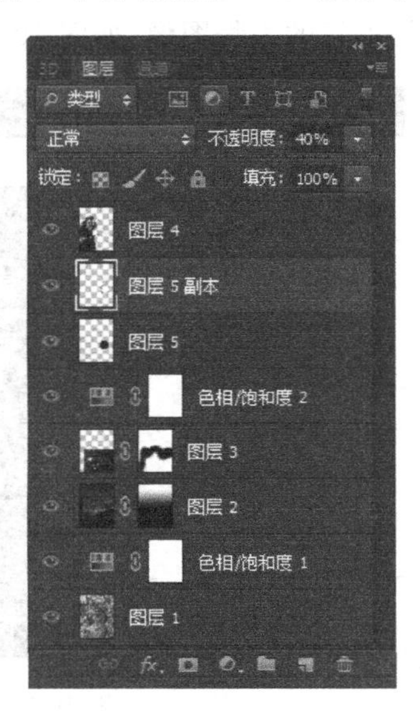

图 10-18　得到新的图层

(14) 单击“图层 5 副本”左边的眼睛状图标，关闭该图层。选择“图层 5”，按住 Ctrl 键并单击“图层 5”的缩览图，激活选区。选择“滤镜”|“扭曲”|“球面化”命令，在打开的“球面化”对话框中设置“数量”为 100%，如图 10-19 所示，单击“确定”按钮。按下 Ctrl+F 键，再做一次球面效果。

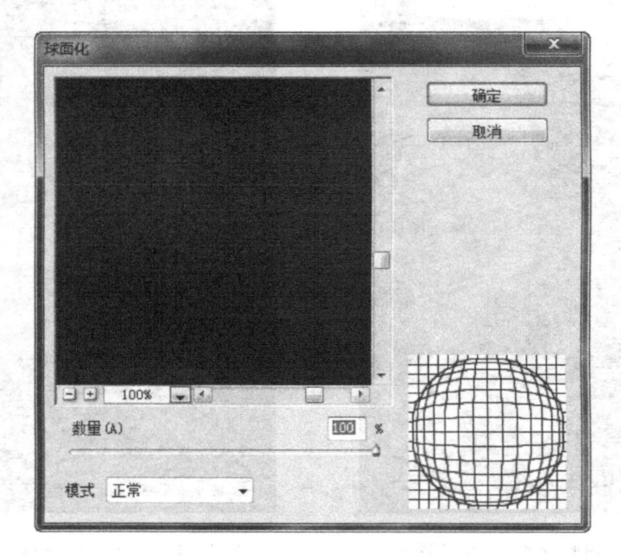

图 10-19　设置“图层 5”的球面化滤镜参数

(15) 单击“图层 5 副本”左边的眼睛状图标，显示该图层。选择“滤镜”|“扭曲”|“旋转扭曲”命令，设置“角度”为 999 度，如图 10-20 所示。

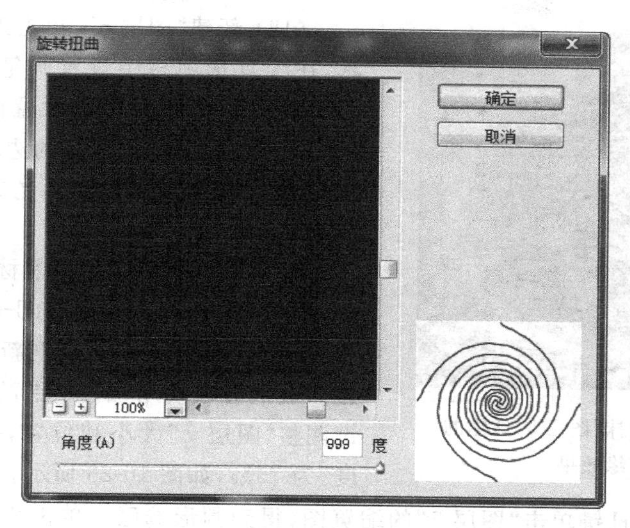

图 10-20　设置"旋转扭曲"滤镜参数

(16) 选择"选择"|"修改"|"收缩"命令，设置"收缩量"为 80 像素，然后按 Delete 键删除选区内容。

(17) 按 Ctrl+D 键取消选区，再按下 Ctrl+M 键打开"曲线"对话框，在该对话框中分别调整"图层 5 副本"和"图层 5"两个图层中图像的亮度，参数设置相同，如图 10-21 所示。

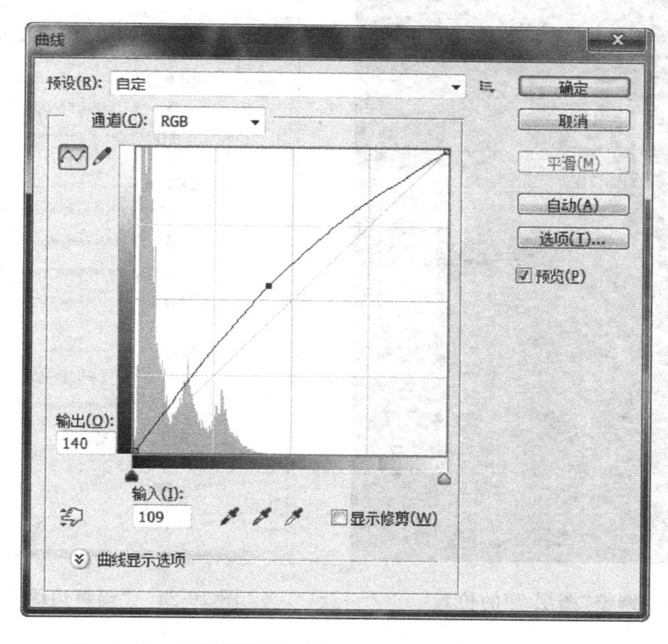

图 10-21　调整"图层 5 副本"和"图层 5"的曲线参数

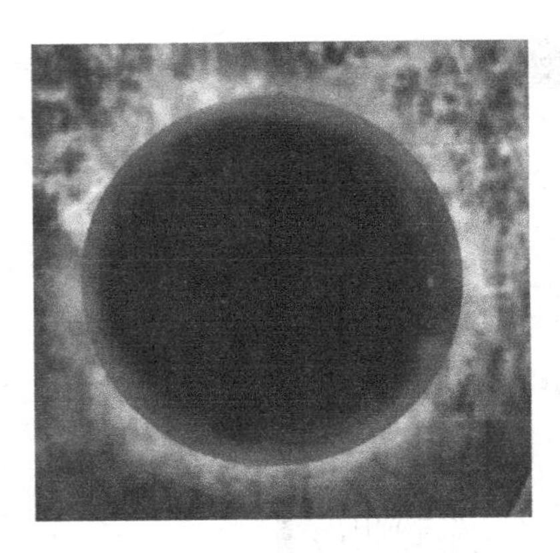

图 10-22 涂抹“图层 5”球体的边缘效果

(18) 新建“图层 6”，单击工具箱中的画笔工具，在工具选项栏中设置画笔“大小”为 200 像素，“不透明度”为 25%，设置前景色为白色，然后用画笔在“图层 5”球体的边缘处进行涂抹，使水晶球边缘看起来有发光效果，如图 10-22 所示。

(19) 打开图像文件“素材 5.jpg”(素材\第 10 章\素材 5.jpg)，利用 Ctrl+A 键、Ctrl+C 键和 Ctrl+V 键把图像复制到新建文件中，此时图层面板上会自动增加“图层 7”，然后按 Ctrl+T 键调整“图层 7”大小和位置，并设置其“不透明度”为 75%，如图 10-23 所示。

(20) 按住 Ctrl 键单击“图层 5”的缩览图，得到圆形选区。单击矩形选框工具，在工具选项栏中单击“调整边缘”按钮，打开“调整边缘”对话框。设置“羽化”为 55 像素，“收缩/扩展”为 -40%，如图 10-24 所示，单击“确定”按钮。按 Ctrl+Shift+I 键反选图像，接着按 Delete 键删除选区。

图 10-23 调整“图层 7”的位置

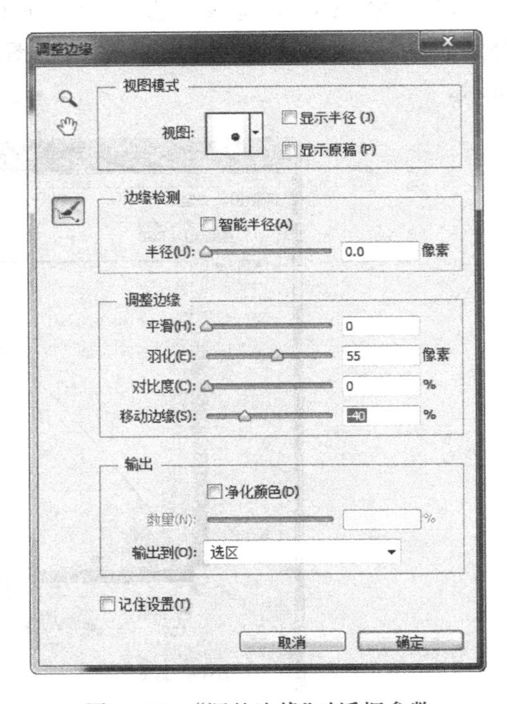

图 10-24 “调整边缘”对话框参数

(21) 按 Ctrl+Shift+I 键选择球体，然后选择“滤镜”|“扭曲”|“球形化”命令，并在打开的“球面化”对话框中设置“数量”为 50%，如图 10-25 所示，单击“确定”按钮。

(22) 单击“图层”面板中的“新建图层”按钮，新建“图层 8”。放置“图层 8”到“图层 4”

上面，并按 Ctrl+D 键取消选区。单击工具箱中的画笔工具，并在工具选项栏中选择“画笔”为星形，设置“大小”为 150 像素。在球体上画出几个星形，使水晶球效果更加晶莹剔透，如图 10-26 所示。

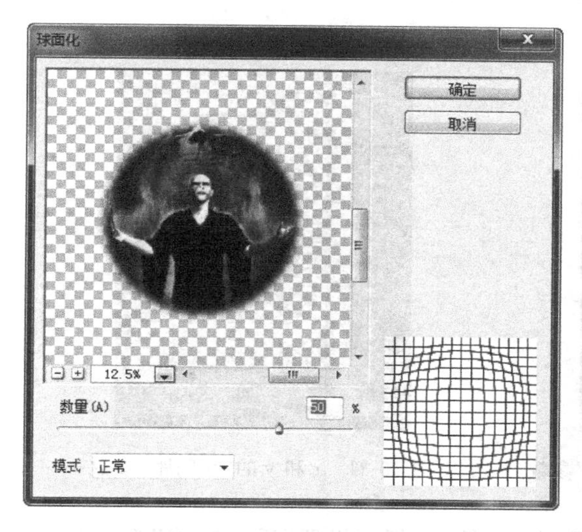

图 10-25　设置“球面化”滤镜参数

图 10-26　水晶球效果

(23) 单击工具箱中的横排文字工具，并在文档页面内输入文字 Harry Potter，然后命名图层为“文字 1”，设置字体为 Harry P，字体大小为 270 点，如图 10-27 所示，文字效果如图 10-28 所示。

图 10-27　设置文字选项栏的参数

提示：要先将“素材\第 10 章\”文件夹中的 harrypotter. TTF 和 lumos. TTF 两种字体复制到系统字体文件夹中。

(24) 选中 Harry 单词中的 H 和 a 两个字母，单击文字工具选项栏中“切换字符和段落面板”按钮，在“字符”面板中设置“字间距”为−50，如图 10-29 所示。

图 10-28　Harry Potter 文字效果

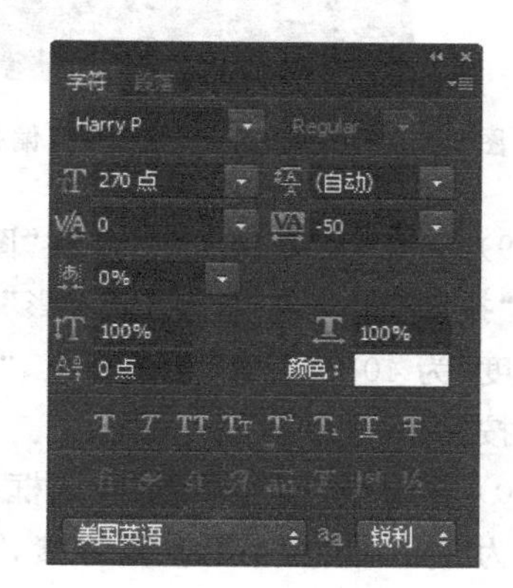

图 10-29　H 和 a 的“字间距”参数

(25) 选中单词 Harry 中的第二个 r，在“字符”面板中设置“基线偏移”为 20 点，如图 10-30 所示。

(26) 选中单词 Harry 中的字母 ry，在“字符”面板中设置“字间距”为－100，如图 10-31 所示。

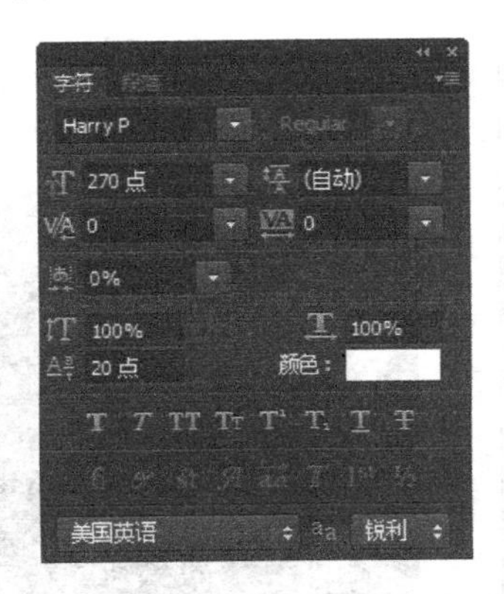

图 10-30　第二个 r 的“基线偏移”参数

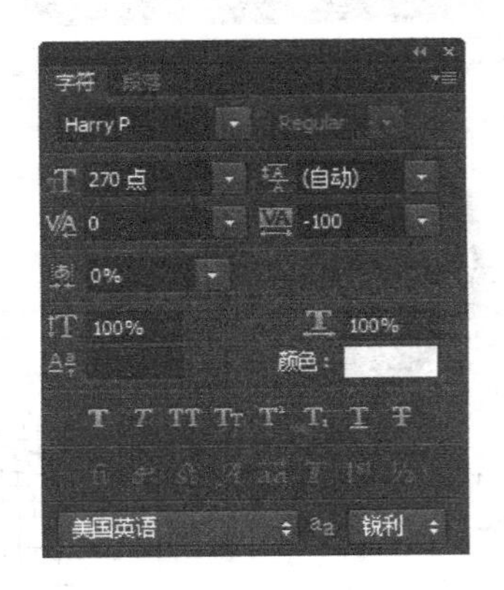

图 10-31　r 和 y 的“字间距”参数

(27) 选中单词 Potter 中的字母 P，在“字符”面板中设置“垂直缩放”为 130%、“基线偏移”为－70 点，如图 10-32 所示。

(28) 选中单词 Potter 中的第二个字母 t，在“字符”面板中设置“基线偏移”为－20 点。然后选择最后一个字母 r，在“字符”面板中设置“基线偏移”为－20 点，如图 10-33 所示。

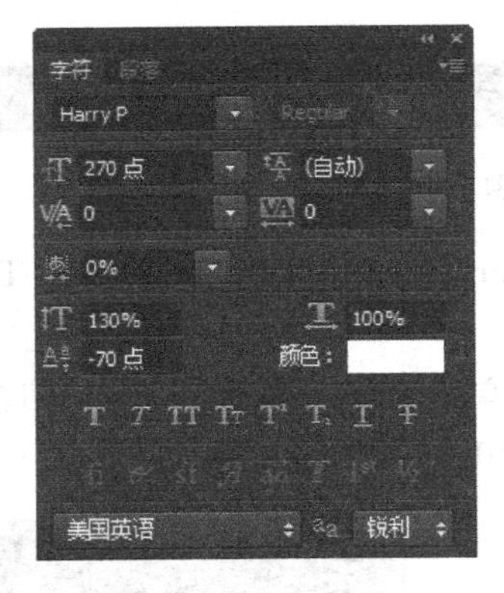

图 10-32　“垂直缩放”和“基线偏移”参数

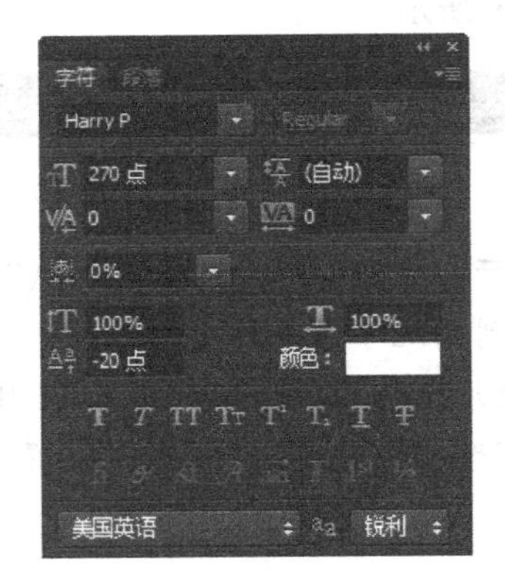

图 10-33　第二个 t 的“基线偏移”参数

(29) 单击“文字 1”图层，并在“图层”面板中单击“添加图层样式”按钮，在弹出的菜单中选择“投影”命令，在打开的“投影”对话框中设置图层“混合模式”为“柔光”，“颜色”为黑色，“角度”为 40°，“距离”为 7 像素，“大小”为 10 像素，如图 10-34 所示，设置完成后单击“确定”按钮。

(30) 选中“斜面和浮雕”复选框，并在右边的设置区域中设置“样式”为“浮雕效果”，“深度”为 300%，“大小”为 40 像素，“软化”为 10 像素，“角度”为 40°，“高度”为 50 度，“光泽等高线”为锥形，如图 10-35 所示，设置完成后单击“确定”按钮。

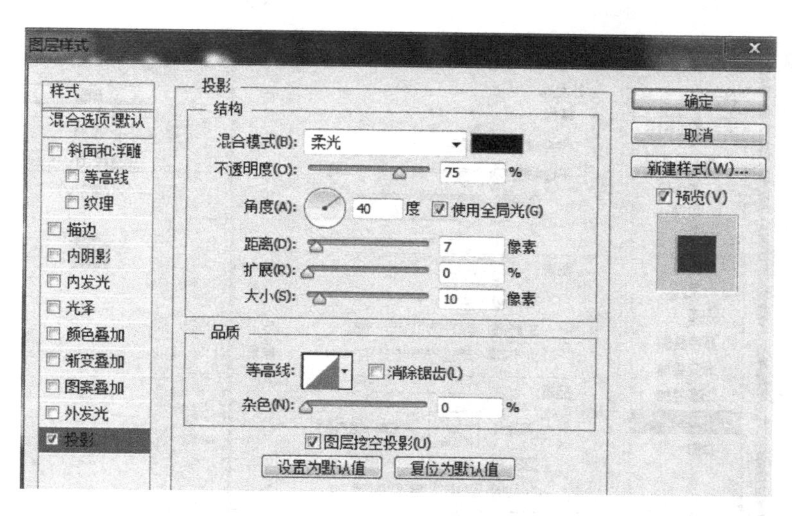

图 10-34 设置“投影”参数

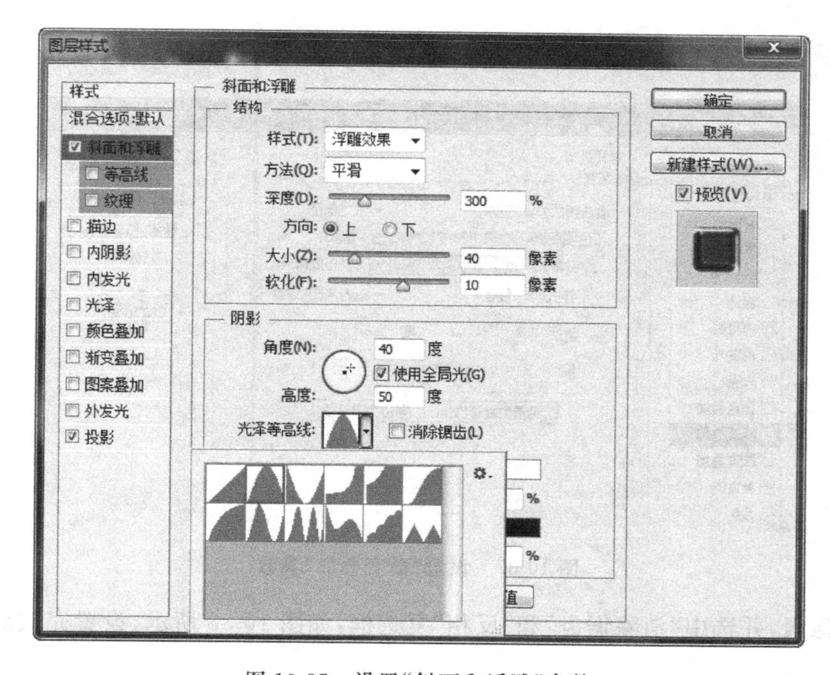

图 10-35 设置“斜面和浮雕”参数

(31) 选中“外发光”复选框，并在右边的设置区域中设置“发光颜色”为白色，“扩展”为 5%，“大小”为 44 像素，如图 10-36 所示，设置完成后单击“确定”按钮。

(32) 选中“渐变叠加”复选框，并在右边的设置区域中设置“渐变”从橙色(C:0, M:58, Y:91, K:0)到黄色(C:8, M:0, Y:86, K:0)的渐变色，“角度”为 90°，如图 10-37 所示，设置完成后单击“确定”按钮。

(33) 选中“光泽”复选框，并在右边的设置区域中设置“混合模式”为“滤色”，“颜色”为黄色(C:8, M:0, Y:86, K:0)，“不透明度”为 50%，“角度”为 30°，“距离”为 20 像素，“大

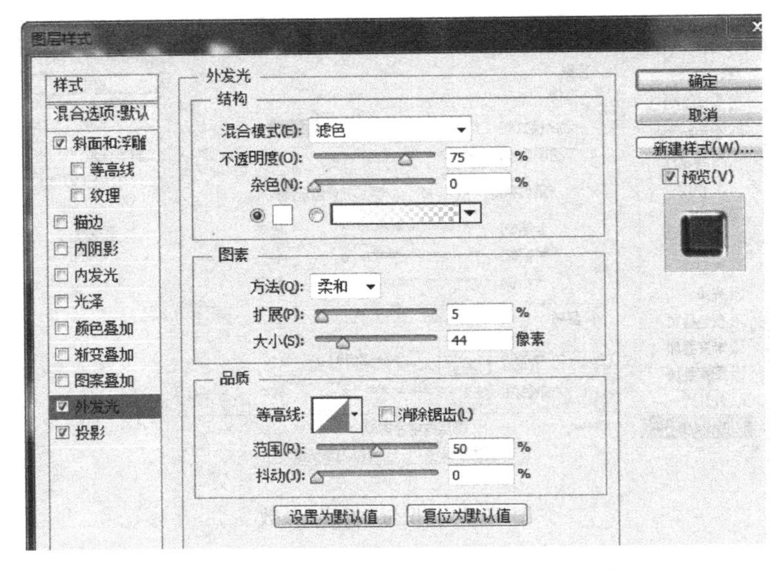

图 10-36　设置“外发光”参数

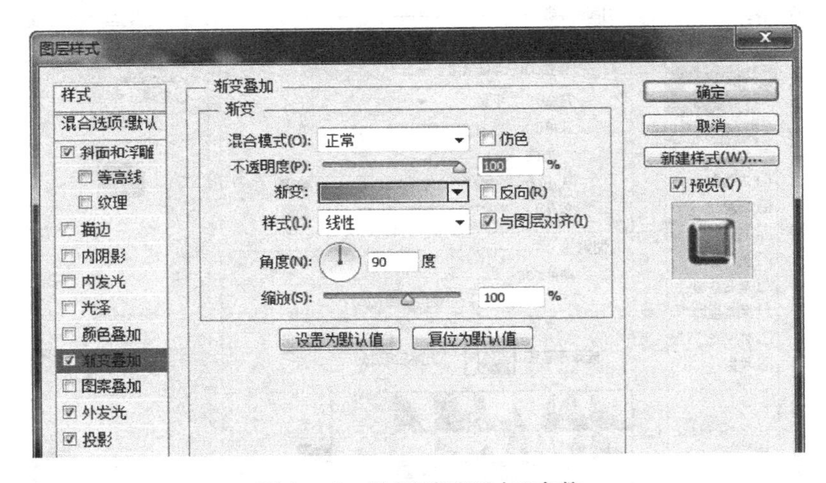

图 10-37　设置“渐变叠加”参数

小”为 50 像素，并选中“消除锯齿”和“反相”复选框，如图 10-38 所示，设置完成后单击“确定”按钮。

(34) 单击工具箱中的横排文字工具，在文档页面内输入文本 AND THE HALF-BLOOD PRINCE，然后命名图层为“文字 2”。设置其字体为 Lumos，AND THE 的字体大小为 36 点，HALF-BLOOD PRINCE 的字体大小为 54 点。设置 AND 与 THE 的行距为 24 点，THE 与 HALF-BLOOD 的行距为 28 点，设置 HALF-BLOOD 与 PRINCE 的行距为 42 点，最后调整字与字之间的位置，如图 10-39 所示。

(35) 按住 Alt 键复制图层“文字 1”中的“斜面与浮雕”效果，并将其拖放到图层“文字 2”中，实现图层样式的复制。单击“图层”面板中的“添加图层样式”按钮，从弹出的菜单中选择“颜色叠加”命令，并在打开的对话框中设置颜色为黄色(C:7，M:11，Y:87，K:0)，如

图 10-40 所示。单击“确定”按钮，完成“图层样式”的添加。

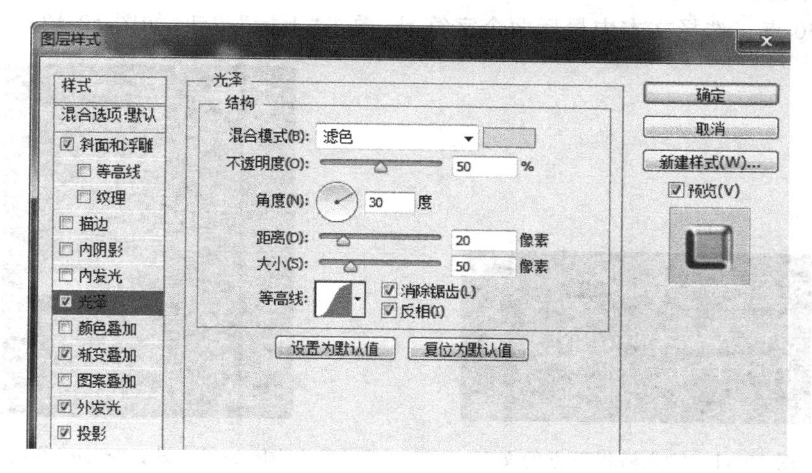

图 10-38　设置“光泽”参数

图 10-39　设置并调整文字位置

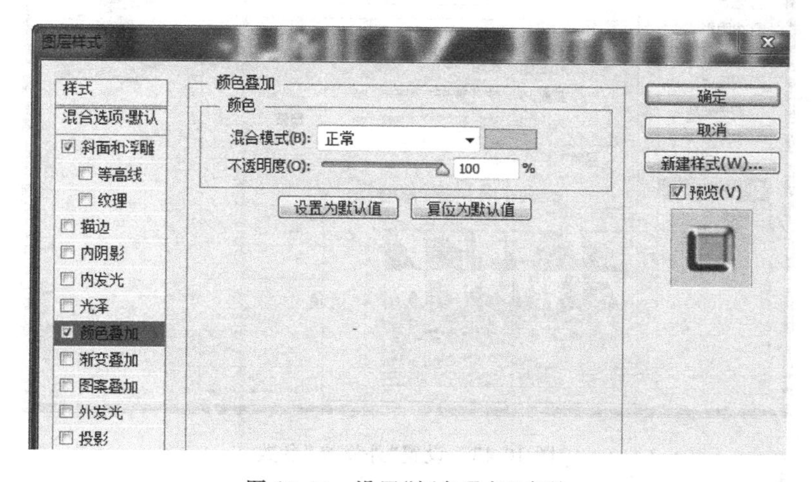

图 10-40　设置“颜色叠加”参数

(36) 单击工具箱中的横排文字工具，在文档页面内输入文字 The Magic Beginning July 15th，然后命名图层为“文字 3”。设置文字字体为 Lumos，字体大小为 48 点，如图 10-41 所示。

(37) 单击文字工具选项栏中"切换字符和段落面板"按钮,在打开的"字符"面板中设置行距为 60 点。选择文本中最后两个字符 th,单击"上标"按钮,如图 10-42 所示。

图 10-41 输入海报下方的文字

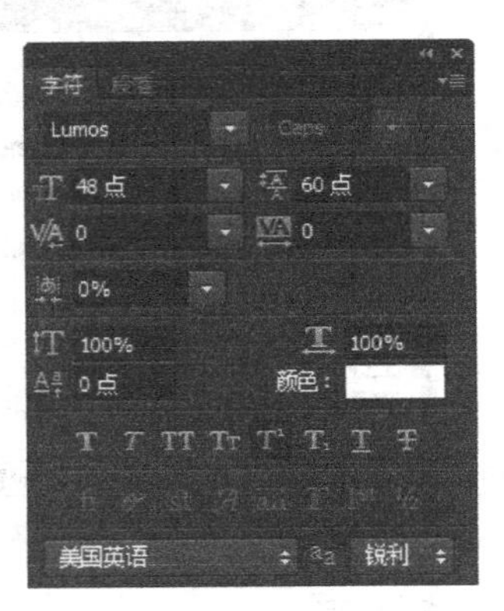

图 10-42 设置"行距"参数

(38) 选中"文字 3"图层,并单击"图层"面板中的"添加图层样式"按钮,从弹出的菜单中选择"外发光"命令,在打开的对话框中设置"发光颜色"为白色,"扩展"为 30%,"大小"为 13 像素,"等高线"为锥形,如图 10-43 所示,然后单击"确定"按钮。

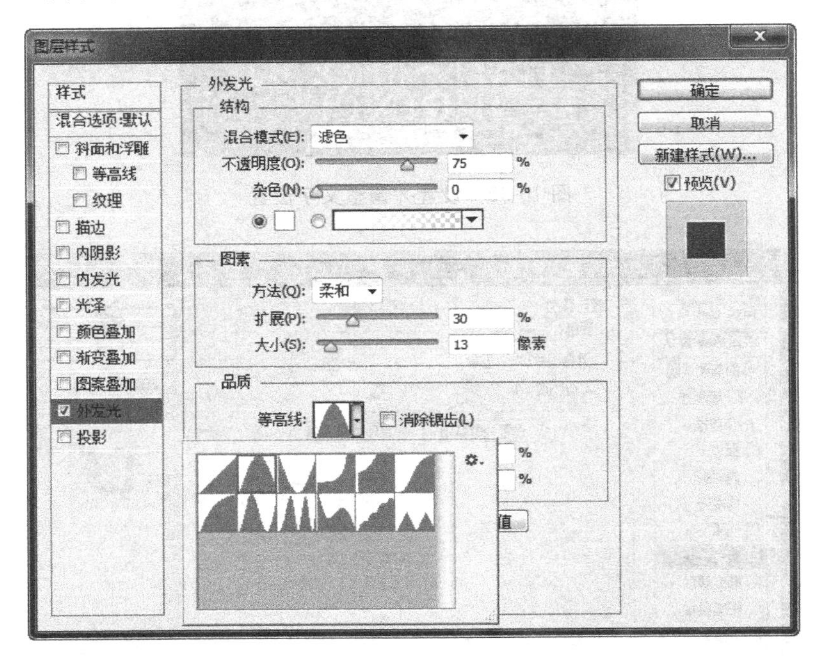

图 10-43 设置"外发光"参数

(39) 新建一个"图层 9",在工具栏中单击画笔工具,然后在工具选项栏中设置"画笔"为星形,"大小"为 700 像素,接着在画面的魔法杖的头部单击一下,使魔法杖更加显得魔幻。最后效果如图 10-44 所示。

(40) 海报制作完成,保存文件(参考"答案\第 10 章\Harry-potter 海报.psd"源文件)。

图 10-44　电影海报效果

10.3.2　设计制作灯箱广告

任务 2　某房地产灯箱广告制作

任务要求

首先利用蒙版工具制作背景效果，然后使用“图层样式”增加文字特效，效果如图 10-45 所示。

图 10-45　房地产灯箱广告效果

任务分析

作为宣传性的灯箱广告，一定要把广告所宣传的主体做得最鲜明，最能吸引人的目光。在本房地产广告中，房地产的宣传理念和联系的方式是最主要的，往往人们在受到广告宣传语的吸引后，才会去留意房地产商的名称和联系方式，所以在本实例中把“梦想”放到最明显的位置，从而达到吸引人目光的目的。

操作步骤

(1) 选择“文件”|“新建”命令(Ctrl+N)，弹出“新建”对话框。设置文件名称为“房地产灯箱广告”，文件大小为 20 厘米×16 厘米，分辨率为 120 像素/英寸，色彩模式为 RGB 颜色、8 位，背景内容为透明，单击“确定”按钮，如图 10-46 所示。

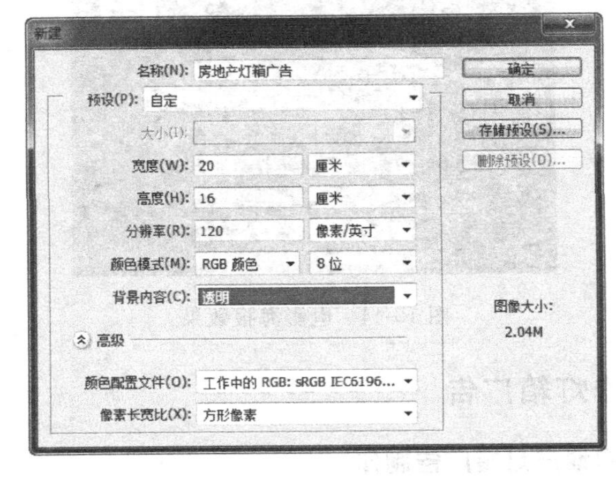

图 10-46 “新建”对话框

(2) 打开图像文件“小区效果图.psd”(素材\第 10 章\小区效果图.psd)，利用 Ctrl+A 键、Ctrl+C 键和 Ctrl+V 键把图像复制到新建文件中，并修改图层名称为“小区”。按 Ctrl+T 键调整其大小和位置，然后选择“编辑”|“变换”|“水平翻转”命令，得到如图 10-47 所示效果。

图 10-47 复制并水平翻转图像

(3) 单击“图层”面板中的“添加图层蒙版”按钮，给“小区”图层添加一个蒙版，选择工具箱中的渐变工具，在工具选项栏中设置渐变颜色左边为白色，右边为黑色，接着在图层“小区”中拖动得到一个渐变效果，如图 10-48 所示。

图 10-48　设置“透明渐变”效果

(4) 打开图像文件“风景.jpg”(素材\第 10 章\风景.jpg)，利用 Ctrl+A 键、Ctrl+C 键和 Ctrl+V 键把图像复制到新建文件中，此时系统会自动形成“图层 1”。然后按 Ctrl+T 键调整其大小和位置，效果如图 10-49 所示。

图 10-49　复制调整图像大小

(5) 单击工具箱中的椭圆选框工具，在图像中绘制一个椭圆选区，如图 10-50 所示。

(6) 按 Ctrl+Shift+I 键反选图像，选择“选择”|“修改”|“羽化”(Shift+F6)命令，弹出“羽化”对话框，并在该对话框中设置“羽化半径”为 50 像素，然后单击“确定”按钮。接着按 Delete 键删除椭圆选区外的内容，如图 10-51 所示。最后设置“图层 1”的“不透明度”为 70%。

(7) 按 Ctrl+D 键取消选区。移动“图层 1”到图层“小区”下面，新建一个“图层 2”，移动“图层 2”到图层“小区”上面，单击工具箱中的渐变工具，接着在工具选项栏中单击渐变颜色条，打开“渐变编辑器”对话框，并在该对话框中设置左边颜色为(C:43，M:52，Y:78，K:0)，右边颜色为(C:37，M:35，Y:65，K:0)，然后单击“确定”按钮。在工具选项栏中选择线性渐变，在页面中从上向下拖动，得到如图 10-52 渐变效果。最后设置图层的混合模式为“叠加”。

图 10-50　绘制椭圆选区

图 10-51　删除多余部分后得到效果

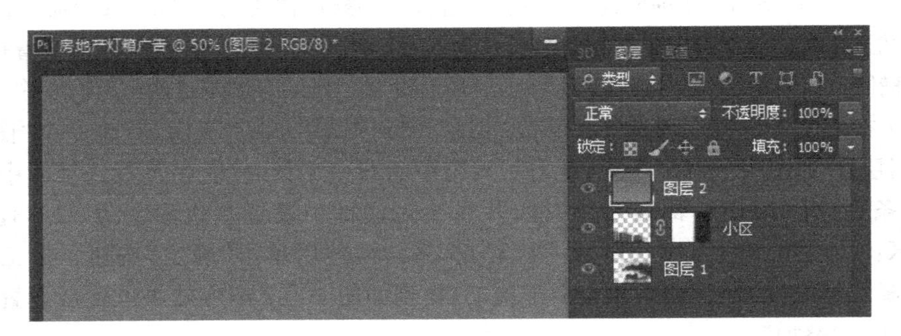

图 10-52　设置背景填充效果

图 10-53　调整图像大小和位置

(8) 打开图像文件“梦想.psd”(素材\第 10 章\梦想.psd)，利用 Ctrl＋A 键、Ctrl＋C 键和 Ctrl＋V 键把图像复制到新建文件中，更改图层名称为“梦想”。接着按 Ctrl＋T 键调整其大小和位置，如图 10-53 所示。

(9) 在“图层”面板中单击“添加图层样式”按钮，从弹出的菜单中选择“投影”命令，打开“图层样式”对话框。在该对话框中设置“投影”参数，其中“距离”为 6 像素，“扩展”为 6%，“大小”为 5 像素，“等高线”为“画圆步骤”，然后单击“确定”按钮，如图 10-54 所示。

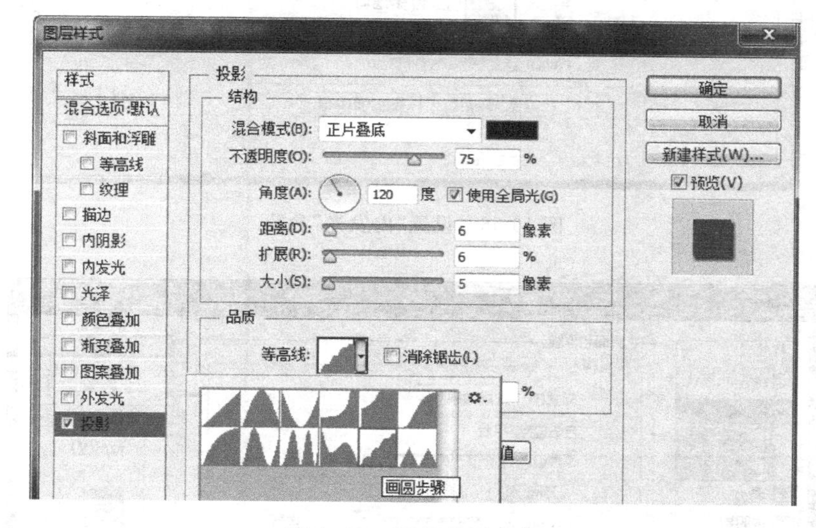

图 10-54　设置投影参数

(10) 单击工具箱中的竖排文字工具，并在文档页面中输入“春江 花园”，然后设置其字体为方正魏碑简体，字体大小为 32 点，字体颜色为(C:0，M:40，Y:90，K:0)，文字效果如图 10-55 所示。

(11) 在“图层”面板中单击“添加图层样式”按钮，从弹出的菜单中选择“内发光”命令，打开“图层样式”对话框。在该对话框中设置“内发光”参数，其中“大小”为 6 像素，如图 10-56 所示。

(12) 选中“斜面和浮雕”复选框，在右边的设置区域中设置“样式”为“浮雕效果”，“大小”为 3 像素，然后单击“确定”按钮，如图 10-57 所示。

(13) 在“图层”面板中单击“创建新图层”按钮，新建“图层 3”。设置前景色为(C:65，M:100，Y:100，K:65)，然后选择工具箱中的铅笔工具，设置画笔大小为

图 10-55　输入“春江 花园”文字

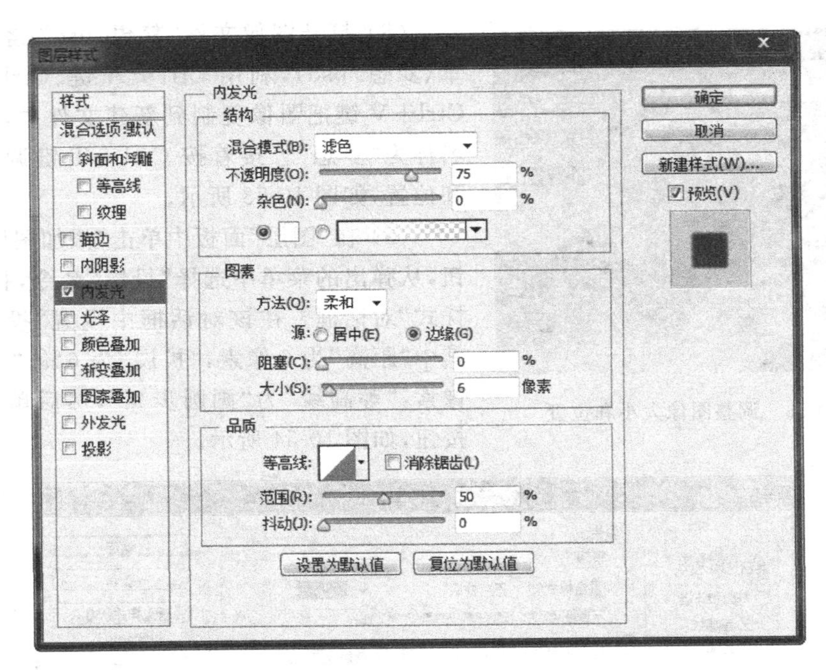

图 10-56 设置“内发光”参数

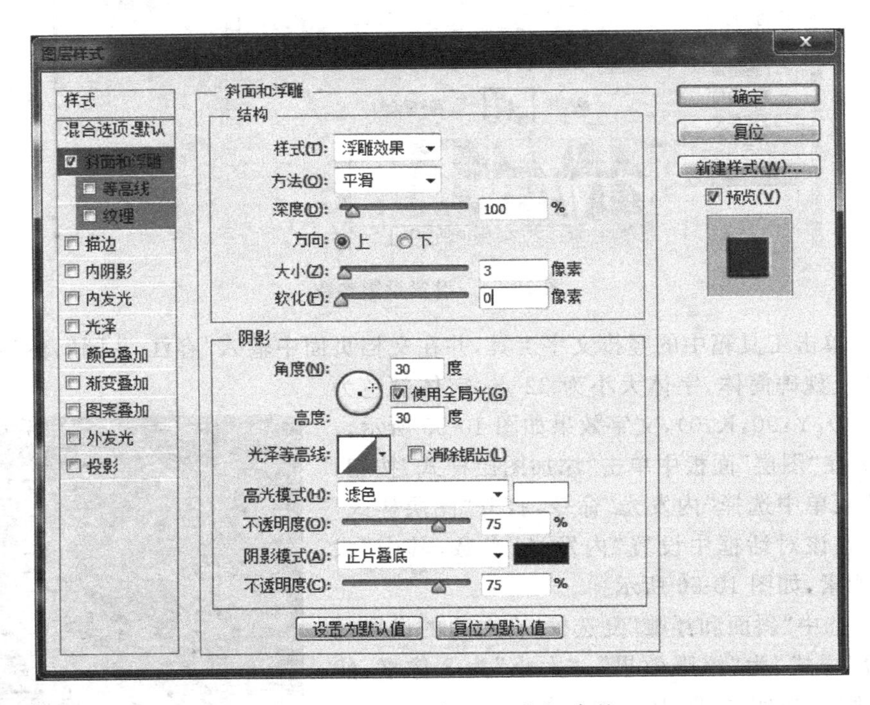

图 10-57 设置“斜面和浮雕”参数

3 像素。接着按住 Shift 键在画面中绘制如图 10-58 所示的线段。

(14) 复制“图层 3”,得到“图层 3 副本”,选择“编辑”|“变换”|“水平翻转”命令,再选

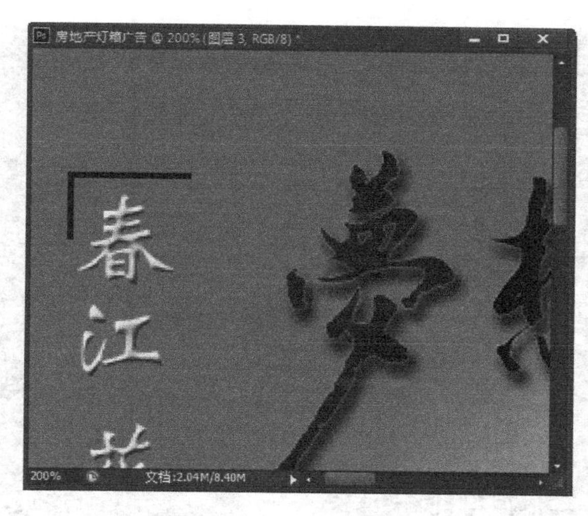

图 10-58　绘制直线

择“编辑”|“变换”|“垂直翻转”命令，接着移动线段到如图 10-59 所示位置。

(15) 选择工具箱中的铅笔工具，并在工具选项栏中设置画笔大小为 9 像素，然后绘制如图 10-60 所示的点。

图 10-59　复制图层

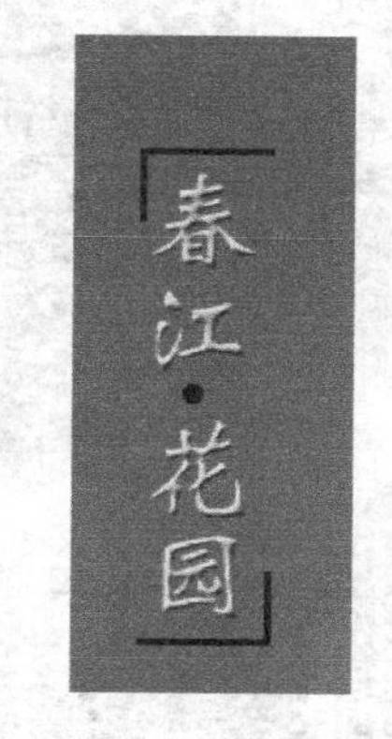

图 10-60　绘制点位置

(16) 单击工具箱中的横排文字工具，在文档页面中输入“○春江花园/城市新地标/贵族生活/现房销售”文字，然后设置字体为宋体，字体大小为 24 点，字体颜色为黑色，字形为仿粗体，效果如图 10-61 所示。

(17) 单击工具箱中的横排文字工具，在文档页面中输入“咨询热线”文字。然后设置其字体为黑体，字体大小为 18 点，文本颜色为黑色，字间距为 20，字形为仿粗体 T，效果

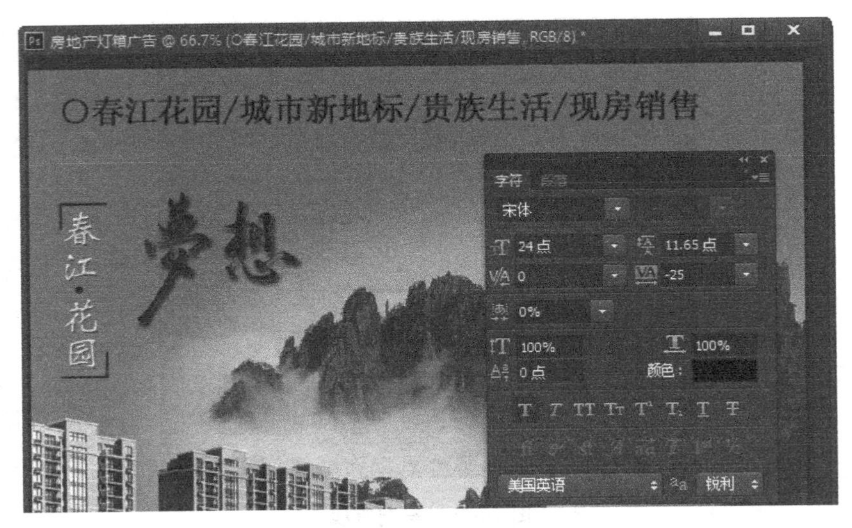

图 10-61　输入文本

如图 10-62 所示。

(18) 单击工具箱中的横排文字工具,在文档页面中输入“88988648 88988658”。然后设置其字体为黑体,字体大小为 24 点,文本颜色为黑色,垂直缩放 IT 为 180%,水平缩放 T 80%,效果如图 10-63 所示。

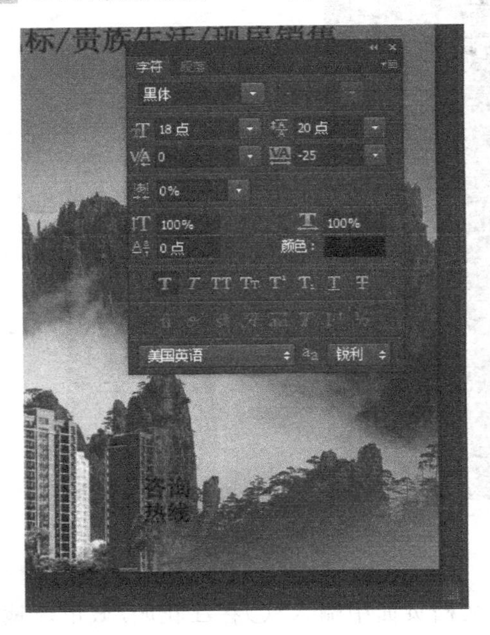

图 10-62　输入文本效果

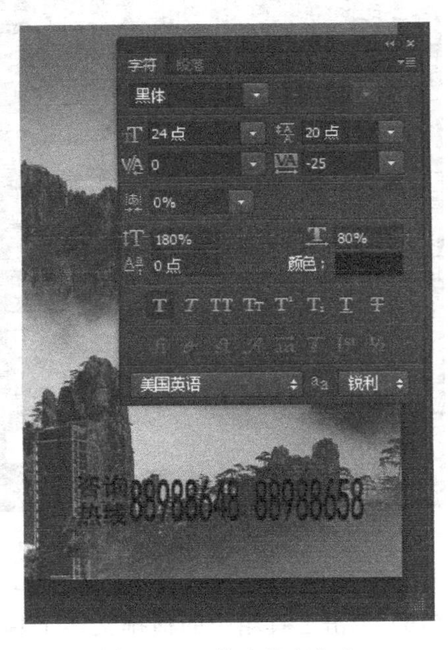

图 10-63　输入数字文本

(19) 单击工具箱中的横排文字工具,在文档页面中输入“地址:铁西路北 228 号”。然后设置其字体为黑体,字体大小为 18 点,字体颜色为黑色,字符间距为 140,效果如图 10-64 所示。

（20）在“图层”面板中，单击“创建新图层”按钮，新建“图层 4”。单击工具箱中的矩形选框工具，在该图层中绘制一个矩形选区，如图 10-65 所示。

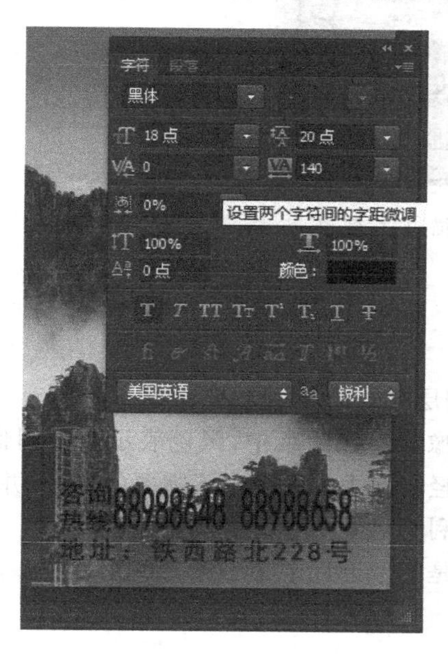

图 10-64　输入文本效果

图 10-65　所绘制矩形位置和大小

（21）设置前景色为白色，并按 Alt＋Delete 键进行填充。然后设置“图层 4”的不透明度为 30％，并移动“图层 4”到图层“咨询热线”的下面，如图 10-66 所示。

图 10-66　移动“图层 4”

（22）选择“编辑”|“描边”命令，打开“描边”对话框，并在该对话框中设置宽度为 2 像素，颜色为（C：65，M：100，Y：100，K：65），位置为居外，效果如图 10-67 所示。

（23）按 Ctrl＋D 键取消选区，并按 Ctrl＋S 键将其保存为“房地产灯箱广告.psd”（参考“答案\第 10 章\房地产灯箱广告.psd”源文件）。再按 Ctrl＋Shift＋S 键将其另存为“房地产灯箱广告.jpg”。

图 10-67 设置“描边”后效果

相关知识

本章主要介绍 Photoshop 的蒙版工具和图层样式的应用方法。

蒙版工具就是图形的遮罩，是用来覆盖图像的。在蒙版中，黑色表示遮蔽图像内容，白色表示显示图像内容。利用蒙版工具，可以轻松地去掉图像中不需要的部分，并且在重新需要时能再通过蒙版把去掉的部分还原，有利于对图像进行修改。

图层样式能够制作各种各样的精彩效果，是图像设计中必不可少的工具之一。

本章小结

本章详细给出了电影海报和灯箱广告的制作步骤，综合应用到了图层、蒙版、多种滤镜、色彩调整等命令，运用背景橡皮擦、特殊文字编辑、选框等工具实现了海报的特效，把要宣传的信息综合处理成了一幅特点鲜明、吸引人的图像，这是其他软件所难以完成的。

思考与练习

现在网店成为人们进行网络买卖的一个平台，由于网店既能买到便宜时尚的物品，又能免去了商场逛街的劳累，省得讨价还价，所以，网上购物成为很多追求时尚的人所热衷的事情。该练习就是设计一个网店的海报，首先在视觉上吸引众多的网上购物者。请参照样图(如图 10-68 所示)制作网店海报(参考“答案\第 10 章\练习答案\网店海报.psd”源文件)。

图 10-68 制作网店海报

第 11 章

包装设计制作

本章介绍包装设计的基础知识,并通过酒瓶包装设计和包装盒的设计实例来介绍如何利用 Photoshop 进行包装设计制作。

学习目标

- 了解包装的定义及含义
- 了解包装设计的常识
- 熟悉 Photoshop CS6 的特殊文字的编辑方法
- 巩固图层样式、滤镜等命令的运用

11.1 包装设计概述

包装设计是对商品及其容器、外包装进行艺术设计。在进行包装设计时,应根据不同产品的特性和不同消费群体的需求,通过不同的艺术处理和适当的印刷制作技术来完成设计,从而向消费者传递产品信息、树立公司形象,同时对商品起到保护、宣传、美化的作用。

11.2 包装设计常识

(1) 在确定设计方案之后,进一步确定纸盒的尺寸规格、用纸大小等,并要对纸盒6个面的相互关系、结构十分清楚。

(2) 制作包装设计同海报制作一样,都需要设计出 3mm 的出血,这样在印刷后切割成品时不会露出白边。

(3) 根据印刷工艺要求的网线确定输出的分辨率,以 1∶2 较为理想,即印刷为150dpi 时,分辨率为 300dpi。

11.3 实例制作

本节以蛇王酒包装设计为例,来介绍包装的制作过程,并提高对 Photoshop CS6 中变形以及图层等命令的综合运用能力。

11.3.1 设计制作酒瓶包装

任务1 蛇王酒酒瓶包装制作

任务要求

(1) 利用渐变工具和文字工具制作酒瓶标签。

(2) 利用渐变工具和文字工具制作酒瓶瓶颈包装。

(3) 利用“变形”命令来制作酒瓶的包装效果，如图 11-1 所示。

图 11-1 酒瓶包装效果

任务分析

在制作酒瓶标签过程中，利用填充工具填充背景，利用文字工具进行文本的排版。制作酒瓶包装效果时，首先要利用“通道”面板，把瓶子素材从背景中抠出来，这需要读者能够很好地理解通道的使用方法。把标签放到酒瓶合适位置，然后利用“变形”命令对标签进行变形，使标签更加真实地贴到酒瓶上。

操作步骤

1. 制作酒瓶标签

(1) 选择“文件”|“新建”命令(Ctrl+N)，打开“新建”对话框。设置文件名称为“酒瓶标签”，文件大小为 12.6 厘米×8.6 厘米，分辨率为 300 像素/英寸，色彩模式为 RGB 颜色、8 位，背景内容为白色，然后单击“确定”按钮，如图 11-2 所示。

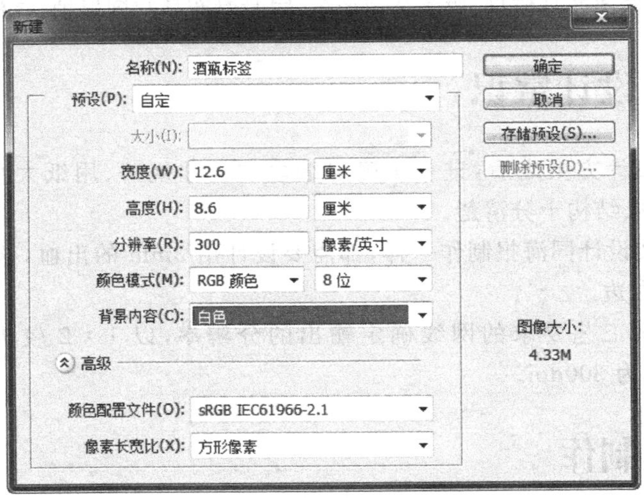

图 11-2 新建“酒瓶标签”文档

(2) 双击背景图层，打开“新建图层”对话框，直接单击“确定”按钮。单击工具箱中的渐变工具，并在工具选项栏中单击渐变颜色条，打开“渐变编辑器”对话框。在该对话框中设置两边的颜色为深红色(C:56，M:100，Y:100，K:48)，再在 50%位置处添加一个浅红色(C:17，M:100，Y:100，K:0)色标，如图 11-3 所示。单击“确定”按钮。在渐变工具的选项栏中选择“线性渐变”，并在文档中水平拖动，得到如图 11-4 所示渐变效果。

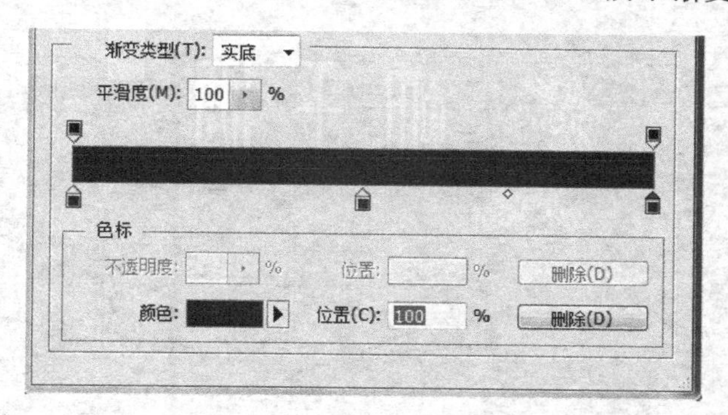

图 11-3　设置渐变参数

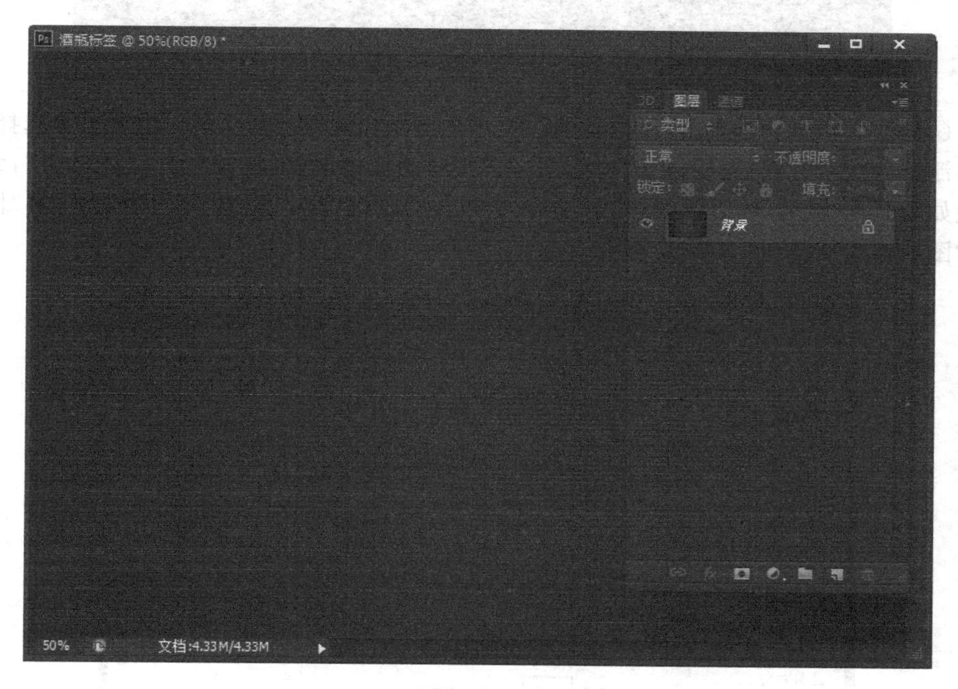

图 11-4　填充渐变效果

(3) 打开图像文件“蛇王酒标志. psd”(参考“答案\第 11 章\蛇王酒标志. psd”)，并利用 Ctrl+A 键、Ctrl+C 键和 Ctrl+V 键把图像复制到新建文件中，自动命名为“图层 1”，按 Ctrl+T 键调整其大小和位置。同样，复制素材“蛇王酒字体设计. psd”(参考“素材\第 11 章\蛇王酒字体设计. psd”)，此时系统会自动命名为“图层 2”，按 Ctrl+T 键调整其大小和位置，效果如图 11-5 所示。

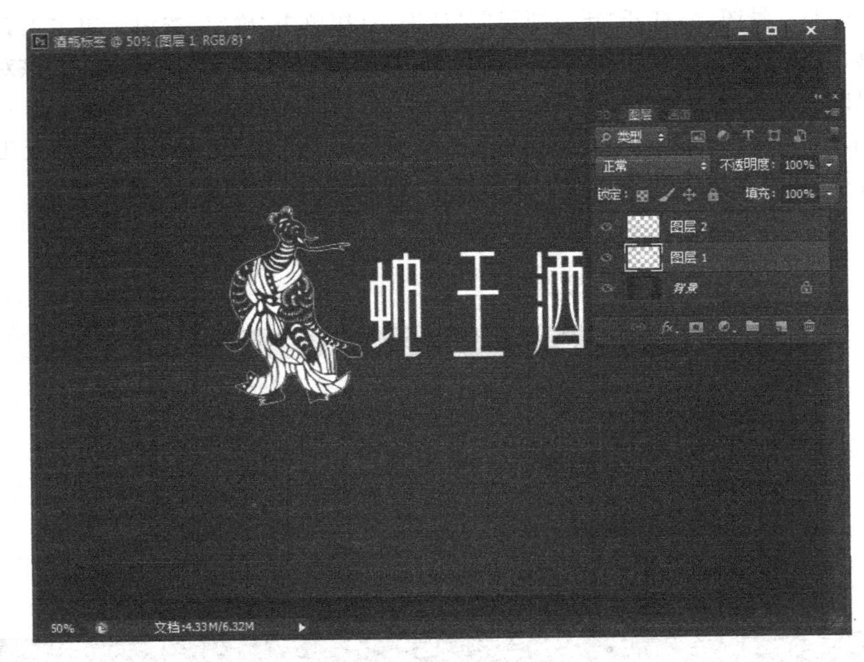

图 11-5 复制素材效果

（4）选择“图层 1”，单击“图层”面板中“添加图层样式”按钮，从弹出的菜单中选择“斜面和浮雕”命令，打开“图层样式”对话框。在该对话框中设置“样式”为“浮雕效果”，参数设置如图 11-6 所示，然后单击“确定”按钮。按住 Alt 键拖动“效果”到“图层 2”，将“图层 1”的图层样式复制到“图层 2”。

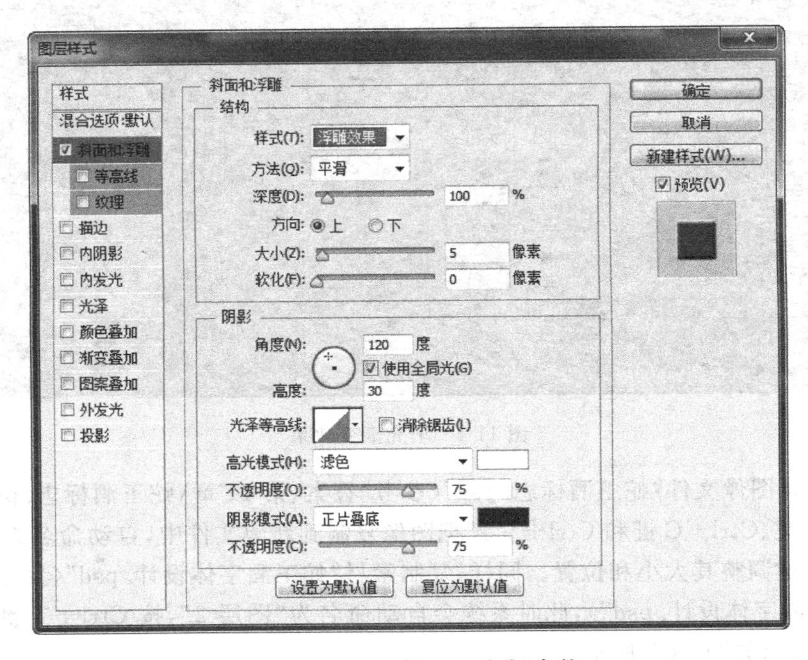

图 11-6 设置“斜面和浮雕”参数

(5) 单击工具箱中的横排文字工具，在文档页面内输入 SHE WANG WINE，然后在工具选项栏中设置其字体为 Century old style std，字体大小为 14 点，颜色为白色，得到如图 11-7 所示的效果。

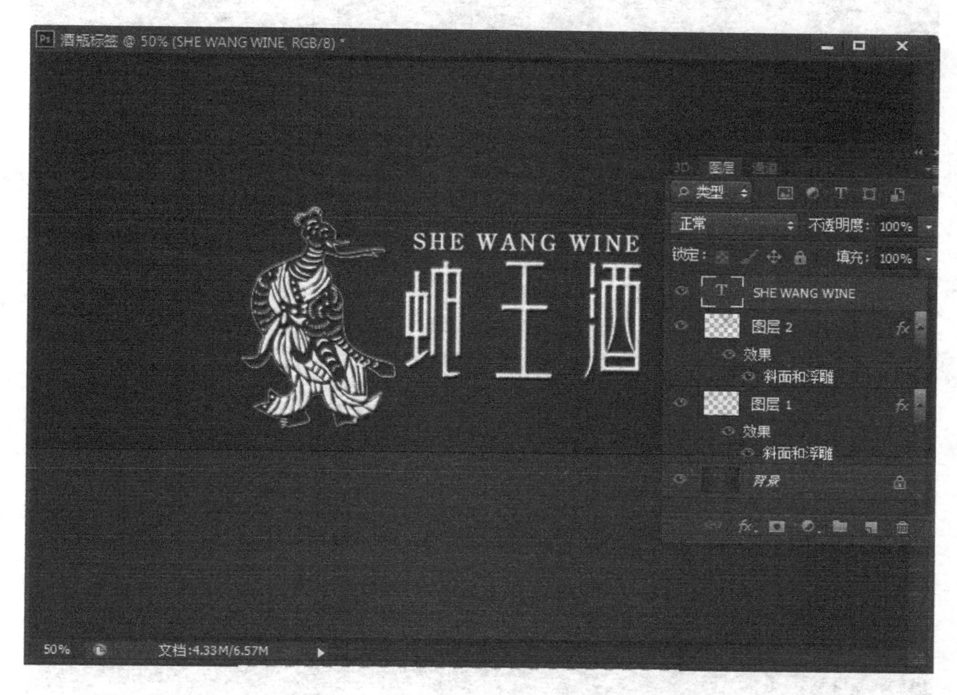

图 11-7 输入拼音文本并设置其效果

(6) 单击工具箱中的横排文字工具，在文档页面内输入“养生尚品・滴滴珍酿 YANG SHENG SHANG PIN DI DI ZHEN NIANG”文字，然后在工具选项栏中设置行距为 14 点，并全部居中对齐 。选择“养生尚品・滴滴珍酿”文字，然后在工具选项栏中设置其字体为“方正宋一繁体”，字体大小为 11 点，并设置字符间距为 0。选择 YANG SHENG SHANG PIN DI DI ZHEN NIANG 拼音字母，在工具选项栏中设置其字体为 Century old style std，字体大小为 6 点，字符间距为－80，得到如图 11-8 所示的效果。

(7) 打开图像文件“蛇图案. psd”(参考“素材\第 11 章\蛇图案. psd”)，并利用 Ctrl＋A 键、Ctrl＋C 键和 Ctrl＋V 键把图像复制到新建文档中，此时系统会自动形成“图层 3”，按 Ctrl＋T 键调整其大小和位置。复制“图层 3”，生成“图层 3 副本”图层，然后选择工具箱中的移动工具，将“图层 3 副本”图层中的图像移动到合适位置，如图 11-9 所示。

(8) 按住 Ctrl 键选择“图层 3”和“图层 3 副本”两个图层并进行复制，得到“图层 3 副本 2”和“图层 3 副本 3”两个图层。选择“图层 3 副本 2”并按住 Ctrl 键选择“图层 3 副本 3”，然后选择“编辑”|“变换”|“水平翻转”命令，再单击工具箱中的移动工具，移动图像到合适的位置，如图 11-10 所示。

(9) 单击“图层”面板中的“创建新图层”按钮，创建“图层 4”。设置前景色为白色，然后单击工具箱中的矩形工具，在工具选项栏中单击“像素填充”按钮 ，接着在文档页面中绘制如图 11-11 所示的矩形。

图 11-8 输入广告词文本并设置效果

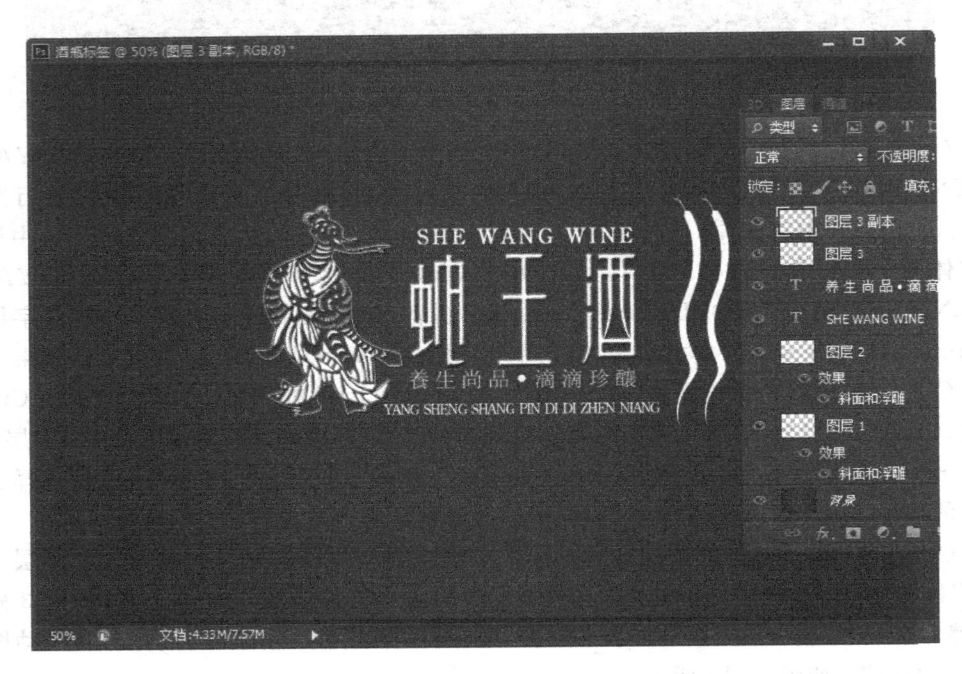

图 11-9 新建“图层 3”及其副本

(10) 单击工具箱中的横排文字工具，在文档适当位置处拖动鼠标，创建一个文本框，接着在文本框内输入“原料：蝮蛇、鹿茸、枸杞子……”文字内容(参考“答案\第 11 章\文

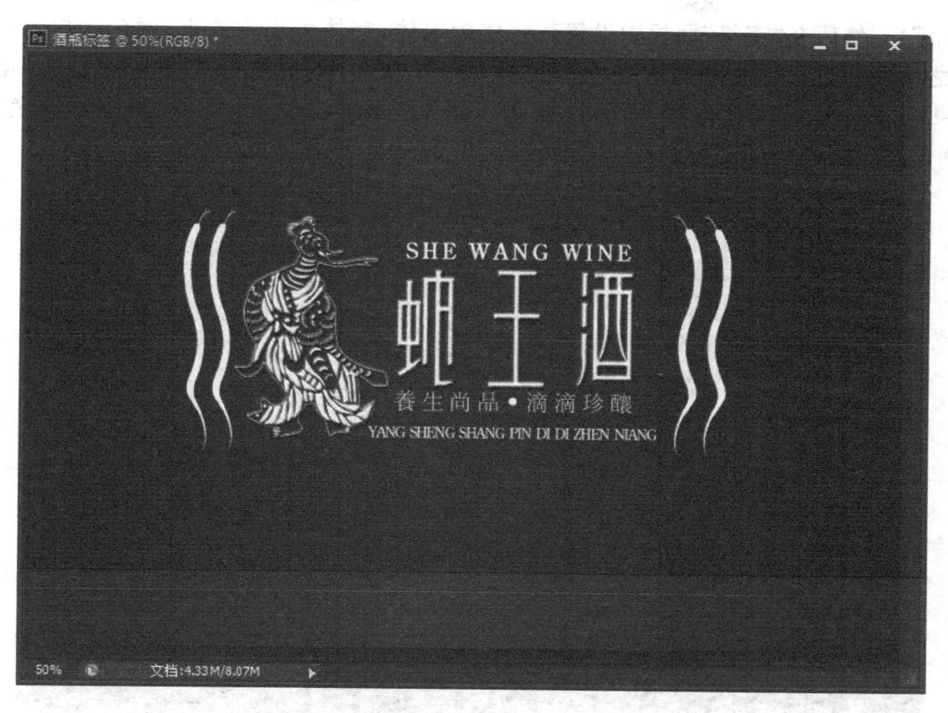

图 11-10　复制图层 3 的两个副本

图 11-11　绘制矩形

本.doc”)。然后在“字符”面板中设置其字体为宋体，字体大小为 6 点，颜色为白色，调整文字之间的位置。在文档适当位置处创建另一个文本框，并在该文本框中输入“电话：0746-8666666……”文字内容，然后设置其字体为宋体，字体大小为 6 点，文本颜色为白色，调整文字之间的间距，如图 11-12 所示。

图 11-12 输入下方文本并设置文本效果

(11) 单击工具箱中的横排文字工具，在文档适当位置处创建一个文本框，接着在该文本框中输入“容量：700ml 酒精度：50%vol”文字内容，然后在“字符”面板中设置其字体为宋体，字体大小为 8 点，颜色为白色，如图 11-13 所示。

(12) 打开图像文件“条形码标签.jpg”(参考“素材\第 11 章\标签.jpg”)，利用 Ctrl+A 键、Ctrl+C 键和 Ctrl+V 键把图像复制到文件中，此时系统会自动命名为“图层 5”，按 Ctrl+T 键调整其大小，如图 11-14 所示。

(13) 选择“文件”|“存储”命令，保存文件。选择“文件”|“另存为”命令，把文件保存成 JPG(参考“答案\第 11 章\酒瓶标签.jpg”源文件)。

2. 制作酒瓶瓶颈包装

(1) 选择“文件”|“新建”命令(Ctrl+N)，打开“新建”对话框。在该对话框中设置文件名称为“瓶颈标签”，文件大小为 10 厘米×2 厘米，分辨率为 300 像素/英寸，色彩模式为 RGB 颜色、8 位，背景内容为白色，然后单击“确定”按钮，如图 11-15 所示。

(2) 双击背景图层，打开“新建图层”对话框，直接单击“确定”按钮。单击工具箱中渐变工具，在工具选项栏中单击渐变颜色条，打开“渐变编辑器”对话框，然后在该对话框中设置两边颜色为深红色(C:18,M:100,Y:100,K:45)，并在 50%位置上添加一个浅红色

图 11-13　输入容量及酒精度信息并设置其效果

图 11-14　贴入条形码

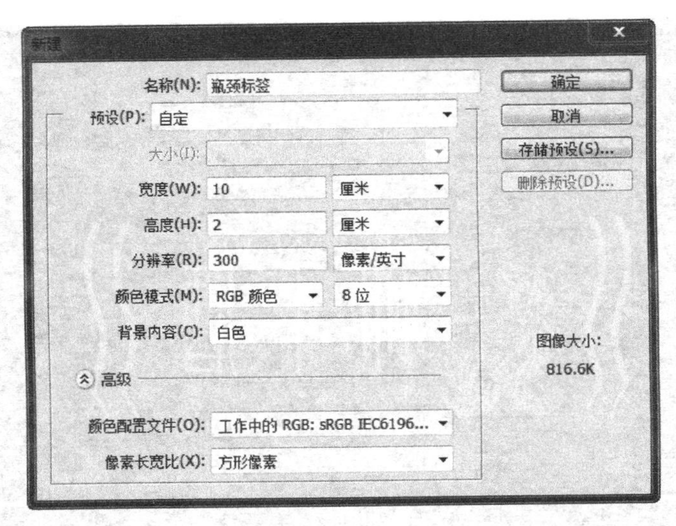

图 11-15　新建"瓶颈标签"文档

(C:18,M:95,Y:95,K:0)色标,单击"确定"按钮。在文档中水平拖动鼠标,得到如图 11-16 所示渐变效果。

图 11-16　填充渐变效果

(3) 打开图像文件"蛇王酒字体设计.psd"(参考"素材\第 11 章\蛇王酒字体设计.psd"),利用 Ctrl+A 键、Ctrl+C 键和 Ctrl+V 键把图像复制到新建文件中,此时系统会自动命名为"图层 1",按 Ctrl+T 键调整其大小和位置,如图 11-17 所示。

图 11-17　复制素材图片并调整其大小

(4) 选择"图层 1",选择移动工具并按住 Ctrl 键选择"背景"图层,然后在移动工具选项栏中单击"垂直居中对齐"和"水平居中对齐"按钮,如图 11-18 所示。

(5) 单击工具箱中的横排文字工具,在文档适当位置,创建一个文本框,接着在该文本框内输入"养 生 尚 品　滴 滴 珍 酿"文字,然后在"字符"面板中设置其字体为"方

图 11-18 设置对齐方式

正宋—繁体”，字体大小为 8 点，调整字与字之间的间距。按住 Ctrl 选择“背景”图层，并在移动工具选项栏中单击“垂直居中对齐”和“水平居中对齐”按钮。效果如图 11-19 所示。

图 11-19 输入并设置瓶径处的广告语并设置文本效果

(6) 选择“文件”|“存储”命令，保存文件。选择“文件”|“另存为”命令，把文件保存成 JPG 格式(参考“答案\第 11 章\瓶颈包装.jpg”源文件)。

3. 制作酒瓶包装效果

(1) 打开图像文件“酒瓶.jpg”(参考“答案\第 11 章\酒瓶.jpg”)，然后单击工具箱中的钢笔工具，沿酒瓶及其倒影边缘勾出轮廓，接着按 Ctrl+Enter 键，使路径变为选区，如图 11-20 所示。

(2) 单击“通道”面板中的“将选区存储为通道”按钮，得到一个 Alpha 1 通道，如图 11-21 所示。按住 Ctrl 键单击该通道，得到刚刚创建的选区。

图 11-20 得到瓶子选区

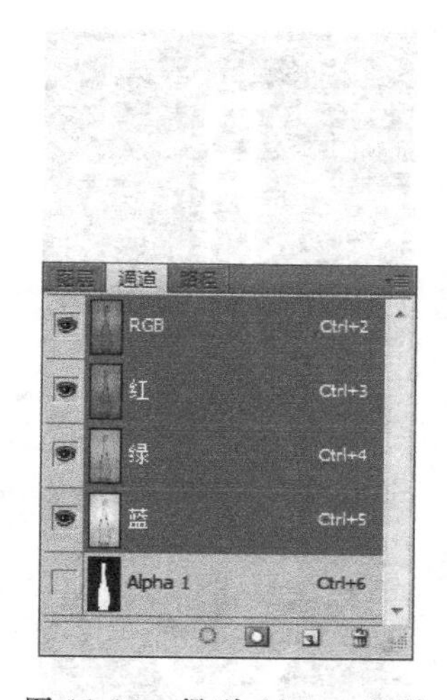

图 11-21 得到 Alpha1 通道

(3) 选择“图像”|“调整”|“去色”命令(Ctrl+Shift+U)，去除素材的颜色，变为黑白灰三色图像。

(4) 在“通道”面板中，复制“蓝”通道，得到“蓝 副本”通道，然后按 Ctrl+I 键，对瓶子颜色进行反相处理，如图 11-22 所示。

(5) 选择“图像”|“调整”|“色阶”命令(Ctrl+L)，打开“色阶”对话框，并在该对话框中进行设置，参数如图 11-23 所示。

图 11-22 反相效果

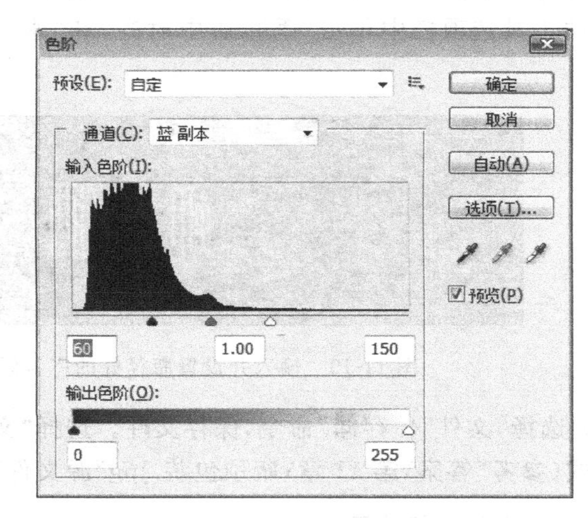

图 11-23 调整图像色阶

(6) 按住 Ctrl 键，单击“蓝 副本”通道，得到一个选区，如图 11-24 所示。

(7) 双击背景图层，打开“新建图层”对话框，直接单击“确定”按钮，此时“背景”图层转化为“图层 0”。选择“图层”|“新建”|“通过拷贝的图层”命令(Ctrl+J)，新建一个所选择区域的图层。单击“图层 0”左边的眼睛状图标，隐藏该图层，得到大致酒瓶的效果，如图 11-25 所示。

图 11-24 得到选区

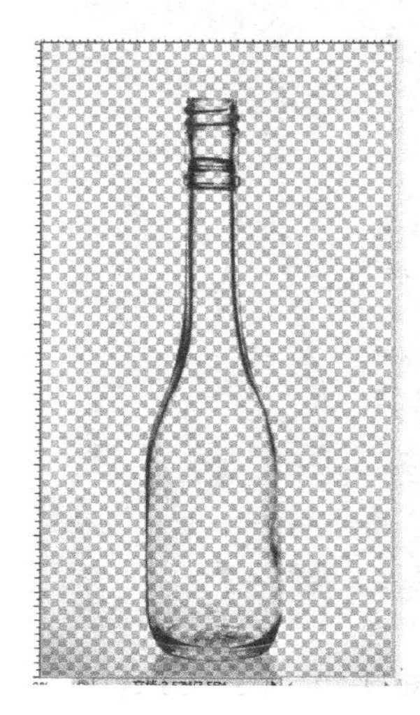

图 11-25 得到大致酒瓶效果

(8) 单击“通道”面板中 Alpha 1 通道，调出瓶子及倒影的选区，返回“图层”面板。选择“图层 1”，按 Ctrl＋Shift＋I 键反选图像，接着按 Delete 键，删除多余的图像部分，得到如图 11-26 所示瓶子效果。然后按 Ctrl＋D 键取消选区的选择。

(9) 新建“图层 2”，并把“图层 2”移到“图层 1”的下面。单击工具箱中的渐变工具，在工具选项栏中单击渐变颜色条，打开“渐变编辑器”对话框。在该对话框中设置左边颜色为白色，右边颜色为淡绿色(C:42，M:4，Y:41，K:0)，然后单击“确定”按钮。在渐变工具选项栏中选择“径向渐变”，然后从文档页面左上角向右下角拖动，得到如图 11-27 所示的渐变效果。

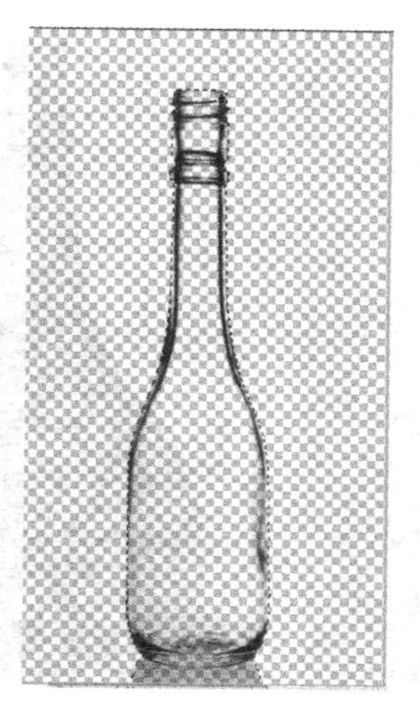

图 11-26　得到酒瓶效果

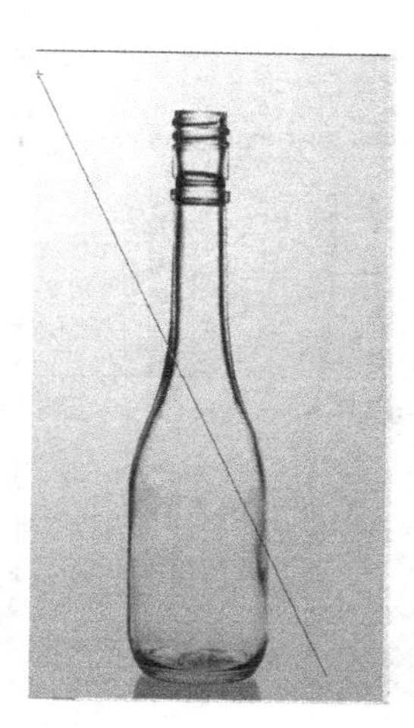

图 11-27　填充背景渐变效果

(10) 选择“图层 1”，按 Ctrl＋M 键，打开“曲线”对话框，在该对话框中设置输出为 130，如图 11-28 所示。

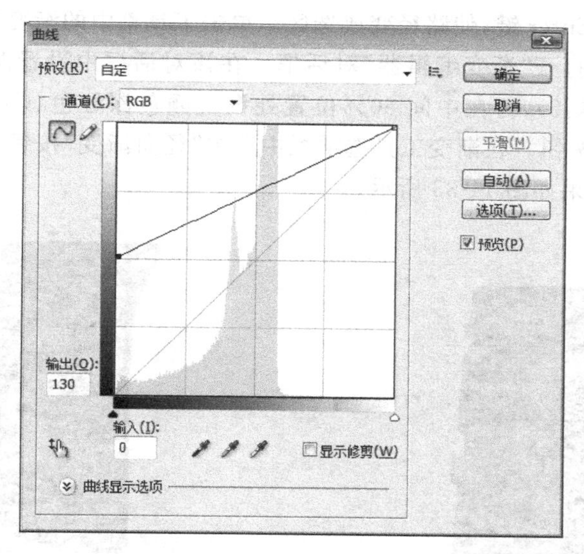

图 11-28　调整图像的曲线参数

(11) 选择"编辑"|"变换"|"变形"命令,对酒瓶进行变形操作,如图 11-29 所示。

(12) 在工具箱中选择魔棒工具,选择瓶子外围,得到一个选区。按 Ctrl+Shift+I 键反选,得到瓶子及阴影选区。选择工具箱中的套索工具,按住 Alt 键选择阴影部分,这样只留下瓶子选区,效果如图 11-30 所示。

(13) 单击"图层"面板中的"创建新图层"按钮,新建一个"图层 3"。设置前景色为(C:66,M:100,Y:100,K:66),按 Alt+Delete 键进行填充。设置图层的混合模式为亮光,效果如图 11-31 所示。

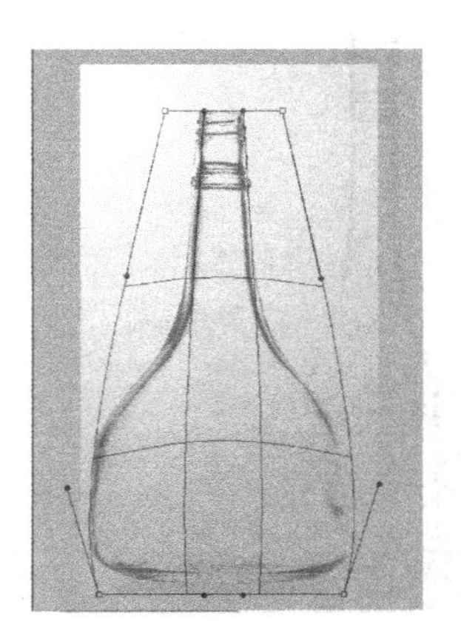

图 11-29 设置酒瓶变形效果

图 11-30 瓶子选区

图 11-31 填充及亮光效果

(14) 绘制瓶盖。单击图层面板中的"创建新图层"按钮,新建一个"图层 4",在工具箱中选择钢笔工具,绘制一个如图 11-32 所示图形。

(15) 按 Ctrl+Enter 键,使路径变成选区。单击工具箱中的渐变工具,在工具选项栏中单击渐变颜色条,打开"渐变编辑器"对话框。在该对话框中设置两边颜色为红色(C:40,M:100,Y:100,K:5),再在中间 50%位置处设置颜色深红色(C:52,M:100,Y:100,K:35),单击"确定"按钮。在渐变工具选项栏中选中"径向渐变"按钮,并从文档左上角向右下角拖动,渐变效果如图 11-33 所示。

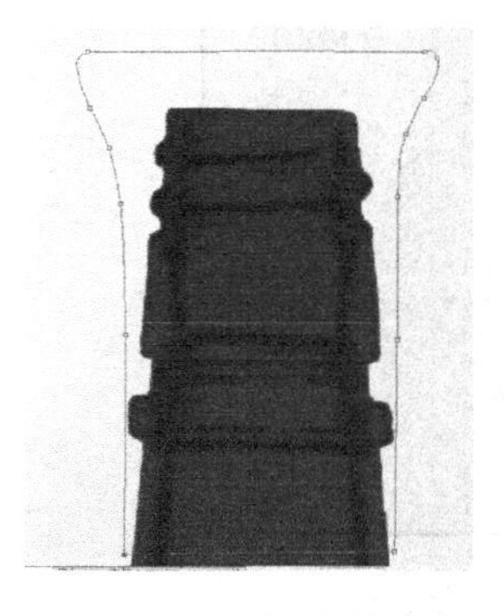

图 11-32 钢笔绘制瓶盖

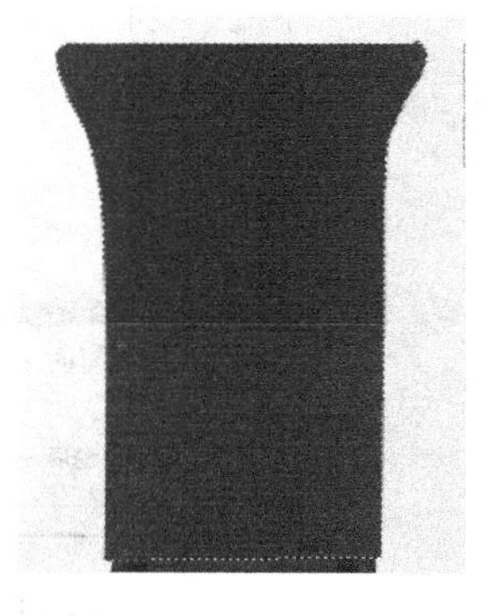

图 11-33 填充渐变效果

(16) 新建“图层 5”,选择工具箱中的画笔工具。设置前景色为白色,设置画笔参数如图 10-34 所示,在瓶盖两侧边缘涂抹,给瓶盖增加高光效果,如图 11-35 所示。

图 11-34　设置画笔参数

(17) 按住 Ctrl 键单击“图层 3”,形成瓶体选区。新建“图层 6”,然后使用工具箱中的画笔工具给瓶体增加高光效果,如图 11-36 所示。

(18) 按 Ctrl+D 键,取消选区。打开图像文件“酒瓶标签.jpg”(参考“答案\第 11 章\酒瓶标签.jpg”),利用 Ctrl+A 键、Ctrl+C 键和 Ctrl+V 键把图像复制到新建文件中,此时系统会自动生成“图层 7”。按 Ctrl+T 键调整其大小和位置,如图 11-37 所示。

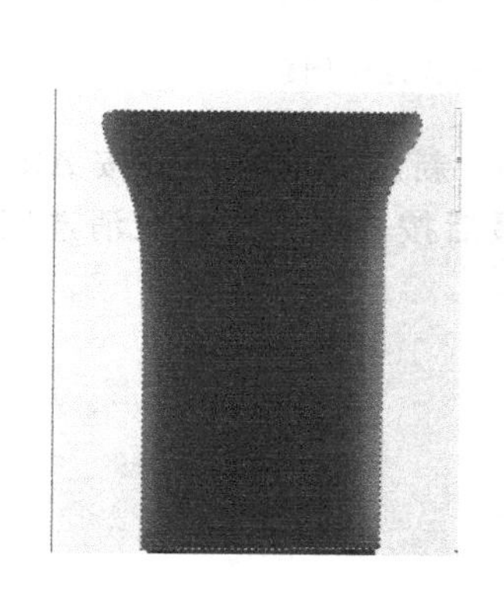

图 11-35　绘制瓶盖高光效果

图 11-36　绘制瓶子高光效果

图 11-37　贴入标签的位置及大小

(19) 选择“编辑”|“变换”|“变形”命令,对酒瓶标签进行变形操作,如图 11-38 所示。

(20) 打开图像文件“瓶颈包装.jpg”(参考“答案\第 11 章\瓶颈包装.jpg”)。因为瓶颈包装是要贴到瓶颈一周,所以有一部分图像不能显示出来,利用工具箱中的裁剪工具裁剪图像,得到如图 11-39 所示的图形。

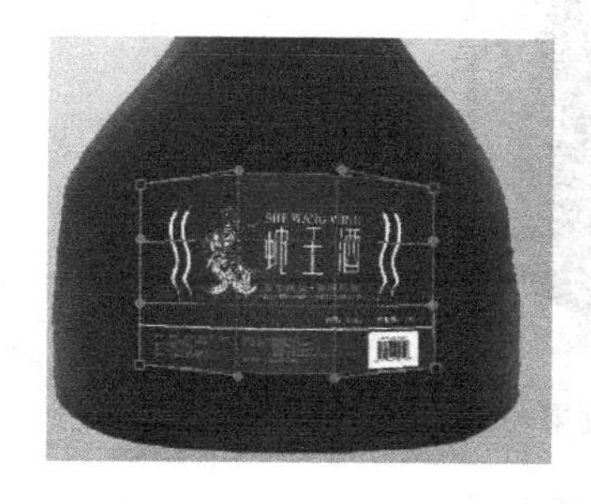

图 11-38　标签变形效果

图 11-39　裁剪图像

(21) 利用 Ctrl+A 键、Ctrl+C 键和 Ctrl+V 键把图像复制到新建文件中,此时会自动生成"图层 8"。按 Ctrl+T 键调整其大小和位置。选择"编辑"|"变换"|"变形"命令,设置酒瓶标签的变形,如图 11-40 所示。

(22) 单击"图层 1",利用工具箱中的套索工具选择瓶子倒影,得到如图 11-41 所示选区。

图 11-40 设置并变形瓶颈标签

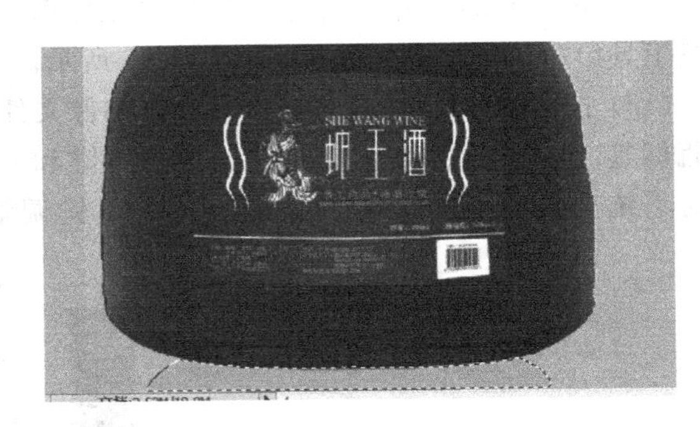

图 11-41 选择瓶子倒影

(23) 设置前景色为深红色(C:66,M:100,Y:100,K:66)。新建"图层 9",并按 Alt+Delete 键进行填充。接着设置图层的混合模式为"叠加",最后按 Ctrl+D 键取消选区。得到瓶子包装效果,如图 11-42 所示。

图 11-42 最后酒瓶效果

(24) 保存文件(参考"答案\第 11 章\酒瓶. psd"源文件)。

11.3.2　设计制作礼品盒包装

任务 2　蛇王酒礼品盒包装设计

任务要求

(1) 礼品盒盖子上的半圆和圆形图案的设计。

(2) 制作礼品盒的立体效果，如图 11-43 所示。

图 11-43　包装盒效果

任务分析

对于初学者来说，透视不是很好把握，可以从网上找一张类似的包装盒实物图，参照实物图较好的透视效果，把包装盒的正面和侧面按着正确的透视进行变形，从而得到比较真实的包装盒。

操作步骤

1. 盒盖上半圆图案的制作

(1) 选择“文件”|“新建”命令(Ctrl＋N)，打开“新建”对话框。在该对话框中设置文件名称为“外盒半圆板”，文件大小为 38.6 厘米×22.6 厘米，分辨率为 300 像素/英寸，色彩模式为 RGB 颜色、8 位，背景内容为白色，然后单击“确定”按钮，如图 11-44 所示。

(2) 单击工具箱中的渐变工具，在工具选项栏中单击渐变颜色条，打开“渐变编辑器”对话框。在该对话框中设置左边的颜色为浅红色(C:17，M:100，Y:100，K:0)，右边颜色为深红色(C:56，M:100，Y:100，K:48)，然后单击“确定”按钮。在渐变工具选项栏中选择“径向渐变”按钮，接着在文档页面中从中心向边缘拖动，得到如图 11-45 所示的渐变效果。

(3) 单击工具箱中的直排文字工具，在文档页面合适的位置创建一个文本框，然后在该文本框中输入“捕蛇者说.doc”文件中的文本(参考“素材\第 11 章\捕蛇者说.doc”)。在“字符”面板中设置文本字体为“方正小标宋简体”，字体大小为 36 点，文本颜色为灰色(C:71，M:71，Y:71，K:34)，调整行距为 44 点。最后设置该文字图层的“不透明度”为 45%，如图 11-46 所示。

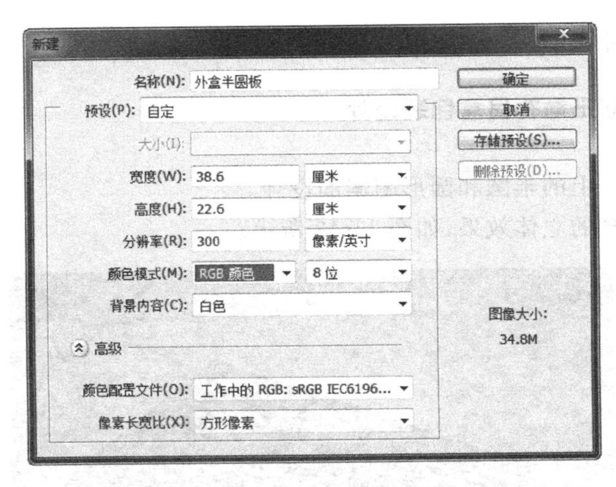

图 11-44 新建"外盒半圆板"文档

图 11-45 填充渐变效果

图 11-46 输入并设置文本

(4) 打开图像文件“蛇王酒标志.psd”(参考“素材\第 11 章\蛇王酒标志.psd”源文件)，并利用 Ctrl+A 键、Ctrl+C 键和 Ctrl+V 键把图像复制到新建文件中，此时会自动生成“图层 1”。按 Ctrl+T 键调整其大小和位置。同样，复制素材图片“蛇王酒字体设计.psd”(参考“素材\第 11 章\蛇王酒字体设计.psd”源文件)，此时会自动生成“图层 2”，按 Ctrl+T 键调整其大小和位置，如图 11-47 所示。

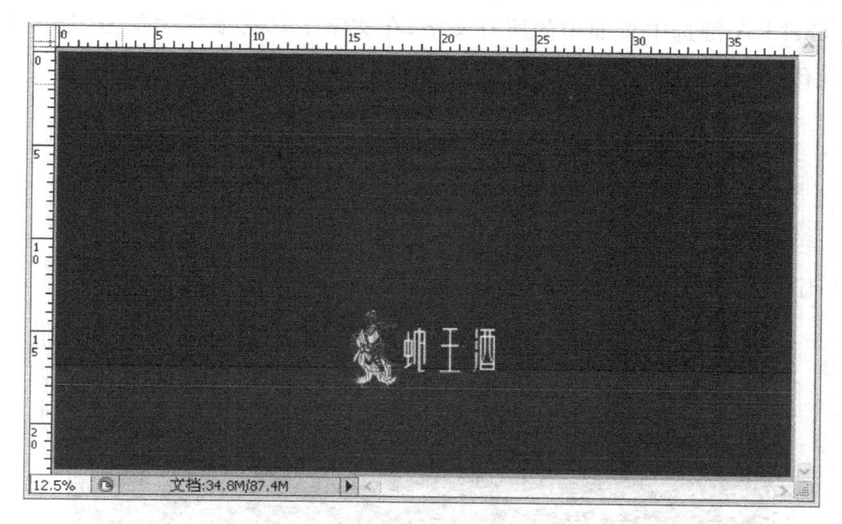

图 11-47　复制并调整素材

(5) 单击工具箱中的横排文字工具，在文档页面合适位置处创建一个文本框，在该文本框中输入 SHE WANG WINE。设置输入文本的图层名称为“图层 3”，然后在“字符”面板中设置其字体为 Century old style std，字体大小为 16 点，效果如图 11-48 所示。

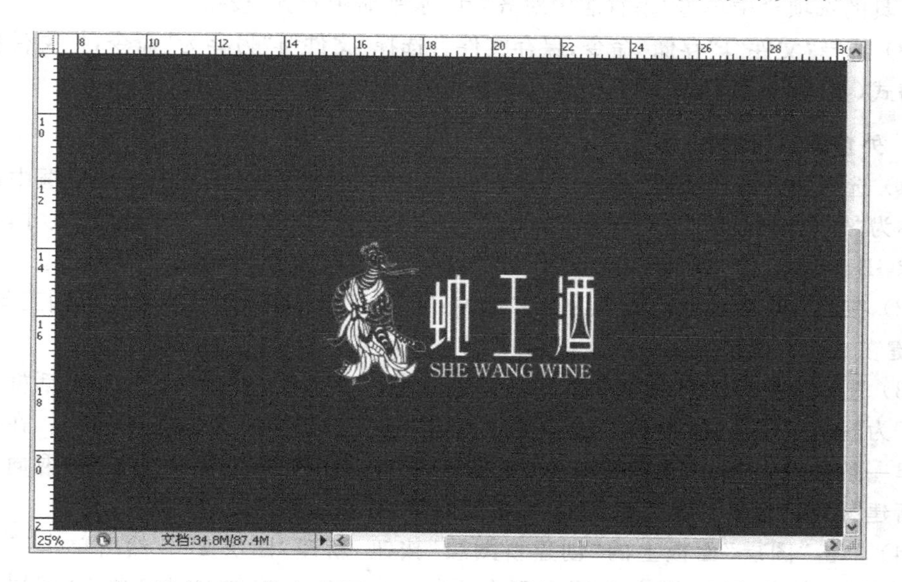

图 11-48　输入 SHE WANG WINE 并设置文本及其效果

(6) 单击工具栏中的横排文字工具，在文档页面内的合适位置处创建一个文本框，接着在该文本框中输入“养生尚品・滴滴珍酿 YANG SHENG SHANG PIN DI DI ZHEN NIANG 文本内容。设置输入文本的图层名称为“图层 4”。在“字符”面板中设置“养生尚品・滴滴珍酿”文本的字体为“方正宋一简体”，字体大小为 48 点。设置 YANG SHENG SHANG PIN DI DI ZHEN NIANG 拼音字符字体为 Century old style std，字体大小为 28 点。按 Ctrl＋A 键选中页面中的所有文字，在文字工具选项栏中单击“居中对齐文本”按钮，并在“字符”面板中设置行距为 24 点，效果如图 11-49 所示。

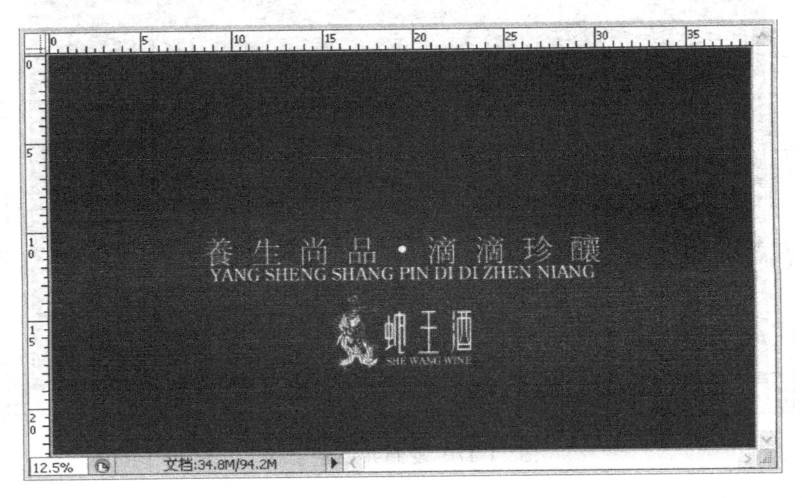

图 11-49 输入广告词文本并设置其效果

(7) 单击工具箱中的移动工具，选择“图层 4”。按住 Ctrl 键单击“背景”图层，然后在移动工具的选项栏中单击“垂直居中对齐”和“水平居中对齐”按钮。

(8) 选择“文件”|“存储”命令，保存文件。选择“文件”|“另存为”命令，把文件保存为 JPG 格式(参考“答案\第 11 章\外盒半圆板.jpg”源文件)。

2. 外盒圆形板制作

(1) 选择“文件”|“新建”命令(Ctrl＋N)，打开“新建”对话框。在该对话框中设置文件名称为“外盒圆形板”，文件大小为 11 厘米×11 厘米，分辨率为 300 像素/英寸，色彩模式为 RGB 颜色、8 位，背景内容为透明，然后单击“确定”按钮，如图 11-50 所示。

(2) 在工具箱中设置前景色为(C:20，M:30，Y:100，K:10)，然后单击椭圆工具，按住 Shift 键在文档页面中绘制一个正圆，如图 11-51 所示。

(3) 选择“视图”|“新建参考线”命令，打开“新建参考线”对话框。在该对话框中设置“取向”为“垂直”，“位置”为 0.2 厘米，然后单击“确定”按钮，新建一条辅助线。在垂直方向新建一条位置为 10.8 厘米的辅助线；接着在“新建参考线”对话框中设置“取向”为“水平”，新建“位置”为 0.2 厘米和 10.8 厘米的两条辅助线，如图 11-52 所示。

(4) 单击“图层”面板上的“创建新图层”按钮，新建“图层 2”。然后单击工具箱中的椭圆工具，按住 Shift 键在文档页面中绘制一个正圆。按住 Ctrl 键单击“图层 2”，使

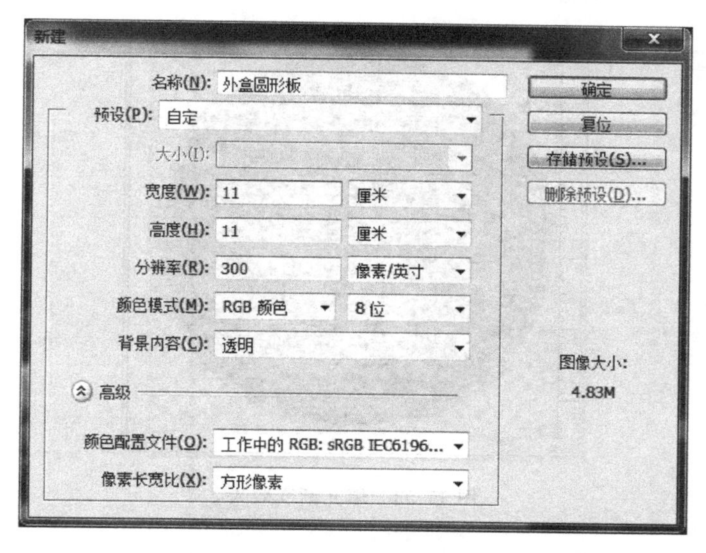

图 11-50　新建"外盒圆形板"文档

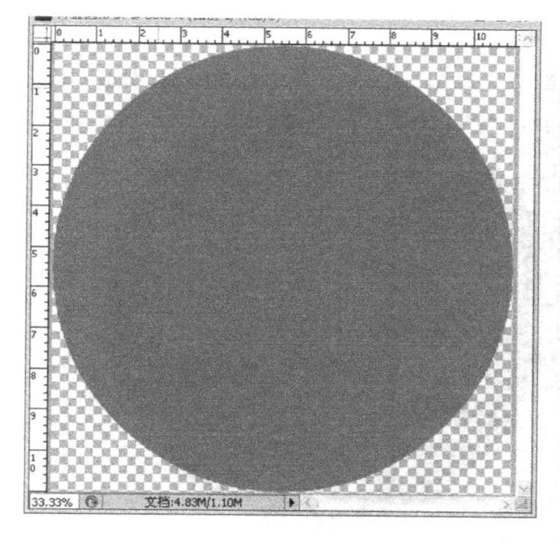

图 11-51　绘制正圆

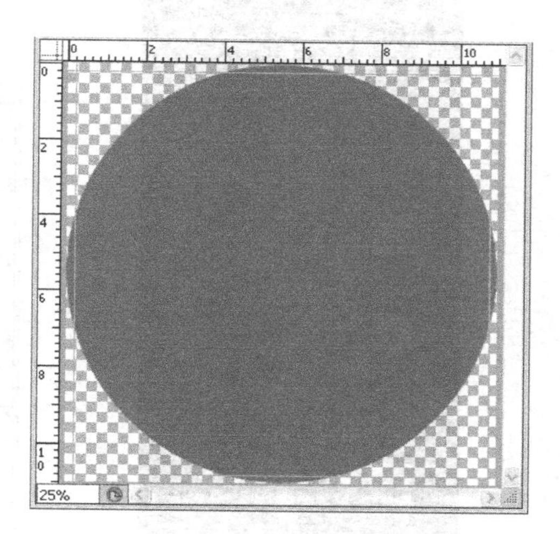

图 11-52　设置新建参考线位置

圆形变成选区。单击工具箱中的渐变工具，在工具选项栏中单击渐变颜色条，打开"渐变编辑器"对话框。在该对话框中设置左边颜色为浅红色(C:17,M:100,Y:100,K:0)，右边颜色深红色(C:56,M:100,Y:100,K:48)，然后单击"确定"按钮。在工具选项栏中单击"径向渐变"按钮，在文档中从中心向边上拖动鼠标，得到如图 11-53 所示的渐变效果。

(5) 打开图像文件"酒瓶标签.psd"(参考"答案\第 11 章\酒瓶标签.psd"源文件)，按住 Ctrl 键选择如图 11-54 所示的 4 个图层。使用移动工具把这 4 个图层移动到"外盒圆形板.psd"文档中，接着按 Ctrl＋T 键调整这 4 个图层的大小和位置，如图 11-55 所示。

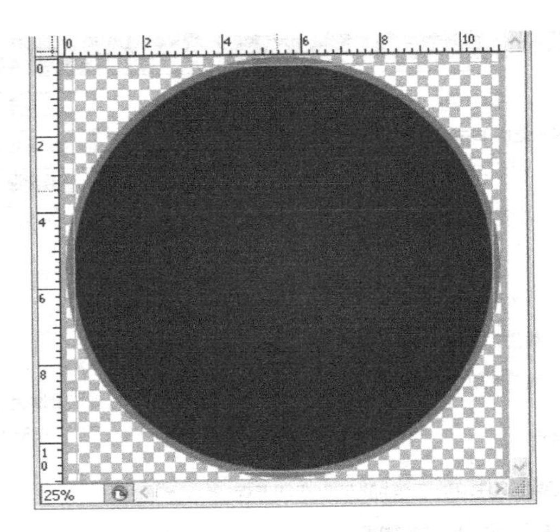

图 11-53 填充渐变效果

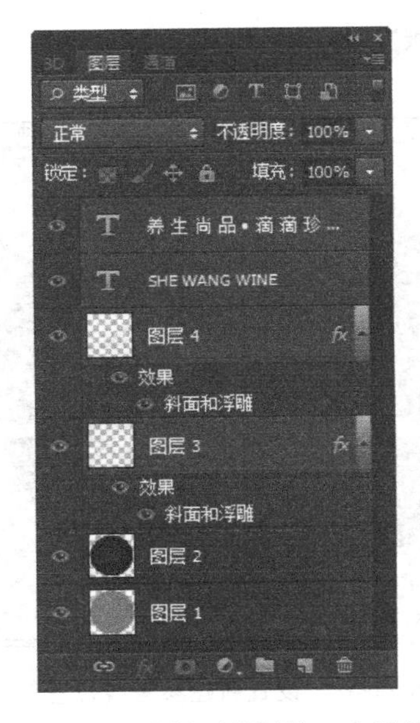

图 11-54 选择要复制的 4 个图层

图 11-55 调整复制的 4 个图层

(6) 选择"文件"|"存储"命令，保存文件。选择"文件"|"存储为"命令，把文件保存为 JPG 格式(参考"答案\第 11 章\外盒圆形板.jpg"源文件)。

3. 包装盒制作

(1) 选择"文件"|"新建"命令(Ctrl+N)，打开"新建"对话框。设置文件名称为"包装盒正面"，文件大小为 40.5 厘米×30.5 厘米，分辨率为 300 像素/英寸，色彩模式为 RGB 颜色、8 位，背景内容为透明，然后单击"确定"按钮，如图 11-56 所示。

(2) 在工具箱中设置前景色为(C:56，M:100，Y:100，K:48)，然后按 Alt+Delete 键填充前景色。选择"视图"|"新建参考线"命令，在打开的"新建参考线"对话框中设置"取

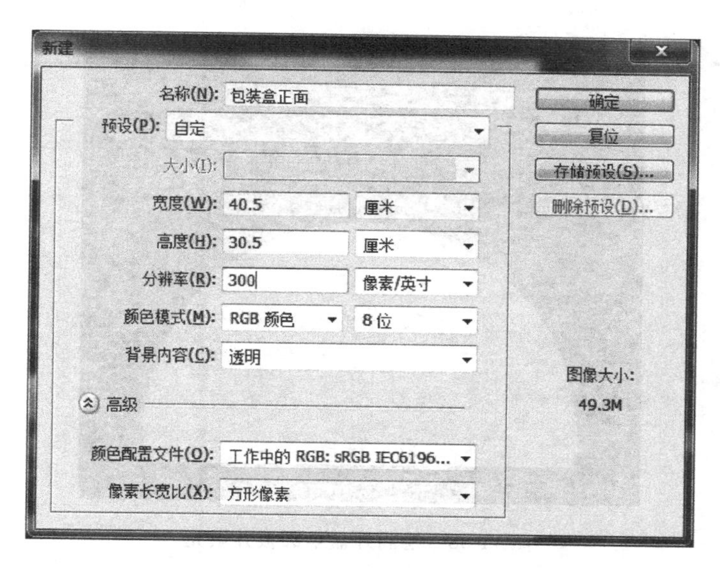

图 11-56　新建“包装盒正面”文档

向”为“水平”，“位置”为 28 厘米，然后单击“确定”按钮，新建一条辅助线。接着在“新建参考线”对话框中设置“取向”为“垂直”，“位置”为 20.25 厘米，单击“确定”按钮新建一条辅助线，如图 11-57 所示。

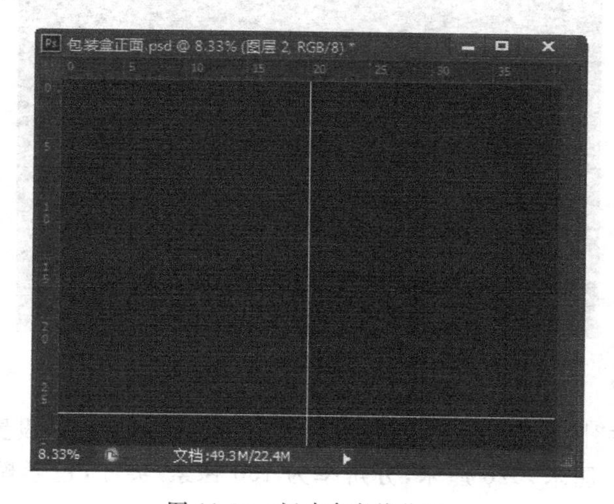

图 11-57　新建参考线位置

(3) 单击“图层”面板上的“创建新图层”按钮，新建“图层 1”。选择工具箱中的椭圆工具，按住 Shift＋Alt 键，以两条参考线的交点为中心在文档页面中绘制一个正圆。按 Ctrl＋Delete 键，填充选区为白色背景色，如图 11-58 所示。

(4) 单击工具箱中的矩形选框工具，选择如图 11-59 所示区域，按 Delete 键删除，然后按 Ctrl＋E 键合并可见图层。

(5) 选择“文件”|“存储”命令，保存文件。选择“文件”|“存储为”命令，把文件保存为 JPG 格式(参考“答案\第 11 章\包装盒正面.jpg”源文件)。

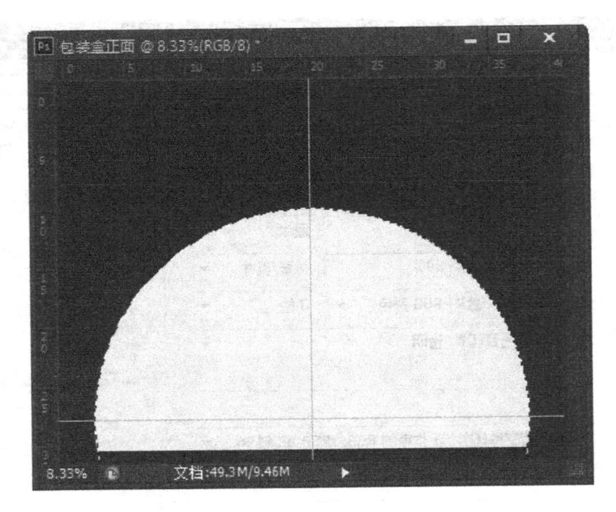

图 11-58 绘制外盒半圆板并填充

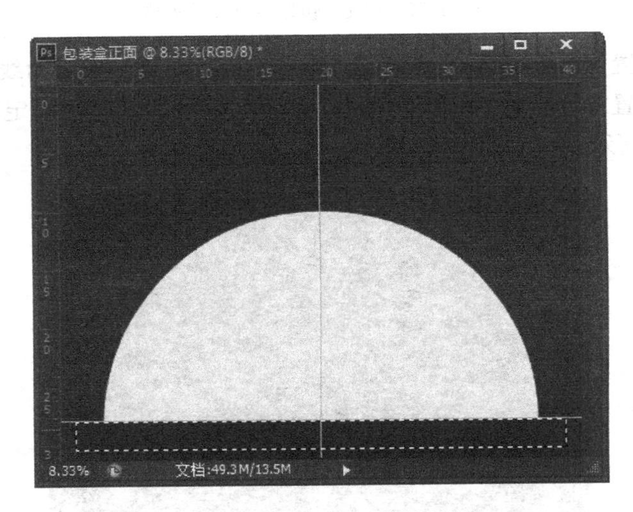

图 11-59 删除多余的图像部分

(6) 选择“文件”|“新建”(Ctrl+N)命令,打开“新建”对话框。设置文件名称为“包装盒”,文件大小为 25 厘米×20 厘米,分辨率为 150 像素/英寸,色彩模式为 RGB 颜色、8 位,背景内容为透明,然后单击“确定”按钮,如图 11-60 所示。

(7) 单击工具箱中的渐变工具,在工具选项栏中单击渐变颜色条,在打开的“渐变编辑器”对话框中设置左边颜色白色,右边颜色淡蓝色(C:70,M:55,Y:0,K:0),然后单击“确定”按钮。在工具选项栏中单击“径向渐变”按钮,然后在文档中从中心向边缘拖动,得到如图 11-61 所示的渐变效果。

(8) 单击“图层”面板上的“创建新图层”按钮,新建“图层 1”。单击工具箱中的矩形工具绘制一个矩形。按 Ctrl+T 键对该矩形进行调整,使其具有包装盒顶面的透视效果,如图 11-62 所示。

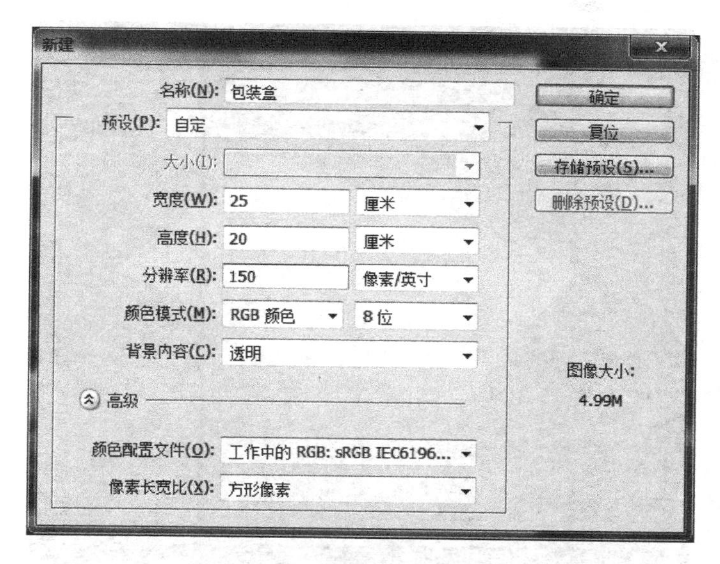

图 11-60　新建“包装盒”文档

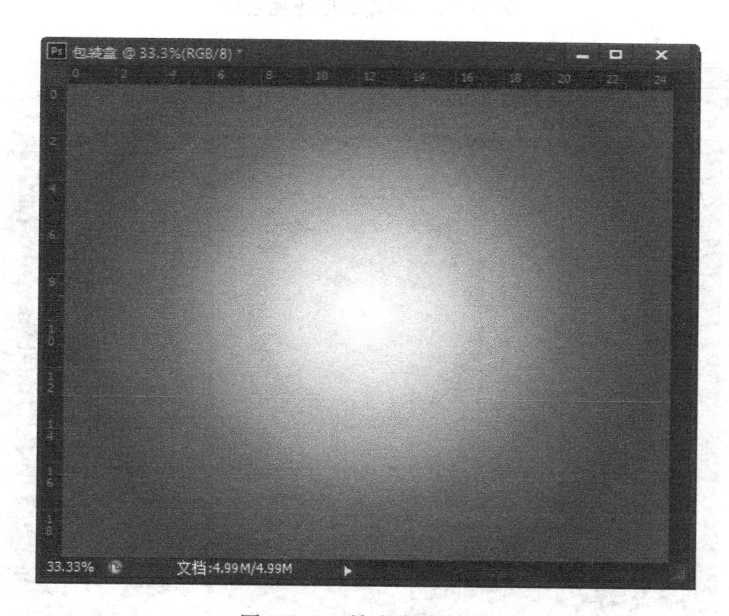

图 11-61　填充渐变效果

(9) 打开图像文件“外盒半圆板.jpg”(参考“答案\第 11 章\外盒半圆板.jpg”源文件),并利用 Ctrl+A 键和 Ctrl+C 键复制图像。单击“图层”面板上“创建新图层”按钮,新建“图层 2”。选择“滤镜”|“消失点”命令,打开“消失点”对话框,在该对话框中单击“创建平面工具”,创建一个如图 11-63 所示平面。

(10) 按 Ctrl+V 键把复制的“外盒半圆板”粘贴过来,并按 Ctrl+T 键调整其大小和位置,如图 11-64 所示,然后单击“确定”按钮。

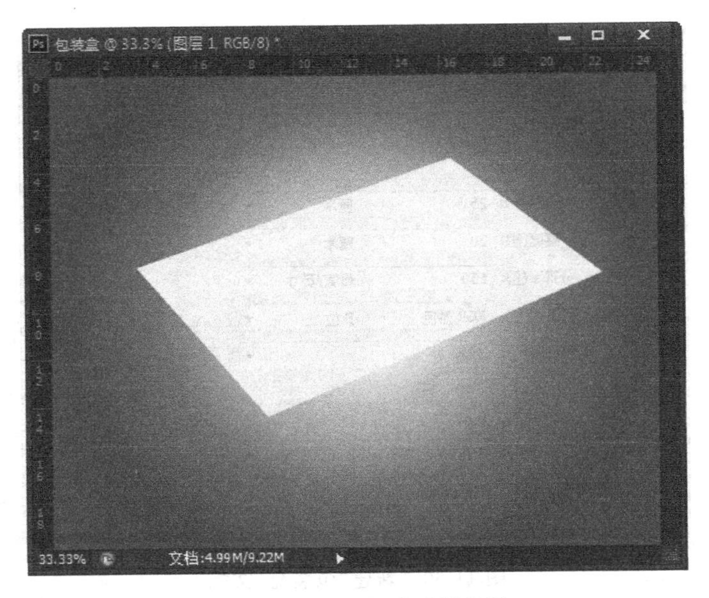

图 11-62　设置矩形透视效果

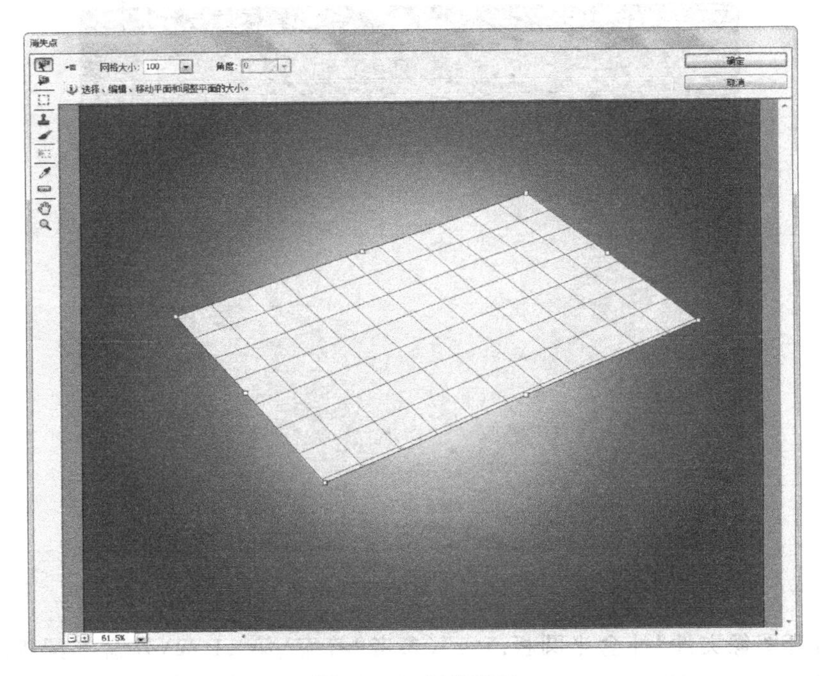

图 11-63　创建平面

(11) 单击“图层”面板上的“创建新图层”按钮，新建“图层 3”。打开制作好的“包装盒正面”图，按 Ctrl＋A 键和 Ctrl＋C 键复制图像。选择“滤镜”|“消失点”命令，打开“消失点”对话框。按 Ctrl＋V 键把复制的“包装盒正面”粘贴过来，并按 Ctrl＋T 键调整其大小和位置，如图 11-65 所示，然后单击“确定”按钮。

图 11-64　粘贴并调整素材图片

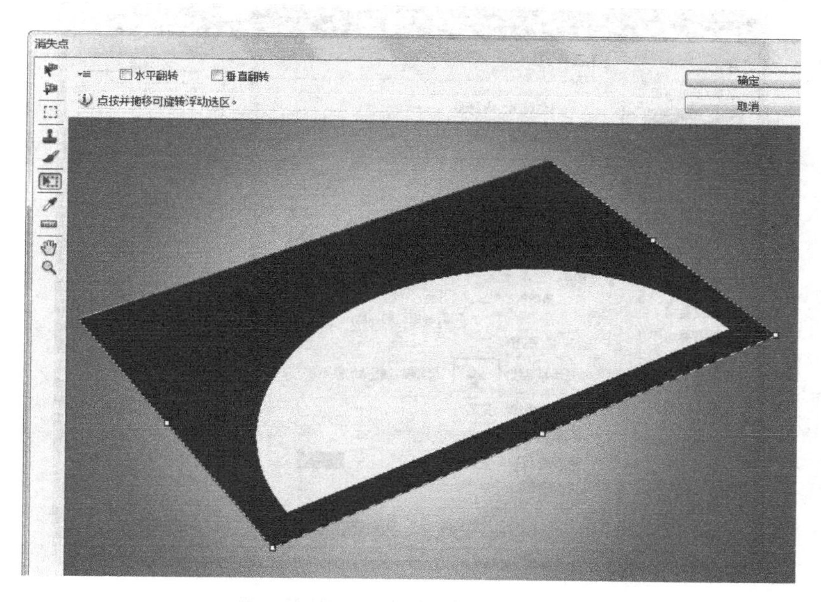

图 11-65　粘贴素材位置

(12) 选择“图层 3”，单击工具箱中的魔棒工具，选择图像中的白色区域，按 Delete 键进行删除。得到如图 11-66 所示的效果。

(13) 单击“图层”面板上“创建新图层”按钮，新建“图层 4”。按 Alt＋Delete 填充选区为前景色白色，然后设置图层的混合模式为“叠加”，不透明度为 30％。在“图层”面板上单击“添加图层样式”按钮，从弹出的菜单中选择“斜面和浮雕”命令，在打开的“图层样式”对话框中设置“深度”为 195％，“大小”为 21 像素，“角度”为－130°，“高度”为 30°，“高光模式”为“变暗”，如图 11-67 所示。

(14) 单击“图层”面板上的“创建新图层”按钮，新建“图层 5”。单击工具箱中的多边

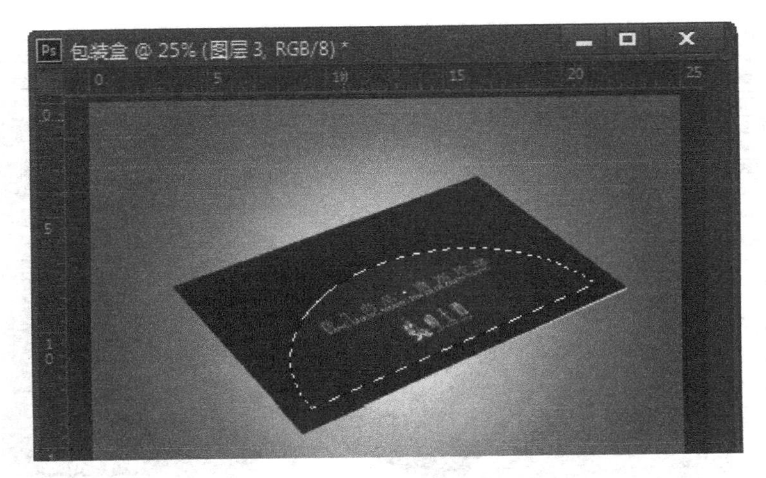

图 11-66 删除多余的图像部分

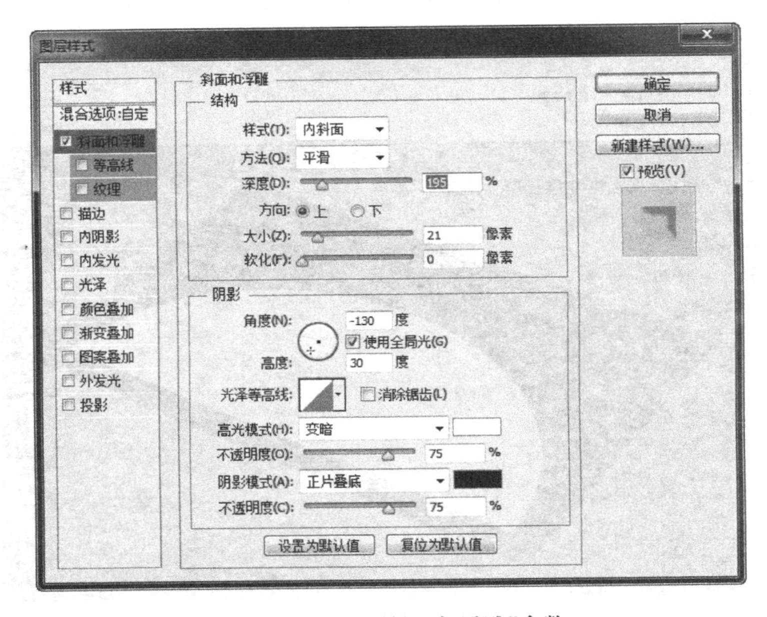

图 11-67 设置"斜面与浮雕"参数

形套索工具,在页面中创建一个如图 11-68 所示的多边形,并按 Alt+Delete 键填充前景色(C:60,M:100,Y:100,K:60)。

(15) 单击"图层"面板上的"创建新图层"按钮,新建"图层 6"。单击工具箱中的多边形套索工具,创建一个如图 11-69 所示的多边形,按 Alt+Delete 键填充前景色(C:60,M:100,Y:100,K:60)。

(16) 按 Ctrl+D 键取消选区选择。单击"图层"面板上的"创建新图层"按钮,新建"图层 7"。设置前景色为黑色,单击工具箱中的铅笔工具,在工具选项栏中设置画笔大小为 4 像素,绘制两条直线,如图 11-70 所示。

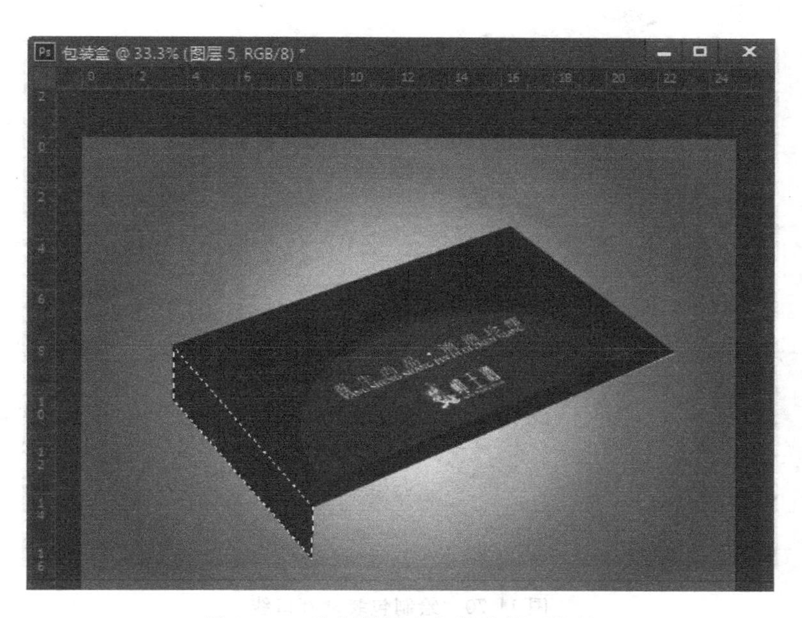

图 11-68 绘制并填充包装盒侧面位置

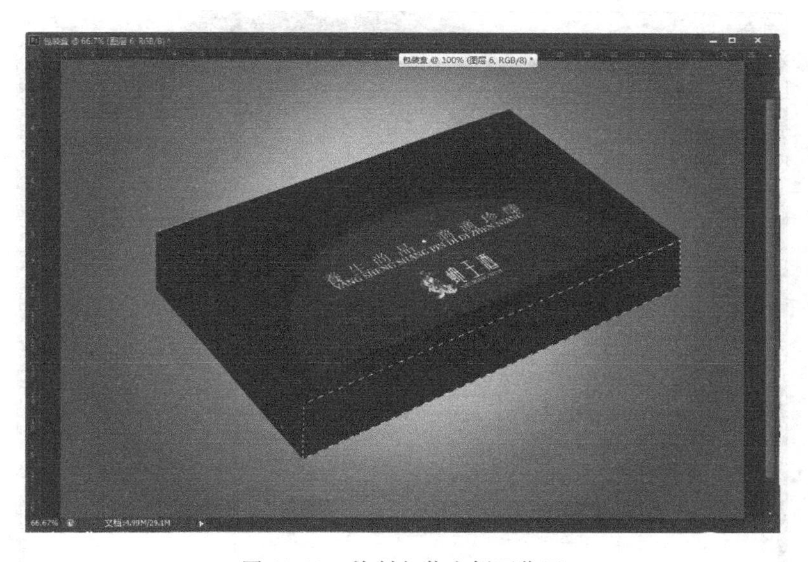

图 11-69 绘制包装盒侧面位置

(17) 单击"图层"面板上的"添加图层样式"按钮,从弹出的菜单中选择"斜面与浮雕"命令,在打开的"图层样式"对话框中设置"斜面和浮雕"图层效果,"深度"为 50%,"大小"为 5 像素,"角度"为-130°,"高度"为 30°,如图 11-71 所示。

(18) 单击"图层"面板上的"创建新图层"按钮,新建"图层 8"。设置前景色为白色,单击工具箱中的铅笔工具,在其工具选项栏中设置画笔大小为 2 像素,在文档中绘制如图 11-72 所示的两条直线。

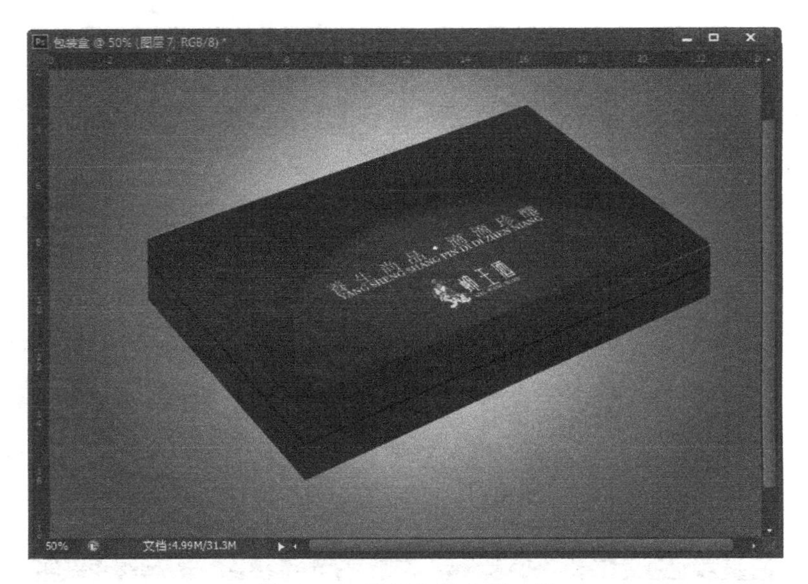

图 11-70　绘制包装盒开口线

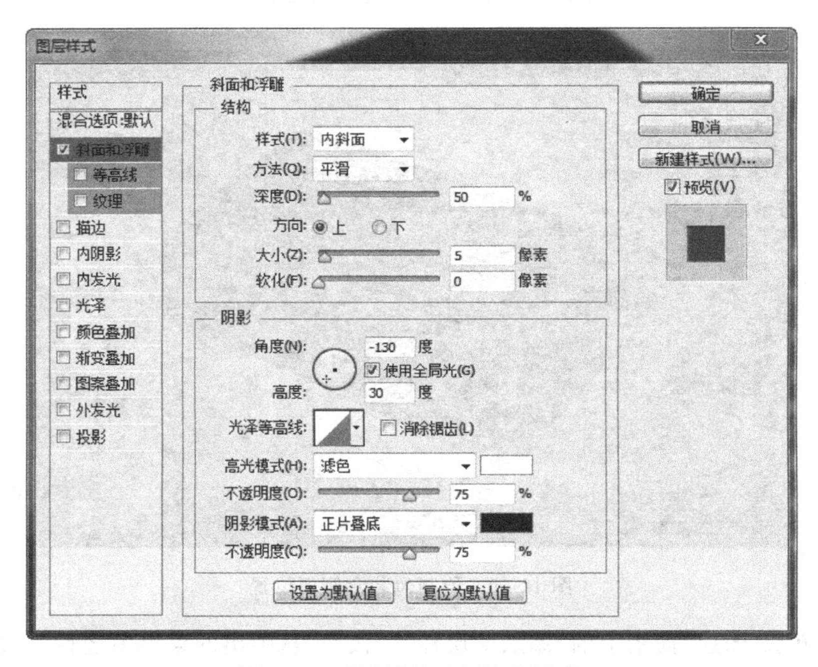

图 11-71　设置“斜面和浮雕”参数

(19) 单击“图层”面板上的“添加图层样式”按钮，从弹出的菜单中选择“斜面和浮雕”命令，在打开的“图层样式”对话框中设置“样式”为“浮雕效果”，“深度”为 500%，“方向”为上，“大小”为 8 像素，“角度”为 −130°，“高度”为 30°，“高光模式”为滤色，如图 11-73 所示。

(20) 复制两次“图层 8”，得到“图层 8 副本”和“图层 8 副本 2”，然后利用工具箱中

图 11-72　新建装饰线

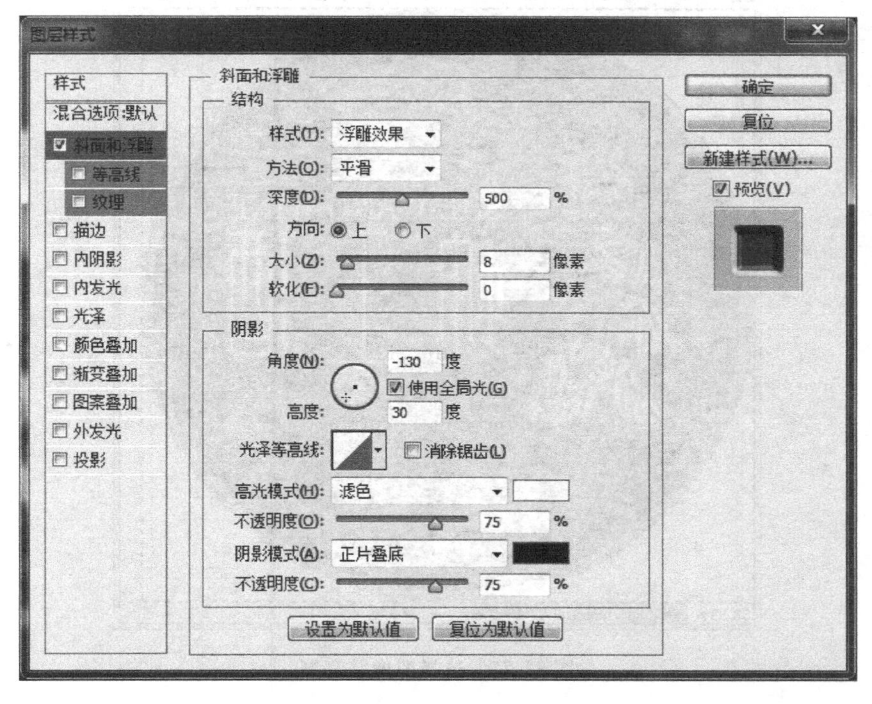

图 11-73　设置“斜面与浮雕”参数

的移动工具分别移动新建的两个图层到如图 11-74 所示位置,并按 Ctrl+T 键调整其大小。

(21) 打开图像文件“外盒圆形板.jpg”(参考“答案\第 11 章\外盒圆形板.jpg”源文件),然后单击工具箱中的魔棒工具,按住 Shift 键选择周边的 4 块白色区域,按 Ctrl+Shift+I 键反选,最后按 Ctrl+C 键复制,如图 11-75 所示。

图 10-74 复制直线

图 11-75 选择图像并复制

(22) 单击“图层”面板上的“创建新图层”按钮，新建“图层 9”。选择“滤镜”|“消失点”命令，打开“消失点”对话框，按 Ctrl+V 键把复制的图形粘贴进来，再按 Ctrl+T 键调整图像的大小和位置，单击“确定”按钮，得到效果如图 11-76 所示。

(23) 按住 Ctrl 键，单击“图层 9”，得到一个选区。选择工具箱中的移动工具，在按住 Alt 键的同时按键盘上的向上方向键 4 次，微移选区，如图 11-77 所示。按下 Ctrl+D 取消选区。

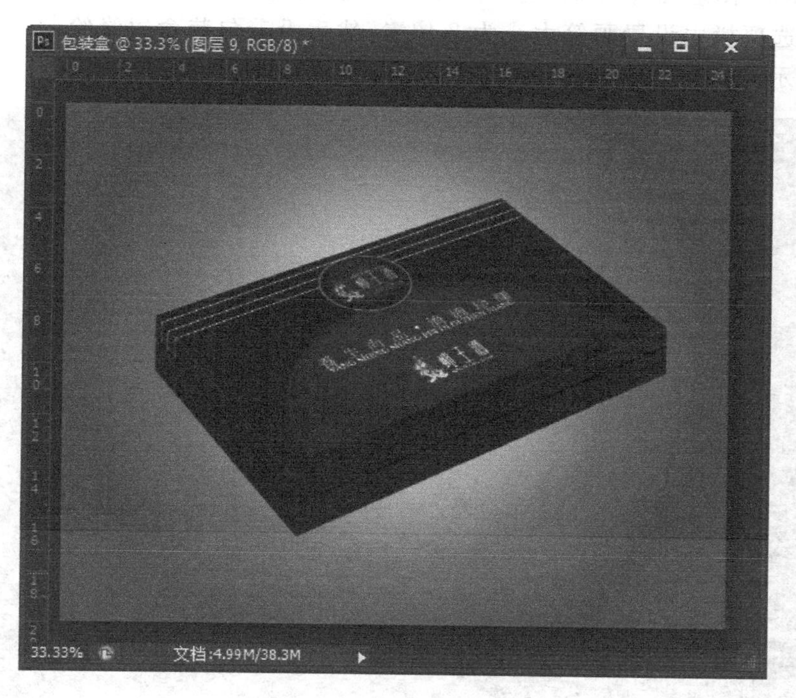

图 11-76　粘贴并调整图像

图 11-77　微调复制效果

(24) 单击“图层”面板上的“创建新图层”按钮，新建“图层 10”。单击工具箱中铅笔工具，在工具选项栏中设置画笔大小为 2 像素，然后沿着包装盒边缘绘制三条白线，如图 11-78 所示。

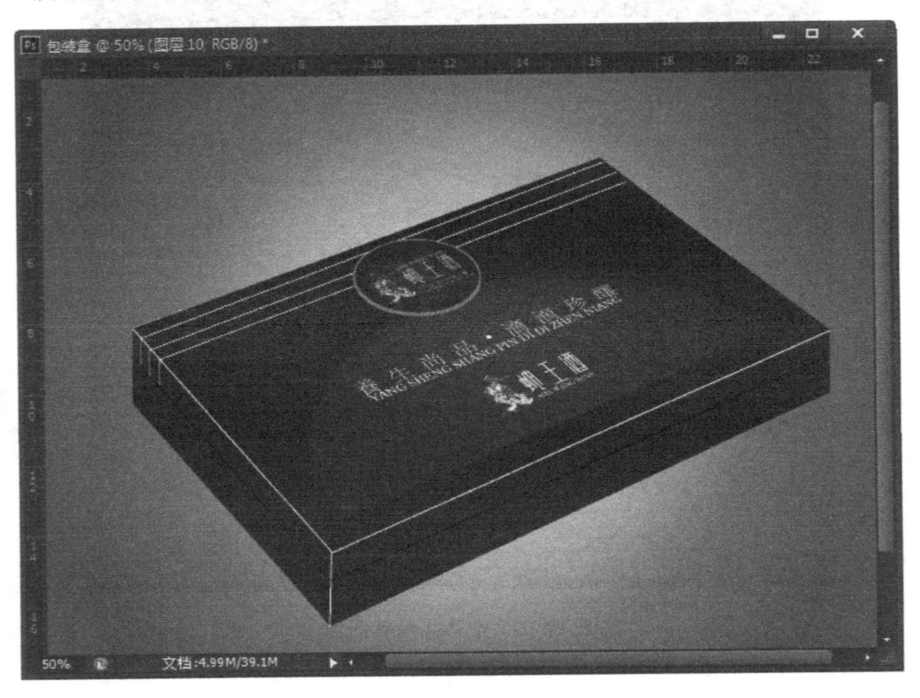

图 11-78　绘制边缘线

(25) 选择“滤镜”|“模糊”|“高斯模糊”命令，在打开的“高斯模糊”对话框中设置“半径”为 4.0 像素，然后单击“确定”按钮，如图 11-79 所示。

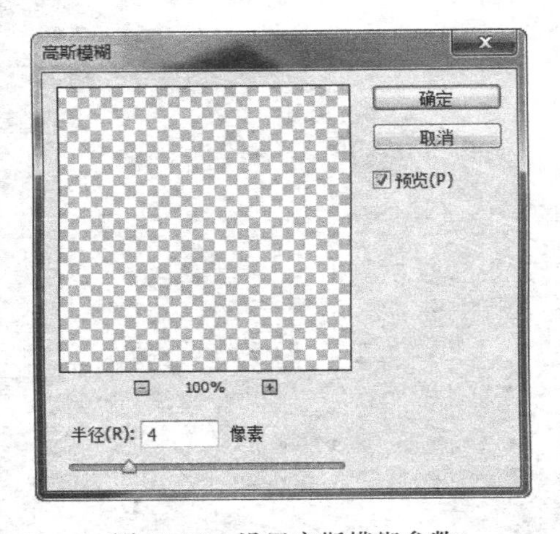

图 11-79　设置高斯模糊参数

(26) 复制“图层 5”得到“图层 5 副本”。选择工具箱中的移动工具，移动“图层 5 副本”到如图 11-80 所示的位置。

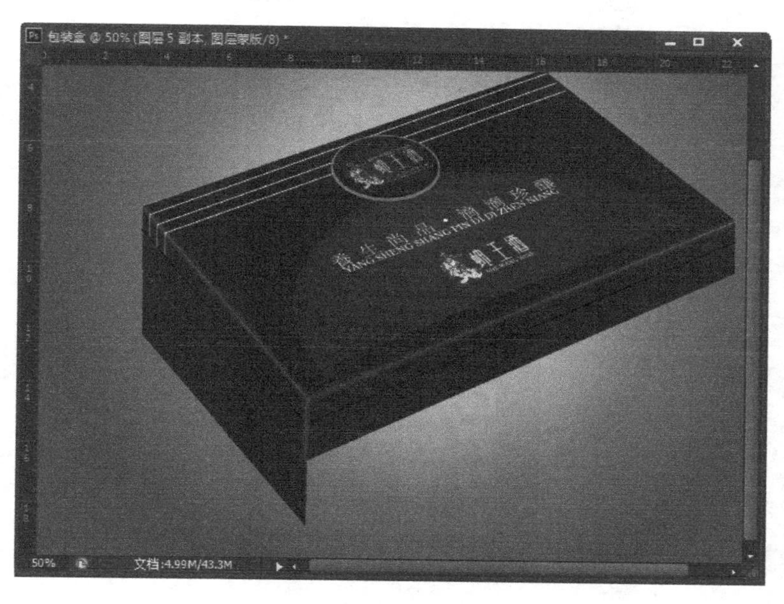

图 11-80 调整复制图层的位置

(27) 单击“图层”面板中的“添加图层蒙版”按钮，给“图层 5 副本”添加一个蒙版。在工具箱中选择渐变工具，在蒙版中加一个由黑到白的渐变，得到一个由不透明到透明的渐变效果，如图 11-81 所示。在“图层”面板中设置图层的不透明度为 80%。

(28) 复制“图层 7”得到“图层 7 副本”，然后参照步骤(26)和步骤(27)的方法，制作“图层 7”的倒影效果，如图 11-82 所示。

图 11-81 设置渐变透明效果

图 11-82 倒影效果

(29) 单击“图层 3”，按住 Ctrl 键选择“图层 5”和“图层 6”，对三个图层进行复制得到“图层 3 副本”“图层 5 副本 2”和“图层 6 副本 2”，如图 11-83 所示。按 Ctrl+E 键合并所选择的图层，得到“图层 6 副本 2”。

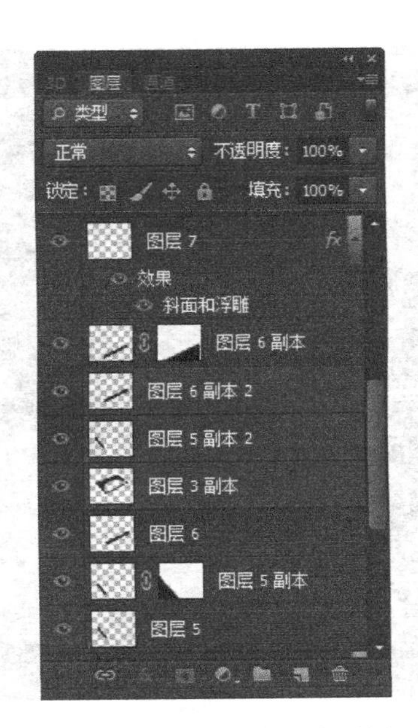

图 11-83　复制得到三个图层

(30) 选择“滤镜”|“渲染”|“光照效果”命令，打开“光照效果”对话框，然后在该对话框中设置“光照类型”为“无限光”，“强度”为 25，光照范围如图 11-84 所示。

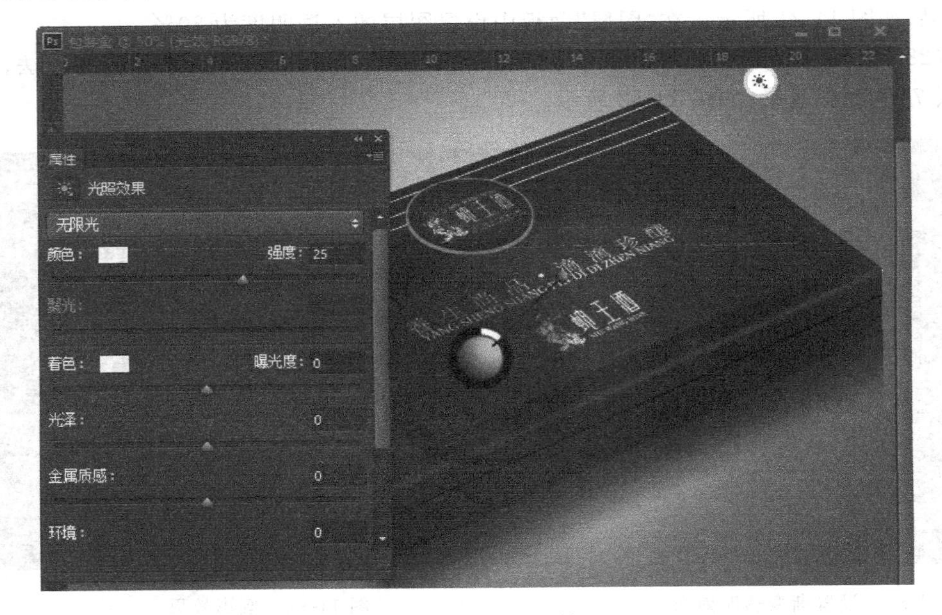

图 11-84　设置光照效果

(31) 至此，整个包装盒的制作已经完成，效果如图 11-85 所示。选择“文件”|“存储”命令，存储文件为“包装盒.psd”(参考“答案\第 11 章\包装盒.psd”源文件)。再选择“文件”|“存储为”命令，把文件另存为“包装盒.jpg”格式。

图 11-85 包装盒效果

11.3.3 设计制作手提袋

任务 3 制作蛇王酒手提袋

任务要求

(1) 利用文字工具和图层制作手提袋平面图。

(2) 利用变形工具和滤镜效果制作手提袋的立体效果图。手提袋最终效果如图 11-86 所示。

图 11-86 手提袋效果

任务分析

手提袋的大小没有特定的规格,主要是根据包装盒的大小进行制作。本实例是制作一个高级酒类包装盒的礼品袋,这个手提袋的规格(长×宽×高)是 42.5 厘米×13 厘米×33 厘米,手提袋上折边为 4 厘米,下折边为 8 厘米,粘贴边为 2 厘米外加上、下、左、右出血各 0.3 厘米，纸袋展开图的高度应该是 42.5×2+13×2+2+0.3×2=113.6 厘米，纸袋展开图的宽度是 33+4+8+0.3×2=45.6 厘米，因此手提袋的展开图为 113.6 厘米×45.6 厘米。在制作效果图时，复制平面图中手提袋的正面和侧面，再利用“变形”工具进行透视处理。

操作步骤

1. 手提袋平面图制作

(1) 选择“文件”|“新建”命令，打开“新建”对话框。设置文件名称为“手提袋平面图”，文件大小为 113.6 厘米×45.6 厘米，分辨率为 150 像素/英寸，色彩模式为 RGB 颜色、8 位，背景内容为白色，然后单击“确定”按钮，如图 11-87 所示。

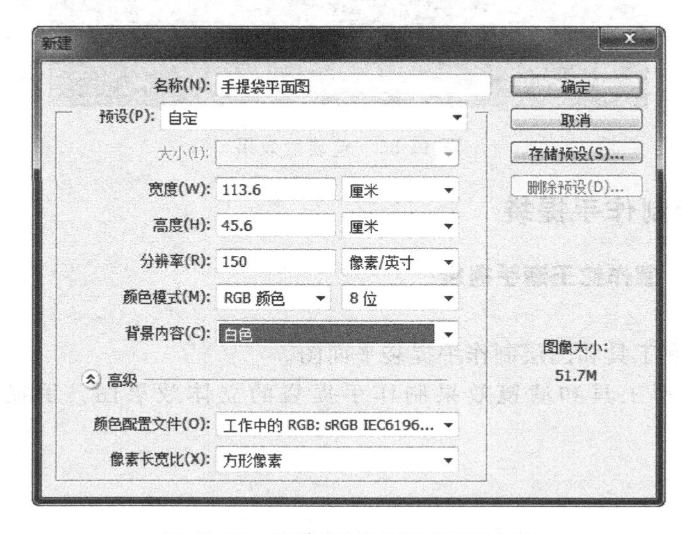

图 11-87 新建“手提袋平面图”文档

(2) 选择“视图”|“标尺”命令，显示标尺。选择“视图”|“新建参考线”命令，在打开的对话框中设置“取向”为“垂直”，“位置”为 0.3 厘米，然后单击“确定”按钮，新建一条辅助线。利用相同方法，在垂直方向创建位置为 6.8 厘米、13.3 厘米、55.8 厘米、62.3 厘米、68.8 厘米、111.3 厘米以及 113.3 厘米的辅助线。选择“视图”|“新建参考线”命令，并在打开的对话框中设置“取向”为“水平”，新建位置为 0.3 厘米、4.3 厘米、31.3 厘米、37.3 厘米、45.3 厘米的辅助线，如图 11-88 所示。

(3) 单击“图层”面板上的“创建新图层”按钮，新建“图层 1”。单击工具箱中的矩形选框工具，选取手提袋侧面部分，设置前景色为深红色(C:56，M:100，Y:100，K:48)，然后按 Atl+Delete 键填充选区，如图 11-89 所示。

(4) 单击“图层”面板上的“创建新图层”按钮，新建“图层 2”。单击工具箱中的矩形选框工具，选取手提袋另外一个侧面部分，按 Atl+Delete 键填充选区，如图 11-90 所示。

(5) 单击“图层”面板上的“创建新图层”按钮，新建“图层 3”。单击工具箱中的矩形选框工具，选取手提袋正面部分。单击工具箱中的渐变工具，单击工具选项栏中的渐变颜色条，在打开的“渐变编辑器”对话框中设置左边颜色浅红色(C:17，M:100，Y:100，K:0)，

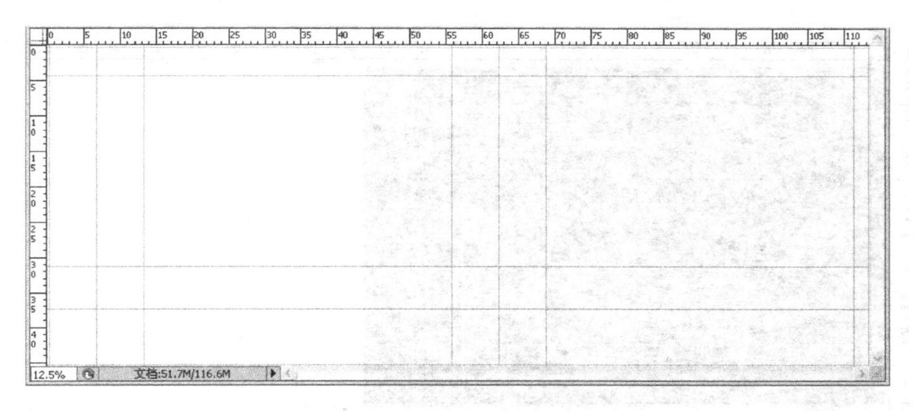

图 11-88　设置参考线位置

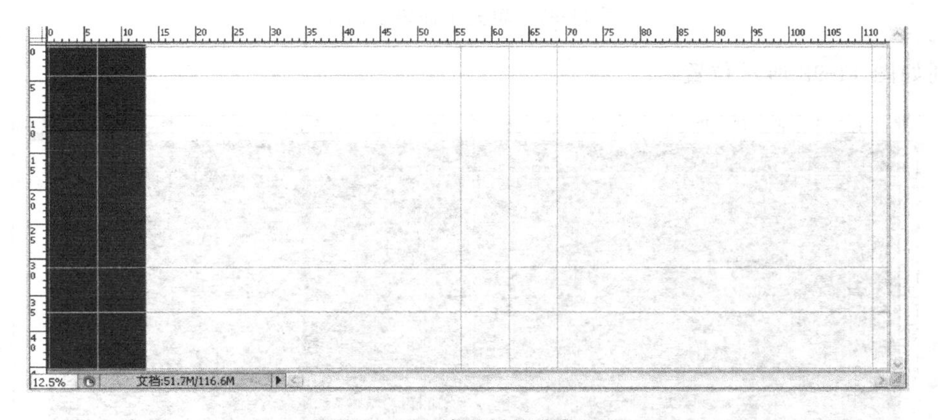

图 11-89　填充手提袋侧面

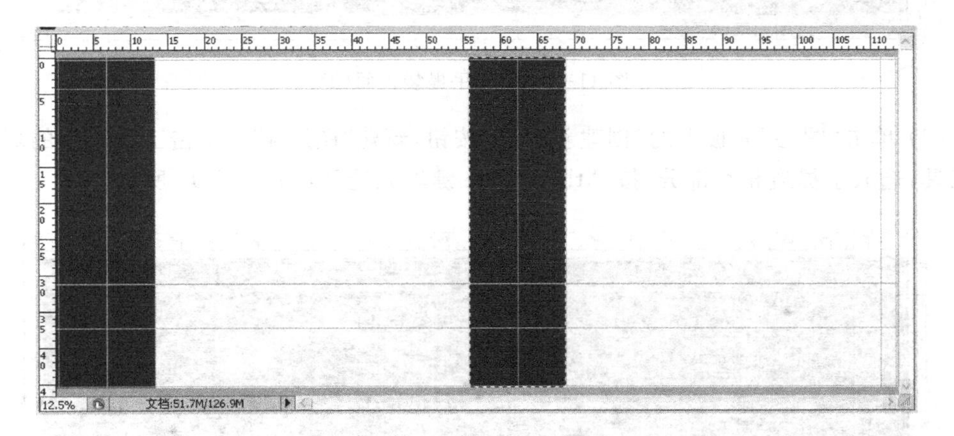

图 11-90　填充手提袋侧面

右边颜色为深红色（C：56，M：100，Y：100，K：48），然后单击"确定"按钮。在渐变工具选项栏中选择"径向渐变"按钮，在选区中从中心向边缘处拖动，得到如图 11-91 所示的渐变效果。

（6）复制"图层 3"得到"图层 3 副本"，然后单击工具箱中的移动工具，移动"图层 3 副

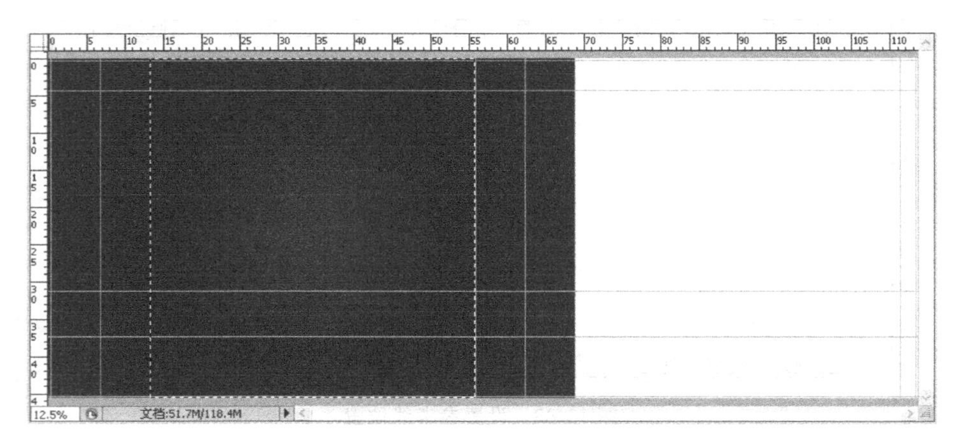

图 11-91　填充手提袋正面(1)

本”到如图 11-92 所示位置。

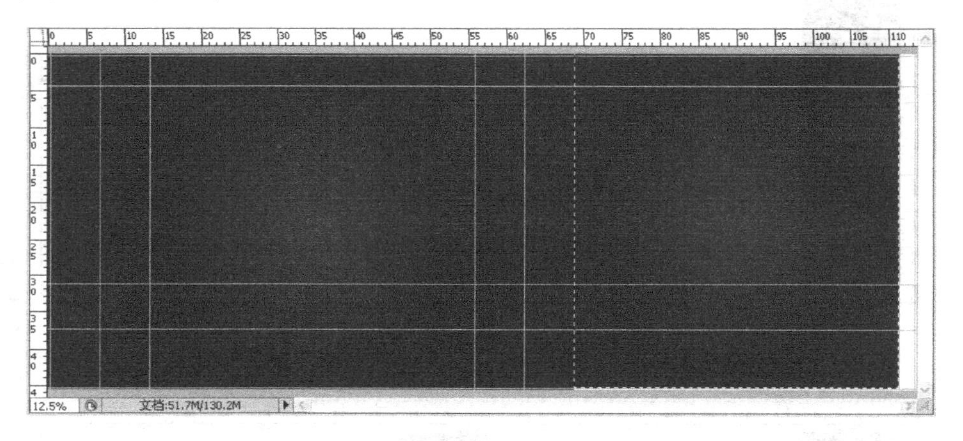

图 11-92　填充手提袋正面(2)

(7) 单击“图层”面板上的“创建新图层”按钮，新建“图层 4”。单击工具箱中的矩形选框工具，选取手提袋相交部分，按 Atl+Delete 键填充选区，如图 11-93 所示。

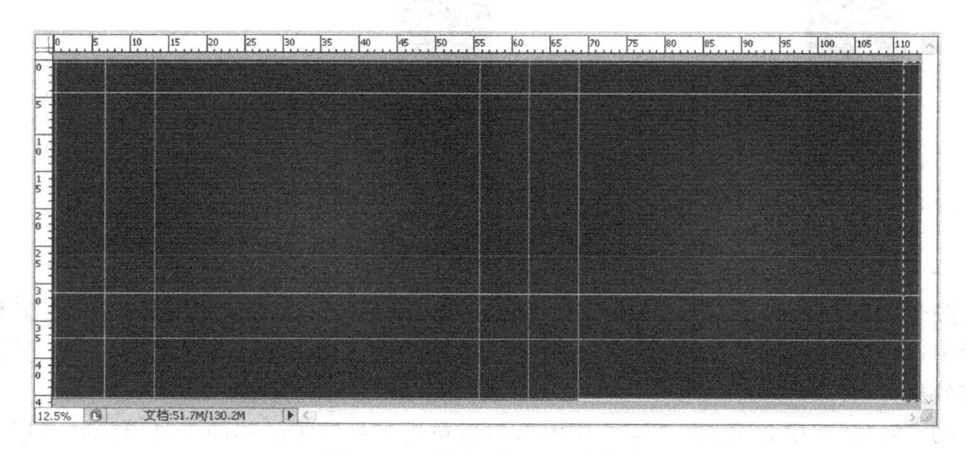

图 10-93　填充手提袋相交部分

(8) 单击工具箱中的直排文字工具，在文档页面创建一个文本框，输入“捕蛇者说.doc”文件的内容(参考“素材\第 11 章\捕蛇者说.doc”源文件)，并设置其字体为方正小标宋简体，字体大小为 72 点，字体颜色为灰色(C：71，M：71，Y：71，K：34)，调整行距为 80 点。最后在“图层”面板上设置该文字图层的不透明度为 45%，如图 11-94 所示。

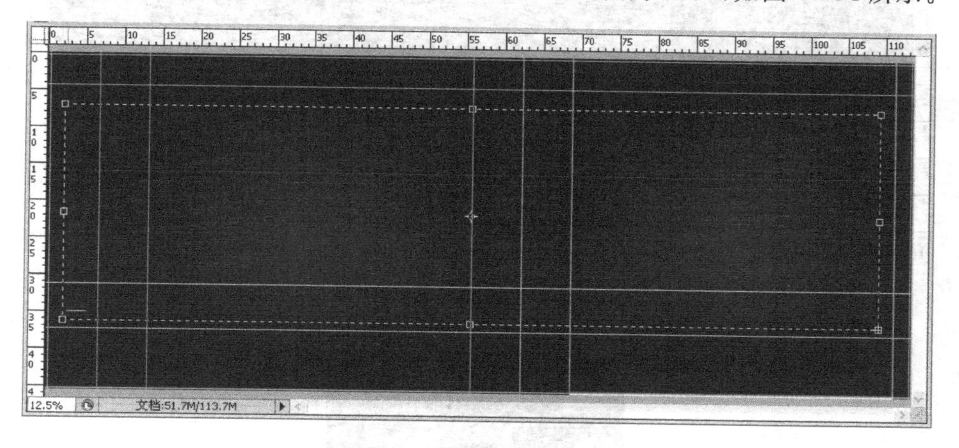

图 11-94　输入并设置文本

(9) 打开图像文件“酒瓶标签.psd”(参考“答案\第 11 章\酒瓶标签.psd”源文件)，按住 Ctrl 键选择如图 11-95 所示的 4 个图层。单击移动工具，把这 4 个图层移动到“外盒圆形板.psd”文件中。按 Ctrl+T 键，调整这 4 个图层的大小和位置，如图 11-96 所示。

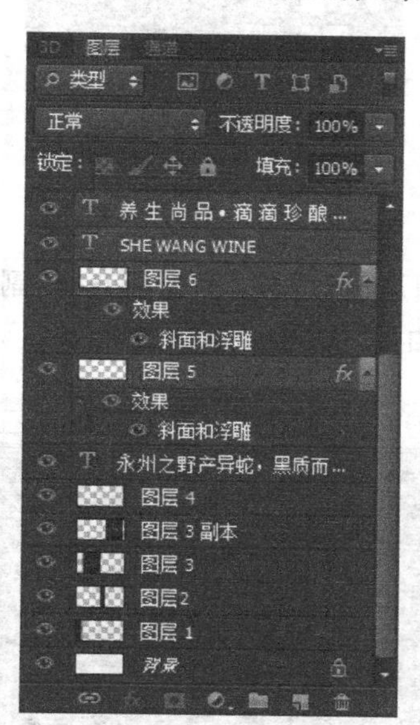

图 11-95　选择并调整图层

(10) 单击“图层”面板右上角的黑三角按钮，从弹出的下拉菜单中选择“从图层新建组”命令。在打开的“从图层新建组”对话框中修改名称为“手提袋正面”，得到一个新建组，如图 11-97 所示。

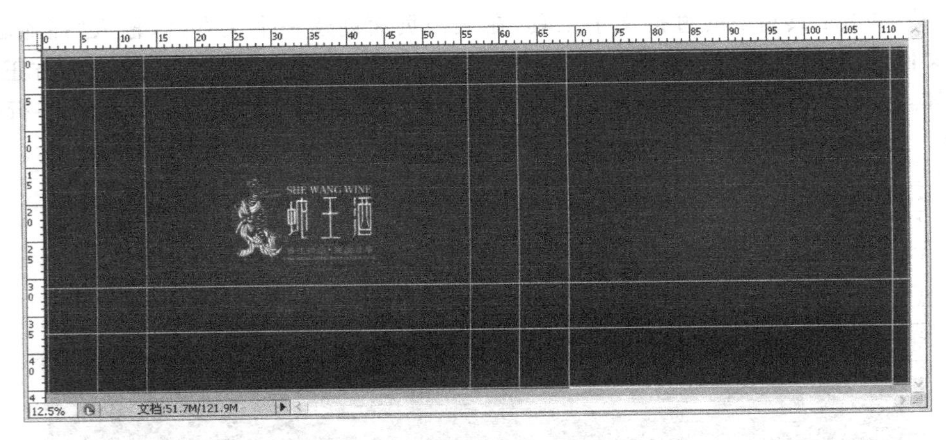

图 11-96 移动并调整图层

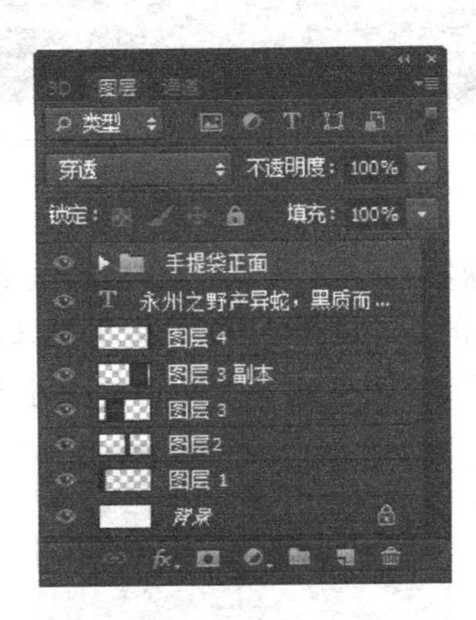

图 11-97 创建新组

(11) 复制"手提袋正面"图层组，得到"手提袋正面 副本"图层组。选择工具箱中移动工具，移动新建的图层组到如图 11-98 所示位置。

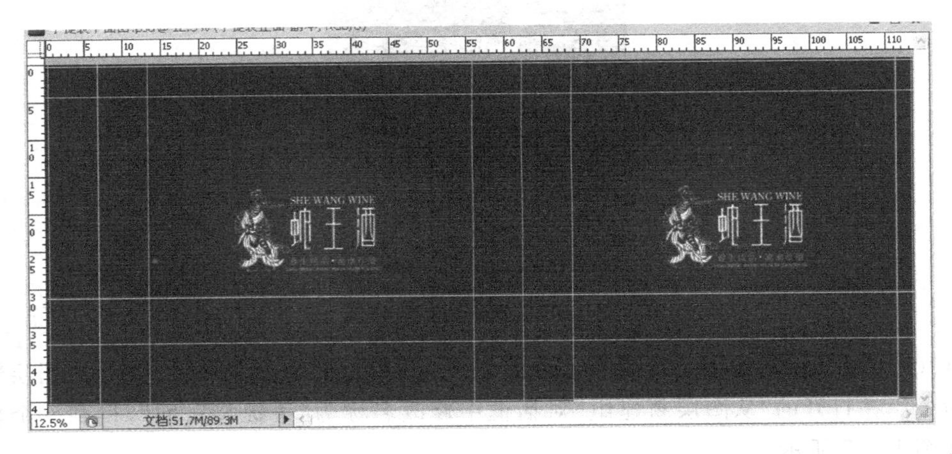

图 11-98 复制并移动图层组

(12) 复制素材图片到当前文档中。打开图像文件"蛇王酒标志.psd"(参考"素材\第 11 章\蛇王酒标志.psd"源文件)，利用 Ctrl+A 键、Ctrl+C 键和 Ctrl+V 键把图像复制到新建文件中，并按 Ctrl+T 键调整其大小和位置。同样，复制素材"蛇王酒字体设计.psd"(参考"素材\第 11 章\蛇王酒字体设计.psd"源文件)，并按 Ctrl+T 键调整其大小和位置，如图 11-99 所示。

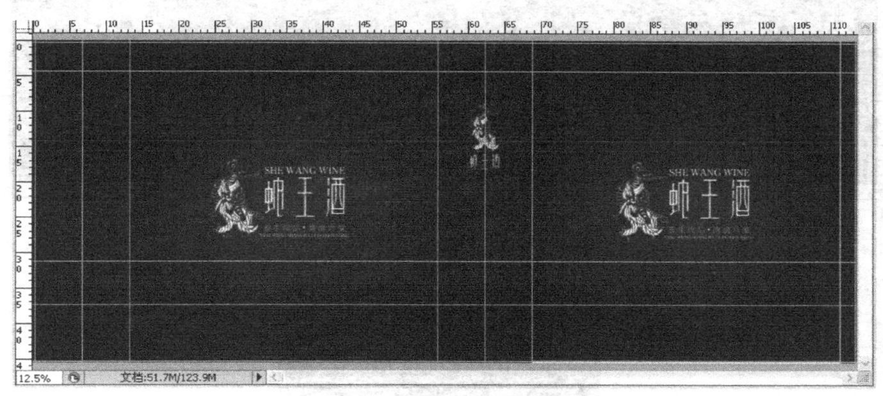

图 11-99　复制并粘贴以及调整素材图片

(13) 单击工具箱中的横排文字工具，在文档页面适当位置创建一个文本框，输入"养生尚品·滴滴珍酿"文字，设置其字体为方正宋一简体，颜色为白色，字体大小为 13 点，效果如图 11-100 所示。

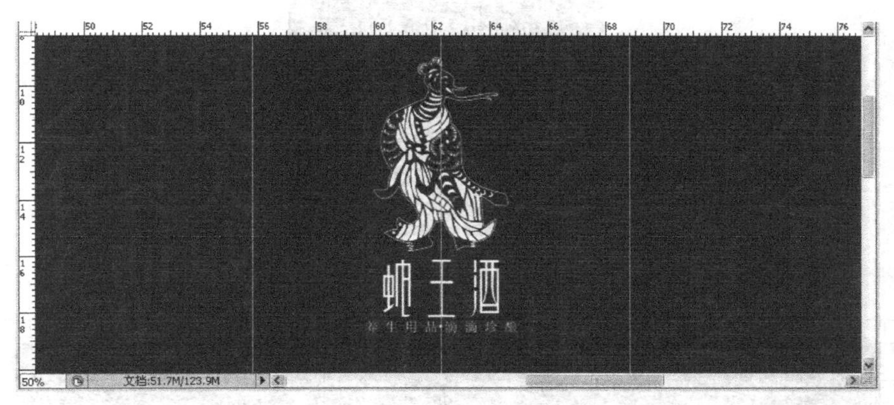

图 11-100　输入并设置文本

(14) 单击工具箱中的横排文字工具，在文档页面适当位置处创建一个文本框，输入"文本.doc"文件的内容(参考"素材\第 11 章\文本.doc")，设置其字体为宋体，颜色为白色，字体大小为 13 点，效果如图 11-101 所示。

(15) 按住 Ctrl 键单击如图 11-102 所示的 4 个图层。单击"图层"面板右上角的黑三角按钮，从弹出的下拉菜单中选择"从图层新建组"命令，在打开的"从图层新建组"对话框中修改名称为"手提袋侧面"，得到一个新建组。

(16) 复制"手提袋侧面"图层组，得到"手提袋侧面 副本"图层组。选择工具箱中移动工具，移动新建的图层组到如图 11-103 所示位置。

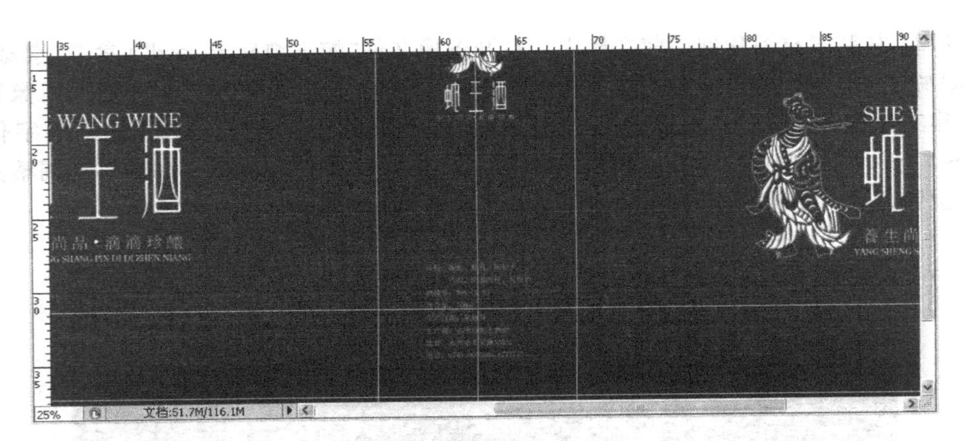

图 11-101　输入并设置文本

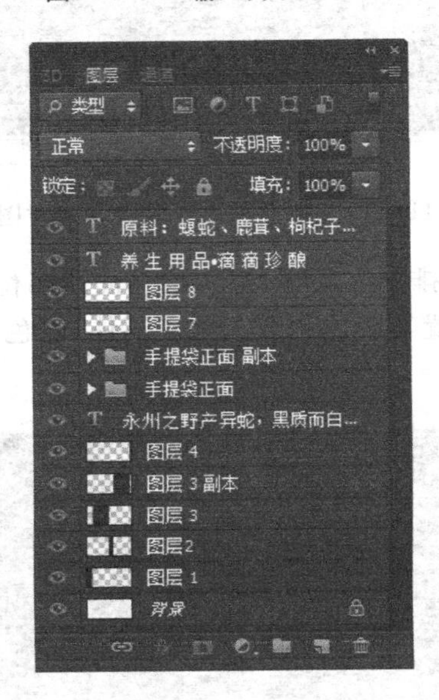

图 11-102　选择图层

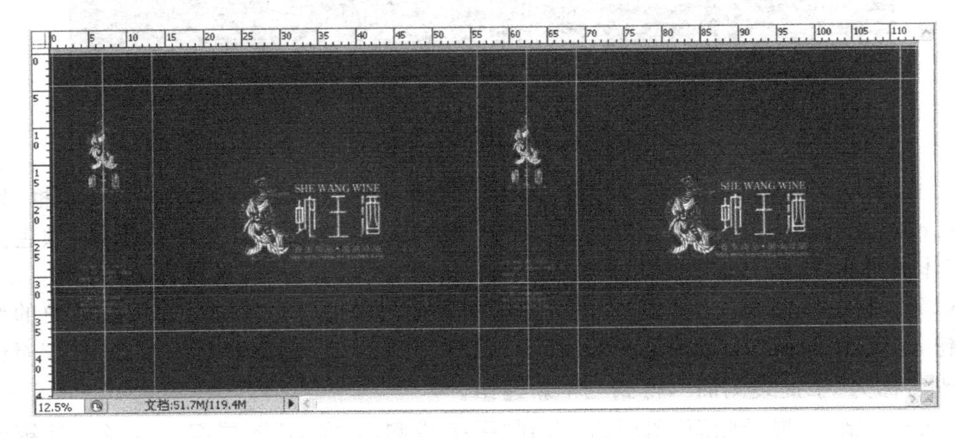

图 11-103　复制图层组并移动其位置

(17) 新建一个图层“孔”,设置前景色为灰色(C:47,M:39,Y:36,K:0)。然后在工具箱中选择椭圆工具,在工具选项栏选择“像素”模式,按住 Shift 键绘制一个如图 11-104 大小的圆形。按住 Ctrl 键单击图层“孔”,得到圆形选区,选择“编辑”|“描边”命令,打开“描边”对话框,在该对话框中设置描边宽度为 1 像素,颜色为白色,位置为“居中”。

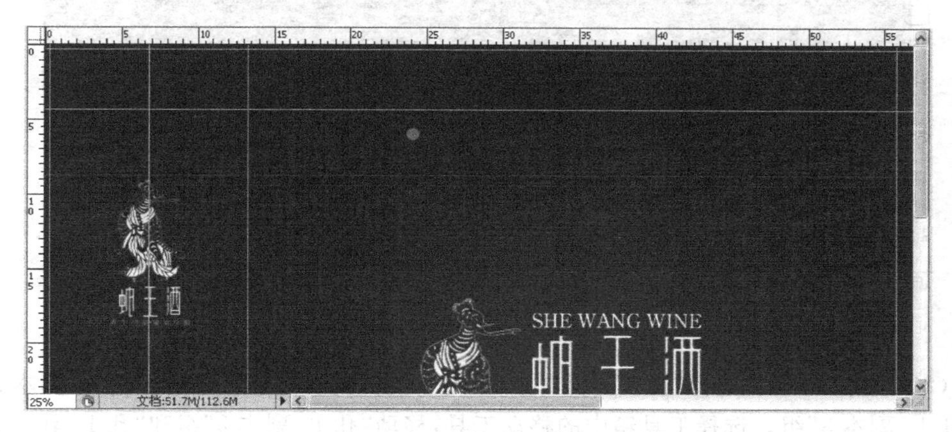

图 11-104 绘制手提袋的孔

(18) 复制“孔”图层,得到“孔 副本”图层。单击工具箱中的移动工具,移动“孔 副本”图层到如图 11-105 所示位置。设置前景色为(C:62,M:54,Y:51,K:0),利用工具箱中的魔棒工具选择“孔 副本”图层中灰色部分,然后按 Alt+Delete 键进行填充。

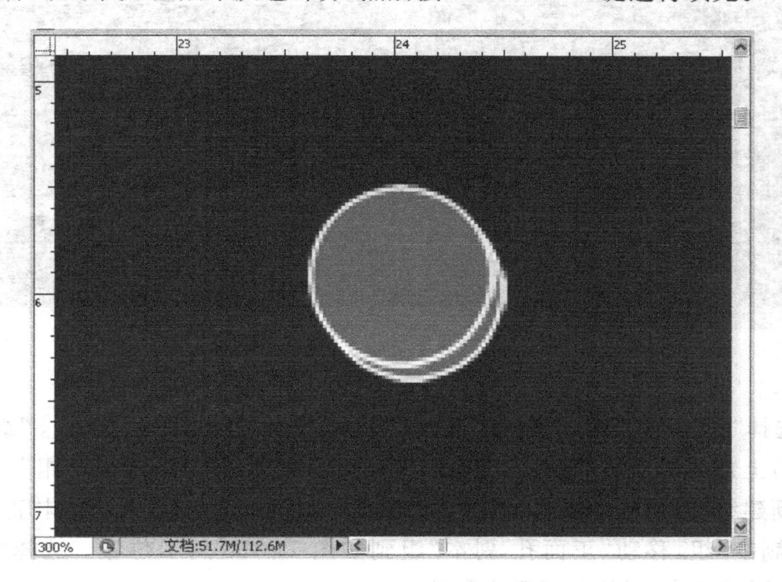

图 11-105 复制孔效果

(19) 按住 Ctrl 键单击图层“孔”。同时选中“孔”和“孔 副本”两个图层,然后单击“图层”面板的右上角的黑三角按钮,从弹出的下拉菜单中选择“从图层新建组”命令,在打开的“从图层新建组”对话框中修改名称为“孔 1”,得到一个新建组。复制“孔 1”组,得到“孔

1 副本"组。选择工具箱中的移动工具,移动"孔 1 副本"组到如图 11-106 所示位置。

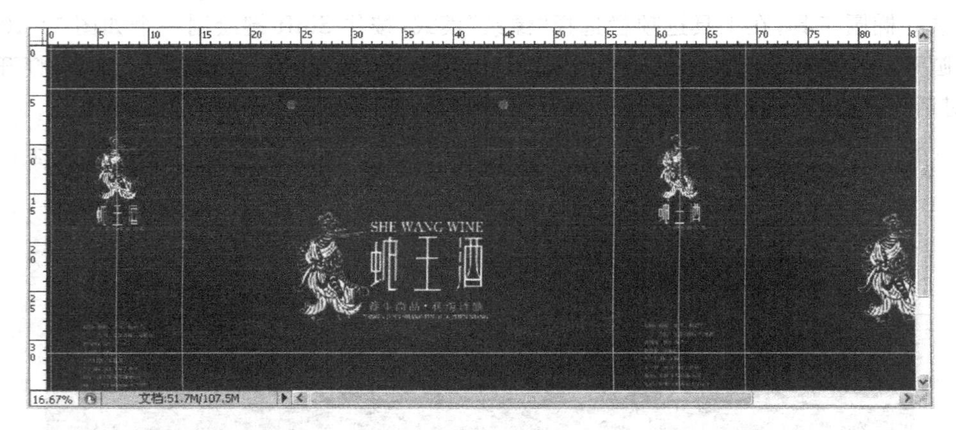

图 11-106 复制组并移动其位置

(20) 按住 Ctrl 键选择"孔 1"组和"孔 1 副本"组,复制两个组,得到"孔 1 副本 2"组和"孔 1 副本 3"组。选择工具箱中的移动工具,移动"孔 1 副本 2"组和"孔 1 副本 3"组到如图 11-107 所示位置。选择"编辑"|"变换"|"水平翻转"命令,对两个组进行水平翻转。

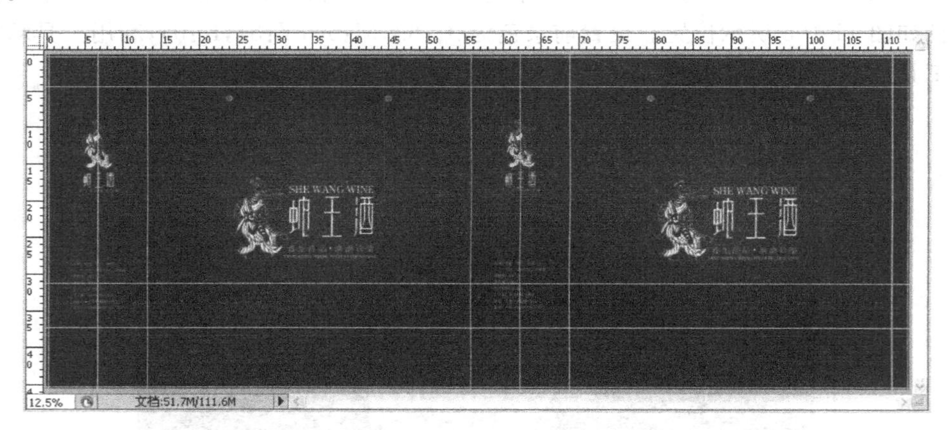

图 11-107 复制孔的位置

(21) 选择"孔 1"组、"孔 1 副本"组、"孔 1 副本 2"组和"孔 1 副本 3"组。单击"图层"面板的右上角的黑三角按钮,从弹出的下拉菜单中选择"从图层新建组"命令,在打开的"从图层新建组"对话框中修改名称为"正面孔",得到一个新建组。复制"正面孔"组,得到"正面孔 副本"组,移动"正面孔 副本"组到如图 11-108 所示位置。选择"编辑"|"变换"|"垂直翻转"命令,对组进行垂直翻转。

(22) 设置前景色为白色,选择工具箱中的铅笔工具。按 F5 键,打开"画笔"面板,设置画笔笔尖大小为 5 像素,间距为 400%,然后单击"确定"按钮,如图 11-109 所示。在文档页面中绘制如图 11-110 所示折线。

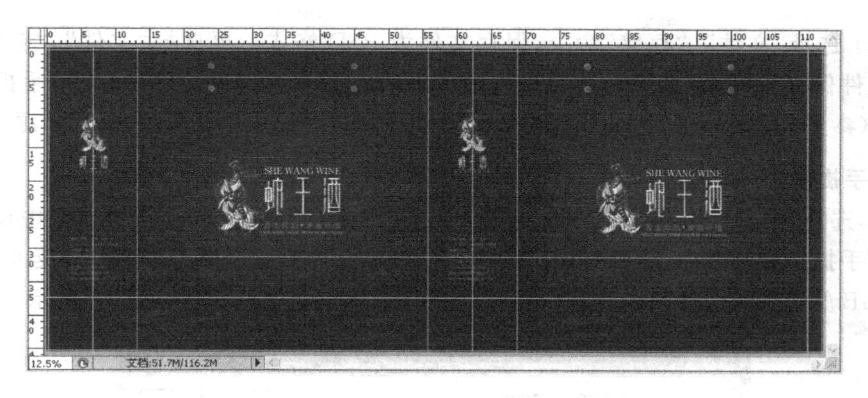

图 11-108　复制组并移动位置

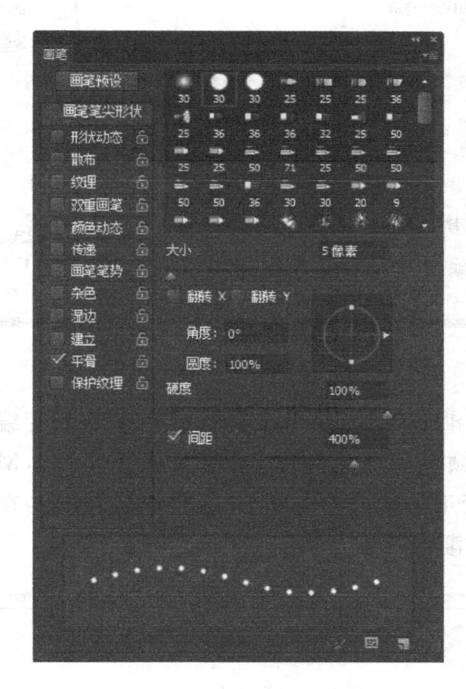

图 11-109　设置画笔参数

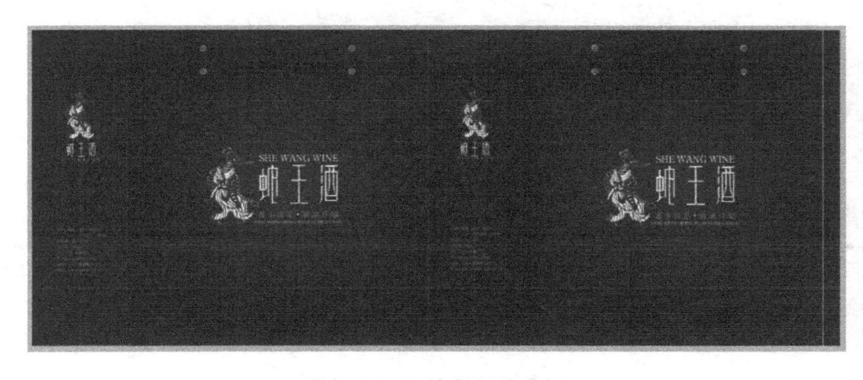

图 11-110　绘制折线位置

(23) 选择"文件"|"存储"命令,保存文件为 PSD 格式。再选择"文件"|"存储为"命令,把文件保存为"手提袋平面折线图.jpg"。隐藏"图层 9",将文件另存为"手提袋平面图.jpg"(参考"答案\第 11 章\手提袋平面图.psd"和"手提袋平面折线图.jpg"源文件)。

2. 手提袋立体图制作

(1) 选择"文件"|"新建"命令(Ctrl+N),打开"新建"对话框,在该对话框中设置文件名称为"手提袋效果图",文件大小为 40 厘米×30 厘米,分辨率为 150 像素/英寸,色彩模式为 RGB 颜色、8 位,背景内容为白色,然后单击"确定"按钮,如图 11-111 所示。

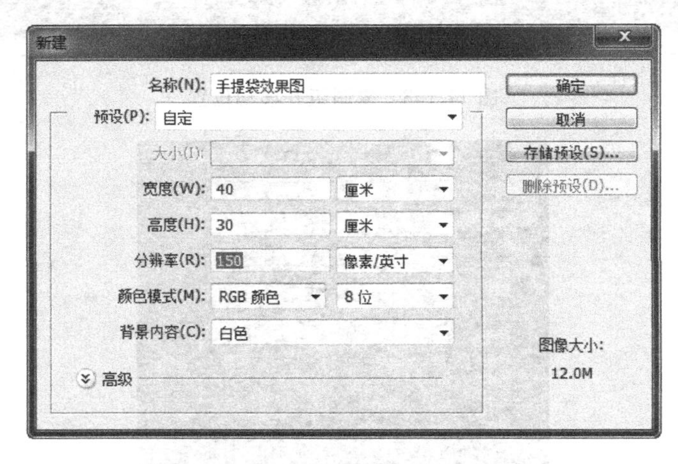

图 11-111　新建"手提袋效果图"文档

(2) 在工具箱中单击渐变工具,单击工具选项栏中的渐变编辑器,在打开的"渐变编辑器"对话框中设置左边颜色为白色,右边颜色深灰色(C:80,M:80,Y:80,K:60),然后单击"确定"按钮。在渐变工具选项栏中单击"线性渐变"按钮,在文档页面中自上向下拖动,得到如图 11-112 所示渐变效果。

图 11-112　填充渐变效果

(3) 打开图像文件“手提袋平面图.jpg”(参考“答案\第 11 章\手提袋平面图.jpg”源文件)。按 Ctrl+“;”键显示辅助线。单击工具箱中的矩形选框工具,选择手提袋正面,如图 11-113 所示。按 Ctrl+C 键和 Ctrl+V 键把图像复制到新建文件中,并按 Ctrl+T 键调整其大小和位置,效果如图 11-114 所示。

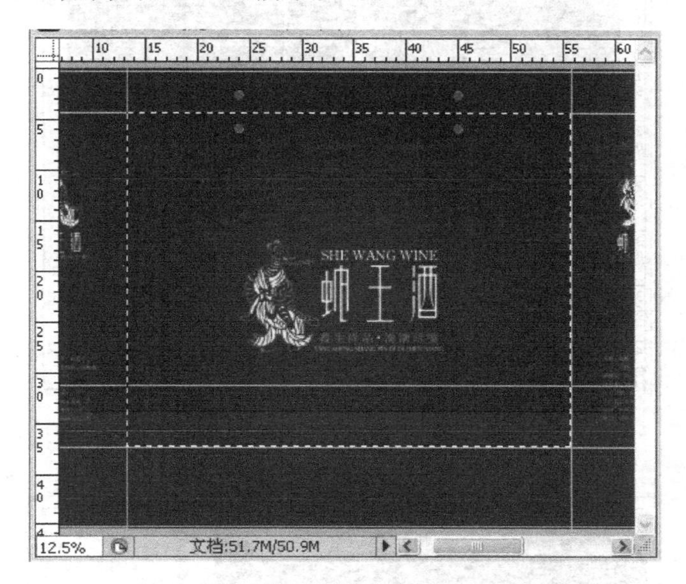

图 11-113　选取手提袋正面

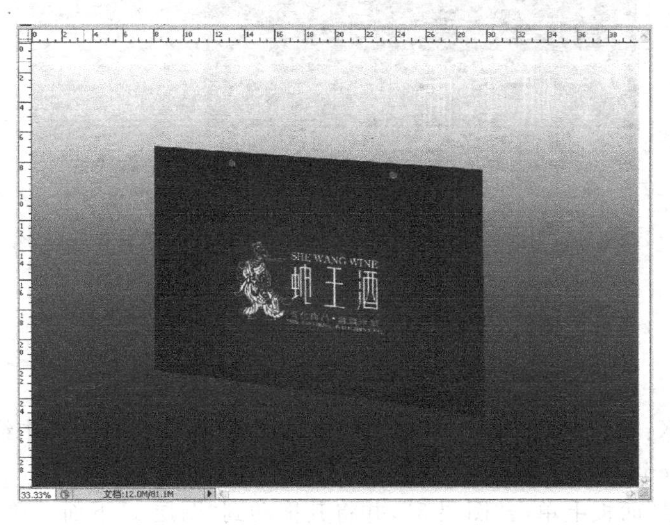

图 11-114　设置手提袋正面透视效果

(4) 单击工具箱中的矩形选框工具,选择手提袋侧面,如 11-115 所示。按 Ctrl+C 键和 Ctrl+V 键把图像复制到新建文件中,并按 Ctrl+T 键调整其大小和位置,如图 11-116 所示。

(5) 单击“图层”面板中的“创建新图层”按钮,新建“图层 3”。设置前景色为(C:50,

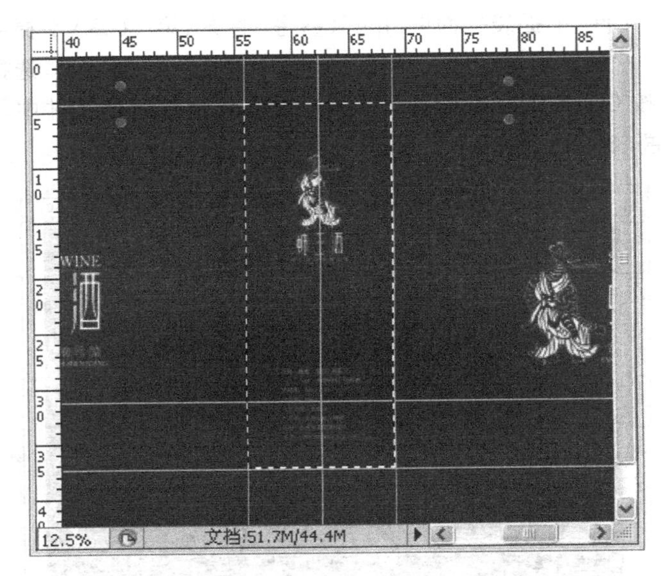

图 11-115 选择手提袋侧面区域

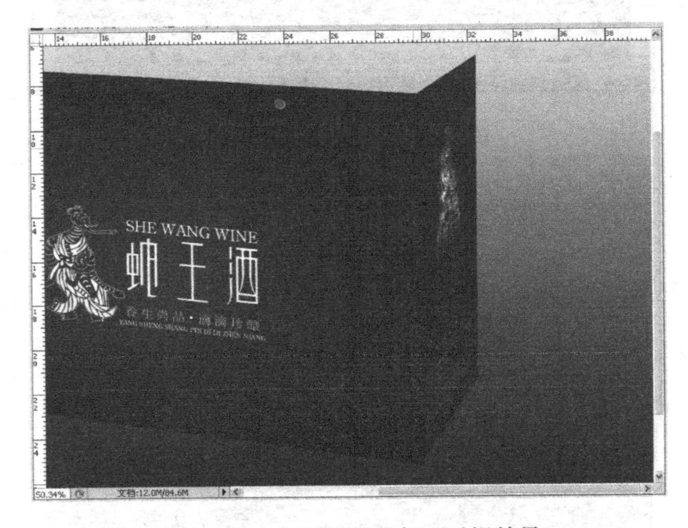

图 11-116 设置手提袋侧面透视效果

M:100,Y:100,K:30),然后单击工具箱中的多边形工具,在文档页面中绘制一个多边形,并按 Alt+Delete 键填充前景色,效果如图 11-117 所示。

(6) 在“图层”面板上单击“图层 3”,并将其拖动到“图层 1”下面。单击“图层”面板中的“创建新图层”按钮,新建“图层 4”。设置前景色为(C:60,M:100,Y:100,K:60),单击工具箱中多边形工具,在文档页面中绘制多边形,并按 Alt+Delete 键填充前景色,效果如图 11-118 所示。

(7) 按 Ctrl+D 取消选区。单击“图层 4”并将其拖动到“图层 1”下面,如图 11-119 所示。

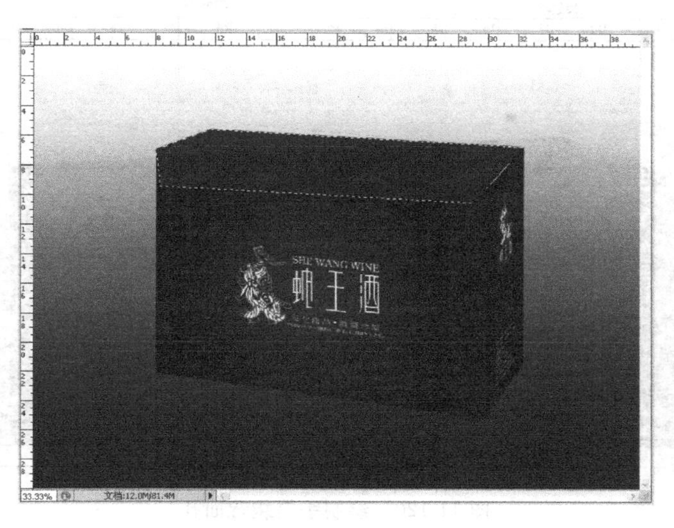

图 11-117 绘制多边形并填充颜色

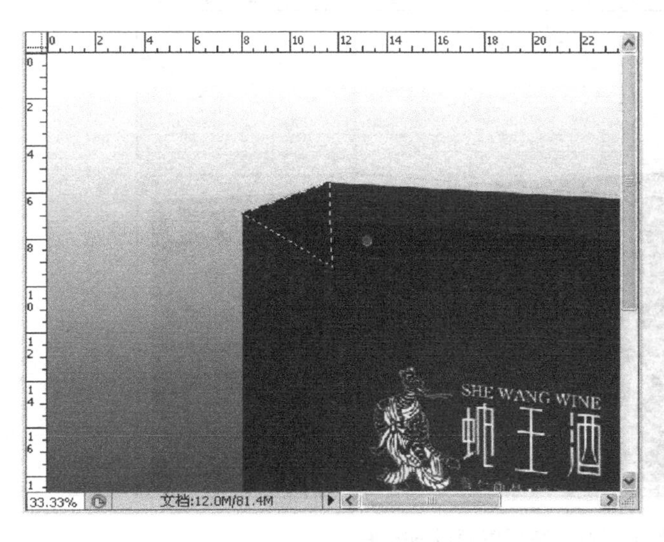

图 11-118 绘制多边形并填充

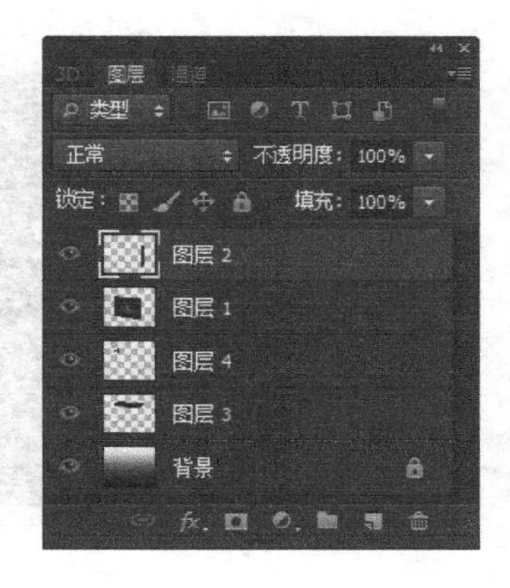

图 11-119 移动图层位置

(8) 单击“图层”面板中的“创建新图层”按钮,新建“图层 5”。单击工具箱中的椭圆工具,在工具选项栏中单击“填充像素”按钮,按住 Shift 键在文档页面绘制一个圆。按住 Ctrl 键单击“图层 5”,使圆变成选区。选择“编辑”|“描边”命令,打开“描边”对话框。在打开的对话框中设置描边宽度为 1 像素,颜色为白色,位置为居外,单击“确定”按钮。按住 Alt 键移动选区到如图 11-120 所示位置,得到“图层 5 副本”。

(9) 选择“滤镜”|“模糊”|“高斯模糊”命令,在打开的“高斯模糊”对话框中设置半径为 2.0 像素,然后单击“确定”按钮。利用同样方法设置“图层 5”的高斯模糊半径为 2.0 像素,效果如图 11-121 所示。

(10) 单击“图层”面板上的“创建新图层”按钮,新建“图层 6”。单击工具箱中的画笔

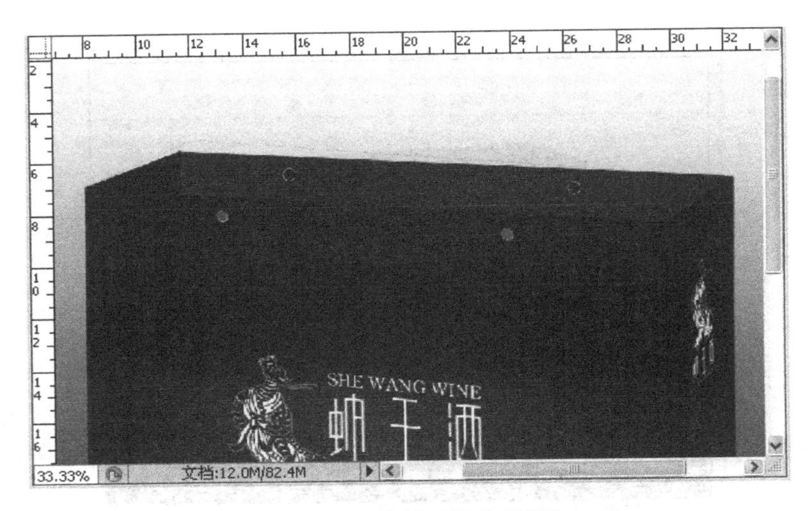

图 11-120　绘制手提袋背面孔

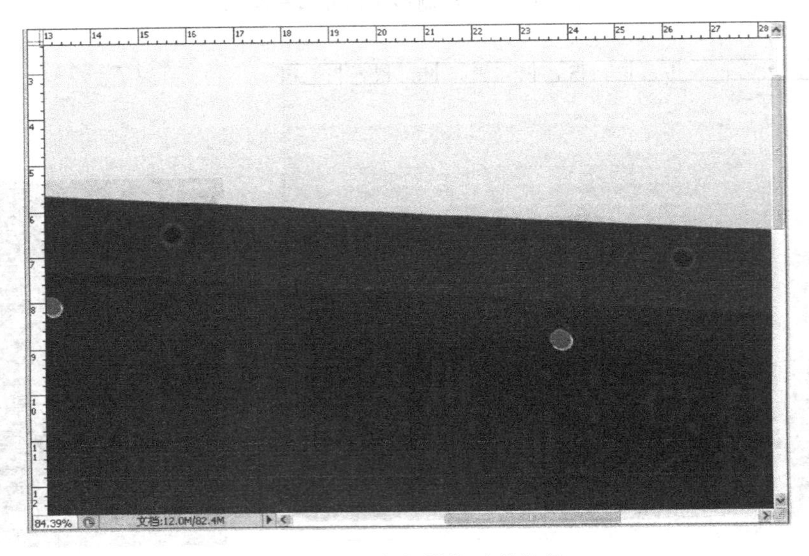

图 11-121　高斯模糊后的效果

工具，在工具选项栏中设置画笔大小为 25 像素，然后在如图 11-122 所示位置绘制两个点。

(11) 单击工具箱中的钢笔工具，在文档页面中绘制如图 11-123 所示的路径，然后单击“路径”面板中的“用画笔描边路径”按钮。

(12) 单击“图层”面板上的“添加图层样式”按钮，从弹出的下拉菜单中选择“斜面和浮雕”命令，在打开的“图层样式”对话框中设置“样式”为“浮雕效果”，“大小”为 0 像素，“高光模式”为“叠加”，如图 11-124 所示。在“样式”列表框中选中“纹理”复选框，并设置“图案”为“扎染”，“缩放”为 100%，“深度”为＋100%，如图 11-125 所示。

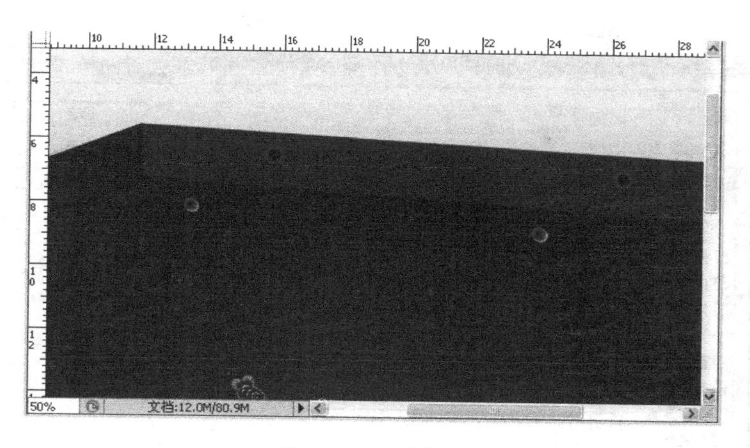

图 11-122　绘制点

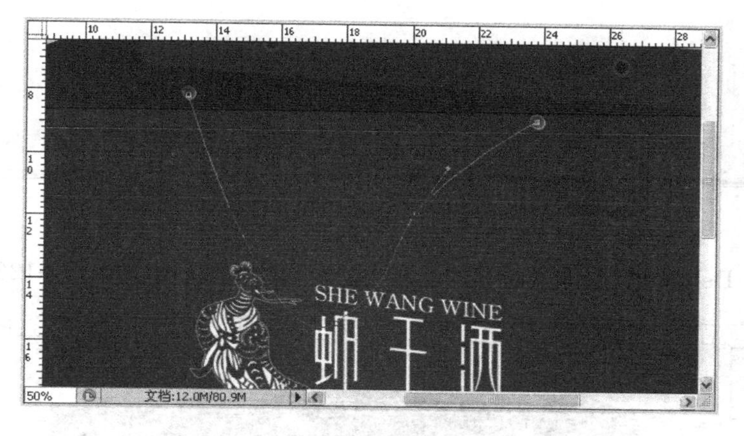

图 11-123　绘制路径

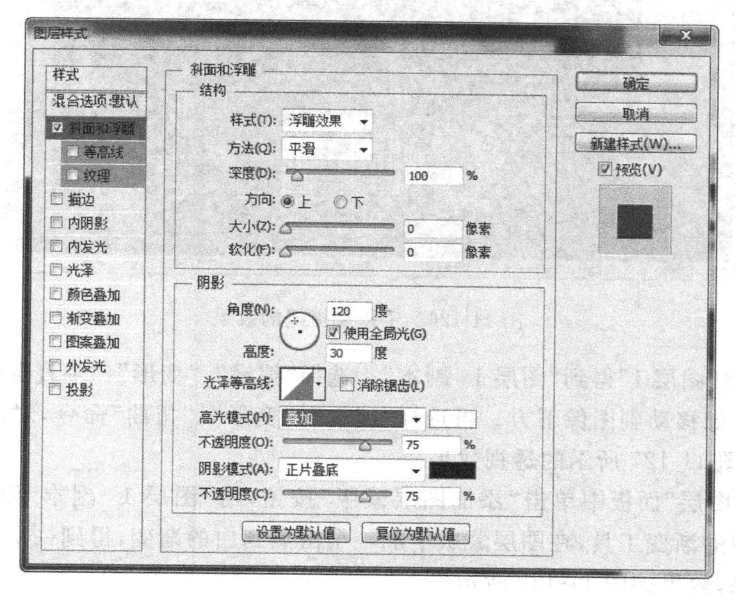

图 11-124　设置“斜面与浮雕”参数

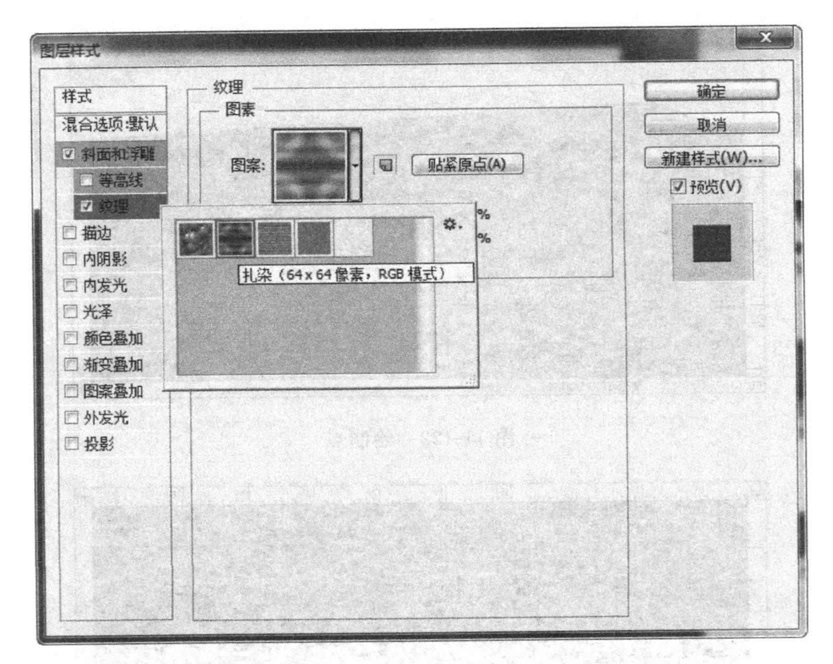

图 11-125 设置“纹理”参数

(13) 按 Delete 键,删除所绘制的路径,得到手提袋的提绳,如图 11-126 所示。

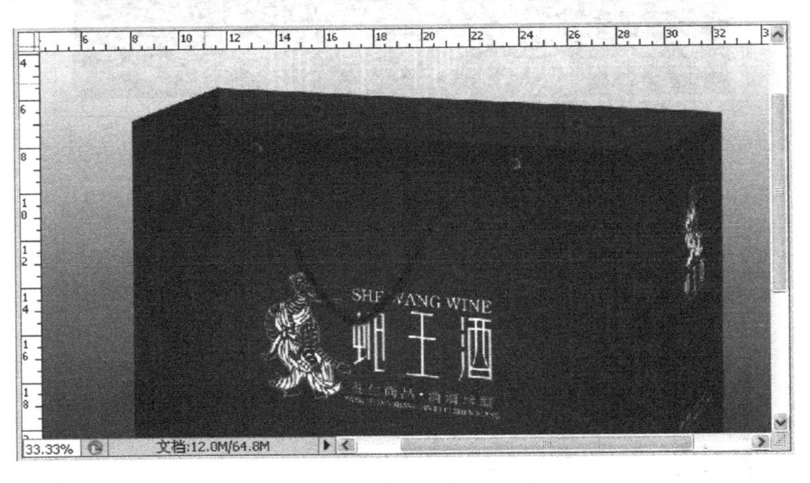

图 11-126 手提袋提绳的效果

(14) 复制“图层 1”得到“图层 1 副本”。选择“编辑”|“变形”|“垂直翻转”命令,将垂直翻转后的图像移动到图像下方。再选择“编辑”|“变形”|“扭曲”命令,对图像进行扭曲处理,得到如图 11-127 所示的透视效果。

(15) 在“图层”面板中单击“添加图层蒙版”按钮,给“图层 1 副本”添加一个蒙版。单击工具箱中的渐变工具,在图层蒙版中加一个由黑到白的渐变,得到一个由不透明到透明的渐变效果,效果如图 11-128 所示。

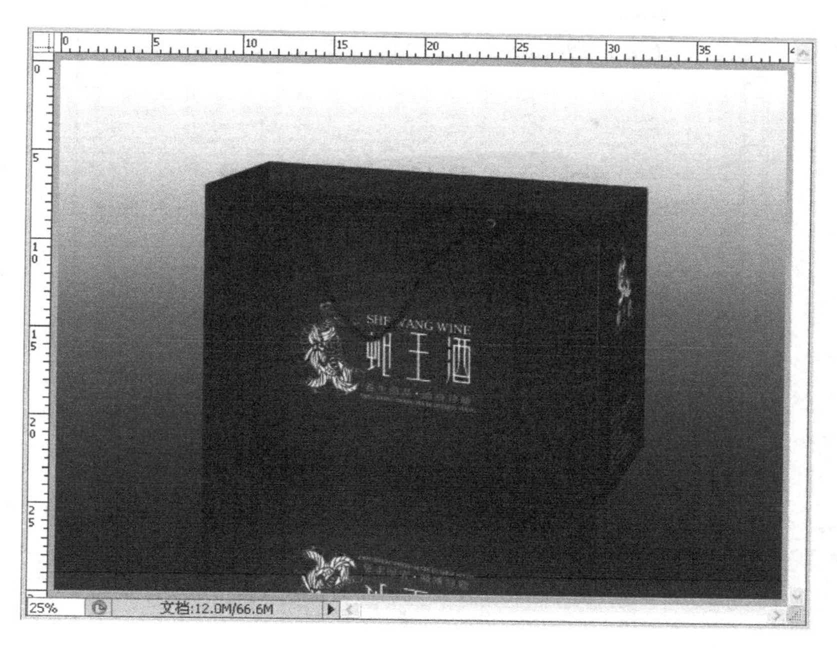

图 11-127 调整复制手提袋正面的透视

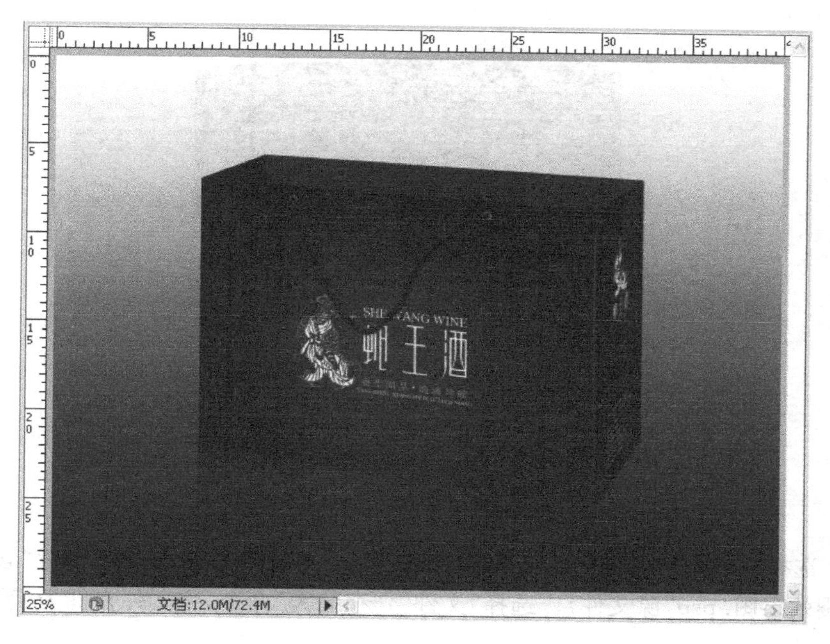

图 11-128 设置手提袋正面的投影效果

(16) 复制“图层 2”得到“图层 2 副本”,参照步骤(14)的方法制作“图层 2 副本”的倒影,效果如图 11-129 所示。

(17) 新建“图层 8”并设置前景色为白色,按 Alt+Delete 键进行填充。设置图层混合模式为“柔光”,以提高整个包装盒效果的亮度,如图 11-130 所示。

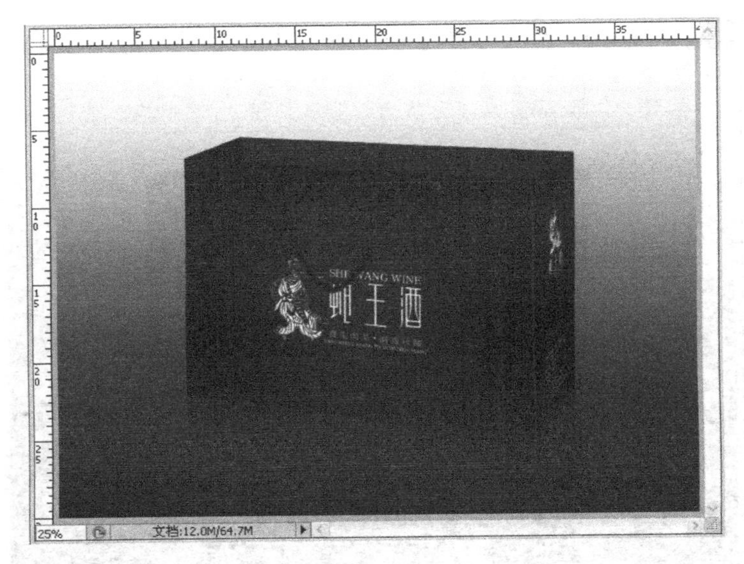

图 11-129　手提袋侧面的投影效果

图 11-130　手提袋效果

(18) 选择“文件”|“存储”命令，存储文件为“手提袋效果图. psd”(参考“答案\第 11 章\手提袋效果图. psd”源文件)。选择“文件”|“存储为”命令，将文件存储为“手提袋效果图. jpg”。

相关知识

本章主要介绍了 Photoshop CS6 中的文字工具、变形和通道的使用。

对于文字工具的使用，在众多设计中，都会涉及文本的处理，利用好文本工具，可以做出许多文字效果。

利用变形工具制作各种透视效果，特别是不规格的透视，能达到意想不到的效果。

通道作为图像的组成部分，与图像的格式密不可分，图像颜色、格式的不同决定了通道的数量和模式，在“通道”面板中可以直观地看到，所以只要涉及图像的处理，都会应用到通道。

本章小结

本章主要介绍了酒瓶包装，包装盒和手提袋的设计制作方法，其中包括画面设计、平面展开图的设计、效果图的制作过程等步骤。在制作过程中，涉及了“通道”面板、“图层”面板和各种工具的综合应用，特别是利用通道抠取透明玻璃瓶子的制作过程，可以举一反三，应用到以后的图像处理中。

思考与练习

参照样图（如图 11-131 所示）制作酒瓶包装盒效果图（参考“答案\第 11 章\练习答案\酒包装. psd”源文件）。

图 11-131　酒瓶包装盒效果图

制作提示：首先绘制酒瓶外包装的两个平面图，再根据包装盒的透视制作酒瓶的立体包装效果。

第12章 网页设计制作

Photoshop CS6 已经具备了网页设计的各种功能，越来越多的网页设计师运用它来设计画面独特、新颖的网页。

学习目标

- 了解网页设计常识
- 熟悉网页设计步骤
- 掌握切片工具的使用方法
- 掌握网页输出方法

12.1 网页设计常识

12.1.1 图像的选择

1. 图像格式

输出图像到 Web 页时，通常使用 GIF、JPG 和 PNG 格式。GIF 格式适合压缩图形和颜色种类少于 256 种的图像，可以是动画，支持透明，体积小；JPG 格式适于 24 位彩色照片，属于有损压缩，用户所下载的图像质量比原始图像降低；PNG 格式是无损压缩，图像文件较大，支持透明，质量好，可编辑。

2. 图像分辨率的选择

图像分辨率的高低决定着用户浏览网站的速度。如果网页上图像的分辨率太高，图像文件的大小会增加，用户下载图像到 Web 浏览器并把图像显示在屏幕上需要的时间会加长，导致用户可能没有耐心等待下载；如果网页上图像的分辨率太低，会降低图像的清晰度。一般地，图像分辨率应与计算机显示分辨相同，为 72dpi。

3. 图像尺寸的选择

为了降低图像文件的大小，应使图像尺寸比较小，并且同一网页上不要放置太多的图像。如果想要在屏幕上显示大图，应在 Web 页上显示其缩略图，用户通过缩略图链接到其他网页来浏览该图。

4. 图像切割

对于容量比较大的图像，可以使用 Photoshop 切片工具将其分割为多片，在 Web 网页浏览时就会分片下载,提高下载速度。

12.1.2　文本的选择

由于 Web 上的文本下载速度比图像下载快,所示在网页上应尽可能地使用文本,通过文本链接其他网页上的图像。但是 Web 浏览器显示的文本取决于用户计算机系统所安装的字体。对于 Photoshop 中特殊效果的文字一般以图像的形式出现。

12.1.3　网页设计步骤

网页设计步骤如下。

(1) 制作网站主体形象区,包括标题文字和网站标识图案。

(2) 制作网站导航区。

(3) 制作网站菜单按钮。

(4) 制作网站内容区。

(5) 分割输出页面。

12.1.4　网页尺寸

显示器的分辨率常用的为 1024 像素×768 像素或者 800 像素×600 像素两种,制作网页的尺寸,因为必须要剪出页面两边的宽度,所以一般宽度设置为 1000 像素或者 780 像素,网页的高度是不限定的,一般根据网页的内容而定。

12.1.5　网页切片

1. 创建切片

使用切片工具创建切片的方法有以下几种。

(1) 在页面上右击,从弹出的快捷菜单中选择“划分切片”命令,并在打开的对话框中设置水平或垂直切片个数,然后使用切片选择工具选择切片,移动、删除或调整切片大小。

(2) 直接使用切片工具在页面上切割,然后再调整切片。

(3) 在页面上创建参考线,然后单击切片工具选项栏中的“基于参考线的切片”按钮,创建切片。

2. 切片的类型

常用的切片类型分为用户切片和自动切片两种,自动切片可以转换为用户切片。

(1) 用户切片:使用切片工具创建的切片,切片编号默认显示为蓝色,以实线定义切片边界。

(2) 自动切片:在创建用户切片时,会自动生成附加的切片来占据图像的其余区域,切片编号默认显示为灰色,以虚线定义切片边界。

如果要编辑自动切片,则必须将其提升为用户切片。使用切片选择工具选择一个或多个要转换的切片,单击选项栏中的“提升”按钮,或者在页面上右击,从弹出的快捷菜单中选择“提升到用户切片”命令。

可以在切片上右击,从弹出的快捷菜单中选择“编辑切片选项”命令,为每个切片设置“切片类型”“名称”和 URL 等。

选择"文件"|"存储为 Web 和设备所用格式"命令，可以导出和优化切片图像，将每个切片存储为单独的文件，同时可以生成浏览网页的 HTML 文件。

12.2 实例制作——"诸修书院"的网页

任务要求

利用多种工具制作一个国学书院的网页，效果如同 12-1 所示。

图 12-1 网页效果

任务分析

首先对网站整体布局进行设计，合理分布网站的各个功能区，然后再分别对各个功能区进行设计，最后使用切片工具分割网页并输出网页格式的文件。

这个网站是一个关于国学的网站，所以网站的许多素材采用中国古代元素，来进行网站的搭配。

操作步骤

1. 制作网站主体形象区

(1) 选择"文件"|"新建"命令(Ctrl+N)，打开"新建"对话框。设置文件名称为"诸修书院网站"，文件大小为 780 像素×600 像素，分辨率为 72 像素/英寸，色彩模式为 RGB 颜色、8 位，背景内容为白色，然后单击"确定"按钮，如图 12-2 所示。

(2) 打开素材图像文件"墙头.psd"(参考"素材\第 12 章\墙头.psd"源文件)，并在"调整"面板中单击"创建新的色相/饱和度调整图层"按钮，在打开的对话框中设置饱和度为−100，如图 12-3 所示。

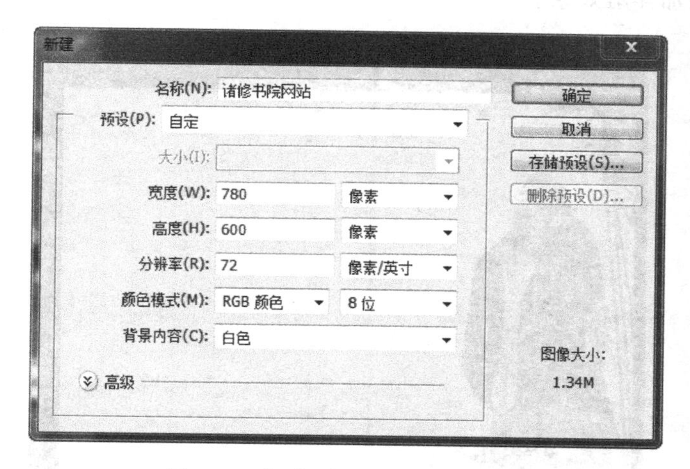

图 12-2　新建“诸修书院网站”文档

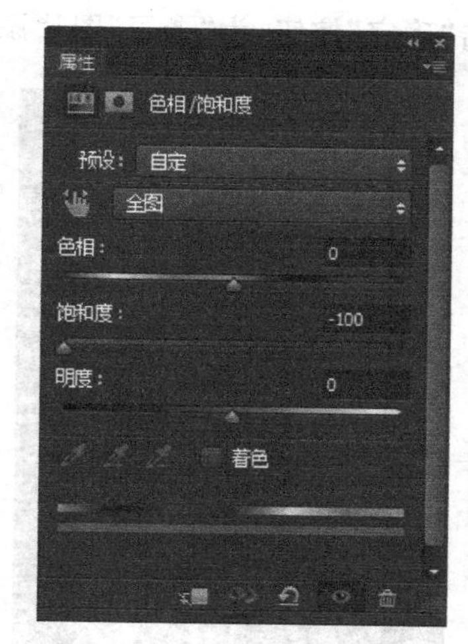

图 12-3　设置“色相/饱和度”参数

(3) 按 Ctrl+E 键合并图层，并利用 Ctrl+A 键、Ctrl+C 键和 Ctrl+V 键把处理好的“墙头”复制到新建的文档中，此时“图层”面板中自动形成“图层 1”，然后按 Ctrl+T 键调整“图层 1”的位置和大小，得到如图 12-4 所示的图形。

(4) 打开素材图像文件“竹子.psd”(参考“素材\第 12 章\竹子.psd”源文件)，利用 Ctrl+A 键、Ctrl+C 键和 Ctrl+V 键把图像复制到新建的文档中，此时“图层”面板中自动形成“图层 2”，按 Ctrl+T 键调整“图层 2”位置和大小，得到如图 12-5 所示的图形。

图 12-4　复制“墙头”的效果

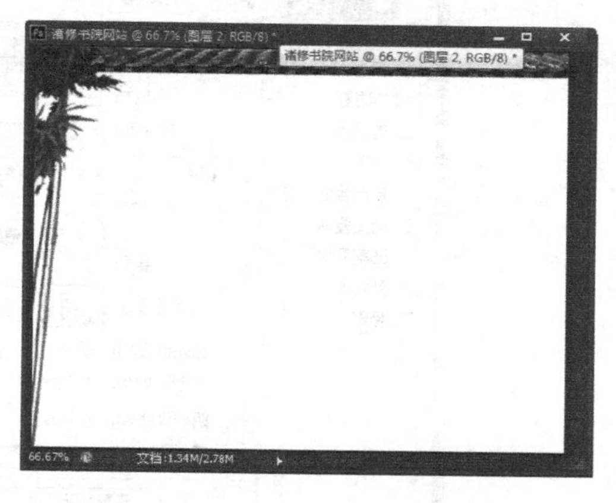

图 12-5　复制“竹子”的效果

(5) 打开素材图像文件“老子.jpg”(参考“素材\第 12 章\老子.jpg”源文件)，并单击工具箱中的魔棒工具，在工具选项栏中设置“容差”为 30。在页面中选择如图 12-6 所示的选区，然后按 Ctrl+Shift+I 键进行反选，得到老子人像的选区。

(6) 利用 Ctrl+C 键和 Ctrl+V 键把图像复制到文档中，此时“图层”面板中自动形成“图层 3”。按 Ctrl+T 键调整“图层 3”的位置和大小，得到如图 12-7 所示的效果。

(7) 在“图层”面板中单击“添加图层样式”按钮，从弹出的菜单中选择“斜面和浮雕”命令，在打开的对话框中设置“样式”为“浮雕效果”，“大小”为 5 像素，如图 12-8 所示。单击“确定”按钮，为“老子”图片添加浮雕效果。

图 12-6 得到老子的选区

图 12-7 复制得到“老子”图片

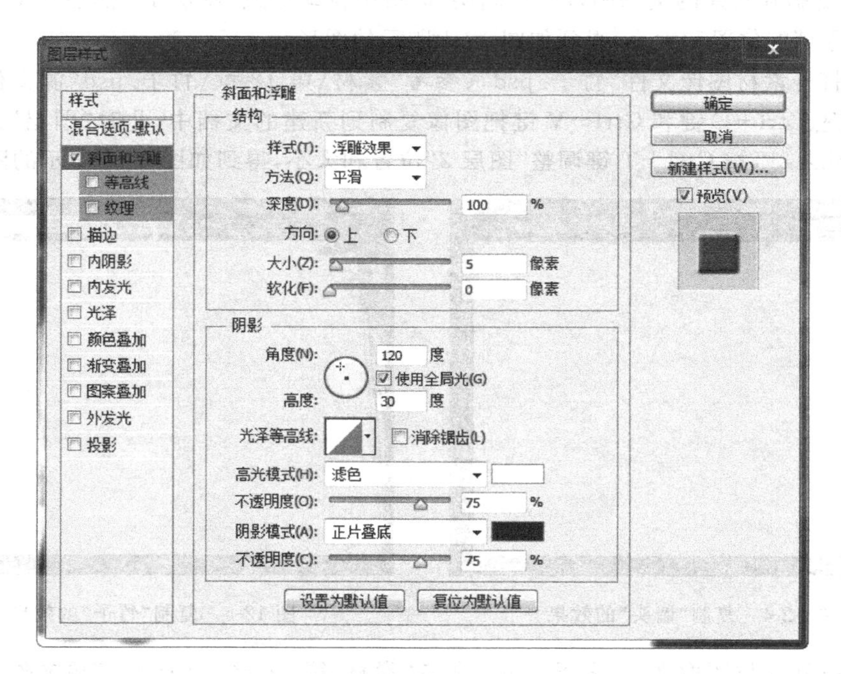

图 12-8 设置“斜面和浮雕”参数

(8) 打开素材图像文件“背景.jpg”(参考“素材\第 12 章\背景.jpg”源文件)，利用 Ctrl＋C 键和 Ctrl＋V 键把图像复制到文档中，此时“图层”面板中自动形成“图层 4”。移动“图层 4”到“图层 3”的下面，图层顺序如图 12-9 所示。选择“编辑”|“变换”|“水平翻转”命令，按 Ctrl＋T 键调整“图层 4”位置和大小，得到如图 12-10 所示的效果。

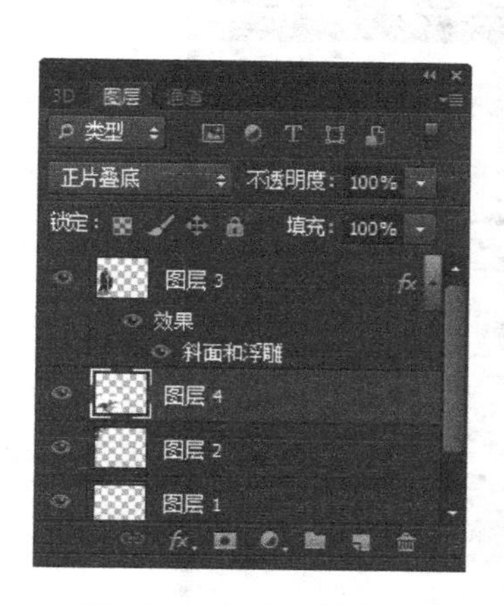

图 12-9　移动图层位置

图 12-10　复制“背景”并调整

(9) 单击“图层”面板中的“增加图层蒙版”命令，给“图层 4”增加一个蒙版，并单击工具箱中的渐变工具，在“图层 4”中拖动，得到如图 12-11 所示的效果。

(10) 在工具箱中单击横排文字工具，在工具选项栏中设置字体为方正楷体繁体，字号为 40 点，文本颜色为黑色，然后在文档中添加“诸修书院”文字，如图 12-12 所示。

图 12-11　制作渐变效果

图 12-12　输入文本

(11) 在“图层”面板中单击“添加图层样式”按钮，从弹出的菜单中选择“斜面和浮雕”命令。接着在“样式”列表框中选中“投影”复选框，再在右边的设置区域中设置距离为 2 像素，大小为 5 像素，参数如图 12-13 所示。单击“确定”按钮，为添加的文字设置“斜面和浮雕”及“投影”效果。

(12) 选择如图 12-14 所示的 5 个图层，在“图层”面板的下拉菜单中选择“从图层新建组”命令，接着在打开的“从图层新建组”对话框中输入名称为“主体形象区”，如图 12-15 所示，然后单击“确定”按钮。“图层”面板上形成的新组如图 12-16 所示。

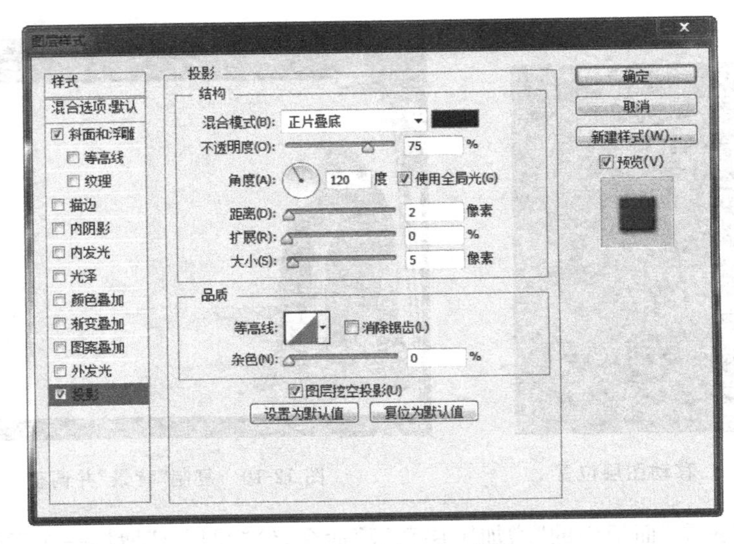

图 12-13 设置“投影”参数

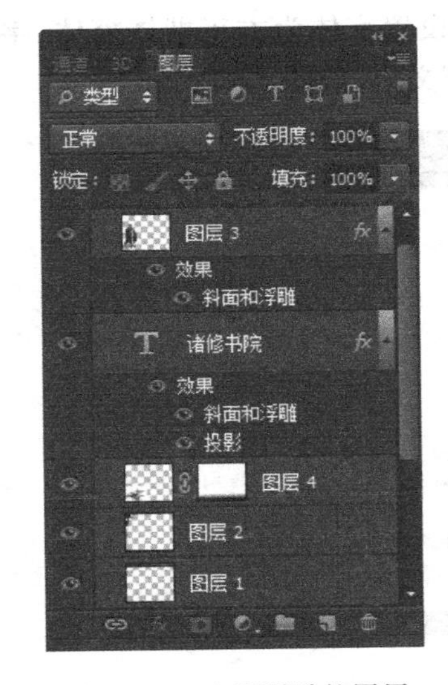

图 12-14 选择所需的图层

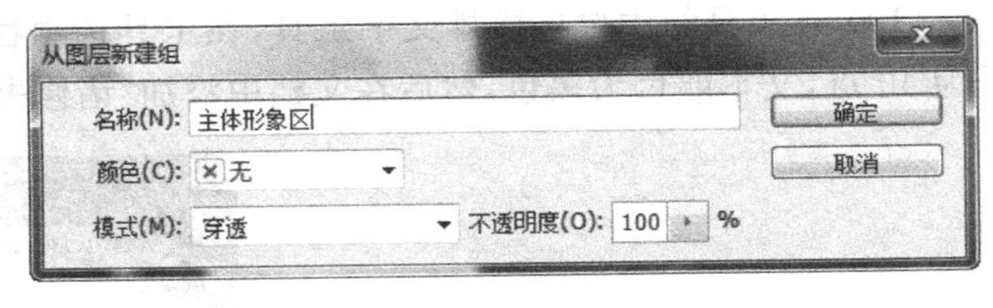

图 12-15 “从图层新建组”对话框

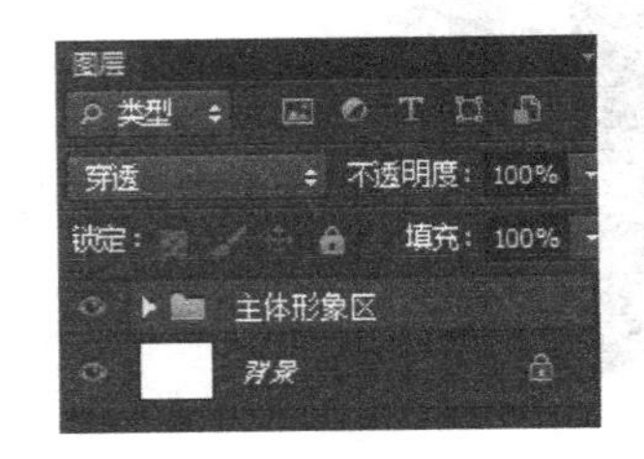

图 12-16 新建组

2. 制作网站导航区

(1) 新建“图层 5”,在工具箱中单击移动工具,移动“图层 5”到“主体形象区”组下面,如图 12-17 所示。

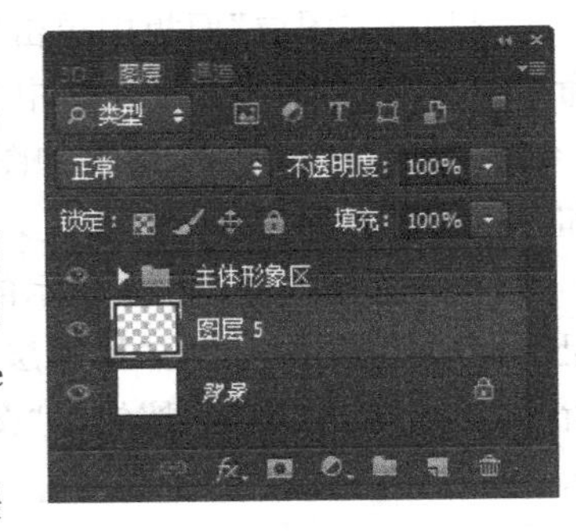

图 12-17 新建“图层 5”

(2) 在工具箱中单击钢笔工具,在文档中绘制如图 12-18 所示的路径。按 Ctrl+Enter 键将路径转化为选区,设置前景色为(R:207,G:207,B:85),按 Alt+Delete 键进行填充,得到如图 12-19 所示的效果。

(3) 按 Ctrl+D 键取消选区,打开素材图像文件“墨笔触.jpg”(参考“素材\第 12 章\墨笔触.jpg”文件),并利

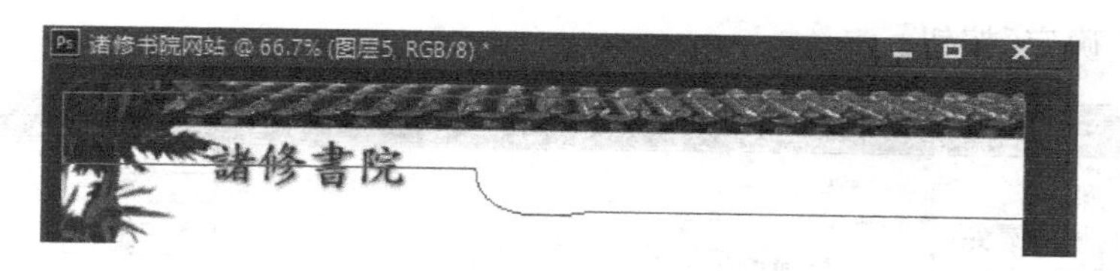

图 12-18　绘制路径

图 12-19　填充选区颜色

用 Ctrl＋A 键、Ctrl＋C 键和 Ctrl＋V 键把图像复制到文档中，此时“图层”面板上自动形成“图层 6”。选择图层混合模式为“正片叠底”，按 Ctrl＋T 键调整“图层 6”的位置和大小，得到如图 12-20 所示的效果，再设置“图层 6”的不透明度为 30％。

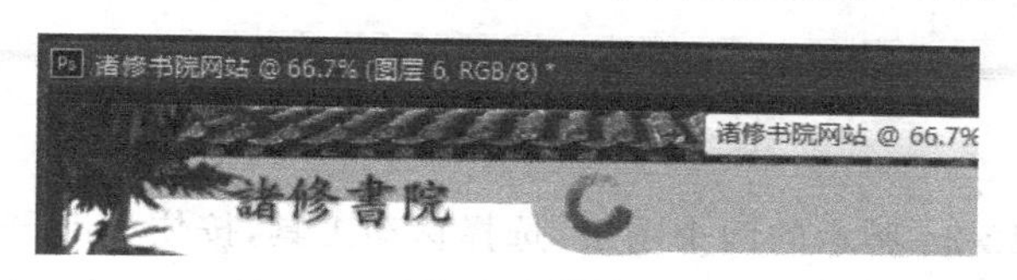

图 12-20　复制“墨笔触”的效果

(4) 在工具箱中单击横排文字工具，并在“字符”面板上设置字体为黑体，字号为 20 点，行距为 20 点，字间距为 0，文本颜色为黑色，如图 12-21 所示。然后在如图 12-22 所示位置添加“书院概况”文字。

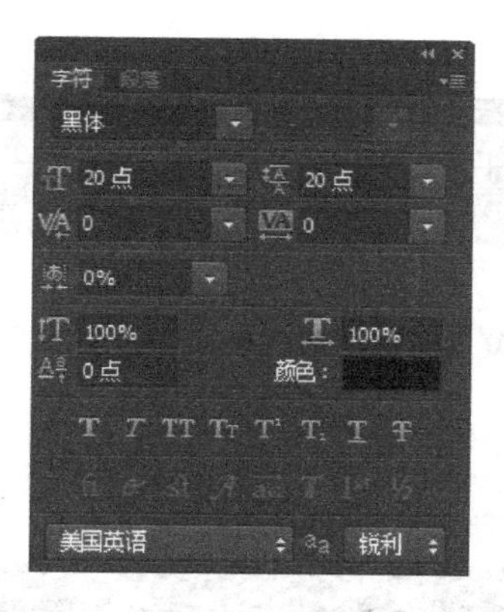

图 12-21　文本设置参数

图 12-22　输入文本

(5) 在“图层”面板中单击“添加图层样式”按钮，从弹出的菜单中选择“外发光”命令。在打开的对话框中设置发光颜色为白色，不透明度为 100％，大小为 5 像素，如图 12-23 所示，然后单击“确定”按钮。

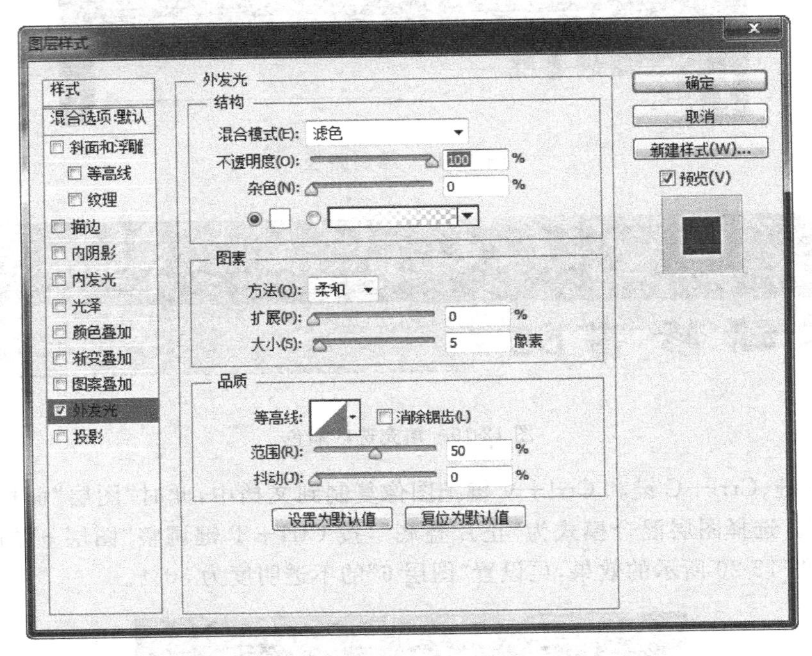

图 12-23 设置“外发光”参数

(6) 选中如图 12-24 所示的两个图层，选择移动工具，按住 Shift+Alt 键，移动并复制两个图层，复制 6 次，得到“图层 6”和“书院概况”的 6 个副本，如图 12-25 所示。

(7) 选择工具箱中的横排文字工具，分别修改图层“书院概况 副本”“书院概况 副本 2”“书院概况 副本 3”“书院概况 副本 4”“书院概况 副本 5”和“书院概况 副本 6”的文字内容为“书院动态”“教学课程”“学术论坛”“书院商店”“联系我们”和“友情链接”，如图 12-26 所示。

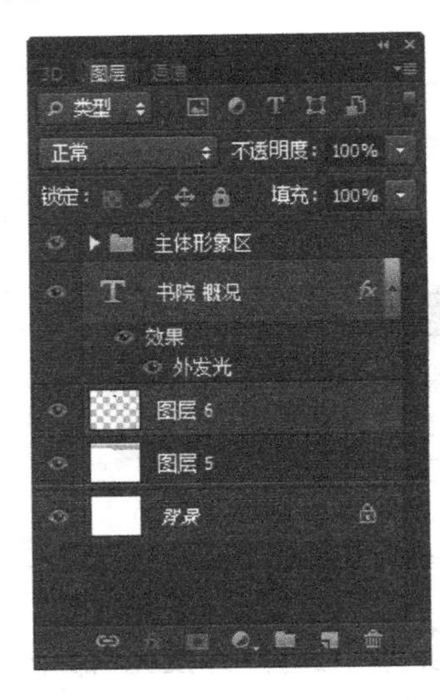

图 12-24 选择所需要的图层

图 12-25 复制所选图层的效果

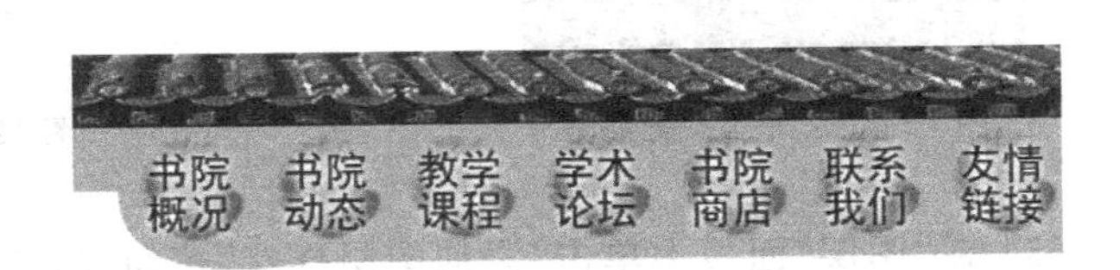

图 12-26 修改文本内容

(8) 选择如图 12-27 所示的图层，在“图层”面板右上角的下拉菜单中选择“从图层新建组”命令，接着在打开的“从图层新建组”对话框中输入名称为“导航区”，然后单击“确定”按钮。

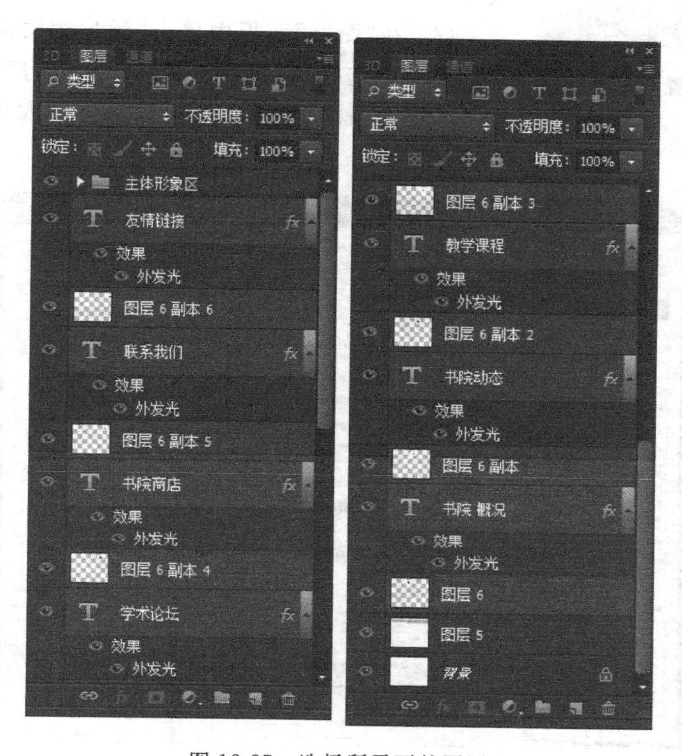

图 12-27　选择所需要的图层

3. 制作网站菜单按钮

(1) 新建“图层 7”。设置前景色为灰色(R:180,G:170,B:130)，然后单击工具箱中的圆角椭圆工具，在工具选项栏中设置圆角半径为 3 像素，在文档中绘制如图 12-28 所示的圆角矩形。

(2) 设置前景色为白色，单击工具箱中的渐变工具，在渐变工具选项栏中单击渐变颜色条，打开“渐变编辑器”对话框，在该对话框中选择“由前景色到透明渐变”选项，如图 12-29 所示，然后单击“确定”按钮。

图 12-28　绘制圆角矩形

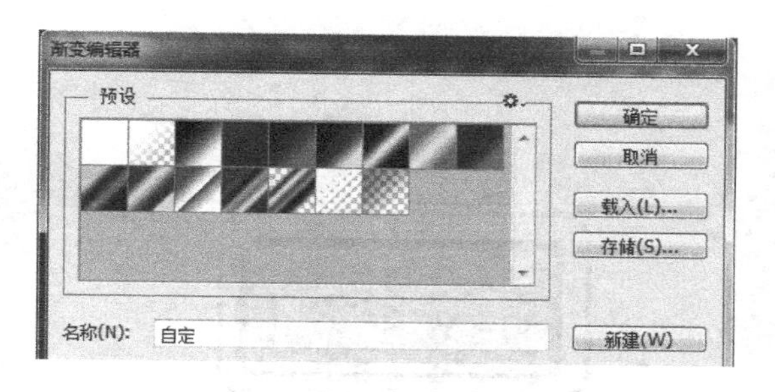

图 12-29　选择渐变选项

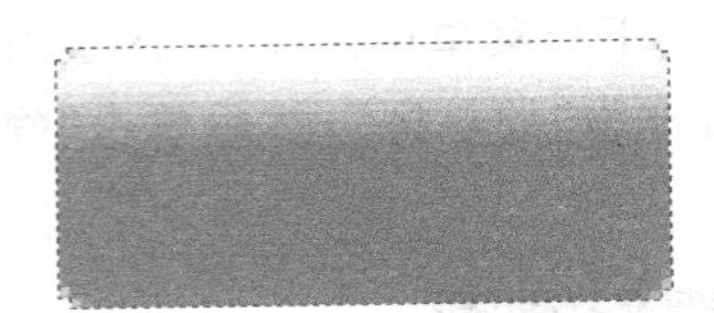

图 12-30 设置渐变效果

(3) 按住 Ctrl 键单击“图层 7”的缩略图，得到圆角矩形选区，接着在该选区内拖动得到如图 12-30 所示渐变效果。

(4) 在“图层”面板中单击“添加图层样式”按钮，从弹出的菜单中选择“斜面和浮雕”命令，在打开的对话框中设置“样式”为“枕状浮雕”，“方向”为下，“大小”为 5 像素，如图 12-31 所示。

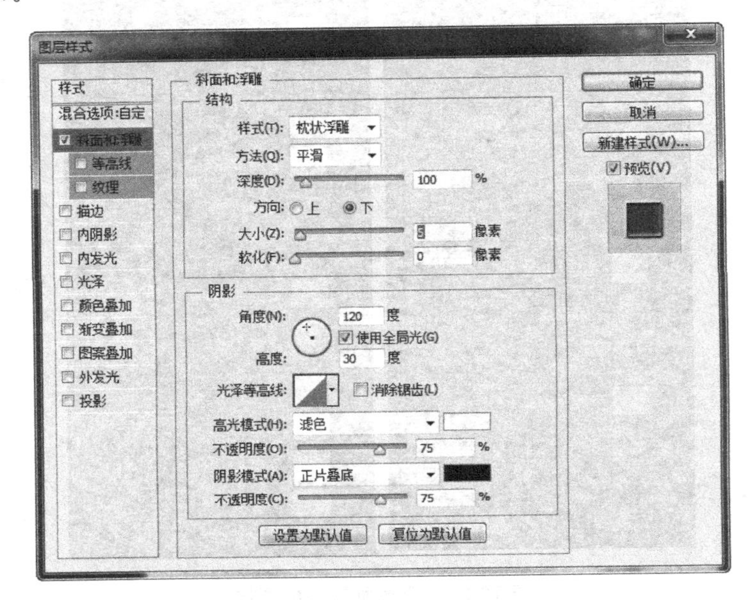

图 12-31 设置“斜面和浮雕”参数

(5) 选择“选择”|“修改”|“扩展”命令，在打开的“扩展选区”对话框中设置扩展量为 5 像素，然后单击“确定”按钮。新建“图层 8”，选择“编辑”|“描边”命令，在打开的“描边”对话框中设置宽度为 1 像素，颜色为灰色(R:180,G:170,B:130)，位置为居中，然后单击“确定”按钮，得到如图 12-32 所示的描边效果。

(6) 选择“图层 7”和“图层 8”，按 Ctrl+E 键合并两个图层，然后修改图层名称为“菜单”，如图 12-33 所示。

图 12-32 描边效果

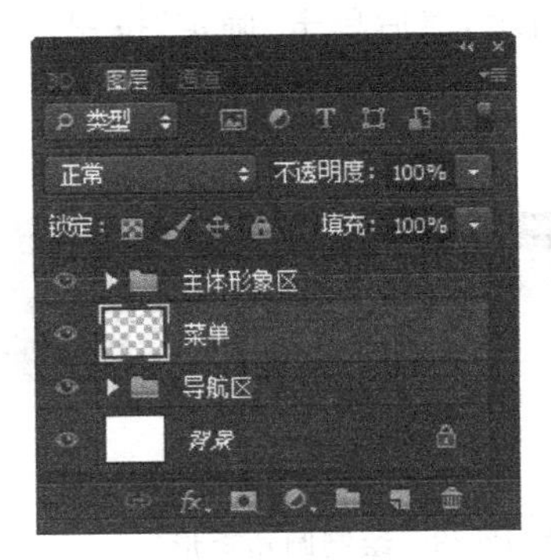

图 12-33 合并图层并修改图层名称

(7) 单击工具箱中的矩形选框工具，在页面中绘制如图 12-34 所示选区，并按 Delete 键删除多余的部分图像。

(8) 在工具箱中选择横排文字工具，设置字体为宋体，字号为 14 点，颜色为黑色，在如图 12-35 所示位置输入“最新公告”。

图 12-34　绘制矩形选区　　　　图 12-35　输入并设置文字

4. 制作网站内容区

(1) 单击工具箱中的横排文字工具，在工具选项栏中设置字体为宋体，字号为 14 点，文本颜色为黑色，接着在页面中输入“最新公告.doc”文件的内容(参考“素材\第 12 章\最新公告.doc”文件)，如图 12-36 所示。

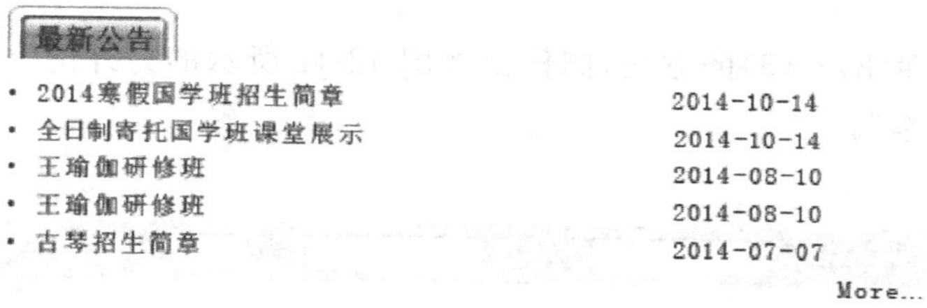

最新公告
- 2014寒假国学班招生简章　2014-10-14
- 全日制寄托国学班课堂展示　2014-10-14
- 王瑜伽研修班　2014-08-10
- 王瑜伽研修班　2014-08-10
- 古琴招生简章　2014-07-07

More...

图 12-36　输入并设置“最新公告”文本

(2) 在“图层”面板的下拉菜单中选择“新建组”命令，在打开的“新建组”对话框中输入图层组名称为“会员登录区”。在新建组中新建“图层 7”，设置前景色为灰色(R:180, G:170, B:130)，然后单击工具箱中的矩形工具，在页面中绘制如图 12-37 所示的矩形。

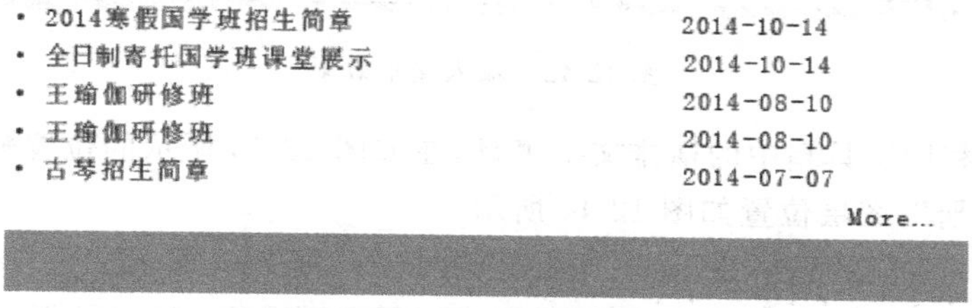

- 2014寒假国学班招生简章　2014-10-14
- 全日制寄托国学班课堂展示　2014-10-14
- 王瑜伽研修班　2014-08-10
- 王瑜伽研修班　2014-08-10
- 古琴招生简章　2014-07-07

More...

图 12-37　绘制表单底纹矩形

(3) 在“会员登录区”组中新建“图层 8”。设置前景色为白色，然后单击工具箱中的矩形选框工具，在页面中绘制一个矩形选区，按 Ctrl+Delete 键填充为白色，如图 12-38 所示。

(4) 选择“编辑”|“描边”命令，在打开的“描边”对话框中设置描边宽度为 1 像素，颜

图 12-38 绘制矩形

色为蓝色(R:40,G:70,B:100),位置为居中,然后单击“确定”按钮,得到如图 12-39 所示的描边效果。

(5) 复制“图层 8”,得到“图层 8 副本”。选择工具箱中的移动工具,移动矩形到如图 12-40 所示位置。

图 12-39 描边效果　　图 12-40 复制并移动矩形

(6) 参照步骤(3)～(5)的方法,制作出如图 12-41 所示的另外两个矩形,得到“图层 9”和“图层 9 副本”。

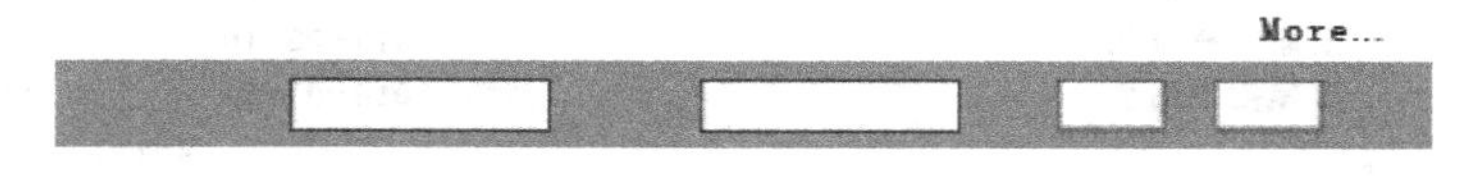

图 12-41 绘制其他文本框矩形

(7) 单击工具箱中的横排文字工具,在工具选项栏中设置字体为宋体,字号为 12 点,颜色为黑色,在如图 12-42 所示的位置输入文字“会员登录”。

图 12-42 输入文本效果

(8) 同样,利用工具箱中的横排文字工具,在如图 12-43 所示的位置输入文字“密码”“登录”以及“注册”,图层位置如图 12-44 所示。

图 12-43 输入其他标签文本

(9) 新建“图层 10”。设置前景色为黑色,在工具箱中单击矩形工具,在如图 12-45 所示位置绘制一个矩形。

(10) 给“图层 10”增加一个蒙版,然后单击工具箱中的画笔工具,在画笔工具选项栏中设置画笔为“粗边圆形钢笔”，大小为 100 像素，如图 12-46 所示。在矩形中进行涂抹，得到如图 12-47 所示的效果。

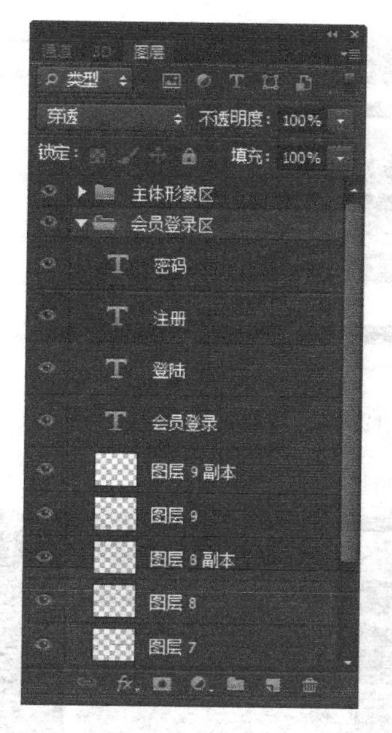

图 12-44　图层位置

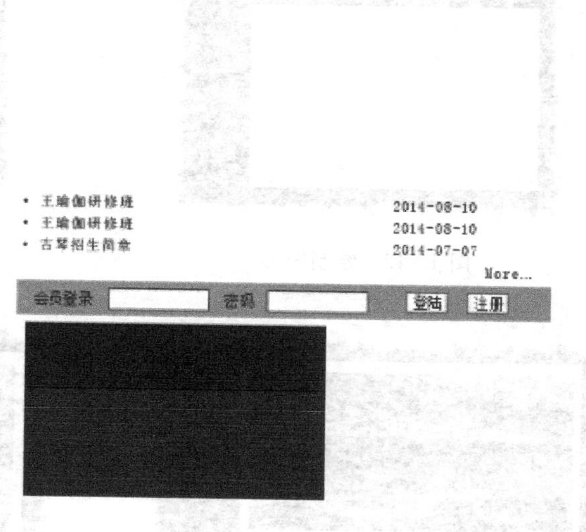

图 12-45　绘制矩形

图 12-46　设置画笔参数

图 12-47　用画笔涂抹的效果

(11) 新建“图层 11”。设置前景色为白色，在工具箱中单击矩形工具，在页面中绘制一个如图 12-48 所示的矩形。

(12) 打开图像文件“周边环境.jpg”(参考“素材\第 12 章\周边环境.jpg”文件)，并利用 Ctrl+A 键、Ctrl+C 键和 Ctrl+V 键把图像复制到文档中，此时“图层”面板自动形成“图层 12”。按 Ctrl+T 键调整“图层 12”位置和大小，效果如图 12-49 所示。

(13) 新建“图层 13”。设置前景色为灰色(R:150,G:150,B:150)，在工具箱中单击矩形工具，绘制如图 12-50 所示的矩形，然后将其填充前景色。

(14) 单击工具箱中的横排文字工具，在工具选项栏中设置字体为宋体，字体大小为 12 点，文本颜色为黑色，在如图 12-51 所示位置输入“瑜伽进修课程”。选择图层“瑜伽进修课程”和“图层 13”，选择工具箱中的移动工具，在移动工具选项栏中单击“垂直居中对齐”和“水平居中对齐”按钮。

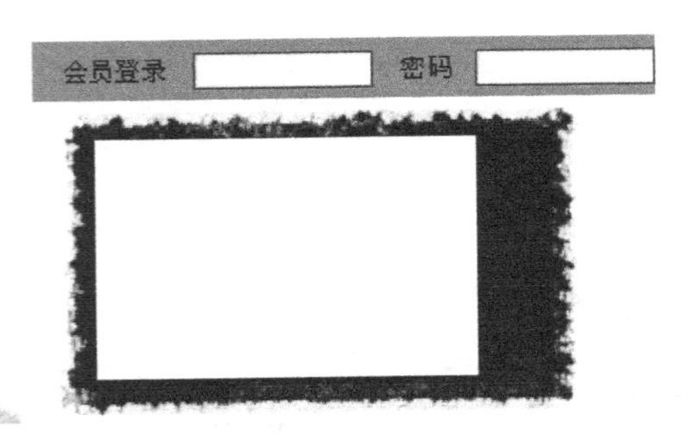

图 12-48 绘制矩形

图 12-49 复制并调整素材图片

图 12-50 绘制矩形并进行填充

图 12-51 输入并设置文本

(15) 新建“图层 14”。设置前景色为(R:40,G:70,B:100)，在工具箱中单击矩形工具，在页面中绘制如图 12-52 所示的矩形。

(16) 按 Ctrl+T 键，并按住 Shift 键旋转矩形 45°，接着按 Enter 键进行确认，得到如图 12-53 所示效果。

图 12-52 绘制矩形

图 12-53 旋转矩形

(17) 单击工具箱中的移动工具，并按住 Alt 键，复制 3 次“图层 14”得到“图层 14 副本”“图层 14 副本 2”“图层 14 副本 3”，效果如图 12-54 所示。

(18) 单击工具箱中的横排文字工具，在“字符”面板中设置字体为“方正毡笔黑简体”，字体大小为 18 点，颜色为白色，在如图 12-55 所示位置输入“书院风采”，再设置行距为 29 点。

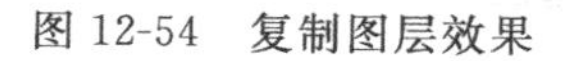
图 12-54　复制图层效果

图 12-55　输入并设置文本

(19) 打开图像文件“素材.psd”(参考“素材\第 12 章\素材.psd”源文件)，并利用 Ctrl＋A 键、Ctrl＋C 键和 Ctrl＋V 键把图像复制到文档中，此时“图层”面板上自动形成“图层 15”。按 Ctrl＋T 键调整“图层 15”位置和大小，效果如图 12-56 所示。

图 12-56　复制并调整素材图片

(20) 按住 Alt 键，移动复制“图层 15”，得到“图层 15　副本”和“图层 15　副本 2”，如图 12-57 所示。

图 12-57　复制图层效果

(21) 打开图像文件“扇子.jpg”(参考“素材\第 12 章\扇子.jpg”文件)。单击工具箱中的魔棒工具，在工具选项栏中设置“容差”为 10，然后在文档页面中单击选择如图 12-58 所示的选区，最后按 Ctrl＋Shift＋I 键进行反选，得到扇子的选区。

图 12-58 利用魔棒工具得到选区

(22) 利用 Ctrl+C 键和 Ctrl+V 键把图像复制到文档中,此时“图层”面板中自动形成“图层 16”。按 Ctrl+T 键调整“图层 16”位置和大小,效果如图 12-59 所示。

图 12-59 复制并调整素材图片

(23) 在工具箱中单击横排文字工具,在“字符”面板中设置字体为宋体,字号为 16 点,文本颜色为白色,行距为 24 点,并加粗字体,如图 12-60 所示。接着在如图 12-61 所示位置输入文字“教育理念”。

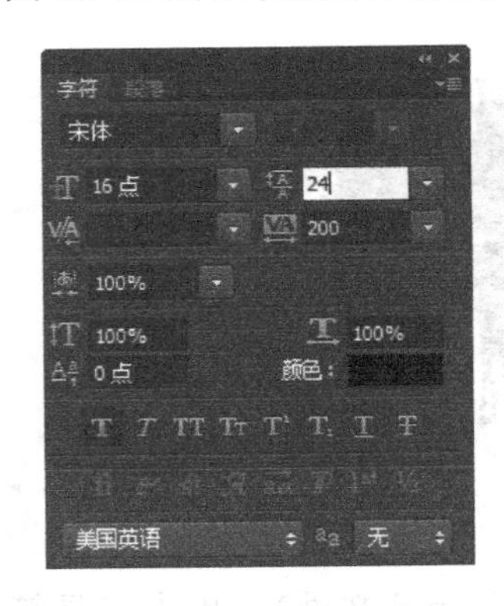

图 12-60 设置文本参数

图 12-61 输入文本效果

(24) 打开图像文件“书.psd”(参考“素材\第 12 章\书.psd”文件)，并利用 Ctrl+A 键、Ctrl+C 键和 Ctrl+V 键把图像复制到文档中，此时“图层”面板上会自动形成“图层 17”。按 Ctrl+T 键调整“图层 17”位置和大小，效果如图 12-62 所示。

图 12-62　复制并调整素材图片

(25) 打开图像文件“印.psd”(参考“素材\第 12 章\印.psd”文件)，并利用 Ctrl+A 键、Ctrl+C 键和 Ctrl+V 键把图像复制到文档中，此时“图层”面板上会自动形成“图层 18”。按 Ctrl+T 键调整“图层 18”位置和大小，效果如图 12-63 所示。

图 12-63　复制素材效果

(26) 复制“教育理念”图层，修改文字为“国学经典”，并利用工具箱中的移动工具将其移动到如图 12-64 所示位置。

图 12-64　修改并移动文字

(27) 复制“教育理念”图层，修改文字为“文化源流”，并利用工具箱中的移动工具将其移动到如图 12-65 所示位置。

图 12-65　添加“文化源流”文本

(28) 打开图像文件“墨点.jpg”(参考“素材\第 12 章\墨点.jpg”文件)，并利用 Ctrl+A 键、Ctrl+C 键和 Ctrl+V 键把图像复制到文档中，此时“图层”面板上会自动形成“图层 19”。按 Ctrl+T 键调整“图层 19”位置和大小，效果如图 12-66 所示。

(29) 打开素材图像文件“古琴.jpg”(参考“素材\第 12 章\古琴.jpg”文件)，并利用 Ctrl+A 键、Ctrl+C 键和 Ctrl+V 键把图像复制到文档中，此时“图层”面板中会自动形成“图层 20”。按 Ctrl+T 键调整“图层 20”位置和大小，效果如图 12-67 所示。

图 12-66　复制并调整“墨点”素材图片

图 12-67　复制并调整“古琴”素材图片

(30) 打开素材图像文件“瑜伽.jpg”(参考“素材\第 12 章\瑜伽.jpg”文件)，并利用 Ctrl+A 键、Ctrl+C 键和 Ctrl+V 键把图像复制到文档中，此时“图层”面板中会自动形成“图层 21”。按 Ctrl+T 调整“图层 21”位置和大小，最后设置图层的不透明度为 50%，效果如图 12-68 所示。

(31) 单击工具箱中的横排文字工具，在“字符”面板中设置字体为“方正毡笔黑简体”，字体大小为 16 点，文本颜色为白色，行距为 24

图 12-68　复制并调整“瑜珈”素材图片

点，接着在如图 12-69 所示位置输入文字“国学”。

(32) 复制“国学”图层。修改颜色为红色(R:255,G:0,B:0)，更改文字为“古琴”，然后将其移动到合适的位置。复制“国学”图层，并修改文本颜色为蓝色(R:0,G:0,B:255)，更改文字为“瑜伽”，然后将其移动到合适的位置，效果如图 12-70 所示。

图 12-69　输入“国学”文本　　图 12-70　添加“古琴”及“瑜珈”文本

(33) 新建“图层 22”。设置前景色为黑色，然后单击工具箱中的铅笔工具，在工具选项栏中设置画笔的笔尖大小为 1 像素。接着按住 Shift 键，在页面中绘制如图 12-71 所示的一条直线。

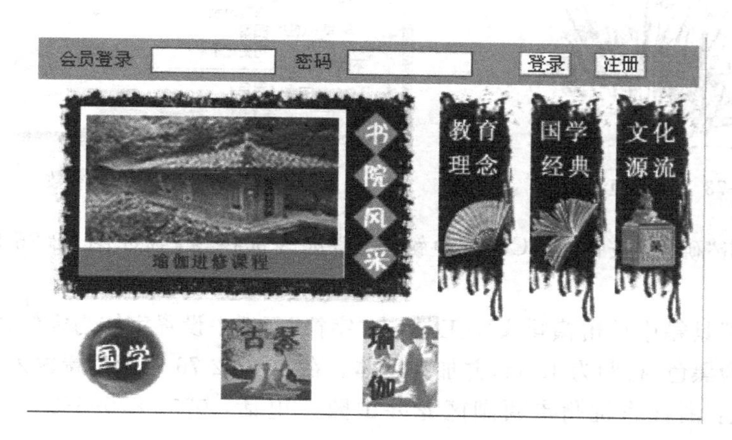

图 12-71　绘制直线

(34) 打开图像文件“植物.jpg”(参考“素材\第 12 章\植物.jpg”文件)，并利用 Ctrl+A 键、Ctrl+C 键和 Ctrl+V 键把图像复制到文档中，此时“图层”面板上会自动形成“图层 23”。按 Ctrl+T 键调整“图层 23”位置和大小，最后设置图层混合模式为“正片叠底”，效果如图 12-72 所示。

(35) 给“图层 23”增加一个蒙版，并在工具箱中单击矩形选框工具，在页面中绘制如图 12-73 所示矩形选区。

(36) 按 Shift + F5 键，在打开的“填充”对话框中设置“使用”为“50% 灰色”，如

图 12-72 复制并调整素材

图 12-74 所示。

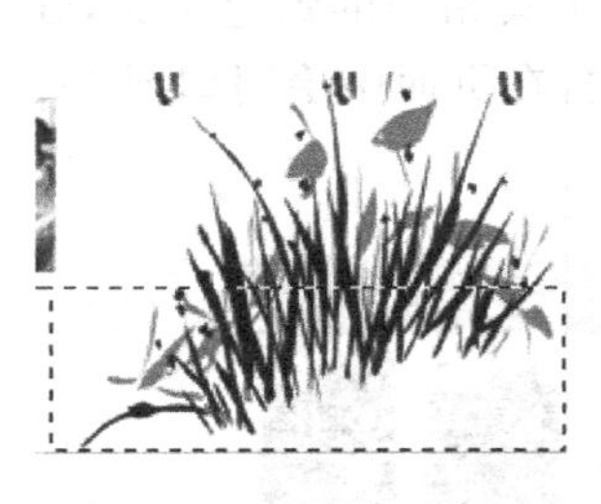

图 12-73 绘制矩形选区

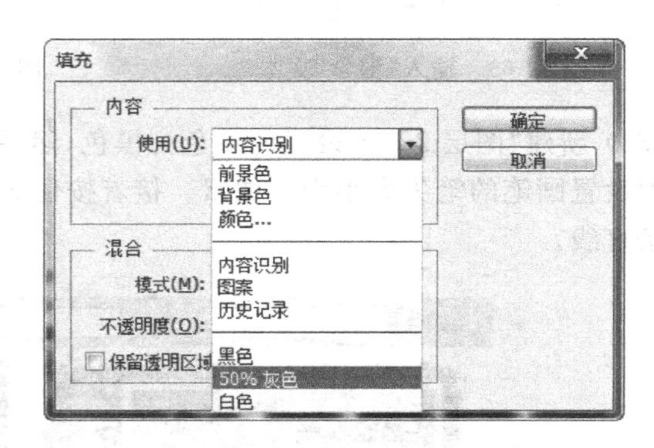

图 11-74 设置填充参数

(37) 单击“确定”按钮，按 Ctrl+D 键，取消选区选择，得到如图 12-75 所示的半透明效果。

(38) 在工具箱中单击横排文字工具，在“字符”面板中设置字体为宋体，字体大小为 16 点，文本颜色为黑色，行距为 12 点，并加粗字体。在如图 12-76 所示位置输入“版权所有：诸修书院　地址：浙江省杭州市西湖区龙井山园　电话：0751-87996390　邮箱：zxxy@163.com”等文本内容。

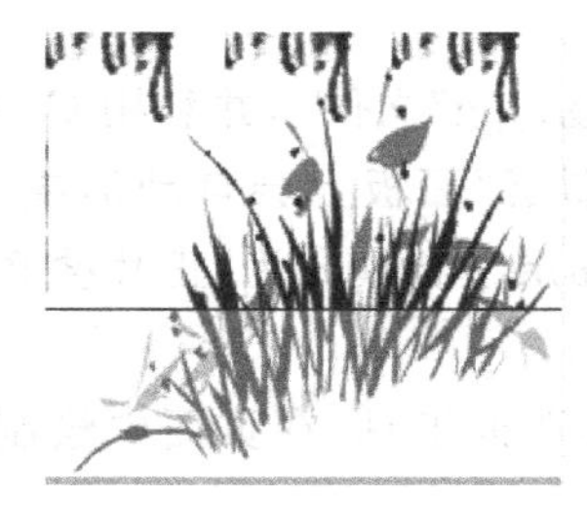

图 12-75 得到半透明效果

图 12-76 输入版权信息

(39) 选择如图 12-77 所示的图层，在“图层”面板的下拉菜单中选择“从图层新建组”，并在打开的“新建组”对话框中设置组名称为“网站内容区”。

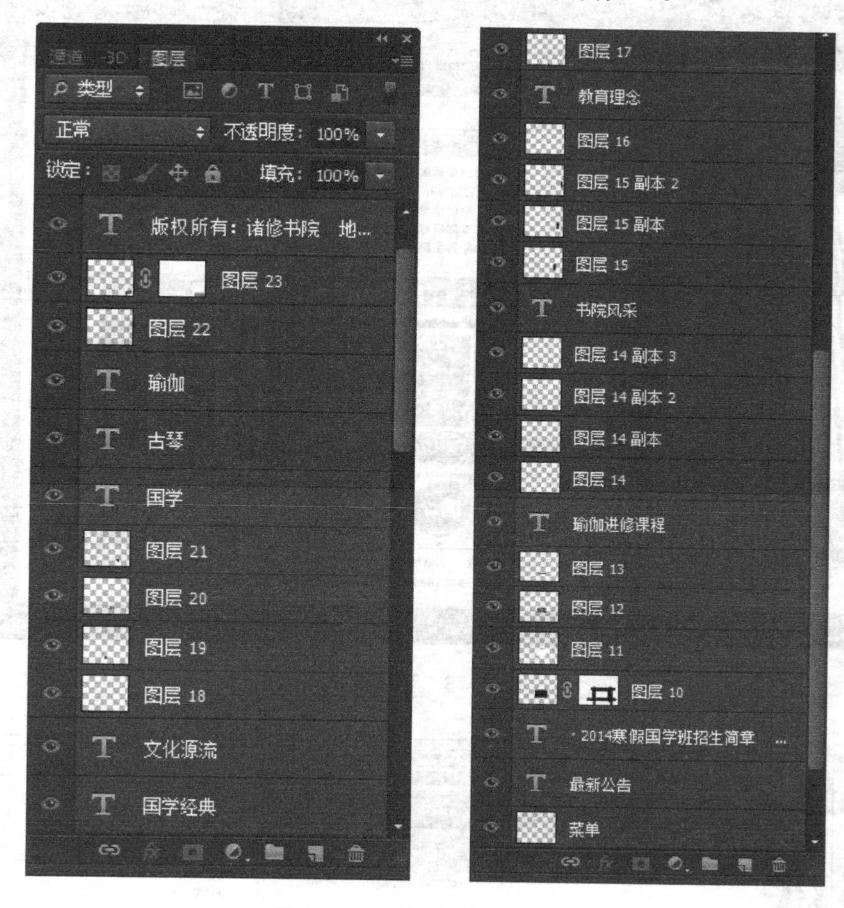

图 12-77　选择所需要的图层

5. 分割输出页面

(1) 单击工具箱中的切片工具，在文档窗口分割网页，如图 12-78 所示。

(2) 选择“文件”|“存储为 Web 和设备所用格式”命令，打开如图 12-79 所示的对话框。单击“存储”按钮，打开“存储为 Web 所用格式”对话框，选择格式为“HTML 和图像”，如图 12-80 所示。

本例效果参考“答案\第 12 章\诸修书院网站. psd”源文件、“诸修书院网站. html”和分割的切片文件夹 images。

提示： Photoshop 制作的网页中的元素很多，要尽量把这些相对独立的元素放在不同的图层中，这样方便以后的再编辑，由于图层太多，就显得很凌乱，可建立多个图层组来进行管理。

图 12-78 切片效果

图 12-79 “存储为 Web 所用格式”对话框

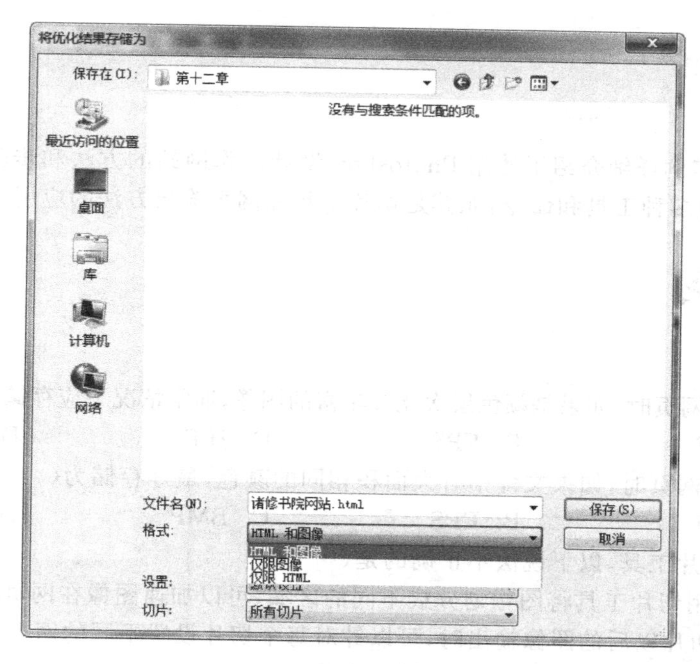

图 12-80　存储文件

相关知识

网页的色彩是树立网站形象的关键之一，色彩搭配却是网站设计师感到头疼的问题。网页的背景、文字、图标、边框和超链接等应该采用什么样的色彩，如何进行色彩搭配才能最好的表达出预想的效果，这需要经过实践，不断摸索，最终有一套自己的设计色彩搭配方案。

通常的做法是将主要内容文字用非彩色(黑色)，边框、背景、图片用彩色，这样页面整体不单调，看主要内容也不会眼花。

网页色彩搭配的技巧如下。

(1) 用一种色彩。这里是指先选定一种色彩，然后调整透明度或者饱和度，产生新的色彩，用于网页。这样的页面看起来色调统一，有层次感。

(2) 用两种色彩。先选定一种色彩，然后选择它的对比色。这样一个主页的主色调两个对比色就确定下来了，整个页面色彩丰富但不花哨。

(3) 用一个色系。简单地说就是用一个感觉的色彩，例如淡蓝、淡黄、淡绿；或者土黄、土灰、土蓝。确定色彩的方法各人不同，在 Photoshop 里单击前景色图标，从打开的“拾色器”对话框中单击“颜色库”，然后在“色库”中选择就可以了。

(4) 用黑色和一种彩色。比如大红的字体配黑色的边框感觉很“跳”，从而达到吸引人注意力的目的。

在网页配色中，需要注意以下两点。

(1) 不要将所有颜色都用到，尽量控制在三种色彩以内。

(2) 背景和文本的对比尽量要大，绝对不要用花纹繁复的图案作背景，以便突出主要文字内容。

本章小结

本章通过实例详细介绍了使用 Photoshop 设计制作网站的方法和步骤，综合运用了 Photoshop 中的多种工具和命令，尤其是切片工具和网页输出方法的应用。

思考与练习

一、选择题

1. 在制作网页时，如果是颜色层次比较丰富的图像，通常情况下应存储为(　　)格式。
   A. GIF　　B. EPS　　C. JPE　　D. TIFF
2. 在制作网页时，如果文件中有大面积相同的颜色，最好存储为(　　)格式。
   A. GIF　　B. EPS　　C. BMP　　D. TIFF
3. 关于切片工具，以下说法不正确的是(　　)。
   A. 使用切片工具将图像划分成不同的区域，可以加速图像在网页浏览时的速度
   B. 将切片以后的图像输出时，可以针对每个切片设置不同的网上链接
   C. 可以调节不同切片的颜色、层次变化
   D. 切片形状可以是矩形

二、设计制作题

参照样图(如图 12-81 所示)，制作保护野生动物网页效果图(参考“答案\第 12 章\练习答案\保护野生动物网页.psd”源文件)。

图 12-81　保护野生动物网页效果图

第 13 章

室内效果后期制作

本章介绍室内效果图处理的基础知识,并通过客厅效果图的处理和餐厅效果图的处理来学习如何利用 Photoshop 进行室内效果后期的制作。

学习目标

- 了解室内效果图处理的必要性
- 了解室内效果图后期处理的常识
- 熟悉 Photoshop CS6 的色彩调整的方法
- 熟悉通道等工具的运用技巧

13.1 概述

3ds max 是制作室内效果图最常用的软件,虽然可以利用 3ds max 的各种渲染插件制作出跟实物相媲美的室内效果图,但需要高配置的计算机、高级 3ds max 技术人员,还需要花费大量的时间。现在有了 Photoshop 的帮助,只要首先能够利用 3ds max 制作出简单的模型,并给模型附上材质,剩下的事情,就可以通过 Photoshop 来创作出理想的室内效果。很多的室内设计师,在使用 3ds max 做完初步效果图之后,都会通过 Photoshop 来完成最终效果图的处理,使效果更加的真实、美观。

13.2 室内效果图后期处理常识

(1) 使用 3ds max 完成室内效果图最后渲染时,要保存的渲染图像格式一般为. tga 格式。因为. tga 格式是一种无损图像格式类型,可以保存 Alpha 通道,对后期处理的图像有很大的帮助。

(2) 在处理图像时,建议先复制要处理的背景图层。因为处理图像时,不可能一次就把图像处理好的,总是要进行反复修改,最终才得到一个理想的效果图。所以复制一个背景层,可以起到对原图像保护的作用。

13.3 实例制作

本节以客厅和餐厅后期设计处理为例，学习室内效果的设计过程，并提高对Photoshop CS6中图层、蒙版、滤镜等工具综合运用的能力。

13.3.1 客厅效果图后期制作

任务1 客厅效果图后期制作

任务要求

（1）利用色彩调整命令对图像的色彩进行调整。

（2）利用通道、消失点以及变形等工具把图像中缺少的元素粘贴进来。如图13-1和图13-2所示的客厅效果图。

图13-1 客厅效果图(处理前)

图13-2 客厅效果图(处理后)

任务分析

打开素材图片中的客厅效果图，发现整个色调有点暗，首先要利用色彩调整命令调整整个图像色彩的明度和对比度，而且图像中缺少射灯灯光效果和各种实物，再使用多种工具命令把一些素材复制进来并进行处理，从而得到一个期望的室内效果。

操作步骤

（1）打开图像文件“客厅效果图.tga”(参考“素材\第13章\客厅效果图.tga”文件)，并将其存储为“客厅效果图.psd”。复制背景图层得到“背景 副本”图层。在“调整”面板中单击“创建新的曲线调整图层”按钮，在打开的“曲线”面板中单击“自动”按钮，自动调整曲线，如图13-3所示。

（2）在“调整”面板中单击“创建新的色相/饱和度调整图层”按钮，在打开的“色相/饱和度”对话框中调整“饱和度”为+30，如图13-4所示。

（3）选择“背景 副本”图层。单击工具箱中魔棒工具，在魔棒工具选项栏中设置“容差”为20，接着在文档页面中选择客厅顶部的深灰色区域，如图13-5所示。

（4）按Ctrl+M键打开“曲线”对话框。在该对话框中设置“输出”为139，“输入”为74，然后单击“确定”按钮，如图13-6所示，调整客厅顶面的明度。

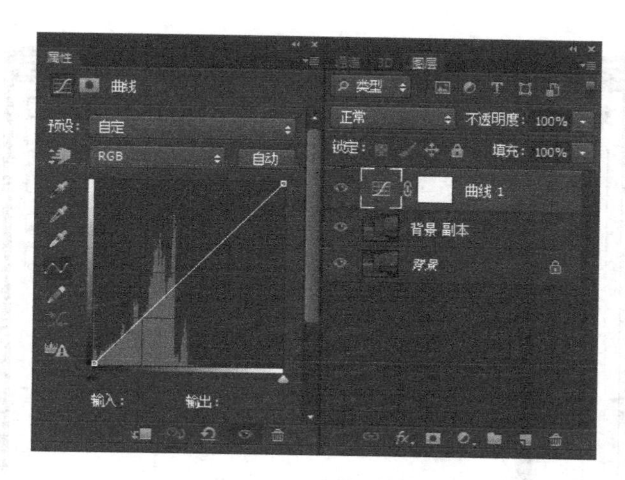

图 13-3　自动调整曲线

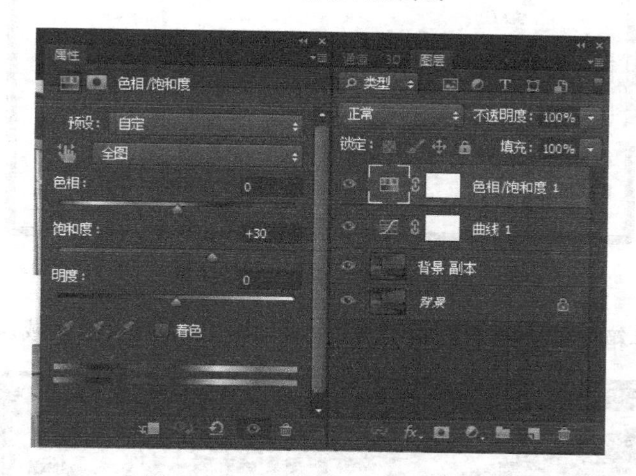

图 13-4　调整图像的色相/饱和度

图 13-5　利用魔棒工具选取的区域

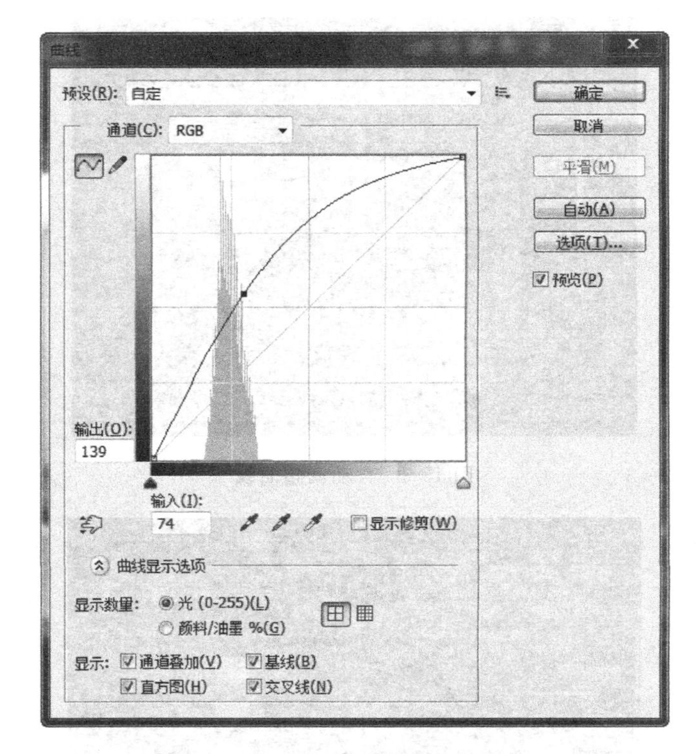

图 13-6 调整客厅顶面的明度

(5) 单击工具箱中的多边形套索工具,选取如图 13-7 所示的区域。

图 13-7 用多边形套索工具选取的区域

(6) 按 Ctrl+M 键打开“曲线”对话框。在该对话框中设置“输出”为 155,“输入”为 81,然后单击“确定”按钮,如图 13-8 所示,调整客厅阳台顶面的明度。

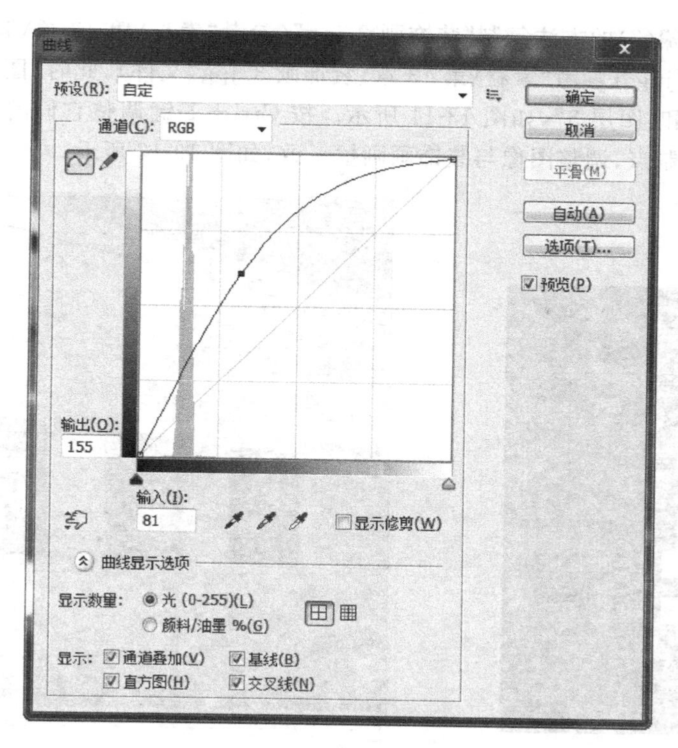

图 13-8　调整客厅阳台顶面的明度

(7) 打开图像文件"装饰画 1.jpg"(参考"素材\第 13 章\装饰画 1.jpg"),并利用 Ctrl+A 键、Ctrl+C 键和 Ctrl+V 键把图像复制到新建文件中,此时"图层"面板中会自动生成"图层 1"。移动"图层 1"到图层最上端,如图 13-9 所示。按 Ctrl+T 键调整其大小和位置,并按 Alt 键拖动控制点,调整图像与装饰画画框一致,效果如图 13-10 所示。

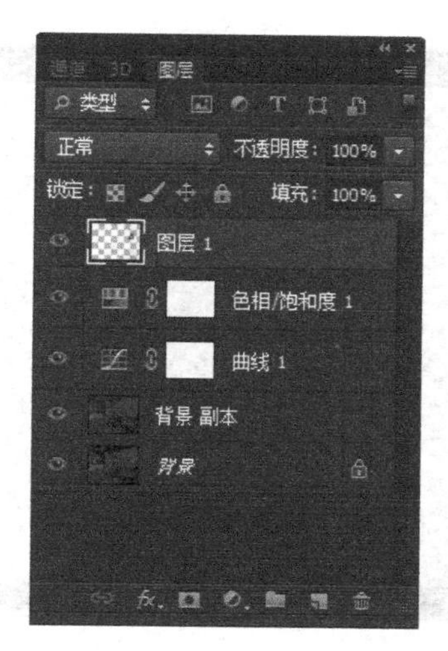

图 13-9　调整图层位置

图 13-10　调整"图层 1"的大小

(8) 参照步骤(7)的方法复制“装饰画 2.jpg”(参考“素材\第 13 章\装饰画 2.jpg”文件)和“装饰画 3.jpg”(参考“素材\第 13 章\装饰画 3.jpg”文件),此时“图层”面板中会自动生成“图层 2”和“图层 3”,如图 13-11 所示。按 Ctrl+T 键调整它们的大小和位置,并按 Alt 键拖动控制点,调整图像与装饰画画框一致,如图 13-12 所示。

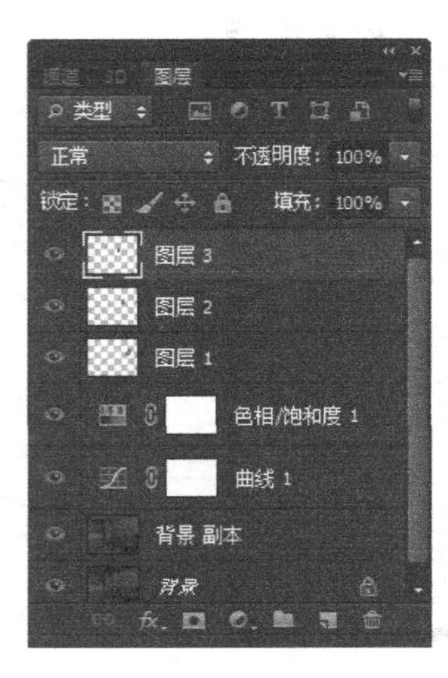

图 13-11 复制素材图层位置

图 13-12 复制装饰画的效果

(9) 打开图像文件“灯光.jpg”(参考“素材\第 13 章\灯光.jpg”文件),在“通道”面板中按住 Ctrl 键的同时单击红色通道的图层缩略图,得到如图 13-13 所示的选区。

(10) 返回“图层”面板,双击背景图层打开“新建图层”对话框。单击“确定”按钮。按 Ctrl+Shift+I 键反选选区,并按 Delete 键将反选的区域内容删除,得到如图 13-14 所示的图像。

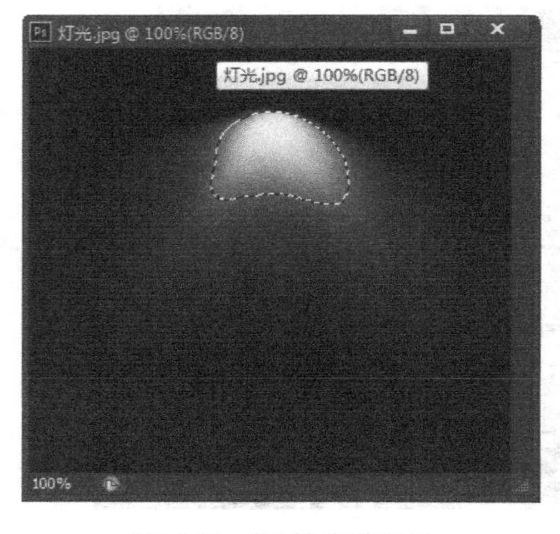

图 13-13 得到的灯光选区

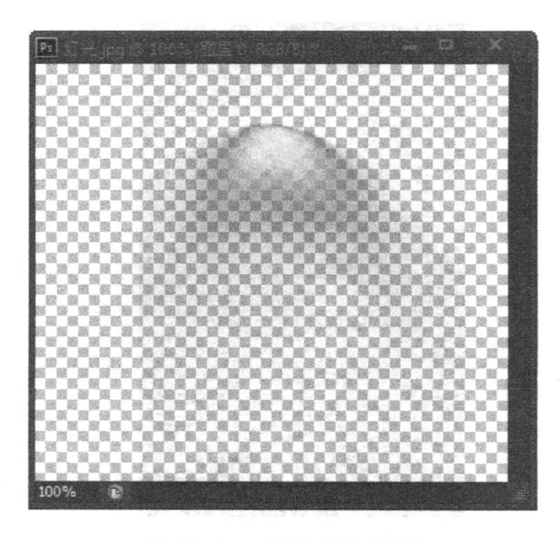

图 13-14 删除多余选区

(11) 按 Ctrl+Shift+I 键反选选区。返回“客厅效果图”文档，按 Ctrl+V 键把处理好的灯光效果图粘贴进来，此时“图层”面板上自动生成“图层 4”。按 Ctrl+T 键调整其大小和位置，如图 13-15 所示。最后设置图层的混合模式为“线性减淡(添加)”。

图 13-15　灯光的位置

(12) 复制两次“图层 4”，得到“图层 4　副本”和“图层 4　副本 2”。单击工具箱中的移动工具，移动“图层 4　副本”和“图层 4　副本 2”到如图 13-16 所示的位置。

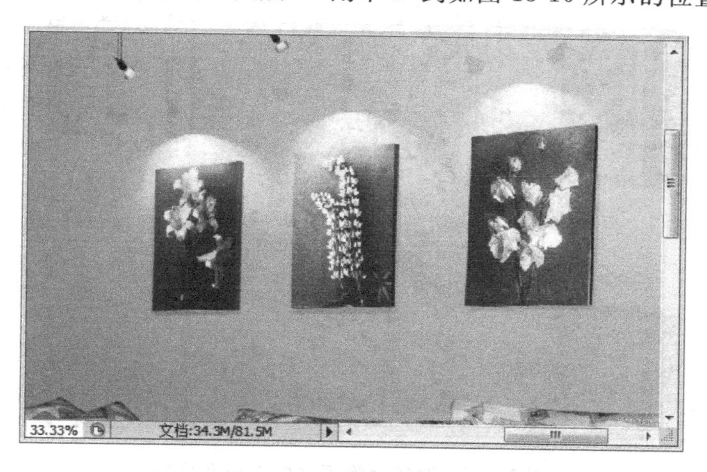

图 13-16　复制灯光效果

(13) 打开图像文件“植物.jpg”(参考“素材\第 13 章\植物.jpg”文件)。选择“选择”|“色彩范围”命令，在打开的“色彩范围”对话框中设置“颜色容差”为 20，接着利用吸管工具选取背景色，并单击“确定”按钮，得到如图 13-17 所示的选区。

(14) 双击背景图层打开“新建图层”对话框，单击“确定”按钮。先按 Delete 键进行删除，再按 Ctrl+Shift+I 键反选选区，得到植物选区。返回“客厅效果图”文档，按 Ctrl+V

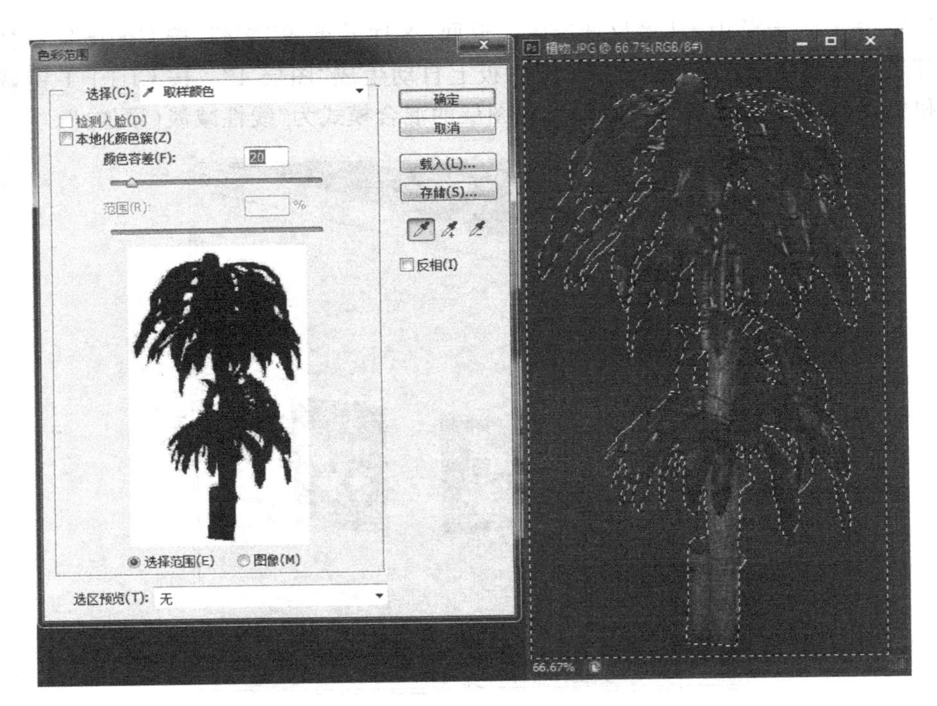

图 13-17 植物素材的选区

键把处理好的植物贴图粘贴进来，此时“图层”面板中会自动生成“图层 5”。按 Ctrl+T 键调整其大小和位置，如图 13-18 所示。

图 13-18 调整植物素材的大小和位置

(15) 单击工具箱中的多边形套索工具，选择如图 13-19 所示的区域，并按 Delete 键将其删除。

(16) 按 Ctrl+D 键取消选区。复制“图层 5”得到“图层 5 副本”，然后选择“编辑”|“变换”|“垂直翻转”命令，再单击工具箱中的移动工具，移动“图层 5 副本”到如图 13-20 所示的位置。

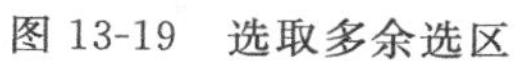

图 13-19　选取多余选区

图 13-20　调整玻璃倒影植物的位置

(17) 在“图层”面板中设置“图层 5　副本”的不透明度为 30%。单击工具箱中的多边形套索工具，选择如图 13-21 所示的区域，并按 Delete 键将多余部分删除，从而制作出植物在上层玻璃桌面产生的倒影。

(18) 在制作完植物在上层玻璃桌面产生的倒影之后，还要制作植物在下层玻璃桌面产生的倒影。按 Ctrl＋D 键取消选区。复制“图层 5”得到“图层 5　副本 2”，然后选择“编辑”|“变换”|“垂直翻转”命令，再单击工具箱中的“移动工具”，移动“图层 5　副本”到如图 13-22 所示的位置。

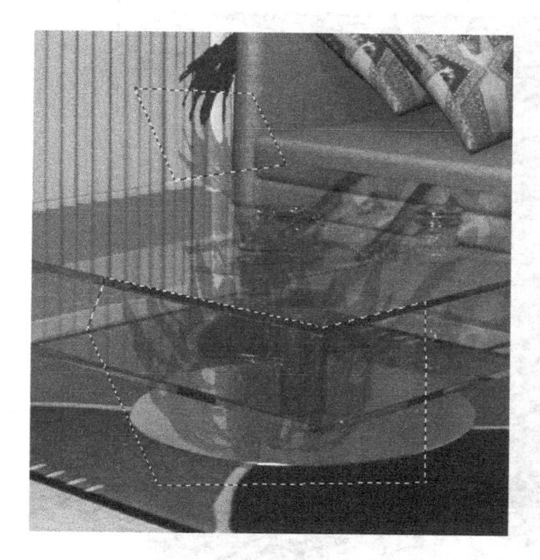

图 13-21　删除多余选区

图 13-22　调整底层玻璃倒影的位置

(19) 在“图层”面板中设置“图层 5　副本 2”的不透明度为 30%。单击工具箱中的多边形套索工具，选择如图 13-23 所示的区域，并按 Delete 键将多余部分删除，从而制作出植物在下层玻璃桌面产生的倒影。

图 13-23　删除多余选区

（20）为了使场景更加真实，再给窗外增加一个夜景效果。打开图像文件“夜景.jpg”（参考“素材\第 13 章\夜景 1.jpg”文件），并利用 Ctrl＋A 键、Ctrl＋C 键复制图像。返回“客厅效果图”文档，单击“图层”面板中的“创建新图层”按钮，新建“图层 6”。选择“滤镜”|“消失点”命令，打开“消失点”对话框，在该对话框中单击“创建平面工具”按钮，创建一个如图 13-24 所示的平面图。

图 13-24　在消失点里面创建平面图

(21) 按 Ctrl+V 键把复制的"夜景"粘贴过来，并按 Ctrl+T 键调整其大小和位置，然后单击"确定"按钮，效果如图 13-25 所示。

图 13-25 得到的夜景效果

(22) 在"通道"面板中选择 Alpha 1 通道，然后单击工具箱中的魔棒工具，选择通道中的灰色部分并右击，从弹出的快捷菜单中选择"选取相似"命令，选区效果如图 13-26 所示。

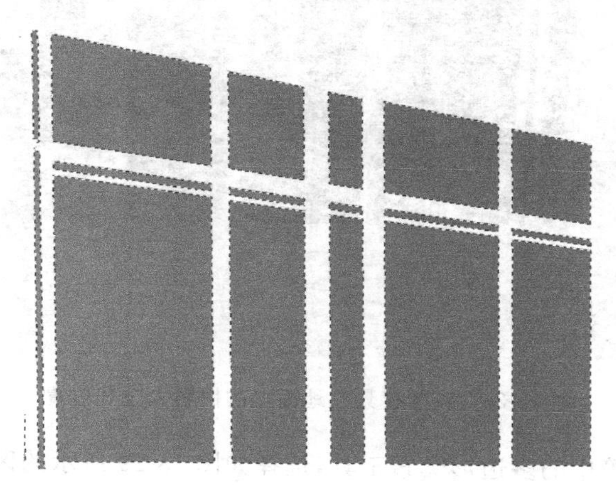

图 13-26 选择灰色区域

(23) 返回"图层"面板，选择"图层 6"。按 Ctrl+Shift+I 键反选选区，再按 Delete 键将多余的图像部分删除。然后按 Ctrl+D 键取消选区，效果如图 13-27 所示。

(24) 复制"图层 6"得到"图层 6 副本"，选择"编辑"|"变换"|"垂直翻转"命令。单击工具箱中的移动工具，并按 Ctrl+T 键调整"图层 6 副本"大小和位置，如图 13-28 所示。

图 13-27 删除夜景中的多余部分

然后单击“确定”按钮，得到夜景在地面的倒影。

图 13-28 调整夜景在地面上的倒影大小和位置

(25) 单击工具箱中的多边形套索工具，选择如图 13-29 所示的区域，并按 Ctrl+T 键调整为如图 13-30 所示的效果。

(26) 单击工具箱中的多边形套索工具，选择如图 13-31 所示的区域，并按 Ctrl+T 键调整为如图 13-32 所示的效果。

(27) 在“图层”面板中设置“图层 6 副本”的不透明度为 25%。单击工具箱中的多边形套索工具，选择如图 13-33 所示的区域，并按 Delete 键将多余部分图像删除，完成夜景在地面的倒影效果。

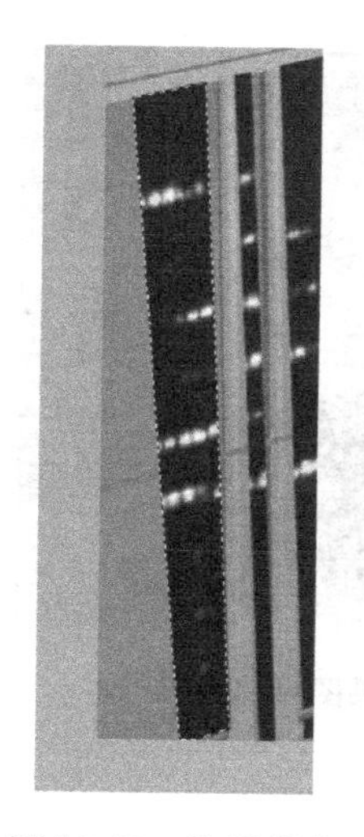

图 13-29　选择部分夜景(1)

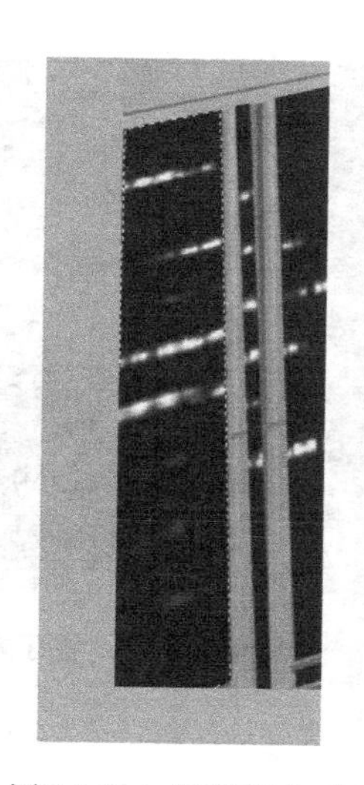

图 13-30　调整部分夜景的大小和位置(1)

图 13-31　选择部分夜景(2)

图 13-32　调整部分夜景的大小和位置(2)

(28) 新建"图层 7",设置前景色为黄色(R:255,G:255,B:0),按 Alt+Delete 键填充"图层 7"为前景色。设置图层的混合模式为"柔光",不透明度为 30%,最终完成的效果如图 13-34 所示。

图 13-33　删除多余部分选区

图 13-34　客厅效果图

(29) 选择"文件"|"存储"命令,保存文件。选择"文件"|"存储为"命令,把文件存储为"客厅效果图.jpg"格式(参考"答案\第 13 章\客厅效果图.psd"源文件)。

13.3.2　餐厅效果图后期制作

任务 2　餐厅效果图后期制作

任务要求

(1) 利用色彩调整工具对整个餐厅的色彩进行调整。

(2) 利用"通道"工具调整图像的明暗度,如图 13-35 和图 13-36 所示。

图 13-35 餐厅效果图(处理前)

图 13-36 餐厅效果图(处理后)

任务分析

打开素材中的餐厅效果图,会发现整个色调有点暗,首先要利用色彩调整命令调整整个图像色彩的饱和度和明度。调整完后,再用"通道"命令对图像的明度进行调整。

操作步骤

(1) 打开图像文件"餐厅.jpg"(参考"素材\第 13 章\餐厅.jpg"文件),并将其存储为"餐厅效果图.psd"。复制背景图层得到"背景 副本"图层。在"调整"面板中单击"创建新的色相/饱和度调整图层"按钮,在打开的"色相/饱和度"对话框中调整"饱和度"为+60,如图 13-37 所示。

(2) 单击"返回到调整列表"按钮。在"调整"面板中单击"创建新的曲线调整图层"图标,在打开的"曲线"对话框中单击"自动"按钮,此时曲线如图 13-38 所示。

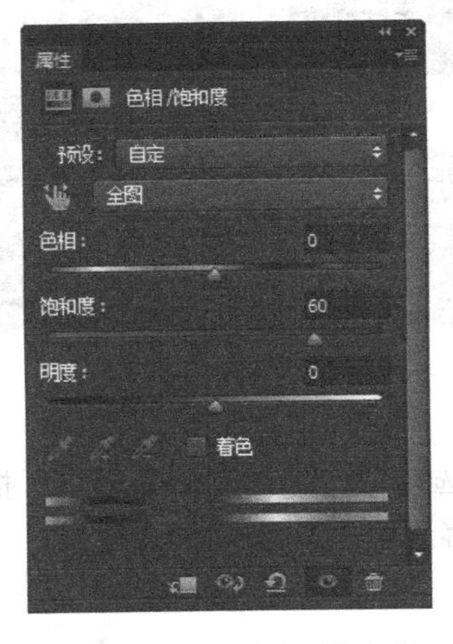

图 13-37 调整色相/饱和度

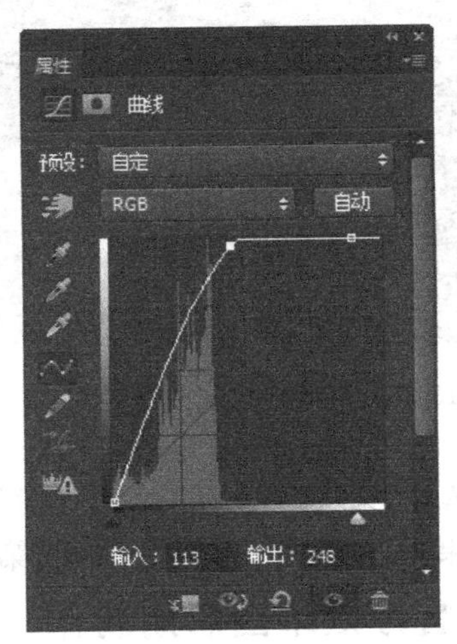

图 13-38 自动调整曲线

(3) 复制"背景"图层得到"背景 副本 2"图层,选择"滤镜"|"模糊"|"高斯模糊"命令,并在打开的"高斯模糊"对话框中设置模糊半径为 7 像素,如图 13-39 所示,单击"确定"按钮。再设置"背景 副本 2"图层的不透明度为 20%。

(4) 按住 Ctrl 键选择如图 13-40 所示的 4 个图层，按 Ctrl+E 键拼合可见图层，形成“曲线 1”图层。

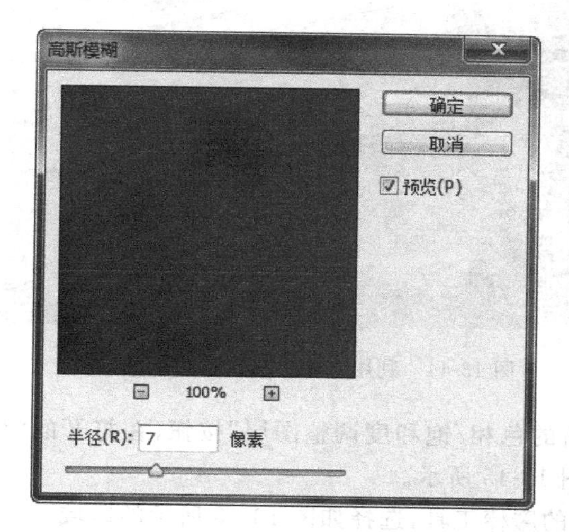

图 13-39　设置“高斯模糊”滤镜参数

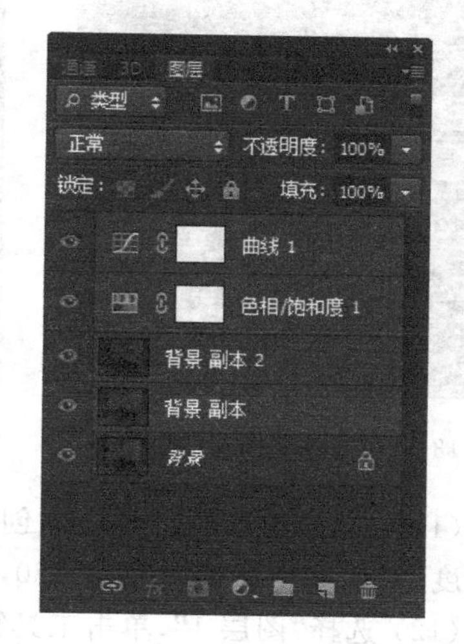

图 13-40　选择 4 个图层

(5) 选择“图像”|“模式”|“Lab 颜色”命令，在打开的对话框中单击“不拼合”按钮，如图 13-41 所示。

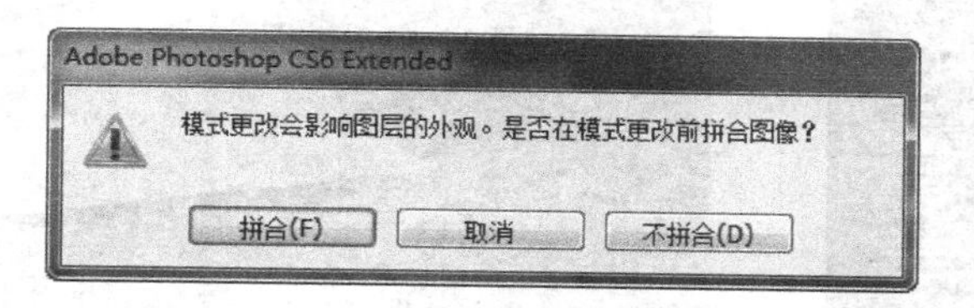

图 13-41　选择“不拼合”

(6) 选择“通道”面板中 Lab 通道，选择“滤镜”|“锐化”|“USM 锐化”命令，在打开的“USM 锐化”对话框中设置“数量”为 150%，“半径”为 1.0 像素，“阈值”为 2 色阶，如图 13-42 所示，然后单击“确定”按钮。

(7) 单击 a 通道，选择“滤镜”|“模糊”|“高斯模糊”命令，在打开的“高斯模糊”对话框中设置模糊半径为 1 像素，然后单击“确定”按钮。

(8) 单击 b 通道，选择“滤镜”|“模糊”|“高斯模糊”命令，在打开的“高斯模糊”对话框中设置模糊半径为 1 像素，然后单击“确定”按钮。

(9) 选择“图像”|“模式”|“RGB 颜色”命令，在打开的对话框中单击“不拼合”按钮。重新命名图层名称为“图层 1”，如图 13-43 所示。

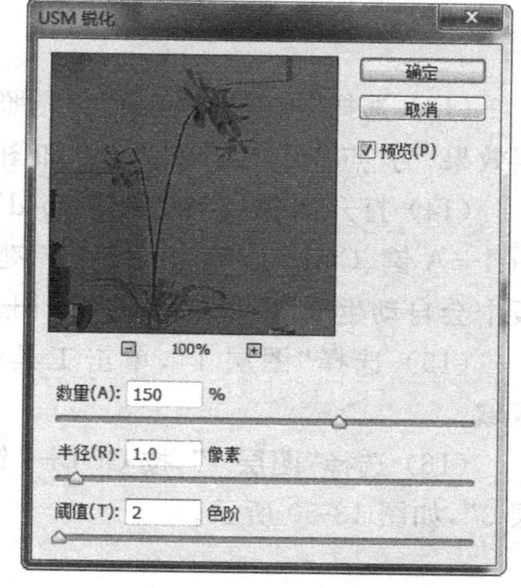

图 13-42　设置“USM 锐化”参数

(10) 单击工具箱中的魔棒工具，在页面中选择如图 13-44 所示的区域。

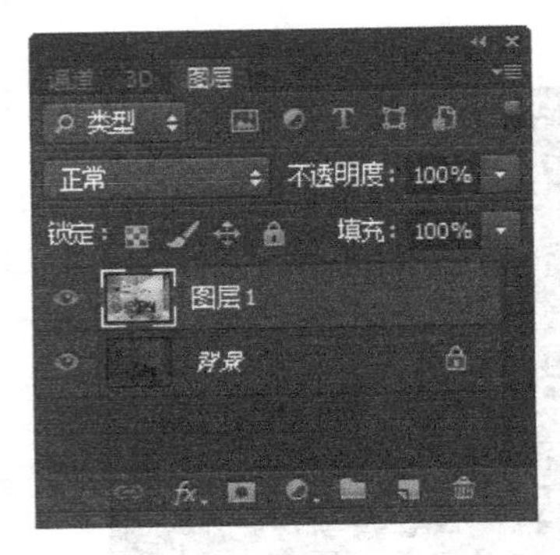

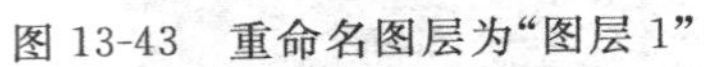

图 13-43 重命名图层为"图层 1"

图 13-44 利用魔棒工具选择的区域(1)

(11) 在"调整"面板中单击"创建新的色相/饱和度调整图层"按钮,在打开的"色相/饱和度"对话框中调整明度为+30,如图 13-45 所示。

(12) 选择"图层 1",单击工具箱中的魔棒工具,选择如图 13-46 所示的区域。

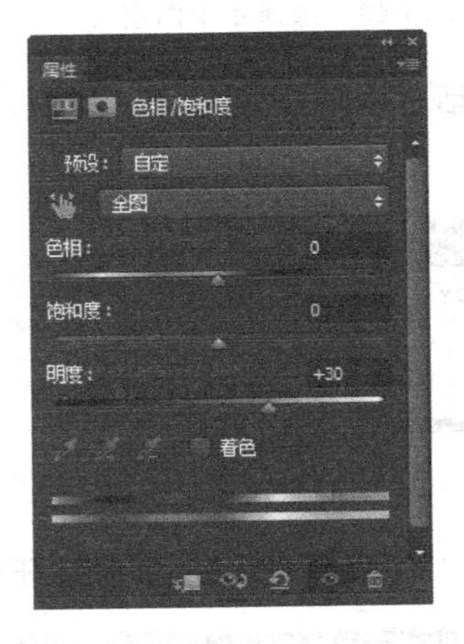

图 13-45 调整色相/饱和度

图 13-46 利用魔棒工具选择的区域(2)

(13) 选择"滤镜"|"渲染"|"光照效果"命令,在打开的"光照效果"对话框中设置"光照效果"为"点光","强度"为 50,如图 13-47 所示,然后单击"确定"按钮。

(14) 打开图像文件"筒灯. psd"(参考"素材\第 13 章\筒灯. psd"文件),并利用 Ctrl+A 键、Ctrl+C 键和 Ctrl+V 键把图像复制到"餐厅效果图"文档中,此时"图层"面板中会自动生成"图层 2"。按 Ctrl+T 键调整其大小和位置,效果如图 13-48 所示。

(15) 选择"图层 1",单击工具箱中的魔棒工具,在页面中选择如图 13-49 所示的区域。

(16) 选择"图层 1",按 Ctrl+J 键复制所选图层,此时"图层"面板中会自动生成"图层 3",如图 13-50 所示。

图 13-47　设置“光照效果”参数

图 13-48　调整筒灯大小和位置

图 13-49　利用魔棒工具选择的区域(3)

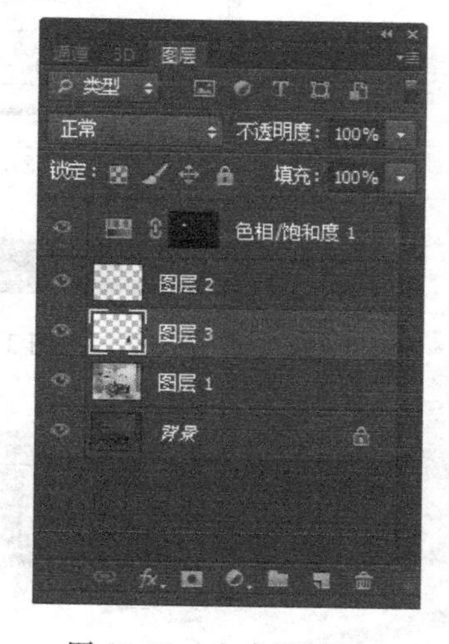

图 13-50　生成“图层 3”

(17) 按 Ctrl+M 键，在打开的“曲线”对话框中调整图像曲线，设置“输出”为 190，“输入”为 90，如图 13-51 所示。

(18) 新建“图层 4”，设置前景色为黄色(R:255，G:255，B:0)。单击工具箱中的画笔工具，在工具选项栏中设置画笔“大小”为 500 像素，“不透明度”为 60%，“流量”为 60%，参数如图 13-52 所示。

(19) 在“图层 4”中的灯光位置绘制，从而增加灯的发光效果，如图 13-53 所示。

(20) 新建“图层 5”，并移动“图层 5”到图层最顶部，如图 13-54 所示。

(21) 单击工具箱中的渐变工具，在渐变工具选项栏中单击渐变颜色条，在打开的“渐变编辑器”对话框中设置渐变为系统自带渐变色“橙，黄，橙渐变”，如图 13-55 所示，然后单击“确定”按钮。

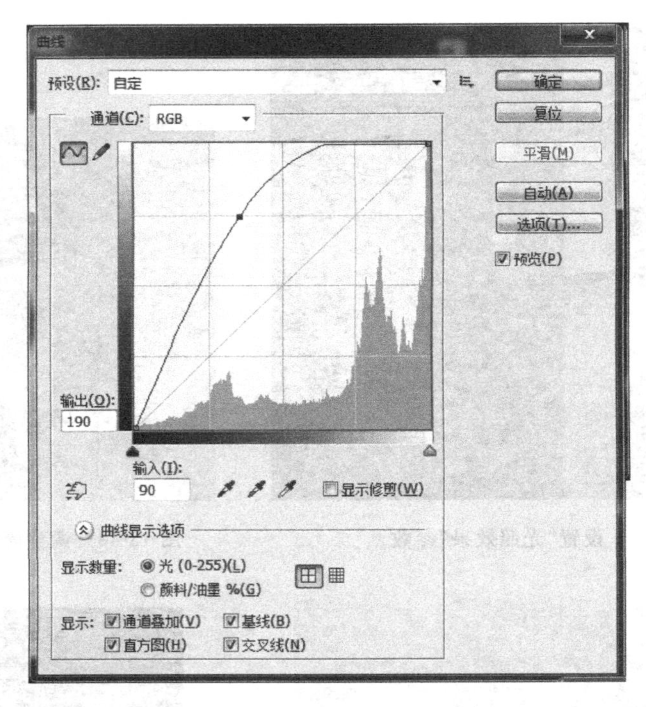

图 13-51 调整所选区域的曲线参数

图 13-52 设置画笔工具的参数

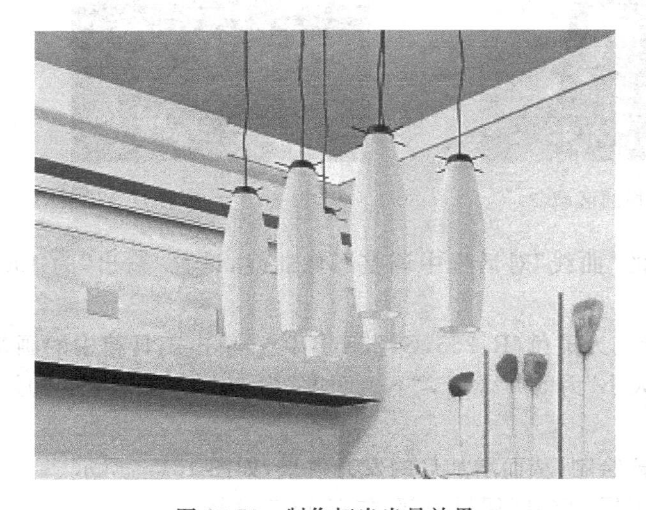

图 13-53 制作灯光光晕效果

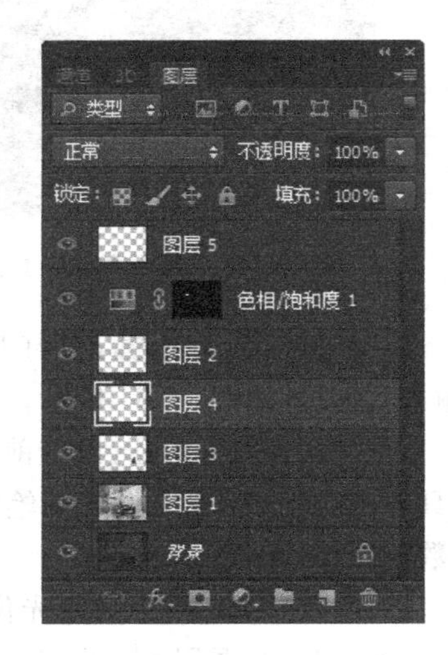

图 13-54 移动图层位置

(22) 在渐变工具选项栏中单击“线性渐变”按钮,并在文档中从上向下拖动,得到如图 13-56 所示的渐变效果。

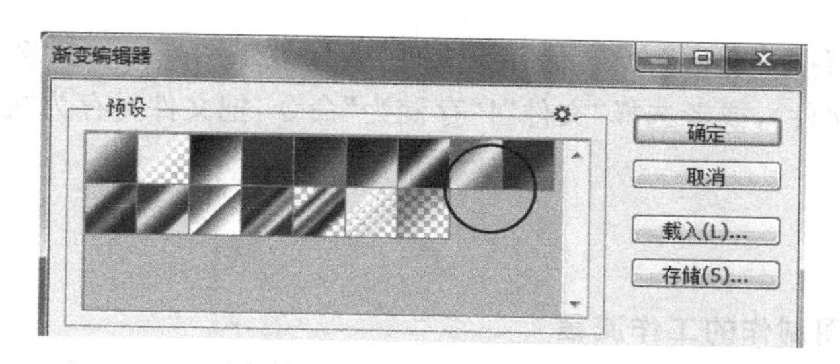

图 13-55　选择渐变类型

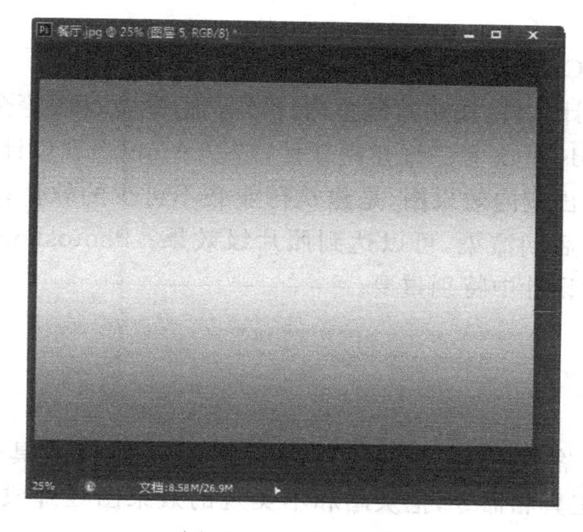

图 13-56　渐变效果

(23) 设置图层混合模式为“柔光”，不透明度为 25%，最终完成如图 13-57 所示的效果图。

图 13-57　最终效果

(24) 选择“文件”|“存储”命令,保存源文件“餐厅效果图.psd”(参考“答案\第13章\餐厅效果图.psd”源文件),或者选择“文件”|“存储为”命令,把文件另存为“餐厅效果图.jpg”。

相关知识

1. 室内效果图制作的工作流程

量尺寸;平面布局;建模;材质;灯光;渲染以及 Photoshop 后期处理。

2. 常用软件

常用软件有 AutoCAD、3ds max、VRay 和 Photoshop 等。

CAD 是专业的设计软件,用来绘制室内设计平面图、立面图等全套施工图,是最基础也是最重要的软件;3ds max 是三维建模软件,它以 AutoCAD 设计出来的平面图为基础制作三维立体效果,做出室内效果图,是建筑行业必不可少的软件;VRay 是专业的渲染插件,主要用于效果图后期渲染,可以达到照片级效果;Photoshop 主要用于后期处理,为效果图润色,在室内设计中特别重要。

本章小结

本章详细给出了客厅效果图和餐厅效果图后期处理的具体步骤,综合应用了 Photoshop 中的多种工具和命令,把灰暗和不美观的效果图处理成了明亮、真实、美观的室内效果图。

思考与练习

利用“素材\第13章\练习素材\主卧效果图.psd”素材图片。参考样图(如图13-58所示)对主卧的效果图进行后期处理(参考“答案\第13章\练习答案\主卧效果图.psd”源文件)。

图 13-58 主卧效果图

参考文献

[1] 侯冬梅,张春芳,等. Photoshop CS4 实训教程[M]. 北京:清华大学出版社,2010.
[2] 侯佳宜. 精通 Photoshop CS2 中文版(第 4 版)[M]. 北京:清华大学出版社,2007.
[3] 高志清. 梦幻天地——Photoshop 图像设计[M]. 北京:中国水利水电出版社,2004.
[4] 创锐设计. Photoshop CS6 实例教程(中文版)[M]. 北京:人民邮电出版社,2014.
[5] 李金明,李金荣. 中文版 Photoshop CS5 完全自学教程[M]. 北京:人民邮电出版社,2010.
[6] 李金明,李金荣. Photoshop CS6 完全自学教程[M]. 北京:人民邮电出版社,2012.
[7] 李金明,李金荣. 中文版 Photoshop CS6 完全自学教程(典藏版)[M]. 北京:人民邮电出版社,2013.
[8] 赵芳,孟龙. Photoshop CS5 平面广告设计经典 228 例[M]. 北京:科学出版社,2012.
[9] 张晓景. Photoshop CS6 完全自学一本通[M]. 北京:电子工业出版社,2012.
[10] 亿瑞设计. 画卷——Photoshop CS6 从入门到精通(实例版)[M]. 北京:清华大学出版社,2013.
[11] Scott Kelby. Photoshop CS6 数码照片专业处理技法[M]. 杨光伟,魏丹,译. 北京:人民邮电出版社,2013.
[12] 创锐设计. 数码摄影后期密码 Photoshop CS6 调色秘籍[M]. 北京:人民邮电出版社,2011.
[13] 何平. 技艺非凡 Photoshop+Painter 绘画创作大揭秘[M]. 北京:清华大学出版社,2012.